공유도시:
2017 서울도시건축비엔날레
확장된 도시

알레한드로 자에라폴로 ·
제프리 S. 앤더슨 엮음

시장 인사말
서울특별시장 박원순

서울도시건축비엔날레가 그 첫걸음을 내딛습니다. 오랜 세월 우리의 도시 속에 잉태되어 있던 비엔날레가 2년의 준비 기간을 거쳐 서울의 새로운 문화 행사로 탄생했습니다. 지난 반세기 도시가 성장의 중심에 있었을 때 건축은 주로 개발의 도구였습니다. 이제 사람이 도시의 중심에 있습니다. 정의롭고 지속 가능한, 사람을 위한 도시를 만들어가기 위한 건축은 먼 미래에 있는 것이 아니라 바로 지금 시민의 곁에 있습니다. 재생 중심의 도시 개조, 걷는 도시 서울, 도심 제조업과 도시 농업의 육성, 마을 공동체 살리기, 청년 창업 지원 등 제가 시장으로 취임한 이후 추진해온 많은 정책들이 시민의 마음과 일상의 도시 속에 잠재되어 있던 새로운 건축 패러다임을 불러오고 있습니다. 서울도시건축비엔날레는 서울의 건축이 맡을 새로운 역할의 이정표를 제시해줄 것입니다.

서울시는 2013년 서울건축선언을 발표했습니다. "서울의 모든 건축은 시민들 모두가 누리는 공공자산입니다. 모두가 즐기며 자랑스럽게 여기는 공유의 건축, 공유의 도시로 만들겠습니다." 서울건축선언의 첫 번째 항목입니다. '공유도시'가 제1회 서울도시건축비엔날레의 주제가 된 것은 이런 일관된 시정이 세계 도시가 당면한 문제들을 풀어가는 철학이자 방법론이라는 신념에 바탕을 둔 것입니다. 이번 서울비엔날레는 도시가 무엇을 공유하는지, 또 어떻게 공유하는지 공유도시 정책을 확장하여 공유도시의 근본을 보여줄 것입니다.

주요 전시들이 개최되는 동대문디자인플라자와 돈의문 박물관 마을과 함께 서울의 역사 도심이 현장 체험과 정책 발굴의 실험실이 될 것입니다. 함께 나누는 것은 모두의 축복이며 행복입니다. 서울비엔날레를 통해 시민들이 함께 전시를 즐기고, 다양한 프로젝트에 동참하고, 세계인들과 함께 도시의 미래에 대해 진지하게 토론을 합니다. 세계의 도시들이 서울에서 배우고, 서울이 세계 도시에서 배우는 현장을 서울비엔날레가 지속적으로 만들어갈 것입니다.

서울과 도시건축 비엔날레: 공유도시
서울특별시 총괄 건축가 김영준

한양 정도(定都) 초기부터 오랫동안 서울은 산과 강의 자연조건과 도시의 조직이 세심하게 조율된 도시였습니다. 그러나 지난 팽창의 시기 이곳저곳 축적된 대형 개발로 서울의 모습은 어정쩡하게 서로 배타적으로 정립된 현재의 특성을 만들었습니다. 게다가 팽창의 시대에 준비된 도시 행정의 틀은, 초기의 효율적 수단의 역할을 넘어, 이미 안정기에 접어든 지금도 때로 작동하면서 시민과 소통이나 변화의 대응에 영향을 미치고 있습니다. 이것이 '건설의 시대에서 건축의 시대로'라는 명제에 내포된 서울의 현실입니다.

전 세계적으로 많은 도시에서 관광객, 이민자, 노인 인구, 경제와 일자리 문제 등이 급격히 증가하고 있습니다. 동시에 교통, 통신, 생산, 에너지 체계의 새로운 혁신을 대면하면서 역사적으로 우리가 알던 도시의 정의 혹은 역할과 그 안의 일상을 다시 조정하고 있습니다. 서울은 안정을 기조로 지난 시기 소외된 도시 체계를 다듬어야 하는 내부 과제뿐 아니라 도시 삶의 바탕이 흔들리는 시대적인 외부의 과제까지 함께 떠안아야 하는 시기에 놓인 셈입니다.

서울도시건축비엔날레를 준비한 지점이 거기였습니다. 서울이 현실로 마주한 도시와 건축의 과제들이 단지 다른 도시의 경험을 따르기에는 한계에 다다랐고, 전 세계적으로 아직은 대안이 없는 도전을 함께 논의할 수 있는 자리가 필요했습니다. 사안에 따라 파편적으로 대응하는 자세를 넘어서 시민과 전문가가 출구를 함께 찾아보자는 목표를 설정했습니다.

첫 번째 비엔날레의 주제전에서는 기계적으로 대안을 나열하는 게 아니라 우리의 도시와 건축에 근원적 질문을 던집니다. 공기, 물, 에너지, 땅 등 기본 요소를 검토하면서, 감각, 교류, 이동, 제작, 재생을 변수로 우리 시대 도시와 건축을 새롭게 바라보아야 한다는 사실을 강조합니다. 미세먼지, 기후 변화, 홍수, 원전, 도시 농업 그리고 빅 데이터, 사물 인터넷, 인터넷 쇼핑, 도시 제조업까지, 어느새 우리 주변에 온 새로운 현실과 현행 도시 건축의 제도나 대안 사이에 있는 커다란 간극을 일깨워줍니다.

주제전에서 다루는 기본적 요소와 변수들은 그것이 너무나 기본적이기 때문에 간과되거나, 건물과 인프라를 건설하는 시급한 과제에 눌려 훗날로 미뤄지기 쉽습니다. 그러나 그것이 시대적으로 절박하기에, 도시적·건축적으로, 그리고 시민과 전문가가 함께 공유해야 한다고 설득하고 있습니다. 과거의 부족한 지점을 메우면서 동시에 미래의 터전을 준비해야 하는 경우 이들 근원적인 질문은 무척 중요한 실마리가 되리라 생각합니다.

도시와 건축에 접근하는 새로운 방향이 이곳 서울에서 열매 맺기를 기대합니다.

8   머지않은 공유도시: 확장된 도시
    알레한드로 자에라폴로·제프리 S. 앤더슨

18 이 건물에서 우리는 세계를 간직한다
    리암 영

공기

26 공기세: 공기 감지하기
    토마스 사라세노

36 서울 온 에어: 도시 행동주의를 위한
    증강 환경
    마이데르 야구노무니차·비아이나
    보고시안·엘리 부자이드·압둘가파르
    알 타이르·데이비드 래드클리프·스콧
    피셔·류영렬

물

44 수상 생활, 동양 군락, 해초 군도
    MAP 오피스

52 서울 생물군계
    카를로 라티·뉴샤 가엘리

불

57 침투적 재생
    RAAD 스튜디오

62 우리는 같은 하늘 아래에서 꿈꾸고 있는가
    니콜라우스 히르슈·미헬 뮐러와 리크릿
    티라바니자

땅

66 열 질량
    스토스 랜드스케이프 어버니즘(일레인
    스톡스·캐서린 하비·에이미
    화이트사이즈·크리스 리드)

74 채광을 넘어: 도시에서 길러내기
    디르크 헤벨·필리프 블록·펠릭스
    하이즐·토마스 멘데스 에체나구시아

감지하기

85 오케이, 컴퓨터: 기계 학습과 알고리즘, 편향의 블랙박스 열기
데이비드 벤자민

93 감지 구문
마크 와시우타·파진 롯피잼과 진 임

103 크로노스피어: (IPv6) 센서 도시를 위한 실험
퓨처 시티즈 랩(나탈리 가테뇨·제이슨 켈리 존슨)

소통하기

108 도시를 횡단하는 사랑: 로맨스의 건축화
오피스 포 폴리티컬 이노베이션(안드레스 하케)·미겔 메사

122 사회 매체의 도시
베아트리츠 콜로미나

130 결과를 위한 건축가 계약
다크 매터 랩스, 영국(오레스테스 추추라스·인디 조하)

움직이기

141 마찰과 주문 이행 사이
제시 레커발리에

153 움직이는 부품: 차량 디자인은 어떻게 도시의 모습을 바꾸는가
필립 로드

159 다바왈라: 공식적인 것의 비공식적 활용
라훌 메로트라·마이클 젠

만들기

167 키클롭스식 카니발리즘, 혹은 로봇으로 잡석 길들이기
매터 디자인(브랜든 클리퍼드·웨스 맥기)

181 이상한 날씨
이바네스 킴 스튜디오(마리아나 이바네스·사이먼 킴)

191 공유 문화의 이데올로기: 디자인 요소와 연구 도구로서의 오픈 소스 건축
후숨 & 린홀름 건축사무소(시네 린홀름·마스울리크 후숨)

다시 쓰기

199 세 개의 일상적 장례식
커먼 어카운츠(이고르 브라가도·마일스 거틀러)·이지회

210 도시 회귀 운동: 미국 도시에서 나타난 새로운 생태마을의 증거와 가능성
사라 미네코 이치오카

225 분해의 나라: 전자 기기, 유독성 그리고 영토
레터럴 오피스(로라 셰퍼드·메이슨 화이트)

234 지은이, 엮은이, 옮긴이

238 도판 출처 및 저작권

머지않은 공유도시: 확장된 도시
알레한드로 자에라폴로·제프리 S. 앤더슨

제1회 서울도시건축비엔날레[이하 약칭, '서울비엔날레']는 역사적 순간에 자리한다. 1970년대부터 걷잡을 수 없이 진행돼온 세계화 과정은 현대 지정학에 중요한 영향을 미쳐왔고, 이를 이해하는 것은 도시의 현재와 가까운 미래를 논하고자 할 때 매우 중요하다. 가장 주목할만한 영향은 지난 몇 년간 야만적으로 가시화되었다. 수세기에 걸쳐 해체돼온 도시국가가 다시 출현하면서 새로운 형태의 장벽이 생겼다. 많은 선진국에서 도시와 촌락의 분열, 도시와 국민국가의 분열이 과거의 여느 좌·우파간 분열보다 훨씬 더 중요한 정치적 대결 양상을 이뤄왔다.

도시와 촌락 사이에 늘어가는 분열을 감안할 때, 현대 도시론은 도시 자체의 형태나 프로그램, 역사에 관한 연구에만 몰두할 게 아니라 전통적 도시계획의 시야를 벗어나 도시와 생태·기술 과정의 상호의존성을 다뤄야 한다고 우리는 믿는다. 오늘날 도시가 다뤄야 할 가장 중요한 화두는 전통적 도시계획 범주를 대체하는 세계적 데이터망과 자연적 순환주기, 자원 흐름과의 연계다. 따라서 우리는 모든 도시와 아울러 도시 바깥 영토와도 관련될 집단적 생태·기술 자원을 아우르는 가까운 미래의 아홉 가지 공유 영역들로 현대 도시론 탐구의 틀을 짰다.

우리는 공유도시를 자원과 기술로 분류함으로써, 고대 우주론의 4요소인 공기와 물, 불, 땅이라는 신비한 천연 자원과 감지하기, 소통하기, 움직이기, 만들기, 다시 쓰기라는 확장된 인간 역량에 기초한 다섯 가지 기본 기술 공유 양식을 설정할 수 있었다. 수십 년간 도시와 주변 영토 간 분리가 진행되고 난 이 시점에서, 중요한 건 현대의 지정학적 양극화가 더 악화되지 않도록 도시와 주변 영토의 연속성을 다시 회복할 영역을 찾는 일이라고 우리는 믿는다. 우리는 현대 도시 기술과 생태 관련 논의에만 국한하지 않고, 도시 장벽의 귀환과 그에 따른 위험한 정치에 맞선 대안을 찾는 전략으로서 이번 전시를 기획했다. 여기서 우리가 탐구하는 공유 영역들은 도시와 촌락의 양극화를 강화하기보다 더 큰 환경을 통합할 수 있는 확장된 도시론을 구축하려는 시도이자, 세계적으로 출현하고 있는 국가주의와 고립주의의 지정학에 맞서려는 의도의 산물이다.

도시가 세계화의 주요 엔진이 돼오는 동안, 촌락 영토와 산업 영토는 대부분 그 과정에서 벗어나 있었고 많은 경우 완전히 소외되기도 했다. 세계화가 진행되는 동안 도시 영역과 도시 바깥 영역은 전혀 다른 운명의 길을 걸었고, 그로 인한 긴장이 이제 많은 지역에서 폭력적으로 표면화하기 시작했다. 중국의 신흥 부촌 도시와 극빈층이 사는 중국 촌락 사이에 벌어진 엄청난 불평등, 미국의 사양화된 공업지대에 남아 있는 폐업한 공장들, 영국과 프랑스의 지방 촌락과 산업 지역에 사는 잊혀진 노동계급 등이 그런 양극화의 산물임을 알 수 있다. 물론 도시에는 그런 문제가 없다는 게 아니다. 도시에도 곳곳의 주변화된 공간들, 불평등의 상처, 악화해가는 환경의 질과 같은 문제가 존재한다. 사실 이런 문제들은 소위 말하는 신자유주의적 과잉세계화(hyper-globalization) 단계에 증가해왔다. 하지만 한 도시의 성패 여부를 떠나, 도시가 더 경제적으로 번영하고 인구밀도가 높은 국제 도시가 될수록 도시의 장벽도 더 높아진 데 반해 소규모 도시와 교외 지역은 세계 경제에 대한 개입 관계에 따라 '도시 장벽'의 안팎으로 정치 성향이 오락가락하는 '뜨내기 영토(swing territory)'로 돌변한 듯하다.

도널드 트럼프의 미국 대선 승리는 대부분 촌락과 산업 지역 표를 얻어 이룬 것이었고, 이로써 수십 년간 널리 진행돼온 도시 재생 이후 토머스 제퍼슨식의 새로운 전원적 관점을 열어놨다. 영국의 브렉시트(Brexit) 또한 촌락과 쇠퇴해가는 옛 산업지대 선거구민의 표에서 비롯한 것이었다. 좌우 진영을 막론하고 프랑스와 독일, 그리스, 스페인에서 일어난 포퓰리즘 운동은 도시 바깥, 반세계화, 국가주의, 보호주의, 고립주의 담론에 호소했는데, 이런 담론은 세계화하는 관련 도시 영역들의 본질과 말 그대로 꽤 요란하게 충돌했다. 도시 장벽의 부활은 트럼프의 국가 이민 정책에 맞선 '불법체류자 보호도시(sanctuary city)'에서, 또한 트럼프 대통령의 파리 기후협약 탈퇴에 반대한 미국 내 61개 주요 도시들의 협약 준수 서명에서 명백하게 드러났다. 브렉시트를 둘러싸고 사디크 칸 런던시장과 테레사 메이 영국 수상, 제레미 코빈 노동당 당수 사이에 벌어진 대립도 같은 현상을 드러낸 또 하나의 중요한 지표다.

도시와 국민국가를 나누는 견고한 분할의 귀환은 오늘날 일어나고 있는 가장 중요한 지정학적 과정 중 하나로서, 도시와 크게는 세계에까지 확실히 효과를 주고 있다. 하지만 우리는 이런 견고한 분할이 전적으로 허구라고 본다. 우리는 도시가 전 세계 자연 순환에 강한 효과를 주고, 도시 바깥의 광대한 영역에서 들여온 자원들의 물질대사를 일으키며, 국지적·광역적 규모의 경제에 큰 영향을 끼친다는 걸 안다. 예컨대 탄소발자국(carbon footprint) 개념은 이런 견고한 경계를 그리기가 불가능함을 보여주는 증거다. 촌락민의 입장에서는 도시에서 불균형적으로 많은 양의 에너지가 소비되고 그에 따른 온실가스가 배출되는 만큼 도시민들이 전 세계 환경 위기를 일으킨다고 정당하게 비난할 수 있을 것이다. 따라서 도시가 세계적인 해수면 상승과 공기 오염, 지구온난화를 일으키는 주범으로 보일 수 있다. 그런 과정이 도시의 경계 안에서 일어나지 않는다고 할지라도 말이다.

본 비엔날레 책자의 제1권에서 정의한 아홉 가지 공유 영역은 이런 도시와 촌락의 인위적 대립뿐 아니라 국가주의와 고립주의, 보호주의의 재부상이라는 맥락에 응수하게끔 의도적으로 배치됐다. 이런 논쟁을 일으키는 원인에는 공동의 힘으로 국민국가의 포위를 막아낼 수 있었던 무역 도시들의 조직인 실크로드나 페니키아, 한자동맹(Heanseatic League) 같은 역사적인 도시횡단 조직들을 모델로 한 '도시 연합(United Cities)'에 대한 점증하는 관심이 있다. 프리드먼식 신자유주의의 여파 속에서 도시 장벽과 도시 동맹이 부활하는 데는 정당한 이유가 있을 수 있다. 하지만 도시가 세계적 규모보다 국가적 규모의 산업과 보건 및 보안 서비스, 국군으로 채워진 망해가는 국가들로 포위될 순 있을지언정, 도시가 새로운 고립주의의 거버넌스 형식으로 후퇴할 순 없을 것이다. 우리가 도시 동맹(또는 연맹) 모델을 추구할 경우, 부유층과 식자층과 오염의 주범들이 일반 민중에 맞선 동맹을 이룰 가능성이 높다. 그럴수록 불평등과 주변화만 심해질 뿐이며, 이게 또 새로운 국가주의를 심화시켜 도시에 살지 않는 사람들의 권리를 영원히 박탈하게 될 것이다. 이런 추가적 양극화를 피하려면, 도시를 새로운 자연으로 생각하는 확장된 이론의 개요를 그릴 필요가 있다고 우리는 믿는다. 도시의 경계 자체에 침투해 공유 자원과 공유 기술의 광대한 영토로 나아가는, 인간과 기계와 물질과 네트워크의 생태계로서 도시 이론의 개요를 그려보는 것이다.

'머지않은 공유도시'를 위한 우리의 기획은 (불가역적 세계화의 주요 엔진으로서) 도시가 촌락과 산업 환경, 그것들의 확장된 영토, 그리고 일반적으로는 자연과의 관계에서 계속 발생하는 균열을 극복할 힘과 의무가 있다는 입장을 취한다. 이런 입장은 도시를 '인공'의 대지로, 촌락을 '자연'의 영역으로 보는 개념을 뒤얽어놓는다. 인공적 과정과 자연적 과정은 양자를 모두 뒤얽는다. 가장 일반적인 의미에서, 우리가 도시에서 호흡하는 산소와 소비하는 에너지, 섭취하는 음식은 대부분 촌락에서 온다. 그걸 자연적 순환과 촌락 영역, 산업 부지, 세계적 기반체계망, 지구 전체와의 상호의존으로 이해하는 도시들의 정치적 생태를 위한 확장된 도시성(expanded urbanity)을 정식화할 필요가 있다. 중세의 파편화된 세계와 국민국가로 후퇴하지 않으려면 말이다. 우리의 입장은 정치적으로 순진하거나 중립적이지 않다. 우리는 섬뜩한 트럼프의 세계와 브렉시트의 세계, 푸틴의 세계, 르펜과 독일대안당(AFD)의 세계에 공공연하게 반대한다. 이런 세계들은 모두 국민적 정체성과 문화를 한결같이 외치는, 말하자면 그런 것들이 존재하게 하는 이유인 근대적 국민이 사라진 지 오래인 시점에 외치는 향수적 시도다. 마리오 카르포가 제1권에 기고한 글에서 정확히 지적했듯이, 우리는 이제 국민국가 건설을 정당화했던 규모의 경제가 더 이상 일반적이지 않고 시장이 더 이상 그런 국가에 종속되지 않는 디지털 기술의 세계에 살고 있다. 도시의 탄소발자국과 오염이 촌락 영토에 침투하고 국민국가가 이웃 국가의 경계를 체계적으로 침범하고 있다는 증거가 늘어가는 세계에 우리는 살고 있는 것이다.

우리는 '국민국가'로의 후퇴가 자멸적임을 알지만, 그렇다고 도시 동맹이 그보다 훨씬 더 생산적일 거라고도 확신하지 않는다. 도시 동맹도 여전히 도시를 불연속적 개체(entity)로 이해하기 때문이다. 그런 구조에서는 더 큰 자연·인공 생태, 예컨대 숲이나 대양, 지속 가능한 에너지, 동물, 센서, 알고리즘, 무선 근거리 통신망이나 블루투스 통신망 등보다 국지적 정체성과 문화를 우선시하기 마련이다. 마찬가지로 우리의 공유도시 기획은 자연 순환과 산업 과정을 망각한 채 주식 시장 투기와 도시 공간의 금융증권화에만 이끌리는 신자유주의적 도시도 거부한다. 제1회 서울비엔날레를 위한 우리 기획의 초점은 이런 지구 전체의 탈인간적 세계에 효과적으로 개입할 구조를 제안하고, 도시들을 서로 이을 뿐 아니라 도시와 그것의 영향을 받는 영토를 매개할 수 있는 개념적 기반을 놓는 데 있다.

정치경제학자 윌리엄 포스터 로이드(William Foster Lloyd)가 1833년에 『인구 억제책에 관한 두 강연(Two Lectures on the Checks to Population)』에서 처음 진술한 최초의 커먼스(the commons) 개념은 목장과 소떼, 물, 숲 같은 일부 자연 자원 유형들을 공유한 인간 집합체(collective)의 구성 자체를 분석함으로써 도시론에 관한 담론을 만들어낼 기회를 제공했다. 우리는 이런 집합체와 그들이 공유했던 자원 및 기술을 참조해 도시의 집단 생활을 자연과, 영토와, 촌락과 연결하고자 했다. 이번 기획의 논거가 된 이 공유 개념은 도시 프로젝트가 독립된 사건들로 제시되는 양상을 극복할 수 있게 해준다. (이미 말했듯이, 도시의 문화적 고유성과 정체성을 내세우는 건 국민국가로 돌아가는 것보다 훨씬 더 정치적으로 위험할 수 있다.) 대신 공유 자원과 기술은 세계적이며, 여러 도시에 걸쳐 인간 공동체와 비인간 공동체 모두에 존재한다. 이런 공유 영역들은 도시를 도시뿐 아니라 영토와도 연결함으로써 진정한 정치적 생태를, 말하자면 도시적 사실(도시 과학의 대상)과 도시적 가치(도시 정치의 대상)의 구분이 사라지는 경향을 보이는 체제를 만들 수 있게 해준다.

우리는 이 시대에 적절한 도시적 공유를 파악하는 과정에서 신석기시대에 주목하게 됐다. 신석기시대에는 동식물을 기르고 농업 기술을 개발하면서 도시가 출현하기 시작했다. 인류 최초의 공유 영역은 인구 밀집 지역을 중심으로 한 천연 자원과 점점 더 큰 밀도의 인구를 부양하는 데 쓸 수 있었던 기술이었다. 우리가 호흡하는 공기와 우리가 마시는 물, 우리가 소비하는 에너지, 우리가 작물을 수확하는 땅이라는 네 가지 공유 자원은 생태 자본 중 가장 기초적인 자원을 대표한다. 시대를 막론하고 늘 가장 기본이 된 도시 기술은 환경 패턴을 파악하고 주변 세계를 감지하는 데 사용하는 장치, 정보와 지식을 공유하는 향상된 역량, 인체 범위를 넘어 공간 속에서 움직이는 역량, 자연에 존재하지 않는 재화를 생산하는 역량, 쓰레기를 처리하고 처분하는 능력이라는 다섯 가지 공유 기술이었다.

이런 도시적 공유의 관점에서, 우리는 이런 논쟁을 무대화할 장소로서 돈의문 박물관 마을을 선정했다는 게 (우연한 행운이었을지라도) 중요하다고 믿는다.
돈의문 박물관 마을은 역사적인 서울 서대문 근처에 최근 개축된 지역으로서,
작은 한옥집들이 이루는 복잡한 조직과 1960년대에 날림으로 지은 주거
조직으로 구성된다. 중요한 건 도시 자본을 재활용한다는 개념이 이번 개축
계획에서 마찰의 원인이 됐다는 점인데, 이 조직이 원래는 근린 개발단지를
위한 편의 공간이 될 새 공원 부지로 예정돼 있었기 때문이다. 돈의문 박물관
마을을 문화와 여가 중심의 단지로 보존하기로 한 결정은 우리가 이번 전시를
통해 더 개진하고픈 도시 재생에 대한 강력한 입장을 제기한다.

서울비엔날레를 위한 요강에 기초해, 우리는 아홉 가지 공유 영역을 다룰
40개의 전시(각 부문별로는 약 네다섯 개의 전시)를 모았다. 생태 기반의
공유 자원과 기술 기반의 공유 양식이라는 두 가지의 구분되는 영역에 기초해
돈의문 박물관 마을 내의 공간 분포가 이뤄진다. 대지의 북동쪽 끝에는 공기,
물, 불, 땅에 관한 생태 기반 공유 자원 전시들을 배치했다. 대지의 남쪽
절반에는 감지하기, 소통하기, 움직이기, 다시 쓰기, 만들기에 관한 기술 기반
공유 양식 전시들을 배치했다. 이 모든 전시 하나하나를 위한 요강은 처음부터
해당 전시 자체에만 국한하지 않았다. 설치 작품들은 본 책자에 실린 더
심도 있는 연구 내용의 원형(原型, prototype)을 제시하는 걸 목표로 했다.
이 다양한 제안들 간의 상관관계는 기존 도시 조직 내에 뿌리내려 서로를 잇는
매개체로 작동하며, 그 상관성을 구성해보는 건 관람하는 방문객의 몫이다.
비록 우리가 아홉 가지 공유 영역을 일반적인 조직 구조로 활용하긴 했지만,
그 사이에는 견고한 경계가 없다. 여러 주제 사이에 일어나는 다양한 중첩이
경계를 흐리게 만들기 때문이다. 국지적으로는, 여러 전시들이 서로 접선을
이루도록 배치돼 여러 공유 영역 간의 중첩이 이뤄진다. 공기는 감지하기와
관계를 맺고, 움직이기는 소통하기와 관계를 맺으며, 다시 쓰기와 만들기라는
도시 물질대사 과정이 서로 내밀하게 결속된다. 그리고 땅과 불, 다시 쓰기
영역은 수많은 중첩과 상관관계를 보여준다. 이 실험의 중요성은 그 모든 설치
작품이 기존의 한 도시 환경 속에 함께 배치된다는 데 있다.

많은 전시가 그것의 잠재적 성과를 접하게 될 주요 당사자인 지역민의 참여를
유도하면서 서울과 특정한 관계를 맺기 위해 노력했다. 우리는 일부러 건축을
제시하고 논쟁하기 위한 전통적 방식인 건축적 재현을 피하려고 노력했다.
대신 작가들에게 아홉 가지 공유 영역에 관한 각자의 연구를 1:1 축척의 실물
원형이나 교육적인 방식으로 제시해달라고 요청했다. (오브제의 운반이 용이한
여타 예술 분야와 반대로) 건축을 매체로서 전시하기가 어렵다면, 설치되는
작품은 건축 프로젝트이기보다 늘 그 프로세스의 부분적 원형일 수밖에
없으며 대부분은 건축 이전 수준에서 작동하는 원형이다. 우리는 이런 범주의
전시가 건축 대중을 만족시키기에 한계가 있음을 잘 알고 있으며, 이런 수준의
논의는 건축이라는 학문 전체가 뿌리째 재정립되고 있는 시점에 필요한

논의라고 믿는다. 또한 이런 논의는 건축 비엔날레의 통상적인 구성보다 훨씬 더 폭넓게 구성돼야 한다고 본다. 게다가 우리는 공기와 에너지와 물의 흐름이 제어되고 기술이 장착되는 디테일의 규모가 건축에서 새로운 중요성을 띨 거라고 예감한다. 그렇다면 건축에 대한 꽤 많은 논의를 해볼 수 있는 규모는 1:1 축척이다.

요즘 떠오르는 수많은 건축 실천들이 건축학의 역사에 대한 개입을 표방하면서, 기술-기업적인 신자유주의 건축 형식들에 저항하는 자세를 취한다. 건축학의 교의들이 더 이상 건축가를 제외한 누구에게도 중요해 보이지 않는 세계에서, 역사주의적 접근으로의 후퇴는 건축가들이 주변 세계에 개입하기 어렵게 만드는 심각한 장애물이 되고 있다. 예컨대 최근 들어 기술적인 모든 걸 기술-기업적 자유주의 및 '역사의 종언'과 연관 짓는 입장은 옛 무정부주의적 노동조합주의(anarcho-syndicalism)의 수사와도 종종 혼합되는 건축의 언어 게임으로 되돌아가면서 건축학 내부의 풍경으로 후퇴하기를 부추겨왔다. 이런 입장은 분명 매우 실제적으로 만연하고 있는 '후기 인류세(Late Anthropocene)'의 신자유주의적 기술-기업 제국을 일시적으로 보지 못하게 만드는 연막탄이다.

역사적으로 구축된 학문들이 공유 영역을 효과적으로 다루기에는 적잖은 한계가 있다. 아주 최근에 이뤄진 기술 발전과 그것이 도시에 미친 엄청난 영향을 감안할 때, 과거 도시의 삶을 바라보는 회고적 관점이 현대적 발전을 위한 지침을 제공하는 데 어떤 의미가 있는지는 의심스런 일이다. 오늘날 도시와 문화에 영향을 주는 가장 중요한 요인들은 겨우 지난 10년 사이에 나타난 것이다. 지구온난화에 대한 대중적 인식, 실시간 데이터 수집과 분배, '소셜 미디어', '바이러스처럼 번지는(going viral)' 온라인 소문, 인공지능 알고리즘, 얼굴 추적, 스마트폰, 5세대 이동통신망, 위성항법장치(GPS) 등이 그렇다. 우리의 집단 기억은 국민적 승리나 재난보다도 기록적인 온도와 밈 캘린더(meme calendar), iOS(애플 이동통신 운영체제) 업데이트, 갈수록 빨라지는 다운로드 속도를 중심으로 모이기 시작했다. 기술 개발이 다양한 공유 영역에 미치는 여파(예컨대, 감지 기술의 발전과 환경 정책 간의 관계)를 이해하려면, 어떤 역사적 사례연구보다도 상관분석(co-relational analysis)이 더 효과적일 수 있다고 우리는 믿는다.

건축의 역사에서 뭔가 배울 게 있다면, 전통을 회고하는 가운데서 진보적 실천은 거의 일어나지 않는다는 것이다. 우리는 역사적으로 수많은 기술 개발이 건축학의 역사적 형식이 가진 형식적·수행적 가능성을 능가해 더 이상 역사적 형식으로 표현될 수 없었던 20세기 초와 비슷한 시대에 살고 있다. 당시는 (르코르뷔지에와 미스 반 데어 로에처럼 제도권 학계에서 교육받지 않은 경우가 많았던) 수많은 건축가들이 이런 기술 개발에 개입해 건축의 전통에서 벗어나려 시도한 결과 가장 생산적인 건축적 발명이 이뤄진 시기에 속했다. 19세기 말 역사주의 건축과 1920년대 근대 건축가들이 주목하던 대형여객선과 비행기, 자동차, 곡물창고 사이의 거리는, 오늘날 우리가 건축 매체를 통해 말로써 퍼뜨리고 있는 네오포스트모던 레퍼토리와 여기서 우리가 개입을 시도하는 바이오기술과 로봇, 소셜 미디어 사이의 거리와 다를 바 없다.

본 전시가 내기를 건 질문은 건축가들이 어디에서 우리의 지능을 습득하느냐는 것이다. 우리는 건축의 역사가 더 이상 그리 시의성이 있는 건축 지식의 보고가 아니며, 그 어느 때보다도 더 건축가들은 건축학의 전통적 범주 너머의 더 큰 생태와 기술에 주목해야만 시의적인 건축가로 남을 수 있다고 믿는다. 르코르뷔지에와 미스 반 데어 로에를 비롯한 많은 초기 근대 건축가들에게 역사적인 건축 형태가 설계 지능의 자취가 아니었듯이, 우리도 앞으로 나아가려면 건축학 내부가 아닌 외부로 시선을 돌려야만 한다. 새로운 르코르뷔지에가 되길 원할 수 있는 때에 누가 새로운 가르니에(Garnier)나 러티언스(Lutyens)나 리처드슨(Richardson)이 되고 싶어할까? 건축이나 건축 거장의 역사에 대한 분석이 지구온난화나 빅데이터, 업무 자동화에 비해 문화적으로 시의성이 있을까? 우리는 그렇게 생각하지 않는다. 역사는 늘 미래를 내다보지 않은 이들에게 관대한 적이 없었다.

이 건물에서 우리는 세계를 간직한다
리암 영

미국 오레곤주 한복판의 어느 이름 모를 소도시. 시원한 공기와 값싼 수력 발전, 그리고 세금 혜택은 인류 역사상 최대의 문화적 지형을 조성한다. 바로 이 잊혀진 거리와 날로 불어나는 그 거리의 경계 안에는 우리의 정체에 관한 모든 게 담겨있다. 우리의 모든 꿈과 두려움, 역사와 미래가 바로 이곳, 다이너 팬케이크와 시뮬레이션 시럽 냄새가 진동하는 스리프트웨이 바로 뒤편에 있다. 여기는 인터넷이 사는 곳이다.

'클라우드(cloud)', '와이파이(wifi)', '웹(web)' 같은 용어들은 어디에나 일시적으로 존재하기에 보편적이되 그 어디에도 속하지 않은 무엇을 암시한다. 하지만 이런 네트워크는 지구적 규모의 특별한 물리적 기반체계를 중심으로 조직된다. 우리는 인터넷을 하나의 지형처럼 항해하면서 그 네트워크의 이상한 건축 구조를 일대기로 기록하고자 세계를 연결하는 광섬유망을 팔로우하고 있다. 벽에 연결된 인터넷 케이블을 떼고 이 느슨한 무선의 실마리를 따라가게 되면, 결국 페이스북과 구글과 애플의 서버 더미들로 둘러싸인 세계의 이 평범한 일부에 나와 당신이 나란히 속해 있는 걸 보게 될 것이다. 전 세계의 데이터는 바로 여기서 집을 짓는 중이고, 내 얼굴을 스치며 우리의 인터뷰 마이크를 휘감는 미풍은 기반시설의 폭풍으로 전환한다.

우리 앞에는 구글 데이터센터를 두르는 담장의 백색 분말 코팅 철망이 있다. 우리는 철망 사이로 카메라를 들이밀어 공중에 배출되는 자욱한 증기를 뚫고 초점을 맞춘다. 그 자욱한 데이터의 안개 속에서 옆면에 구글 컬러 로고가 그려진 한 스포츠 유틸리티 차량이 다가오더니 안전 요원이 나와 우리에게 나가라고 말한다. 저 탱크도 못 지나갈 담장 저편에서 겹겹이 누적되는 검색 기록과 지메일, 스캐닝 된 책, 모든 걸 담는 백과사전에 우리가 접근할 수 있는 최대치는 여기까지다. 이 건물의 내부를 찍은 사진은 아주 소량만이 온라인에 존재한다. 아울러 이곳은 우리 모두의 정보를 담고 있지만 우리가 절대 들어갈 수 없는 공간이기도 하다. 이곳은 재미있는 색색의 배관들이 숲을 이루며 친숙한 대중적 인상을

전하고 우리를 무장해제시키는 이미지들을 보여주지만, 실은 지구상에서 가장 보안이 강력한 곳 중 하나로서 군사 시설처럼 요새화된, 일상적 돌봄이 필요한 건축물이다.

길을 따라 몇 시간만 올라가면 나오는 프라인빌(Prineville)이라는 소도시로 가는 동안, 우리는 리처드 세라의 기다란 조각처럼 풍경 속에 낮고 길게 뻗은 검은 거석이 지평선 위로 나타나는 걸 보게 된다. 우리는 여기가 애플의 비밀 데이터 센터라는 말을 전해 듣지만, 선명한 애플 로고는 보이지 않는다. 그 대신 길게 늘어선 또·다른 담장과 유령 회사명이, 그리고 창도 없이 이어지는 벽들만 보일 뿐이다.

몇 분 더 가서 우리는 페이스북의 자체 데이터 센터를 구성하는 서버들이 명멸하는 3만 제곱미터 넓이의 사육장에 도착한다(아래 이미지 참조). 모든 '좋아요(like)'와 연애편지, 당황스런 사진, 빈정거리는 업데이트가 이 광대한 콘크리트 상자 속에서 그르렁대는 기계들에 저장된다. 인터넷용 건물들은 쉽게 파악하기 어렵다. 이런 건물은 근본적으로 평범한 형태로 구성돼 소멸해가는 유형 뒤에 숨어 있는데, 그 설계자들은 익명성과 보안성의 의미를 혼동하는 듯하다. 하지만 우리의 집단적 역사가 디지털화되는 시점에서는, 이런 무미건조한 형태들이야말로 우리 세대의 위대한 도서관이자 성당이요 문화 유산이다. 여기에는 일견 아키텍처(architecture)라 할 만한 건축도, 그 어떤 거대한 기념비적 제스처도 거의 없어 보인다. 오히려 우리의 현대적 세계 경험에 너무도 근본적인 공간들을 직조하는 이 네트워크는 겨우 에어컨 설비시설 정도의 모습으로 개념화되는 듯하다.

우리는 페이스북 시설의 설계자이자 세계의 모든 데이터센터 건설을 담당하는 단 네댓 명의 건축가 중 한 사람인 닐 시한(Neil Sheehan)을 만나고자 프라인빌에 와있다. 페이스북 건물 로비에서 만나자, 닐은 이렇게 말한다. "우린 데이터센터 작업을 합니다. 다른 건 할 시간이 전혀 없어요." 이 새로운 네트워크의 역사를 쓰는 데 큰 역할을 담당한 닐은 우리로서는 흔히 볼 수 없는 내부를 구경시켜준다는 데 동의했다. 그렇게 우리는 우리의 디지털 자아들을 만나고, 겹겹의 서버 랙(rack) 너머를 응시하고, 100만 개에 달하는 페이스북 청색의 발광 다이오드(LED) 속에서 명멸하는 우리 자신을 바라볼 순례를 하게 됐다. 닐이 보안 카드를 긁고 문을 밀자 세찬 바람이 불고, 100만 개의 냉각 팬에서 쏟아내는 귀청 터질 듯한 굉음이 방을 채운다. 이런 인터넷의 소리 풍경(soundscape)은 계절 변화도 없이 끝없이 윙윙대는 영원한 디지털 봄철의 풍경이다. 페이스북 데이터센터는 모든 데이터센터가 그러하듯 기본적으로 바닥부터 천장까지 쌓인 동일한 서버 랙들로 구성되며, 바로 이 서버들이 전 세계 19억 사용자들의 삶을 엮고 기록한다. 이 홀에 있는 4,000개의 서버에서는 접속이 이뤄질 때마다 푸른색 발광 다이오드가 빛을 내고 데이터가 기록될 때마다 노란색 섬광등이 깜박거린다. 반딧불이 떼처럼 진동하는 이 서버 층은 소셜 미디어 영토의 지도이자, 공간화된 인터넷이요, 깜박이며 인사하는 모든 페이스북 이용자들의 사육장이다.

고대의 장인들은 한때 인체 부위를 활용해 세계를 측정했다. 큐빗(cubit)은 팔뚝 길이를, 인치(inch)는 엄지 길이를 기반으로 한다. 르코르뷔지에(Le Corbusier)는 인체 비례에서 도출한 척도인 모듈로르(Modulor)를 중심으로 건물을 설계했다. 우리는 한때 인간적 규모와 비전 및 작업 패턴에 기초한 체계를 통해 우리 세계를 이해했다. 하지만 인터넷의 현장에서 신체는 더 이상 공간을 지배하는 척도가 아니다. 오히려 19인치 산업 표준 서버 랙이 새로운 모듈 척도가 됐다. 인터넷의 체계 전반은 이 보편적인 구축 단위를 중심으로 구조화되는데, 심지어 유럽의 페이스북 센터들은 평면상 피트와 인치로 구성되지만 단면상으로는 단지 그에 맞는 미터 단위로 구성될 정도다. 닐이 말한다. "어디서부터 출발할까요."

우리는 데이터 홀을 거닐다가 이 기계들의 논리를 전적으로 따르는 공간을 만난다. 닐이 빈정거리는 투로 말한다. "여긴 디자인이 없어요." 닐은 여전히 우리가 왜 왔는지 이해하기 어렵다는 눈치다. 우리에게 현대 문화의 중대한 현장보다는 공기 여과 막으로 최적화된 건물을 안내하는 중이라 생각하는 모양이다. 그는 흐름을 극대화하고

에너지 손실을 줄이며 이제껏 상상할 수 없었던 효율성을 보충하도록 이뤄진 혁신을 중요시한다. 우리는 오레곤주의 공기와 함께 건물로 진입하고, 공기는 냉각됐다가 더 고온의 영역들로 흘러간 뒤 다시 세상 밖으로 배출된다. 슈퍼볼 관련 게시물과 가짜 뉴스, 생일 축하 메시지 따위를 전한 뒤의 증기 구름이 피어 오른다. 닐이 말한다. "우리는 최소 전력량으로 공기가 아주 느리게 내부에 들어와 서버를 통과했다가 빠져나가는 시설을 설계했습니다." 페이스북의 서버 캐비닛은 보통 연간 2만 4,000킬로와트시(kWh)를 사용하는데, 이는 평균적인 가정집에서 쓰는 전력량의 두 배에 해당한다. 하지만 인근 강의 댐과 수력발전소가 옆에 있어 이곳 프라인빌은 에너지 요금이 저렴하고, 미국 내 다른 지역에 비해 전기 요금이 절반 정도밖에 들지 않아 모두가 여기로 오는 것이다. "데이터센터들은 버섯과 비슷해요. 하나가 피어 오르면 나머지도 덩달아 피죠."라고 닐이 웃으며 말한다.

프라인빌은 전력을 비트로 전환하는 소도시이며, 페이스북의 데이터센터는 클릭과 조회수에 기초해 우리의 문화를 조직하고 삶을 기록하는 거대한 기계다. 우리가 페이스북에 뭔가를 처음 게시하면, 게시물은 우리 앞에서 깜박거리고 있는 캐시(cache) 서버에 저장된다. 우리의 데이터는 공유되고 접속되는 빈도에 따라 짧게는 두 시간에서 길게는 이틀까지 이곳에 보관된다. 데이터는 오래될수록 덜 관심을 받기 때문에 어떤 순간에나 볼 수 있는 데이터는 페이스북 전체의 단 2퍼센트밖에 되지 않는다. 데이터는 시간이 지날수록 플래시 드라이브를 옮겨 다니다가 결국 세상이 지루해하게 되는 순간 장기 저장 드라이브로 옮겨간다. 이런 하드 드라이브들에서 당신의 데이터는 불확정적으로 살아간다. 어찌 보면 그 속에서 우리 모두가 불확정적으로 살아가는 것이리라.

"저쪽의 저 작고 하얀 건물들 보이세요? 냉동 보관용 건물이에요." 이렇게 말하며 닐은 우리를 총괄 서버 홀 뒤로 데려가 일렬로 늘어선 아연 도금된 곳간들을 보여준다. 각 곳간은 대략 자동차 두 대가 주차할 만한 크기다. 이 작은 곳간은 저마다 1엑사바이트(exabyte)—10억

기가바이트—의 데이터 저장 공간을 갖추고 있는데, 현재는 사용자들이 매달 업로드하는 1페타바이트(petabyte)—100만 기가바이트—의 사진들로만 채워지고 있다. "요즘 우리는 모두 페이스북에 아기 사진을 올리고 그게 영원히 보관되길 기대하죠. 사진이 오래돼 더 이상 '좋아요'가 눌리지 않거나 조회되지 않으면, 그때 여기에 보관되는 겁니다."라고 닐은 설명한다. 이 수수한 파빌리온들 안에 지금껏 찍힌 사진과 앞으로 찍힐 사진이 모두 들어가 있다. 인간사를 기록하는 이 시각적 초상이 프라인빌 뒤편 어딘가의 2차선 도로를 따라, 어느 주차장 근처의 한 나무 곁에 자리하며 오후의 뜨거운 태양열에 데워지고 있다. 우리는 닐에게 우리의 소중한 기억들을 모두 담는 곳을 설계하는 게 어떤 느낌이냐고 물어본다. 그에게 우리가 듣고자 하는 건 어느 정도의 감정이다. 현존하는 최대의 기록 프로젝트 중 하나를 책임지는 게 어떤 의미인가에 대한 감각 말이다. "만약 제가 랙에서 드라이브 하나를 꺼내면, 거기에는 어느 한 사진의 극미한 일부만 담겨있을 겁니다. 이 시스템은 한 조각의 데이터를 여러 드라이브에 나눠 기록하기 때문에, 전체에 비하면 거의 원자적 규모에 해당하는 이미지의 단편만 꺼내지는 거죠. 그건 제가 볼 수도 없는 부분이고요, 최대 14개의 서버 랙을 잃어버릴 때까지는 어떤 데이터에도 손상이 가지 않습니다. 마치 몸 전체가 아닌 피부 세포 하나를 잃는 것이나 같죠." 이런 식으로 우리의 디지털 자아들은 산산조각이 돼 건물 전체에, 또한 실제로는 지구 전체에 각자의 분자를 흩뿌려놨다. 어쨌든 닐이 옹호하는 소프트웨어 논리에도 불구하고, 여전히 이곳은 다른 관점에서 생각해볼 만한 어딘가 중요한 장소로 느껴진다. 우리는 계속 걸어 그 뜨거운 복도를 지난다. 우리의 사진들이 데워놓은 공기를 호흡하면서.

닐은 우리가 여기서 볼 게 없다고 생각한다. 데이터센터는 문화적 의미가 아니라 기계를 위한, 효율성과 최적화를 위한 장소다. 이곳은 순례의 장소가 아니다. 하이킹을 할 만한 그림 같은 숲도, 일요일의 교회처럼 우리가 착석하는 집회 공간도 아니다. 둘러본 방을 빠져나올 때마다 내 임무는 전등 스위치를 끄는 일이다. 어둠 속에 남겨진 사람은 아무도 없다. 빈 방들로 이뤄진 건물이고, 방들은 우리 없이도 제각기 조용히 윙윙거리고 있다. 겨우 한 명의 페이스북 엔지니어가 매일 2만 5,000개 서버를 유지·관리할 수 있다. 우리는 이 데이터센터의 실수요를 넘어선 잉여 인원들이다. 이곳은 우리의 디지털 아바타로 가득하지만 이상하게도 사람들은 존재하지 않는 풍경이다. 단 몇 명의 순회하는 기술자들만이 복도를 활보하고, 서버들을 돌보고, 전등을 감시하고, 뭔가 할 일을 기다린다. 이건 새로운 탈인간적(post-human) 유형이요, 오늘날 존재하는 것의 의미적 중핵에 자리하면서도 그런 의미의 표현에는 등을 돌려버리는 비상한 의미의 건물이다. "우리한테 이런 건물을 설계해달라고 요청하는 사람들은 그게 어떤 모습일지 신경 쓸 필요도 없을 거예요." 닐은 그렇게 말한다. 하지만 그게 우리의 매체화된 세상의 중심을 이루는 장소에 대한 충분한 설명인가?

데이터센터는 역사가 없는 유형이다. 이 서버 사육장의 동시대적 미학 언어는 한 정보기술 노동자가 공상과학 영화의 일대기를 관람한 후에 그럴듯한 광경이라 생각하는 기대치에서 도출된다. 닷컴 붐이 있고 나서, 엑소더스(Exodus)란 이름의 회사는 이런 가정에 기초해 주로 철통 보안의 비밀 데이터센터를 마케팅하며 자사 브랜드를 구축했다. 엑소더스를 통해 요새화와 광학 스캐너, 손가락 지문인식 같은 디자인의 신성한 표상들이 도입됐고, 그런 표상들은 아무도 데이터센터에 대해 얘기하지 않는 조심스러운 파이트 클럽(Fight Club)[1] 심리를 일으켰다. 우리가 뭔가 더 문제를

---

[1] 척 팔라닉(Chuck Palahniuk)이 1996년에 발표한 소설이자, 데이빗 핀처가 1999년에 동명의 영화로 각색한 작품을 말한다. 이 작품에 등장하는 파이트 클럽의 첫 번째 규칙은 '파이트 클럽에 대해 얘기하지 말 것'이다. —옮긴이

제기하려 한다면, 우리가 활용해야 할 대안적 전통은 어떤 것들이 있을까? 인터넷을 더 이상 기업 보안의 문제가 아니라 문화적 정체성의 문제로 본다면, 도서관이나 박물관, 보관소, 기념비, 또는 공개 토론장에 의지해야 할까? 인터넷은 기술적 숭고의 전통 속에 있는 풍경인가—더 이상 야생의 자연이 아니라, 복잡하게 배치된 청록색과 보라색 플라스틱의 케이블, 화이트 노이즈, 광대한 데이터 복합체들의 콘크리트 지질에 헤아릴 수 없는 경외가 바쳐지는 풍경인가? 우리는 구불구불한 언덕 풍경에 대해 쓰던 것처럼 서버 복도의 풍경에 대해서도 머지않아 독백을 쓰게 될까? 연인들은 발전소 보안등의 인공 달빛 속에 주차해 사랑을 나누게 될까? 우리는 인공 합성 태양과 천장 타일의 격자가 내뿜는 형광 빛 아래서 소풍을 하게 될까? 우리의 새로운 문화 공간들은 일시적으로 고장이 나고 버퍼링이 일어날까? 전자기적 장치들은 윙윙거리고, 하드 드라이브와 광섬유와 레드불(Red Bull) 같은 에너지 음료의 냄새가 난다.

프라인빌은 장막의 뒤편에, 구름의 안개 너머에 있는 영토다. 네트워크화된 세계의 데이터센터들은 우리의 영원한 디지털 자아들을 비상하게 물질화한 결과물이다. '가상(virtual)'과 '실재(real)'의 구분이 더 이상 통하지 않는 세계에서, 이 명멸하는 건축은 단지 컴퓨터 계산 기반시설에 그치지 않는다. 그것은 우리 시대를 정의하는 문화적 구성물이 되고 있으며, 닐 시한은 자신이 그걸 좋아하든 말든 상관없이 새로운 세대의 스타 건축가다. 건축은 늘 지배적인 생산 수단을 통해 정의돼왔다. 석공들은 한때 기둥의 주두를 조각했고, 근대 건축가들은 산업화로 가능해진 사전 제작(프리패브) 부재들을 활용했다. 모든 시대에는 당시만의 상징적 건축 유형이 있다. 모든 건축가가 꿈꾸던 프로젝트는 한때 교회였다가, 모더니즘 시기에는 공장을 거쳐 주택이 됐다. 지난 10년간 우리는 퇴폐적인 미술관과 갤러리를 찬미했다. 이제 우리에겐 데이터센터가 있다.

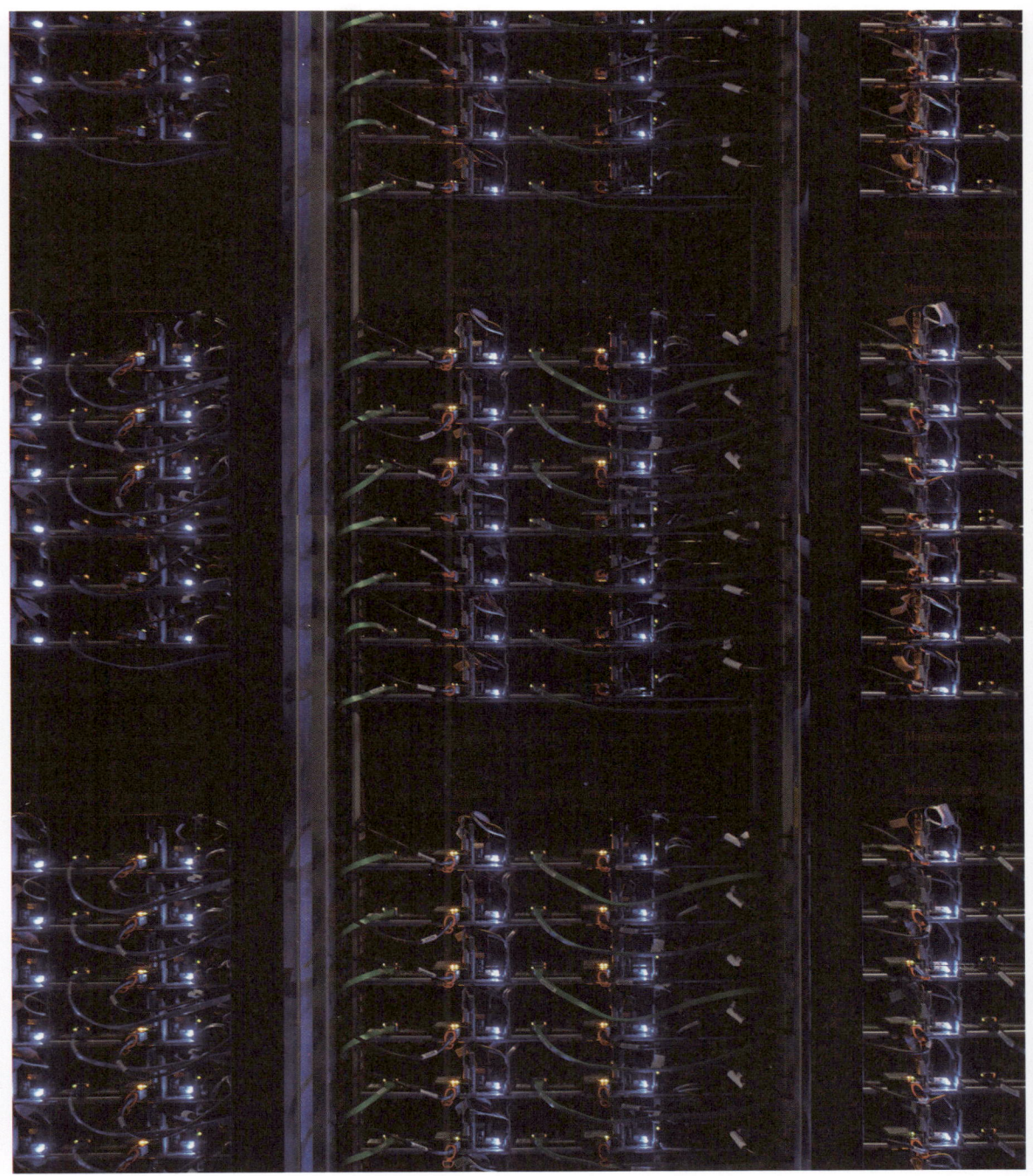

공기

공기세: 공기 감지하기[1]

토마스 사라세노

「공기세」는 환경적 현안에 대한 예술적·과학적 탐구를 표방하는 학제간 오픈 소스 프로젝트다. 이 프로젝트는 인류세(人類世, Anthropocene)에 따른 새로운 시대인 공기세(空氣世, Aerocene)를 조성하는 방식으로, 사회적·심리적·환경적 생태를 서로 이어줄 공통의 연결고리들을 장려한다.

공기를 인식한다는 건 우리의 환경을 민감하게 느끼고, 우리의 생명을 지탱하는 어떤 움직이는 요소를 인식하는 것이다. 방과 건물을 떠나 산에 오르고 바다에서 헤엄을 치더라도, 여전히 우리는 공기 속에 있다. 이런 의미에서 공기는 곧 환경이다. 공기는 자연스럽게 감각을 비껴가다가 종종 피부에서 미풍으로 감지되곤 하며, 증기나 스모그의 형태로만 드물게 눈에 띈다. 하지만 이제 공기는 더 이상 경험적 지각을 벗어나지 않는다. 공기의 자연스러운 비가시성은 인류가 점점 더 산업화하면서 가시화돼 왔다. 물은 쓰레기로 가득해졌고, 땅은 콘크리트로 덮였으며, 에너지는 정치적 갈등의 대상이다. 그리고 공기는 갖가지 원인으로 발생하는 모든 오염물질을 흡수한다. 이는 소위 말하는 인류세에서 발견되는 현상이다. (인류세는 인간 활동이 환경을 변화시키는 지배적 동력이 되면서 시작한 새로운 지질학적 시대로서 제안되고 있다.)

공기는 이제 은유적인 모호함에서 벗어나게 됐다. 오염 수준이 높은 지역에서는 매연으로 가득한 공기를 느낄 수 있고, 거기서 휘발유 가스의 냄새와 맛을 느낄 수 있으며, 스모그로 오염된 공기가 가시화되기에 이르렀다. 어떤 도시 환경에서는 청명한 하늘을 보는 게 거의 기적 같은 일이 됐지만, 그런 하늘에도 결국 또 몇 줄기의 비행기구름이 표시된다. 영공은 소유하고 쟁취해야 할 대상이 된다. 중공업이 대기 중으로 유독가스를 배출할수록, 공기는 그 어느 때보다 더 탁하게 오염될 것이다. 이 모든 현상은 인간의 감각이 공기에 반응하는 방식을 변화시켰다. 오래 지속 가능한 변화를 이루려면 사람과 공기의 관계를 다시 학습해야 하며, 공기를 통제하기보다는 공기와 더불어 사는 법을

---

[1] 돈의문 박물관 마을에 전시된 「에어로센 익스플로러」에 관한 글이다. —옮긴이

「공기세 익스플로러의 일식(Eclipse of the Aerocene Explorer)」(2016)
2016년 1월, 토마스 사라세노의 예술적 탐험 여정 도중 볼리비아의 우유니 소금평원(Salar de Uyuni)에서 있었던 퍼포먼스. 우유니 소금평원은 지구에서 가장 많은 양의 리튬을 보유한 곳으로 추정된다. 리튬은 전자산업에서 휴대용 배터리를 만들 때 널리 쓰이는 알칼리금속으로서, 점점 더 희귀한 물질이 돼가고 있다. 우유니 소금평원 위에서 떠올린 「공기세」 기구들은 태양과 지구를 유일한 배터리로 활용함으로써 에너지의 순환에 다양하게 관계하고 [리튬과 같은] 땅속 천연 자원은 보존하자는 제안이다.

이해해야 한다.

어떻게 해야 그리할 수 있을까? 지구는 인류세의 파괴적 성격에서 벗어난 새로운 시대를, 새로운 삶의 방식을 요하고 있다. 이런 시대는 '공기세'라고 불러야 할 것이다. 예술가 토마스 사라세노(Tomás Saraceno)의 상상으로 기획된 「공기세」는 지질학적 구분을 넘어 대기에 초점을 둔 시대를 정초하려는 오픈 소스 프로젝트다. 이 프로젝트는 공중 여행을 장려하지만, 화석연료 수단을 활용하진 않는다. 인류세와 공기세의 차이는 다음 사례를 통해 이해할 수 있다. 인위 개변적(Anthropogenic) 여정은 화석 연료의 유해한 배출이나 소비를 신경 쓰지 않고 점 A와 점 B를 가장 빠르게 이으려는 움직임이다. 반면 공기세의 여정은 공기와 협력하며 움직이게 될 것이다. 이런 식의 움직임은 바람을 타면서 열 기류로 추진력을 얻어 공중에서 곡선을 그리며 떠다니는 것이다.

토마스 사라세노는 엔지니어와 기술자, 열기구 조종사, 과학자와 협업해 사실상 이런 식의 이동이 가능하도록 특수 설계된 공중 부양 기구를 개발했다.

"오늘날 만물을 위협하는 거의 아무것도 아닌 것 같은 대기 물질이 그[사라세노]의 모델에서는 21세기의 삶에 아주 중요한 정치적·열역학적 모델 외에 아무것도 제공하지 않는 유일무이한 물질이 된다." (Moe 2015)

따라서 「공기세」 프로젝트는 세계에서 가장 긴 탄소 무배출 여정을 이루고자 하는 일련의 공기

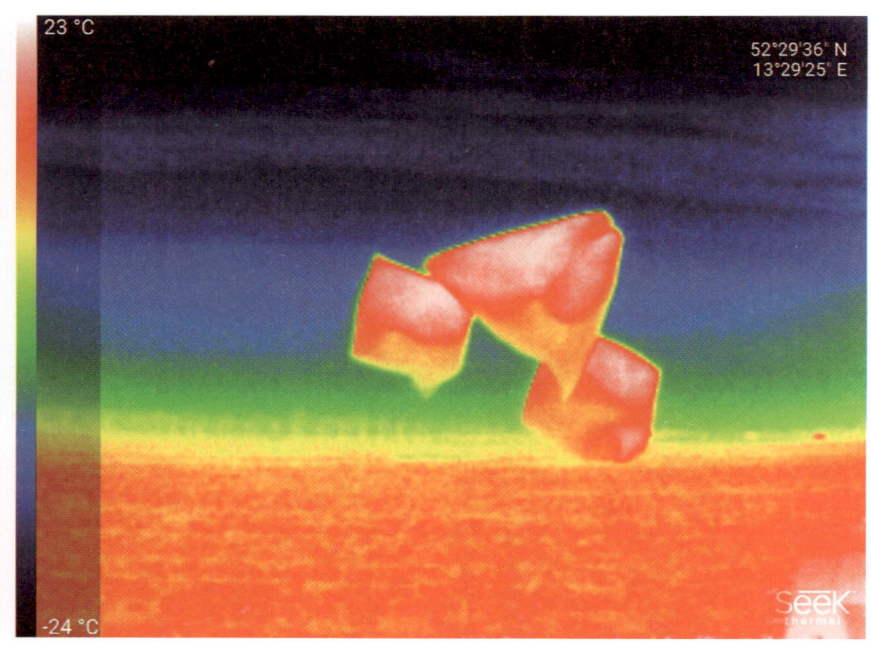

「공기세: 51 페가시 B 비행(Aerocene: 51 Pegasi B Flight)」(2017)
2017년 3월 4일 토요일, 루트비히스하펜의 빌헬름 하크 미술관에서 토마스 사라세노의 개인전 「공기-태양열 여정(Aerosolar Journey)」의 일환으로 공기세 기구 51 페가시 B가 발사됐다. 이 기구는 어떤 탄소나 화석 연료, 헬륨, 수소, 점화구, 엔진도 사용하지 않은 채, 오로지 기류와 태양열에만 힘입어 비행했다. 이 여정에는 가상 울타리 설정(geo-fencing)과 절단-하강(cut-down) 메커니즘[2]을 검증 차원에서 적용했다.

2
가상 울타리 설정 메커니즘은 항공법을 위반하지 않기 위해 필요한 기술이다. 절단-하강 메커니즘은 상단에 구멍을 내 따뜻한 공기를 배출시킴으로써 기구가 팽창 한계에 도달하지 않게 하면서 기구를 하강시키는 기술인데, 아울러 공기 배출구를 다시 닫아 원하는 고도에서 자유로이 비행할 수 있게 하는 연구도 진행되고 있다. 이 장치의 원리는 독일 브라운슈바이크 공과대학 건축예술연구소(IAK)에서 사라세노가 협업해 만든 소책자 『공기-태양열적으로 되기 매뉴얼(A Manual for Becoming Aerosolar)』(2015. 7. 13.) 48–9쪽에서 확인할 수 있다. http://iak-institute.org/wp-content/uploads/2015/07/Online-Manual-_-Becoming-Aerosolar-_-Spreads.pdf(2017년 11월 15일 접속) 참조. —옮긴이

연료 기구들로 실현된다. 이 기구들은 태양열과 지표면에서 나오는 적외선 복사열만으로 공중 부양하게 된다. 그 속도는 바람에 의존하며, 비행 시간은 태양의 상태에 따라 달라진다. 기구의 부양력은 내부 온도와 외기 온도의 차이로 결정된다. 기구들은 화석 연료를 소비하지도, 태양열 패널과 배터리, 헬륨과 산소, 기타 희귀 가스도 사용하지 않은 채 오로지 기구에 공기를 채우고자 기구와 함께 달리는 운동 에너지만을 통해 부양한다. 기구에 공기가 차고 나면, 기구 내부 공기가 점차 태양열로 가열되는 건 시간 문제일 뿐이다. 기구는 천천히 확장하다가 공기보다 더 가벼워지기에 이른다.

"우리가 지구 대기권에 부가해온 열과 난기류에 분노할 뿐 아니라 그걸 활용하는 방법이, 우리 에너지의 원천인 태양을 향해 회전하고 상승해 뻗어나가는 방법이 있다면 어떨까? 이런 의미에서 '공기-태양열적으로 되기(Becoming Aerosolar)'[라는 전시]는 끝없이 쌓여가는 무거운 근대성의 부담을

「공기세」(2015, 미국 뉴멕시코주 화이트 샌즈 사막에서 발사)
루빈 시각예술센터에서 '상상의 영토(Territory of the Imagination)' 전의 일환으로 이뤄진 화이트 샌즈 사막에서의 기구 발사와 '로켓 없는 우주(Space without Rockets)' 심포지엄은 토마스 사라세노가 구상해 큐레이터 롭 라프레네(Rob La Frenais)와 케리 도일(Kerry Doyle)과 함께 조직했다. 크리스천 저스트 린드(Christian Just Linde)의 아낌없는 지원으로 'D-O AEC 공기세' 기구를 제작할 수 있었으며, 이 예술적 실험은 공중 부양 기구에 태양열만을 활용한 세계 최초의 최장시간 비행 신기록 2회를 달성했다. 비행은 반세기 전 인류세라는 새로운 지질 시대의 시작을 알린 핵폭탄 트리니티의 최초 시험이 이뤄진 미사일 발사장 근처에서 이뤄졌다.

가볍고 느슨하게 풀어놓는 의미가 있을 것이다."(Clark 2015)

여기서 작동하는 동력이 태양력과 풍력임을 감안해볼 때, 이런 교통 방식에는 무궁무진한 가능성이 열려 있다. 「공기세」 프로젝트는 현재 인간이 탑승한 비행 중 (화석 연료나 태양전지, 헬륨, 배터리도 필요 없는) 가장 지속 가능하고 공인된 방식의 최장거리 비행이라는 세계 기록을 보유하고 있다. 이 비행은 2015년 11월 8일 미국 뉴멕시코주의 화이트 샌즈 사막에서 기록됐는데, 이 지역을 비행지로 선정한 이유는 1945년 7월 16일에 터뜨린 최초 핵폭탄의 시험 부지로서 인류세적 연관이 있었기 때문이다. 그런 역사적 사건의 그늘 속에서, 기후변화 행동을 촉구하는 상징을 하늘로 떠올려 세 시간 동안 일곱 명이 연료

없는 비행을 할 수 있었다. 기구의 움직임은 오로지 검은색 천이 흡수하는 태양열과 흰색 배경에 반사되는 적외선 복사열만을 활용해 이뤄졌다. 이 비행의 목적은 인간이 탑승한 기구 비행의 가능성을 시험하려던 것이었고 국제 항공법상 제약도 있는 만큼, 기구는 늘 땅과 밧줄로 연결된 채 움직였다. 이 행사는 공기세에 가능한 대안 교통 방식을 엿볼 수 있게 해줬다.

"공중에 거주하며 우리를 자연 요소에 자유롭게 열어놓는다는 것은 우발성과 위험을 근절할 수 있다고 보는 게 아니라 그런 게 늘 우리 피조물적 존재의 일부를 이룰 수밖에 없음을 인정하는 것이리라. 팀 잉골드(Tim Ingold)가 말하듯이, 삶(anima)은 바람을 타고 움직이는 무엇이 아니다. 삶은 바람을

타고 움직이고 있다(anemos). '삶은 사물 속에 있지 않다. 오히려 사물이 삶 속에 있다. 지속적인 생성의 흐름 속에 사로잡힌 채로 말이다.'(Ingold 2007). '우리에겐 새로운 연대와 안전의 형식이, 말하자면 폐쇄적 독립이 아니라 서로의 취약성과 상호의존성에 대한 인식을 전제한 형식이 필요하다'(Szerszynski 2010). 「공기세」 프로젝트는 그런 비전, 즉 계속적인 공기적 존재 되기를 향한 은유적—일뿐 아니라 말 그대로의—고양(lifting)과 열림을 위한 틀을 제공한다."(Szerszynski 2015)

항공법을 변경하는 조치를 취해 밧줄을 풀고 자유비행을 할 가능성이 모색되고 있다. 공기세 재단(Aerocene Foundation)은 현재 공중 공간에서 화석 연료 교통수단이 공기-태양열 모델로 완전히 바뀌길 희망하는 청원 작업을 하고 있다. 이 청원서에는 많은 사람이 서명했고, 심지어 유엔 기후변화협약 사무총장 크리스티나 피게레스(Christina Figueres)와 그린피스 국제 사무총장 제니퍼 모건(Jennifer Morgan)에게도 전해졌다. 이런 지지는 공기세 재단이 화석 연료 이후의 미래를 그리는 데 중요한 도움을 준다. 하지만 현재의 법적 제약 속에서도, 공기-태양열 자유비행의 미래가 어떤 모습일지는 시험해볼 수 있다. 2016년 8월 27일 독일 쇤펠트에서는 쌍으로 접합한 공기-태양열 기구 세트인 '공기세 제미니(Aerocene Gemini)'[3]를 공중 발사했다.

"기구는 구름과 비슷하게, 단지 공중에 떠다니는 거대한 개체가 아니다. 기구와 구름은 다양한 과정과 논리를 통해 조성된다

---

[3] '제미니'는 '쌍둥이자리'를 뜻하며, 달 여행을 위한 아폴로 계획 예비 단계의 우주선 이름이었다. —옮긴이

「공기세 제미니」(2016, 자유 비행)
2016년 8월 27일 토요일, 공기세 제미니는 605킬로미터 거리를 열두 시간 넘게 비행하며 1만 6,283미터 고도까지 도달했다. 어떤 탄소나 화석 연료, 헬륨, 수소, 점화기, 엔진도 쓰지 않고 오로지 기류와 태양열만을 활용했다.

「공기세 제미니」(2016, 자유 비행)
2016년 8월 27일 토요일, 공기세 제미니는 605킬로미터 거리를 열두 시간 넘게 비행하며 1만 6,283미터 고도까지 도달했다. 어떤 탄소나 화석 연료, 헬륨, 수소, 점화기, 엔진도 쓰지 않고 오로지 기류와 태양열만을 활용했다.

한들 모두 대기 변화의 역학에 따라 정의된다. (…) 그것들이 존재하고 생성되는 방식은 상승과 하강의 과정 속에서 응축되거나 포위되면서 형태가 잡히고 구체화되는, 변화의 모양이다. 그런 의미에서 기구와 구름은 존재와 생성의 방식 면에서 서로 깊은 관계가 있다. 둘 다 특수한 국지적 상황에 맞춰 더 폭넓은 변동과 변이의 장들이 안정화를 이룬 결과다. 양자 간에는 뭔가 또 다른 공통점도 있다. 그것들은 모두 자체적인 방식으로 유동한다. 누군가가 조종할 수 있는 게 아니며, 절대적으로 자연 요소적 상황에 반응하고 복종하기까지 한다."(Engelmann, McCormack, Szerszynski 2015)

기구들은 발사될 때 지상에 놓인 하얀 방수포 위에서 펼쳐지는데, 이는 지표면의 태양광 반사율을 높이기 위해서다. 그렇게 기구에 흡수되는 태양열의 강도를 높임으로써 기구가 더 잘 뜰 수 있게 만든다. 부피가 팽창한 기구는 금새 높이 올라 푸른 하늘 속에 묻히고, 인간이 물 위를 떠다니듯 공중을 떠다닌다. 기구에는 고프로(GoPro) 카메라를 비롯해 기온과 습도와 압력을 기록하는 경량 센서,

퍼블릭랩(PublicLab)—지역의 환경 현안을 탐구하기 위한 오픈 소스 형태의 사용자 직접 제작 기술을 개발하는 공개 커뮤니티—이 제공한 더스트뒤노(DustDuino)의 공기 질 및 미립자 센서 등 일련의 장치들을 장착했다. 이 기구들은 미적으로도 상상력을 불어넣을 뿐 아니라 확실히 실용적인 데이터 수집 기능도 갖추고 있다.

기구들은 비행 도중 공중에서 기록한 정보와 이미지를 부단히 보내왔기 때문에, 지상에서는 그 여정을 실시간으로 생중계할 수 있었다. 이로써 관람객들은 자신의 감각을 확장하게 되고, 엔진 소음이나 비행기구름의 흔적 없이도 공중의 삶을 대리로 경험할 수 있는 기회를 얻었다. 공중에 떠올라 바람과 하나가 되는 공기 정역학적 기구들은 열두 시간 넘게 하늘에서 춤을 췄다. 605킬로미터를 이동했고, 최대 1만 6,283미터 고도까지 도달했다가 해질녘 폴란드 북부에서 착륙했다.

"「공기세」 기구들의 궤적은 바람과 제트 기류의 수많은 경로와 교차를 활용한다. 국경은 신경 쓰지 않으며, 전 세계의 통일된 행동을 촉구한다. 「공기세」는 일부러 인류세를 연상케 하는 이름으로서 모호한 함축을 띤다.

즉 이게 묵시록적이거나 디스토피아적으로 보일 수도 있지만, 악화해가는 지구적 양상에 대해 그럭저럭 즐겁고 기분 좋은 수단인 협동과 공동체적 활동으로 대처할 것이기 때문이다."(Michelon 2015)

이런 식으로 여행하다 보면 공기가 맑아지기 시작할 것이다. 그럴수록 공기의 가시성은 다시 떨어지겠지만, 인간이 공기의 자연적 흐름과 리듬을 활용하는 법을 배우는 만큼 공기는 여전히 감지할 수 있는 실체로 남을 것이다. 그것이 그리는 비전은 지구와 지구상의 생물 종, 날씨 요소 간의 공생이다. 실제로 공기세 기구들의 움직임은 날씨에 좌우된다. 인간이 자연력을 무시할 수 있는 기계들을 만들어낸 후기산업세계에서는 이런 현상을 거의 찾아보기 힘들다. 댐으로 강의 흐름을 막을 수 있고, 자동차는 허리케인 속에서도 주행할 수 있다. 하지만 그 대가가 무엇인가? 댐은 어류의 이주를 막아 생태계를 파괴하고, 자동차는 이산화탄소를 배출해 온실효과에 기여한다. 반면에 공기세 기구들은 자연력과 날씨를 거스르는 게 아니라, 그런 요소들과 더불어 비행한다. 공기세는 지정학적 관계가 복잡하고 생태적 미래가 불확실한 세계에 대해 단순하고 창의적이며 협동적인 메시지를 전한다.

공기세를 성장시킬 요인은 다름 아닌 '관계'다. 이 프로젝트는 디자인·예술·공학 분야 등의 학생과 다양한 분야의 학자, 사상가, 연구자, 과학자 등 여러 사람을 모집해 이 새 시대에 접근하는 다양한 방식을 함께 생각해보게 한다. 현재는 참가자들이 개인만의 공기-태양열 기구를 띄워 대기를 탐구할 수 있게 해주는 공기세 익스플로러를 개발 중이다. 스튜디오 사라세노와 일단의 협업자들이 완전한 오픈 소스 방식으로 개발해온 이 탐험 기구는 모든 발사 키트마다 소형 카메라 한 대와 생중계 장치, 그리고 기온·습도·기압을 기록하는 감지 장치가 장착된다. 참가자들은 이 기구를 통해 항공 사진과 영상을 찍을 수 있고, 탄소를 배출하지 않는 무해한 과학 탐구 도구로 기상 자료를 수집할 수 있다. 모든 키트의 내용물은 배낭에 담아 야외에서 편하게 휴대할 수 있게 했다. 공기세 익스플로러는 공동체에 초점을 맞춰 탐구자들이 자신의 연구 결과를 온라인에서 공유하고 공기세 네트워크를 형성할 수 있게 해준다. 그 결과는 전 세계 참가자들의 관점에서 바라본 공기세 이야기로 영화화될 것이다. 탐구자들은 비행 행사 중에 찍은 영상뿐 아니라 각자의 기구로 모은 장면도 활용해 공기세의 실생활을 찍은 스냅샷을 모을 수 있다. 이런 방식은 인류세의 분열적 양상을 부단히 전복하면서 공기세의 공동 작업(do-it-together, DIT) 기풍을 상기시키는 역할을 한다.

"「공기세」는 과학적·예술적 상상뿐 아니라 신경학적 도구 자체까지 모두 통합적으로 파악하는 새로운 생태 공간의 이름이라 말할 수 있을 것이다. 이 프로젝트는 일차적으로 에너지와 에너지 전위를 감지하고, 고대 중국의 풍수 전문가와 수묵화가와 군사전략가들이 '세(勢, shi)'라고 일컬은 것, 즉 어떤 상황이나 위치 또는 구성이 특정한 방향과 방식으로 발달하는(흘러가는) 내재적 경향을 어떤 드넓은 빈 공간의 모습 속에서 감지하는 태도를 겨냥한다(Jullien 1992). 매 순간이 다음 순간으로 흐르고, 모든 장소가 그 고유의 방식으로 이런 흐름을 부추기거나 그것에 저항한다. 이런 변수들이 함께 파악될 때, 수확 가능한 조치와 에너지로 가득한 특수성들의 광대한 영역이 형성된다."(Kwinter 2015)

「공기세」는 다양한 기술과 경험이 교차하는 폭넓은 협력과 공동체의 강력한 기반 위에서 집단적 정신과 지식을 활용해 수평적 프로젝트를 구축한다. 이런 방식은 자체 시스템의 해킹 방법을 학습함으로써 프로젝트가 확장하는 데 영감을 줬다. 해킹, 즉 파헤친다(hack)는 것은 시스템의 한계를 창조적으로 극복하는 것이자 본래 형식의 의도를 유희적이고 탐구적인 정신으로 개선하거나

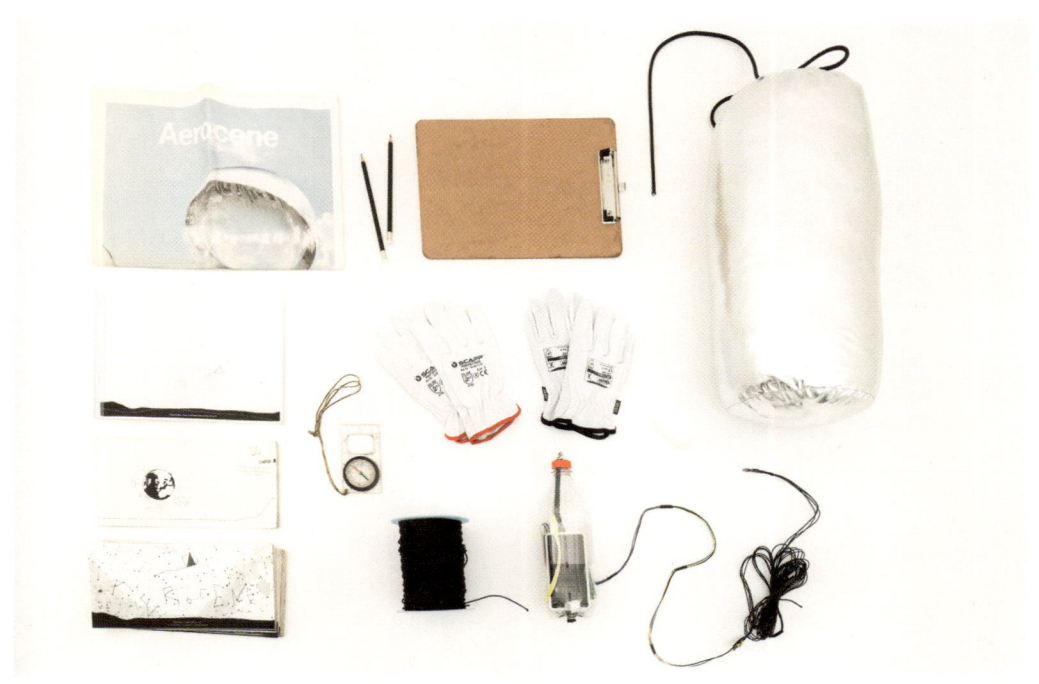

「공기세 익스플로러」(2016)
공기세 재단과 협업자들이 개발함. www.aerocene.org

전복하는 것이다. 공기세에 진입하기 위해서는 우리에게 어떤 지정학적·사회적·법적·철학적 '파헤침'들이 필요할까? 이 문제를 중심으로, 공기세 재단은 자유 비행(Free Flight)과 공중생활(Life in the Air), 탐측(Sounding)이라는 공기세의 세 가지 도전을 다루고자 연구자와 과학자, 학생, 활동가를 소집하는 여러 캠퍼스를 구축했다. 2016년 11월에 런던 엑서비션 로드에서 열린 탐측 해킹 세션에서는 「공기세」의 비행과 연구 실천을 위해 감지·탐측·항공통신 능력을 갖춘 애플리케이션들을 파악했다. '탐측'은 지상이나 수상 또는 공전 도구들을 사용해 대기의 물리적 속성을 측정하는 방식이다. 고스트(GHOST) 같은 초기의 과학 기구 운동은 비록 헬륨으로 채운 기구를 활용하긴 했어도, 장거리 무인 성층권 기구 비행을 통해 신호를 전송하고 수신해 남반구의 대기를 '탐측'하는 실험이었다. '탐측(sounding)'이라는 용어의 기원은 대기의 소리(sound)와 아무런 관계가 없지만, 거대한 대기 사건(기상 체계와 운석 침입 등)은 멀리서도 전파되는 저주파 불가청음을 통해 탐지하거나 파악할 수 있다. 이는 초음파 인식(sonification)이 어떻게 대기 자료에 대한 새로운 통찰이나 색다른 감지 경험을 제공할 수 있을지를 생각해보게 만든다. 성층권이 어떤 소리를 낼지, 또한 이런 소리를 기상학적·음향적 의미에서 어떻게 해석할 수 있을지를 이해한다면 공기에 대한 인간의 이해가 훨씬 더 풍부해질 것이다. 공기세 익스플로러 기구를 활용한 다양한 탐측 실험의 핵심적 영감은 음악성과 안무와 구성뿐 아니라 대기 과학과 유체 역학 속에도 있을 수 있다. 공기세 익스플로러의 비행을 변경하는 것뿐 아니라, 문화적으로 대기를 시각을 초월한 공간과 매체로서 상상하게끔 유도하려면 '지상에서' 무슨 일이 일어나야 할까? 공기세 탐측 해킹 세션은 대기 과학자와 음악인, 음악 기술자, 엔지니어, 사회과학자들을 초청해 대기의 감각적·음향적 탐구를 파헤쳐보고자 했다.

「공기세 익스플로러」(2016, 미국 샌프란시스코에서 발사)

"우리의 거주를 구름 높이로 끌어올리는 「공기-태양열적으로 되기」는 우리가 여러 문화적 갈등을 평화롭게 누그러뜨리고 국경을 폐지하며 지정학적 현안들을 해결할 수 있게 해줄 것이다. 그 결과 사회적으로 평등한 배분이 이뤄질 것이고, 이런 공기-태양열적 사회가 통상적 우발성에 그치는 게 아니라 대기 요소를 위한 추가적 형상과 구조를 남기게 될 것이다."(Chabard 2015)

「공기세」기구들은 집단적 감지에 참여한다. 공중을 자유롭게 떠다니되 늘 밧줄이나 데이터 전송을 통해 땅과 연결되는 이 기구들은 다양한 존재 방식과 다양한 미래의 꿈꾸기를 고려하는 인간의 상상력에 에너지를 불어넣는다. 따라서 공기세는 새로운 시대를 정초할 힘을 지닌 시각을 일깨워 인류세를 해결하는 방식으로 부상한다. 「공기세」는 공기와 기타 요소를 민감하게 느끼는 윤리적 관찰의 새로운 형식들을 제안한다. 이 새로운 관심은 국경과 정치를 막론하고 여러 공동체와 국가를 모아 궁극적으로 미래를, 즉 청명한 하늘을 비롯해 모든 형식의 삶과 요소가 공생하는 인류세 너머의 미래를 이야기하고자 한다. 공기를 되찾기 위해서 말이다.

"사라세노는 오늘날 주거와 형태 조성을 위한 다른 어떤 모델보다도 더 현대인이 상상하고 사유하는 방식에 도전하며, 넘쳐나는 선의와 낙관주의 속에서 현대인이 가장 잘 사는 법을 위한 매력적이고도 묵직한 대안 모델을 제공한다."(Moe 2015)

「공기세」(2015)
티센보르네미사 현대미술관(TBA21)의 초청으로 솔로몬 제도를 향하는 해양 탐사

참고 문헌

Chabard, Pierre (2015). "Air Crafted Architecture," published by Studio Tomás Saraceno during UN COP21 Climate Summit, Paris. © Studio Tomás Saraceno, Berlin.

Clark, Nigel (2015). "Atmospheres of Invention, Passages of Light," published by Studio Tomás Saraceno during UN COP21 Climate Summit, Paris. © Studio Tomás Saraceno, Berlin.

Engelmann, Sasha. McCormack, Dereck. Szerszynski, Bronislaw (2015). "Becoming Aerosolar and the Politics of Elemental Association," in Tomás Saraceno (2015), *Becoming Aerosolar*, Belverdere, Vienna: 21er Haus.

Ingold, Tim (2007). "Earth, sky, wind, and weather," *Journal of the Royal Anthropological Institute*, 13(s1), pp. 19–38.

Jullien, Francois (1992). *La Propension des Choses*, translated as *On the Propensity of Things: Toward a History of Efficacy in China*, New York: Zone Books, 1995.

Kwinter, Sanford (2015). "High Altitude, Low Opening (H.A.L.O)," published by Studio Tomás Saraceno during UN COP21 Climate Summit, Paris. © Studio Tomás Saraceno, Berlin.

Michelon, Olivier (2015). "I Bind the Sun's Throne with a Burning Zone," published by Studio Tomás Saraceno during UN COP21 Climate Summit, Paris. © Studio Tomás Saraceno, Berlin.

Moe, Kiel (2015). "Saraceno's Model of Models: The Magnificance of Aerocene," published by Studio Tomás Saraceno during UN COP21 Climate Summit, Paris, 2015. © Studio Tomás Saraceno, Berlin.

Szerszynski, Bronislaw (2010). "Reading and writing the weather: climate technics and the moment of responsibility," *Theory, Culture & Society*, 27(2-3), pp. 9–30.

— (2015). "Up," published by Studio Tomás Saraceno during UN COP21 Climate Summit, Paris. © Studio Tomás Saraceno, Berlin.

공기

서울 온 에어: 도시 행동주의를 위한 증강 환경
마이테르 야구노무니차·비아이나 보고시안·
엘리 부자이드·압둘가파르 알 타이르·
데이비드 래드클리프·스콧 피셔·류영렬

한국의 도시 환경에 따른 패션.

도시 감지 도구에 관한 연구는 지금껏 환경·지구·시민 과학 공동체에서 일관된 연구의 초점이었지만, 도시 환경 데이터의 현장 시각화 기법과 상호소통적(interactive) 탐구법의 개발에 관심이 집중된 적은 거의 없었다.

환경 데이터는 일반적으로 표 데이터나 2차원 도면으로 시각화될 뿐 미세기후를 경험적으로 시각화하지는 못한다. 그래서 시민들은 시내에서 장소에 따라 달라지는 오염물질 농도와 열 쾌적도를 자세히 파악할 수가 없다. 본 연구는 도시 공기 질 데이터에 대한 사용자 친화적인 상호소통 분석이 가능한 3차원 몰입형 환경 시각화 기법을 탐구한다. 궁극적으로는 도시의 공기 질에 대처하게끔 시민들의 정치적 역할을 재설정하기 위해, 저비용 이동형 도시 감지 기술과 몰입형 환경 데이터 탐구 메커니즘을 실행하는 데 집중한다.

1. 서론

빅데이터는 도시 과학을 바꿔가고 있다. 도시에서 이뤄지는 정보의 디지털화와 보편적 감지 기술은 전례 없이 높은 시공간적 해상도로 데이터를 수집할 수 있게 해준다. 이런 변화는 도시 환경 데이터와 관련해 가장 잘 나타나는데, 센서망과 원격 감지, 열화상 처리, 크라우드소싱 기반 환경 모니터링은 도시 환경 데이터의 가용성을 급속히 늘려가는 중이다.

높은 시공간적 해상도의 도시 미세기후 데이터는 매일같이 더 수집하기 쉬워지고 있지만, 이런 데이터는 대중에게 전해지지 않을 때가 많다. 시민들은 보통 도시 규모의 평균적인 오염 농도 수준만 인식하기 때문에 도시 조직 내부 환경의 질적 조건이 다양하게 나타난다는 걸 이해하지 못한다. 이런 문제가 지속되는 이유 중 하나는 환경 및 지구 과학 공동체에서 도시 감지 도구와 전략에 대한 연구는 줄곧 해왔으면서도 도시 분석에 필요한 환경 데이터의 상호소통적 탐구를 위한 데이터 수집 및 시각화 기법의 개발에는 거의 관심이 없었다는 데 있다.

환경 데이터는 보통 표 데이터나 2차원 도면으로 시각화되기 때문에 미세기후 데이터를 경험적으로 보여주지 못한다. 반면에 3차원 몰입형 환경 시각화 기법은 사용자가 더 쉽게 상호 소통하면서 가용한 도시 환경 데이터를 분석하고 합리적으로 정리할 수 있게 해줄 것이다.

이런 목적상 2017 서울비엔날레를 위한 제안인 「서울 온 에어」는 도시 공기 질 데이터의 증강 현실(Augmented Reality, AR) 시각화 개발에 초점을 맞춘다. 도시 공기 질 데이터는 지리 정보 시스템(GIS)과 실시간 영상 처리 및 객체 분석 기법들로 얻은 도시 데이터와 함께 분석된다. 이렇게 여러 기술을 결합함으로써 현장과 현장 외에서 공기 질을 도시의 특징과 비교해 시각화하고자 하며, 여기서 제안하는 증강 현실 환경 시각화 기법들을 통해 시민들은 공기 공유 자원을 매개하는 적극적 참여자가 될 수 있을 것이다.

2. 서울의 공기 질

2017 서울비엔날레는 맥락상 공기 질을 연구하기에 특히 흥미로운 장이다. 서울 시민들은 현재 지구상에서 공기 오염 수준이 가장 심각한 곳 중 한 곳에 살고 있기 때문이다. 오늘날 남산 타워에서는 서울 시민들에게 공기

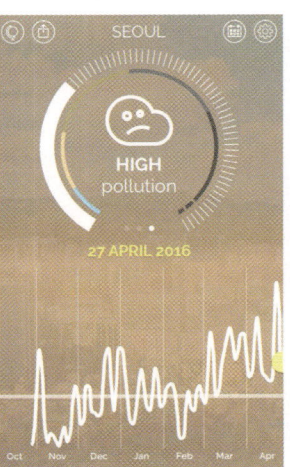 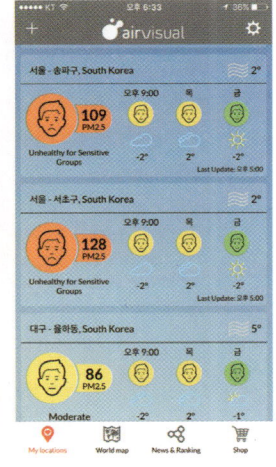

공기 질 애플리케이션. (왼쪽) 플룸 랩스. (오른쪽) 에어비주얼.

Particulate matter <2.5 microns
May 2015-May 2016, μg/m³

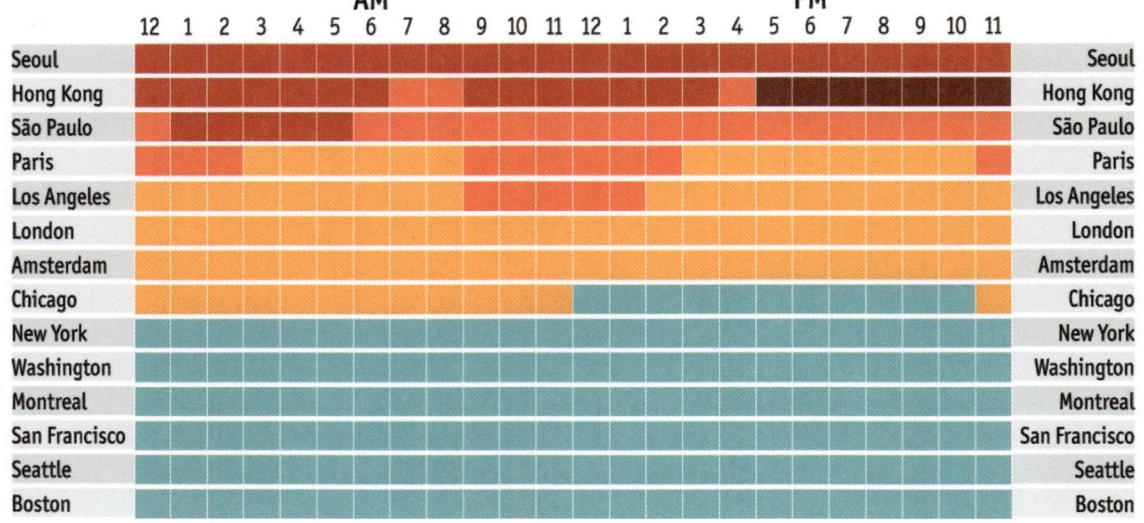

전 세계 도시들의 PM 2.5(2.5마이크로미터 미만 입자상 물질) 농도 비교.

중 미세먼지[1](PM10) 평균 농도를 표시해주고 있다. 타워에서 나오는 빛이 푸른색이면, 서울의 공기 질이 '양호'하다는 뜻이다. 농도 수준은 매시간 옐로더스트(@yellowdust) 계정에서 올리는 트윗을 팔로우하며 감시할 수도 있다. 한국 기준으로는, 농도 값이 45μg/m³ 미만이면 야외활동을 하기에 안전하다고 여겨진다. 하지만 이런 농도 한계는 초과될 때가 많고, 국지적 기준은 세계보건기구가 규정한 최대 (초)미세먼지 농도 기준의 2배를 넘는다. 오존 농도의 상황도 그러한데, 주로 여름철에 나타나는 고온과 복사 때문에 오존 농도는 종종 권고 수준을 넘어 경보 수준에 도달한다. 게다가 방송되는 평균 농도 값들은 이상화된 조건(때때로 높은 지붕이나 녹화 공간)에 위치한 기상관측소에서 입수되기 때문에, 도시 거리에 현존하는 진짜 농도 값들을 반영하지 못한다. 따라서 열악한 공기 질에 노출될 때 일어날 수 있는 심각한 건강 위험을 우려하는 서울 시민이 많아지고 있는 건 놀랄 일이 아니다. 이런 맥락에서 서울시 정부는 대안적인 도시 감지 및 공기 질 복원 전략을 탐구하고 있으며, 2018년까지 미세먼지 농도 20퍼센트 감축 목표를 만족시킬 다양한 정책들을 수립해왔다. 게다가 서울에 영향을 주는 오염 물질의 일부가 실제로 중국에서 오는 가능성을 감안할 때, 서울의 공기 질은 광역 정치적 차원의 문제이기도 하다.

이런 맥락에서 「서울 온 에어」 연구는 높은 시공간적 해상도의 공기 질 데이터를 시민들에게 전달하고자 한다. 본 연구는 세 부분으로 구성됐는데, 첫 번째 섹션은 이동형 도시 감지 기술(Mobile Urban Sensing Technologies, MUST)로 시공간적 해상도가 높은 도시 공기 질 데이터의 획득에 초점을 둔다. 두 번째 섹션은 현장

---

[1] 원문에서는 미세먼지를 ultrafine particle로 표현했지만 ultrafine particle은 100나노미터(0.1마이크로미터) 이하의 '초미립자'를 말하기 때문에 문맥에 맞지 않는다. 따라서 여기서는 이 말을 문맥상 '미세먼지'로 번역한다. 미세먼지 PM10은 10마이크로미터 이하의 입자상 물질을, 미세먼지 PM2.5는 2.5마이크로미터 이하의 입자상 물질을 말하지만, 국내에서는 PM2.5를 '초미세먼지'로 부르고 있다. 한편 초미립자는 '에어로졸(aerosol)'이라 부르기도 한다. ─옮긴이

서울의 남산 타워.

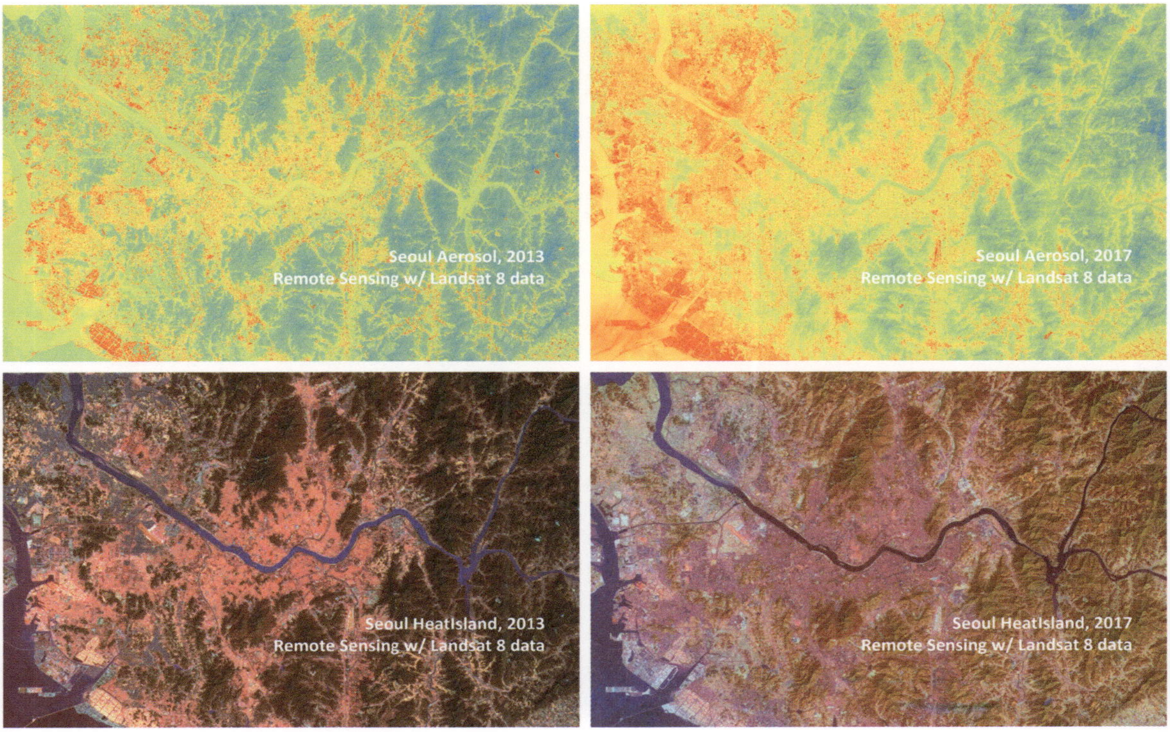

서울의 에어로졸과 열섬 화상. 2013년과 2017년 데이터 비교.

이동형 도시 감지 기술(MUST). (위) 프린스턴 대학교 캠퍼스에서 개인 차량 위에 올려놓은 감지 키트. (아래) 감지 키트 회로.

몰입형 환경 시각화 전략의 도입에 초점을 둔다. 세 번째 섹션은 획득한 데이터의 분석과 합리화 과정에 서울 시민들을 적극적으로 참여시키기 위한 현장 외 상호소통적 시민 참여 인터페이스의 설정에 초점을 둔다.

3. 시공간적 해상도가 높은 도시 공기 질 데이터의 획득

도시에서 동네마다 달라지는 공기 질의 다양한 변화를 이해하려면, 시공간적 해상도가 높은 데이터를 수집해야 한다. 이를 위해 우리는 감지 키트를 개인 차량이나 대중 교통수단 체계와 같은 이동 플랫폼과 연결함으로써 이동형 도시 감지 기술을 개발했다.

이런 감지 방법의 주된 장점은 키트를 어떤 유형의 교통 수단과도 연결할 수 있는 융통성에 있다. 게다가 쉽게 얻을 수 있는 저렴한 센서를 사용해 프로젝트의 규모를 조정할 수도 있다. 이 두 가지 전략을 통해, 공간적 해상도가 높은 공기 질 데이터를 수집할 수 있다.

이 감지 키트는 일산화탄소와 오존, 입자상 물질, 이산화탄소, 온·습도를 측정하는 센서들을 포함하며, 지리 좌표의 실시간 추적이 가능한 위성항법장치도 안전하게 장착된다. 게다가 이 키트에는 획득한 데이터를 온라인 데이터베이스에 거의 실시간으로 저장할 수 있는 셀룰러 안테나도 있다. 키트는 충전 가능한 리튬 이온 배터리와 연결된 태양전지로 구동되며, 다양한 모바일 플랫폼과 연결할 수 있어 융통성도 높다. 키트의 일부에는 비디오 카메라도 장착돼 있어서 획득한 환경 값에 따라 카메라가 작동하고, 주변 환경을 찍은 스냅샷들은 온라인 데이터베이스에 저장된다.

4. 증강된 환경 시각화

획득한 공기 질 데이터를 정성적으로 표시하기 위해, 3차원 시각화 전략을 취했다. 이를 위해 본 연구는 공기 질 데이터의 시각화를 위해 설계된 실행 환경 재현 플랫폼에 초점을 맞춘다. 영상 처리 기법과 지리 정보 시스템과 증강 현실 기술을 결합해, 국지적인 도시 환경 위에서 기록된 공기 질 데이터를 실사 사진 같은 화면으로 생중계하는 기능을 제공한다. 이런 접근은 추가적인 도시 인자들과 관련해 국지적 환경 조건들을 직관적이고 정보적으로 이해하는 걸 목표로 한다.

몰입형 재현을 목적으로 한 증강 현실 기술은 더욱 널리 사용돼가는 중이지만, 같은 기술을 환경 시각화에 사용하는 경우는 아직껏 탐구된 바 없다. 이런 맥락에서, 본 연구는 환경 시각화에 활용되는 증강 현실 기술이 시민들을 도시 환경의 질에 관한 논의에 참여시킬 수 있는 강력한 수단이 될 수 있다고 주장한다. 이를 위해 두 가지의 증강 현실 환경 시각화 전략을 개발했다.

1. 현장에서 공기 질을 시각화할 수 있는 증강

현실 모바일 애플리케이션을 설계했다. 여기서 시각화되는 정보는 도시 지리 정보 시스템과 센서 망, 실시간 영상 처리 기법으로 얻은 실시간 데이터와 일치한다.

2. 현장을 벗어난 곳에서 지리 정보 시스템과 센서 망으로 얻은 데이터를 표시해주는 증강 현실 몰입형 환경 시각화 기법도 현재 개발 중이다.

두 접근 방식 모두 거리와 건물 등의 도시적 요인과 그것들의 표면 특성을 도시 환경 및 미세기후 데이터와 비교해 시각화할 수 있는 만큼, 공기 질과 기타 도시 측정 값들 간의 관계를 드러내고 정보화해 시민들에게 제공하게 될 것이다.

4.1 환경 시각화를 위한 스마트폰 증강 현실 애플리케이션

우리는 이동형 지리 정보 시스템 기술을 컴퓨터 비전 및 영상 처리 기법과 결합해 도시 환경 요인들을 총체적으로 시각화하며 상관 짓는 모바일 애플리케이션을 개발해왔다.

그 목표는 주변 환경에 직접 개입할 수 있게 하는 사용자 중심 애플리케이션을 만드는 데 있다.

증강 현실 환경 시각화는 1인칭 시점(first-person view)과 지도 시점(map view)의 두 가지 방식으로 가능할 것이다. 1인칭 시점에서는 사용자의 이동통신 장치에 탑재된 위치 파악 서비스에 접속되고, 이동형 지리 정보 시스템 플랫폼을 참조해 위치 정보가 태그된 환경 데이터가 카메라 화면에 그래픽 필터로 겹쳐 표시된다.

애플리케이션 시각화를 위한 국지적인 날씨 데이터는 3번 섹션에서 설명한 감지 키트를 통해 얻거나, 오픈웨더맵(OpenWeatherMap)과 AQICN 같은 온라인 웹 서비스에서 조회해서 얻는다. 이런 여러 출처의 데이터를 함께 이용해서 온도와 습도, 공기 질에 관한 데이터를 수집한다. 게다가 지오네임스(Geonames)의 지리 좌표 코딩을 통해 다양한 도시 교차로들의 위치를 저장한 후, 교차로 표시들을 파악하고 공기 질 수치를 공간적으로 배분해 표시한다. 말하자면 사용자가 스마트폰으로 인근 교차로 쪽을 가리키면 애플리케이션이 그 교차로에 해당하는 거리명과 관련 환경 데이터를 교차로와 중첩해서 표시하게 된다. 따라서 사용자는 이 애플리케이션을 통해 특정 온도나 AQI 값을 도시 조직과 연관시킬 수 있게 된다. 결국 이렇게 수집된 환경 데이터는 온라인 데이터베이스에 저장되고, 애플리케이션 사용자는 이 데이터들을 각각의 지리 좌표를 바탕으로 조회할 수 있다.

4.2 2017 서울비엔날레를 위한 증강 현실 전시 공간

서울비엔날레를 위한 전시 공간은 데이터 분석과 합리화를 위한 현장 외 공간으로 설계됐다. 상호소통적인 데이터 시각화와 더불어 연구

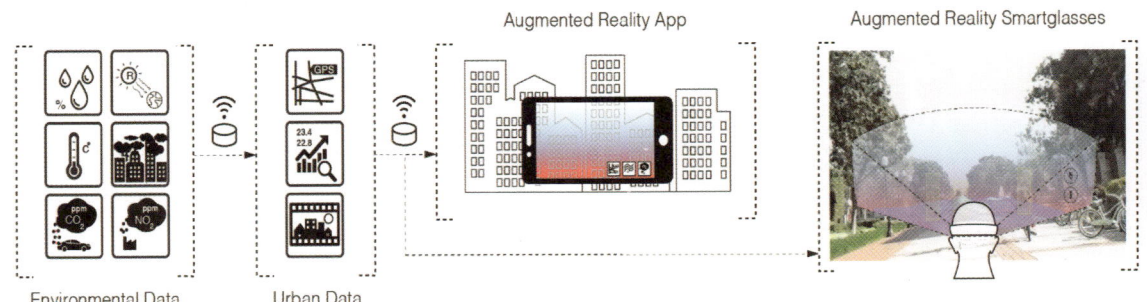

수집된 환경 데이터(Environmental Data)는 도시 데이터(Urban Data)와 연결되고, 도시 데이터는 [증강 현실] 애플리케이션 인터페이스를 통해 시각화될 뿐 아니라 도시 교차로 위에도 [증강 현실 스마트유리를 통해] 공간 환경적으로 시각화된다.

애플리케이션 인터페이스 디자인. (왼쪽) 온도 구배 시각화. (오른쪽) 습도 구배 시각화.

방법론에 관한 서사가 포함될 것이다. 방문객이 서울시 자료에서 수집된 공기 질 데이터와 과거 공기 질 데이터를 경험할 수 있게 해주는 증강 현실 인터페이스 핸드셋도 마련될 것이다.

도시 규모로 시각화되는 공기 질 데이터는 서울시 기상관측소 데이터베이스뿐 아니라 오픈웨더맵과 AQICN 같은 온라인 웹 서비스에서도 조회해서 입수할 것이다. 이런 데이터는 이동형 도시 감지 기술(MUST)을 통해 수집되는 공기 질 데이터와 나란히 시각화될 것이다. 기상관측소의 기록과 보행 높이의 기록을 결합함으로써 국지적인 공기 질 특성을 전체적으로 묘사하려는 게 그 목적이다.

방문객은 증강 현실 인터페이스를 통해 환경 요인들을 선택해서 건물 구조나 도시 표면 특성 같은 도시 요인들과 대비시켜볼 수 있을 것이다. 사용자는 몰입형 시각화를 통해 원하는 지역을 확대해 관심 가는 환경 요인들을 살펴보거나 다른 도시 요인들과의 상관 관계를 세워볼 수도 있다. 그렇게 전개되는 시각화 인터페이스와 서울비엔날레 방문객 간의 상호소통은 사용자 행동 연구를 위해 추적될 것이며, 이런 후속 조사는 영상으로 투사돼 전시될 것이다.

감사의 말
저자들은 연구비를 지원해준 프린스턴 대학교 공학응용과학부(SEAS)의 혁신 연구 지원 프로그램과 남캘리포니아 대학교 미디어 아츠 앤 프랙티스 스쿨에 감사를 전한다. 또한 본 연구에 기여한 아르만 아토얀(Arman Atoyan)과 아르만 재커리안(Arman Zakaryan), 김종민(Jongmin Kim), 배지환(Jeehwan Bae), 천잔(Zhan Chen)에게도 감사를 전하고 싶다.

진행 중인 전시의 증강 현실 작업.

물

수상 생활, 동양 군락, 해초 군도[1]
MAP 오피스(로랑 귀시에레·발레리 포르터페)

"바닷속 해초와 조류는 생물량이 엄청나다. 조류는 지구상 유기물의 퍼센트를, 산소의 거의 90퍼센트를 생산한다."
―올레 모릿센

바다는 지구의 향후 발전에 일조할 가능성이 풍부한 연구 영역이다. 바다가 아직껏 충분히 탐구되지 않은 채 인간 활동에 따른 큰 위험에 직면하고 있는 이때, 해양 연구는 역사적으로 매우 중요한 시기를 맞고 있다. 미래 세대를 위해 바다의 자산을 보존할 수 있는 방법 중 하나는 (미화 25조 달러로 추산되는) 바다 생태계의 경제적 가치를 활용하는 것이다. 또 하나의 방법은 해조류와 해초처럼 바다에 서식하면서 산호초와 우림의 산소 생산량을 합친 것보다 더 많은 산소를 만들어내는 복잡한 유기체를 고려하는 것이다. 이로써 우리는 미래의 인식과 지속가능성을 위해 대체 불가한 자원의 보고를 제공할 새로운 영역의 탐구를 시작할 수 있다.[2]

　　MAP 오피스가 하는 연구의 기본 목적 중 하나는 태평양 해안 공동체의 삶과 그 지역에서 발견되는 풍부한 해초 사이에 존재하는 관계를 드러내는 것이다. 우리는 이런 지역에 사는 조류의 역사를 교훈으로 삼아, 인간이 어떻게 자연과 문화, 바다와 토양, 생존과 생산 사이에서 역동적으로 교류하며 삶을 지속해왔는가를 새로운 관점으로 바라보고자 한다. 의학적으로나 식이적으로나 중요한 생산물인 해초는 오랫동안 대다수의 해양 생물과 어류, 조개, 그리고 그 주변 인간 공동체를 보호해온 먹이가 돼왔다. 선사시대부터 기본적으로 '두뇌에 좋은 음식'으로 여겨진 이 '바다 채소'들은 인간의 식단 중 다른 해양 생산물과 함께 두뇌의 성장을 촉진하며 지능 발달을 돕는 오메가 3 지방산의 일차 공급원이었다. 중국과 한국, 일본, 인도에서 해초의 초기 역사는 차(茶)와 유사한 쓰임을 보였다. 바다와 땅에서 난 약초들은 수백 년간 근육 긴장과 변비, 만성

---

[1] 돈의문 박물관 마을에 전시된 「공유 바다와 해조류 문화」에 관한 글이다. ―옮긴이

[2] 2016년 3월, MAP 오피스는 아트 바젤 홍콩에서 아시아 예술 아카이브(AAA)가 주최한 오픈 플랫폼의 일환으로 최초의 오션 아카이브(Ocean Archive) 토론회를 조직했다. 원탁 토론에 초청받아 참가한 몇몇 미술역사가와 미술비평가, 사회학자, 작가, 디자이너 들에게 주어진 질문은 아시아의 제도(諸島, islands)와 군도(群島, archipelagoes)와 그 사이에 남겨진 것을 어떻게 편집해서 지도화할 것인가였다.

기관지염을 완화하는 용도로 쓰였다. 이런 내용은 해조류가 건강의 귀중한 원천이라는 인식을 키우는 다양한 글과 시에서 볼 수 있다. 올레 모릿센(Ole Mouritsen)[3]에 따르면, 서기 934년에 쓰인 가장 오래된 일중(일중)사전에서 스물한 가지의 서로 다른 식용 해초 종에 대한 설명과 준비 지침을 함께 제공했다. 이런 지식은 해안선을 따라 여러 시대에 걸쳐 전수됐다. 해초는 이따금 부를 상징하는 귀한 생산물로 여겨졌기에 소금 생산의 수단으로도, 지역 당국의 납세 수단으로도 쓰였다. 보다 최근에는 육지에서도 해초를 식물의 비료로 사용하거나, 풀이 없을 때 소와 양 등의 가축을 위한 사료로 사용한다.

우리의 연구는 아시아에서 출발한다. 아시아는 해안선의 특수한 지리로 인해 다양한 수상 공동체(floating community)가 광대하고 독특하게 발달해왔다. 대부분의 수상 마을과 군락은 폭풍과 여타 악천후의 영향을 받지 않는 육지 외곽의 강이나 호수, 인근 해안선, 작은 만(灣)에서 찾아볼 수 있다. 일반적으로 변두리 지역의 삶은 수상 마을 자체의 조건을 정의하는 고유의 특징을 지닌 전략적 입지를 제시한다. 예컨대 일본과 한국, 중국, 필리핀, 하와이의 해안 지역들은 각종 축제와 음식 문화에서 중심 역할을 해온 해초의 수집과 경작 여부에 큰 영향을 받아왔다. 대서양에 비해 결빙의 영향을 더 오랫동안 적게 받아온 태평양은 오대양 중 가장 다양한 해초가 서식하는 곳이다. 땅과 바다가 만나는 접점에서 자라나는 해양 식물은 대부분 바다에서 자연 상태 그대로 수확돼 인간에게 선물처럼 공급된다. 선사 시대 이후로 태평양 제도의 사람들은 해안선을 따라 거처를 옮겼고, 다양한 조개와 해초를 수확하며 매일 영양분을 섭취했다. 폴리네시아 제도에서는 수천 년간 특별히 설계된 바다 공원에서 70종이 넘는 다양한 해초를 양식해왔다. 오키나와나 제주도, 필리핀 등지에서 이른 아침 썰물 때 해안가에 나가보면, 아직도 (종종 노년층) 주민들이 매일 먹거나 항아리에 넣고 절일 해초를 수집하는 모습을 꽤 흔히 볼 수 있다.

홍콩에서는 수상 공동체가 여전히 매우 활발하며, 시궁(Sai Kung)이나 란타우(Lantau) 섬 주변의 작은 만들에 둘러싸여 보호받고 있다. 그런 공동체는 서로 떨어진 독립 개체들로 나타나는데, 소규모 도시 취락 근처에 위치할 때도 그러하다. 물 위에 뜨는 기반 구조는 대나무와 직물, 플라스틱 용기를 혼합한 단순한 재료들로 제작되며, 특히 인근 도시의 엄청난 중량감과 비교하자면 다음 태풍이 오면 휩쓸려 날아가버릴 취약한 플랫폼들의 집합으로 보인다. 하지만 바로 그런 다양성과 유연성과 유동성을 갖췄기에, 이런 구조물이 각종 악천후와 정치적 변화, 국경선, 전쟁, 경제 위기를 딛고 수백 년을 지속할 수 있었다.

(불안정한) 땅과는 반대로, 물은 종종 생존을 위협받는 빈자 공동체가 대피할 수 있는 평화로운 피난처의 역할을 해왔다. 아리스토텔레스에 따르면 그리스어로 아게아(agea)로 불린[4] 작은 만들은 한 인구 집단을 지속적으로 보호할 수 있는 안락한 지리의 원형이다. 결국 이런 만들은 무엇보다 주로 무역을 통해 육지와 관계를 맺어왔다. 예를 들면 어류나 소금을 쌀이나 직물과 교환하는 식으로, 육지에 거주하는 이웃들에게 생태적 측면에서 긍정적 보상을 해온 것이다.

홍콩 북동쪽의 하이 아일랜드(High Island, 糧船灣) 섬에서, 우리는 작은 집들 바로 밑에서 해산물을 양식하며 영구적으로 생존하는 한 수상 마을 모델의 지도를 그려왔다. 평균 나이 70세인 약 60명의 주민이 사는 이 마을 모델은 금세 사라질 수도 있는 모델이다. 다음 세대가 오래 전에 육지에 살기로 결정한 만큼, 삶과 일이 결합한 이 입체적 경제와 생태는 곧 새로운 방식의 레저·관광 산업으로 대체될 수도 있는 생활 방식을 재현한다. 모범 연구 사례에 해당하는 이 수상 마을은 도시의 미래를 내다보는 전시인 「불균등한 성장(Uneven

---

3
Ole Mouritsen (2013). *Seaweeds: Edible, Available, and Sustainable*, Chicago: University of Chicago Press.

4
Aristotle (c. 400 BC). *Historia Animalium*. IX, 622a: 2-10.

Growth)」5을 위해 우리가 개발한 여덟 가지의 허구적인 섬 시나리오 중 하나인 '바다의 섬(The Island of Sea)'을 위한 부지로서, 우리는 그렇게 도시의 미래를 바다의 미래로 옮겨놓았다.

아시아에서는 많은 수상 취락 지역에 동일한 부족(객가[客家, Hakka], 통가[Tonga], 메르귀[Mergui] 부족 등)이 사는데도 불구하고, 하나의 분명한 광역권을 구성하기가 불가할 만큼 서로 복잡하게 얽히고설켜 있다. 수없이 많은 섬과 수천 개의 만이 있어 해안선이 지극히 복잡한데다, 곳곳마다 성격이 독특하다.

그럼에도 몇몇 수상 생활 유형은 중국의 푸젠성과 베트남의 하롱베이, 인도네시아의 보보종에서 공통으로 나타난다. 해당 지역들은 단순한 자급자족적 생산을 넘어 저마다 산업 경제를 구축해왔을 뿐 아니라, 고령화하는 인구와 오염, 기후 변화, 자원 고갈과 같이 오늘날 동일하게 대두되는 문제 유형도 함께 경험하고 있다.

중국 푸젠성에는 세계에서 제일 큰 해산물·해초 양식 공동체가 있다. 그중 닝더(甯德) 지역은 다섯 개의 작은 섬과 하나의 반도로 이뤄진 유명한 수상 마을 싼두다오(Sandu'dao)를 포함한다. 주민이 약 1만 2,000명으로 세계 최대의 수상 공동체로 여겨지는 이곳은 육지와 완전히 독립적으로 발달해왔다. 사실 1950년대까지 이곳 주민들은 중국 입국이 허용되지 않았다. 싼두다오는 주유소와 우체국, 경찰서, 병원, 그리고 몇몇 식당과 편의점도 있는 완전한 수상 취락이다. 원래 해산물 생산에만 의존하다가 최근 들어 수상 문화 관광에도 의존하게 된 이곳은 해초와 전복 양식을 결합한 고유의 복합 경제를 개발하는 데 성공한 자족적 공동체이기도 하다. 하지만 1980년대부터 인공 양식이 도입되고 전복 가격이 오르면서, 싼두다오는 양식장 관리를 위해 수백 명의 이주 노동자를 고용하는 강력한 수상 산업 기반으로 변모해왔다.

아시아 북부에서는 해초가 여전히 일상의 주요 식단 중 하나다. 최근에는 그런 수요를 충족하기 위해 해초 양식의 규모가 증가해왔다. 일본에서는 1950년대부터 김이 복잡한 발아단계에서 자라는 데 필요한 다양한 깊이에 맞춰 수상 그물망을 매달 수 있게 되면서, 김의 대량 생산이 시작됐다. 특정한 해초 유형이 발달하고 풍부한 다양성을 얻으려면, 특정한 깊이와 물살, 온도, 햇빛 투과 수준 모두가 필수적으로 요구된다. 해초의 다양성은 특히 요리법을 탐구할 수 있게 해주는데, 예를 들어 전통 일본 요리와 새로운 북유럽 요리는 모두 해초를 특별한 조미료로 사용해 감칠맛을 낸다. 우리는 홍콩의 제뉴인 람마 힐튼 피싱 빌리지 레스토랑(Genuine Lamma Hilton Fishing Village Restaurant)에서 요리사 크리스티나 쿵(Christina Keung)과 함께 첫 번째 해초 갈라 디너를 준비했다. 쿵은 이 레스토랑이 소유한 부두에서 모은 해초를 새우와 맛조개, 게, 독가시치와 버무린 11개 코스의 정찬을 준비하고는 농담처럼 말했다. "해초의 적은 독가시치예요. 독가시치가 해초를 먹으니까요. 독가시치가 많이 보이면 해초 시즌이라는 뜻이죠! 해초 시즌에는 소수의 지역 어부가 대나무 막대로 무장한 삼판6을 타고 해초를 수확할 거예요. 그걸 말린 다음엔, 자기들만 먹는 게 아니라 약재상이나 관광객에게도 팔죠. 우리 쪽에선 그걸 독가시치와 함께 먹으면 돼요. 맛있답니다."7

서울비엔날레 참가를 기회로 삼아, 본 연구는 서울에서 새로운 해초 입지를 찾아 한국의 해초 문화와 그 5,000년 역사를 학습하며 지역의 특수한 지식을 개발할 것이다. 전시는 (해양 생물, 저서 생물, 여과기, 운동성, 군체, 생산 기계로서) 해초의 여섯 원리를 개발할 것이다. 한국의 생일에 먹는

5
"Uneven Growth," curated by Pedro Gadanho, Museum of Modern Art, New York, 2014.

6
중국과 동남아의 해안 등지에서 쓰이는 작은 거룻배. —옮긴이

7
크리스티나 쿵(2016). 2016년 4월 23일 홍콩에서 MAP 오피스·펠린 탄(Pelin Tan)과 가진 인터뷰.

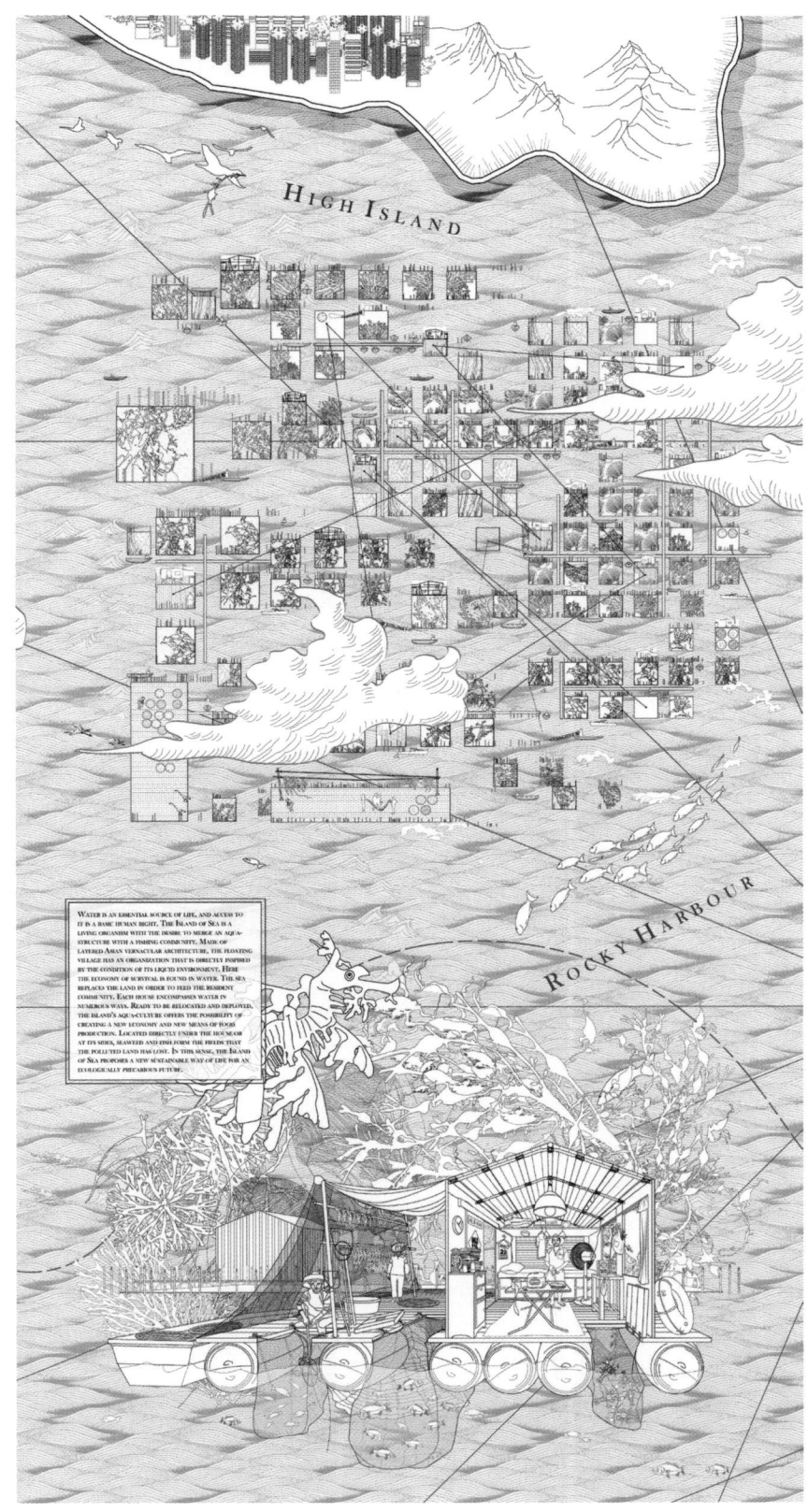

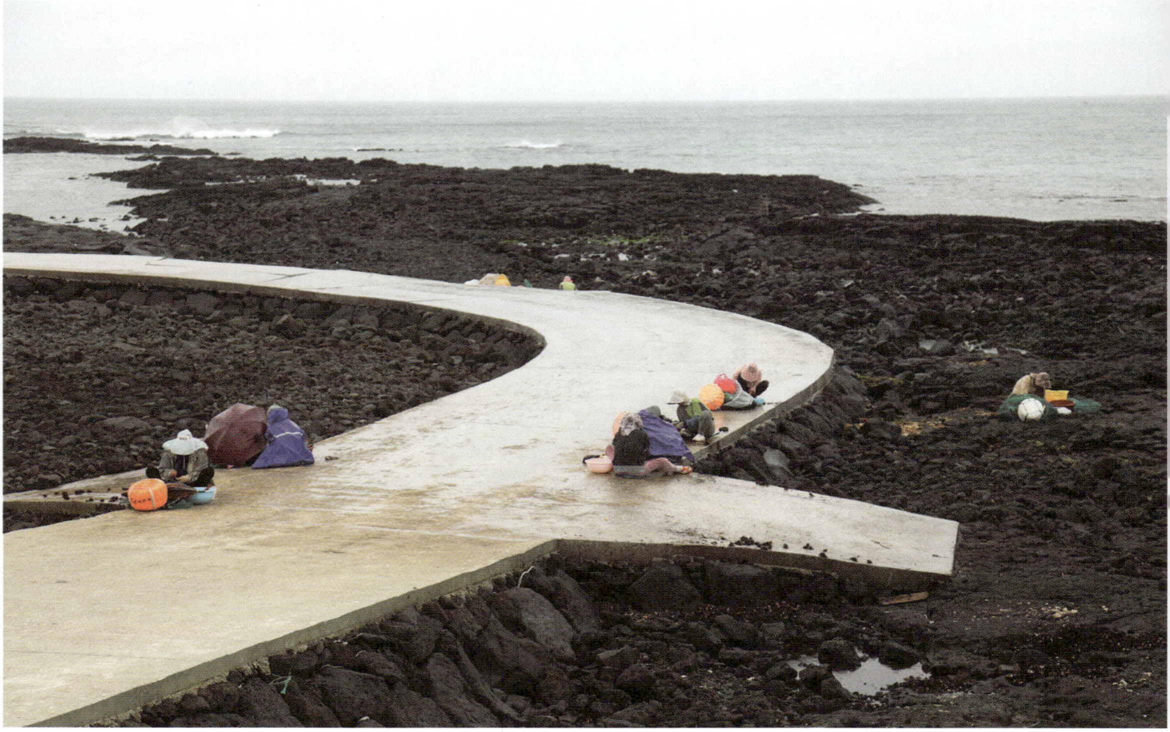

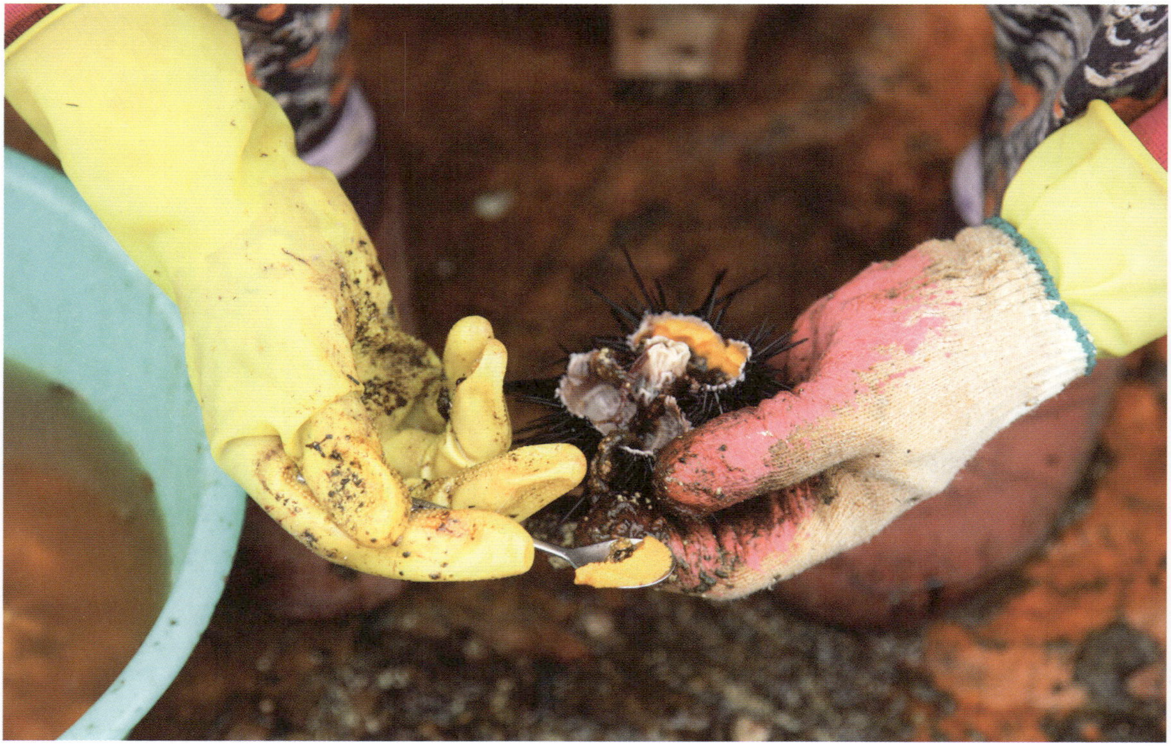

미역국과 그 신화에 관한 역사를 다시 추적하는 영화를 찍을 것이며, 홍콩에서 활동하는 한국인 요리사 숙(Sook)[8](박미나)과 함께 하는 이틀간의 특별한 해초 음식 행사에서는 해초를 이용한 현대 요리를 실험해볼 것이다.

한국에서 해조류는 인구의 총 영양 섭취량 중 약 10퍼센트를 차지할 만큼 중요하게 여겨져 왔고, 특히 녹조류와 홍조류 등의 해초 양식은 수세기에 걸쳐 숙달돼왔다. 한반도의 천수를 따라 야생에서 자라는 갈조류(톳)도 있는데, 그 잎사귀는 햇볕에 말리고 끓였다가 다시 햇볕에서 검은색이 될 때까지 말려 사용한다. 해초를 먹는 식습관이 일반화돼 있으며, 모든 주방과 매우 다양한 지역 요리에서 해초를 찾아볼 수 있다. 오늘날에는 압착해서 구워 말린 해초가 건강 식품으로 인식돼 10개입 직사각형 형태로 포장돼 소비되고 모든 유형의 식료품점에서 저가에 판매되기도 한다. 요즘엔 시장의 다양한 수요에 맞춰 요오드와 미네랄, 비타민이 풍부한 유기농 해초에 다양한 향을 가미하기도 한다.

먹이사슬을 활용한 해초의 경제/생태(eco/nomy/logy)는 오늘날 우리에게 인류세의 지구를 위한 가장 큰 기회 중 하나로 보인다. 우리는 지속 가능한 환경에 대한 단순한 회화적 개념을 넘어, 우리가 생태계와 공생할 수 있는 밝은 미래를 해초가 제공해줄 수 있다고 주장하고 싶다.

잉그리드 추(Ingrid Chu)와 크리스티나 쿵, 펠린 탄에게 감사를 표하고 싶다.

[8] 숙은 홍콩과 세계를 오가며 개인 주방과 임시로 마련한 공간에서 일련의 정찬 행사를 연다. www.sook.hk

해초의 여섯 원리

첫 번째 규모: 전 지구적 대기

우리는 여전히 인간 종이 지구상에서 가장 본질적인 유기체인 것처럼 행동할 수 있는가? 이 질문에 그렇다고 대답하는 건 인류세의 의식이며, 이런 대답은 일단의 새로운 문제들에 휩싸이게 된다. 오늘날, 인류의 생산과 소비가 지구의 대기 순환에 엄청난 영향을 줘왔고 지금도 주고 있다는 데는 의심의 여지가 없다. 하지만 우리 인간이 유기체로서 대기 생산에 기여하는 부분은 소량에 불과하다는 것 또한 사실이다. 사실 대기권에서 광합성을 통해 공기(와 산소)를 생산하는 요인은 거의 눈에 띄지도 않을 만큼 작은 미세 조류와 대형 조류, 식물성 플랑크톤, 그리고 해초가 평균 70–80퍼센트를 차지한다. 지구상에서 가장 오래된 생명체 중 하나가 대기 생산의 필수 요인이라면, 그건 분명 다양한 방식으로 인간의 삶을 지탱하며 인류의 발전에 기여해왔음에 틀림없다.

두 번째 규모: 국지적 해안선

현재 약 1만 2,000종이 알려져 있는 해초의 다양성은 복잡한 가족 관계를 보여주는데, 여기서 우리는 해안선 취락과 그 인접 환경 간의 관계를 수립하기 위한 여섯 원리를 추출할 수 있다. 이 원리들은 전체적으로 대형 조류의 어휘적 분류를, 또한 그것들이 주변 생명에 기여할 수 있는 바가 무엇인지를 제안한다. 그런 의미에서 그 순서는 가장 많은 종에 해당하는 특징 순으로 배열했다.

제1해초 원리: 해초는 대부분 해양(marine) 생물이거나, 수중 환경에서 산다. 이런 해초의 서식지는 대양과 지구의 매우 많은 비중을 차지한다. 해저에 붙어 있거나 물살을 따라 부유하면서, 인류를 비롯한 많은 종들에게 생명의 필수 원천이 된다.

제2 해초 원리: 해초는 게와 대합조개, 해면, 기타 바닥 퇴적물 속 미생물과 함께 저서(benthic) 생물에 속한다. 해안 구역을 따라 해저에 붙어 살며, 해저를 청소하고 죽은 유기체를 찾아 먹는다.

제3해초 원리: 해초는 천연 여과기(filter)다. 먹이를 섭취할 때 물을 함께 여과하기 때문에, 퇴적물과 유기 성분을 제거하고 물을 깨끗하게 만든다. 생태적 위험에 직면한 그레이트 배리어 리프(Great Barrier Reef)[9] 같은 지역에서, 해초가 수질 개선에 유용한 수단임이 증명된 바 있다.

제4해초 원리: 해초는 운동성(motile) 생물이다. 운동성을 갖고 있기 때문에, 늘 자체적인 재생산 능력을 활용해 서식 환경에 적응할 수 있다. 이런 생물학적 능력은 극한의 환경에서도 생존하며 번식하는 데 핵심이 된다. 역사상 자가생식 능력을 갖춘 최초의 유기체로 여겨진다.

제5해초 원리: 해초는 군체(colony)를 이뤄 집단 생활을 한다. 다른 종과 통합하고 때로는 협력함으로써 공존한다. 인접한 생활 환경에서 성장과 발달의 기초를 얻을 수 있다.

제6해초 원리: 해초는 생산(productive) 기계다. 즉 해초는 태양에너지를 비타민과 미네랄, 요오드, 오메가 3와 같은 화학 성분으로 변환하며, (홍조류, 갈조류, 녹조류의) 색소 침착을 통해 볼 수 있는 광합성 과정은 지구상 산소의 70퍼센트를 생산하는 기초가 된다.

---

[9] 호주 북동쪽 해안을 따라 발달한 세계 최대의 산호초. —옮긴이

물
서울 생물군계[1]
카를로 라티·뉴샤 가엘리

하수에서 인간의 건강과 행동에 관한 광대한 양의 정보를 얻을 수 있지만, 이런 하수 자원은 아직 미개척 영역이다. 우리는 정책입안자와 보건전문가, 연구자에게 제공할 수 있는 실시간 정보를 하수에서 캐내는 미래를 상상한다. 이 작업은 도시 건강 패턴의 모니터링을 위한 혁신적인 학제간 연구를 시도함으로써, 더 포용적인 공공 보건 전략을 계획하고 도시 역학(疫學)의 경계를 확장하고자 한다. 매사추세츠 공과대학 감응화 연구소가 이끄는 건축가·생물학자 팀은 한국 수도의 미생물군계를 탐구하고자 서울로 이동했다. 여기서 지하세계(Underworlds)라 이름 짓고 설명하는 이 실시간 인간 건강 모니터링 프로젝트는 물리적 기반 체계와 생물학적·화학적 측정 기술, 그리고 연구 결과의 해석과 그에 따른 조치를 위한 하류 부문 전산 도구와 분석으로 이뤄진다.

왜 하수인가?

존 스노 박사부터 21세기 도시까지

「지하세계」 프로젝트는 지역 사회의 보건에 관한 결론을 끌어내고자 한다. 물론 우리가 평소처럼 믿을 수 없는 조사 결과에 의존하고 의사 개인이 불쑥 찾아와 오랜 시간 들여 수행하는 값비싼 절차에 의존해서는 그런 결론을 내기가 쉽지 않다. 그러나 우리는 모두 매일같이 화장실 변기로 흘러나가는 건강 데이터와 이별하고 있다. 이 정보가 우리의 하수도에 모일수록, 인간의 건강과 행동에 관한 광대한 양의 정보가 생겨난다. 「지하세계」는 우리의 다리 밑에서 펼쳐지는 이 정보 고속도로에 접근함으로써, 대규모 공공 보건 연구의 수행 방식을 근본적으로 바꾸고 실시간 역학의 시대에 돌입할 것을 약속한다.

근린 지구 규모에서 건강 데이터 지도를 작성한다는 개념은 새로운 게 아니다. 이 개념을 처음 시도한 건 존 스노 박사(Dr. Jon Snow)였는데, 그는 1854년 런던에서 유행한

---

[1] 돈의문 박물관 마을에 전시된 「지하세계」에 관한 글이다.
—옮긴이

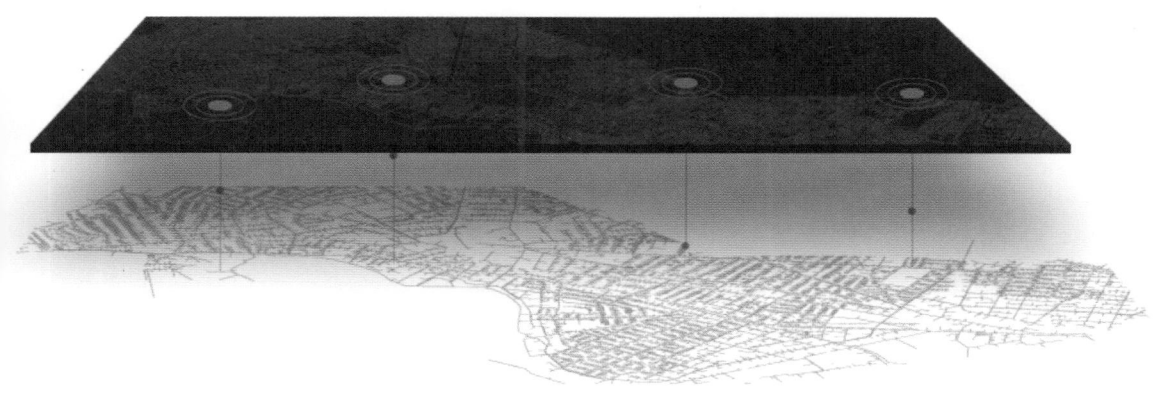

콜레라의 발병 지도를 매우 아날로그적인 방식으로 그렸다. 당시 의사들은 보통 콜레라가 오염과 공기 중 질병 때문에 발생한다는 이론을 믿고 있었다. 이에 대해 회의적이었던 스노는 발병 사례와 수질의 상관 관계를 정교하게 연구하기 시작했다. 주민들을 데이터로 활용해 콜레라 발병 지역을 지도로 작성했고 발병의 근원이 공공 급수 펌프에 있음을 설득력 있게 추적해낼 수 있었다. 이로써 스노는 근대 역학을 탄생시키며 런던의 폐수 관리에 일대 변화를 가져왔다. 오늘날 빠르게 진화하는 기술과 데이터 분석 전략을 결합하면 존 스노의 접근을 21세기에 적용해 인구 집단의 생물학적 신호를 디지털적으로 감시할 수 있다.

도시 과학과 공공 보건

「지하세계」는 스마트 도시 디자인과 도시 정보학의 새로운 개념들을 생물공학과 생물정보학의 진보와 결합한다. 오늘날의 실시간 스마트 도시 기반 체계는 빠르게 진화하는 센서 기술과 데이터 분석 전략, 정보통신 기술 발달이 결합하면서 가능해졌다. 「지하세계」는 도시민들의 행동과 필요를 파악하는 우리의 현재 능력에 전혀 새로운 차원을 부가한다. 하수 속에 현존하는 한 인구 집단 전체의 생물학적 신호가 그리는 지리 좌표를 실시간 추적함으로써 도시 보건 및 위생 패턴 연구를 위한 새로운 가능성을 열어놓는다.

즉각적인 도시 보건의 난제들을 다루는 데 기여하는 만큼, 이 새로운 기반 체계는 현재 상상할 수 있는 프로젝트 적용 가능성을 훨씬 뛰어넘어 성장하는 도시 정보 경제의 더 큰 구상에 기여하게 될 것이다.

「지하세계」는 공공 보건의 관점에서 수행되는 최초의 프로젝트이자, 도시가 폐수 시스템을 활용해 거의 실시간에 가까운 도시 역학을 수행하고 인간의 건강과 행동을 정교한 시공간적 해상도로 이해할 수 있다는 개념을 증명하는 실례다. 아마도 이 스마트 하수 기술이 가장 분명하게 적용된 최초 사례는 증상 발생 전에 전염병을 모니터링하고 발병을 예측하는 용도였을 것이다. 도심 속 신종 플루 현황에 대한 경보를 일찍 발령하면 지역 사회의 의료비를 상당히 줄이고 생명을 구하며 전염병 예방을 도울 수 있을 것이다. 게다가 스마트 하수는 비만과 당뇨 같은 비전염성 질병에 대한 생물 지표를 전례 없는 규모와 시간 해상도로 측정할 수 있어 그런 질병에 관한 연구법을 바꿔놓을 수도 있다. 여기서 개발되는 기술들은 현재 우리가 인구 집단의 건강 상태를 탐지하고 그에 반응하는 능력을 키우는 걸 넘어 공공 보건 정책과 지방자치단체 전략, 도시 계획, 그리고 더 넓은 의미의 역학을 이끌 데이터 플랫폼을 탄생시킬 것이다. 이 시스템은 시간이 갈수록 도시 보건 요인들의 변동을 기록·통합·분석하는 풍부한 데이터베이스를 구축할 가능성을 제공한다. 게다가 생체 측정 분야에 부의 분배와 도시 밀도 계수, 기타 인구 통계와 같은 정적 변인들을 상관 지음으로써 건강 관련 데이터를 시공간적으로 정교하게 맥락화하는 걸 목적으로 한다.

비전이 있는 연구 프로젝트
「지하세계」 프로젝트는 두 가지 목적을 추구한다. 첫째, 환경 감지와 하·폐수망 표본 추출을 위한 새로운 가상-물리적 플랫폼을 개발하고 전개할 것이다. 이 플랫폼은 메타유전체학(metagenomics)과 대사체학(metabolomics)을 비롯해 생물학적 신호를 특징화할 전산 생물학 도구와 결합될 것이며, 데이터 시각화와 분석 및 처리를 위한 도구도 갖추게 될 것이다.

둘째, 우리는 이렇게 개발된 기반 체계를 활용해 몇 가지 특수화된 목적의 연구에 집중하고 있다. 한 가지 목적은 전염성 병원체를 퍼뜨리는 하수를 걸러내는 것이다. 또 하나의 목적은 도시 미생물군계에 나타나는 항생제 내성 유전자들을 추적하는 것이다. 세 번째 목적은 공공 보건 정책의 효능을 가늠할 실시간 데이터 출처로서 프탈레이트로 알려진 물질의 독성을 연구하고 하수의 용도를 모니터링하는 것이다. 네 번째 목적은 항생제를 쓰지 않고 감염원을 물리칠 파지 치료(phage therapy)[2]를 위해 하수 내 생물자원탐사(bioprospecting) 전략을 개발하는 것이다.

매사추세츠 공과대학교 감응화 연구소와 앨름 연구소(Alm Lab)가 비전을 갖고 주도하는 「지하세계」 프로젝트의 연구 집단은 쿠웨이트

---

[2] 살균 세포(phage)를 이용해 감염원 박테리아를 처치하는 치료 방법. ―옮긴이

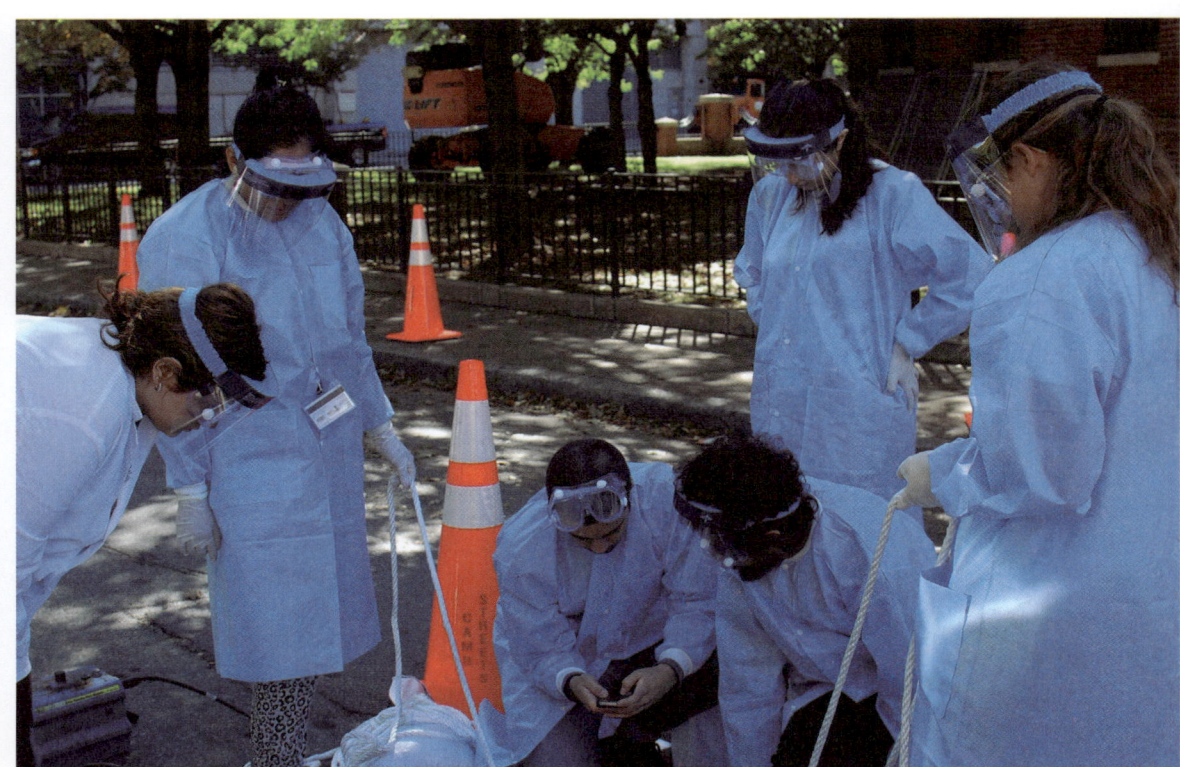

「지하세계」 팀. 매사추세츠 케임브리지의 「지하세계」 팀은 건축가와 생물학자, 엔지니어, 시각화 전문가 들로 구성된다.

대학교 쿠웨이트 과학연구소 연구자들과 매사추세츠 공대의 생물공학부, 토목환경공학부, 컴퓨터과학 및 인공지능 연구소(CSAIL) 연구자들까지 포함하는 규모로 확장해왔다.

서울 지하

2017년 5월, 「지하세계」 프로젝트의 매사추세츠 공대 연구자들은 대한민국 수도를 방문했다. 연구자들은 하수 탐색 로봇 루이지(Luigi)로 세 곳의 표본을 추출했는데, 강남 부유층의 주거 타워들과 성북 구릉지의 오래된 주택들, 그리고 홍익대학교 주변의 학생 주거가 그것이었다. 여기서 제시되는 건 이런 동네 밑에 사는 다양한 박테리아·화학적 공동체의 단상이다. 데이터 시각화 기법의 힘을 활용하면 보이지 않는 지하의 이 풍부한 정보를 드러낼 수 있다.

표본 추출 방법론

하수에서 생물학적 신호를 수집하려면 폐수 연결망을 물리적으로만 이해할 게 아니라 그 신호 자체를 화학적·생물학적으로 이해할 필요가 있다. 표본 추출 전략은 이 두 가지 측면을 모두 고려해 결정된다.

최적의 표본 추출 위치를 결정하기 위해 우리는 시간에 따른 폐수 부하와 함께 연결망 지도와 도시 위상학, 인구 통계 분포를 연구했고, 그로써 세 가지의 서로 다른 표본 추출 위치를 제안했다. 더 나아가 이 데이터를 수원지 표본 추출 지점 산출을 위한 자동화 시스템에 통합하는 전산 도구를 개발했는데, 이 시스템은 인구 표본 규모와 면적, 폐수 이동 시간, 그리고 인구학적 요인인 나이·민족·소득을 최적화함으로써 수원지 표본 추출 지점을 결정한다.

인구 집단 건강 조사

우리의 실험은 인간에게서 파생된 바이러스와 박테리아, 화학 물질을 찾기 위해 설계됐다. 현재 질병 감시를 위한 바이러스들은 증상이 나와야만 추적이 가능한데, 사람들이 아파서 병원에 가야만

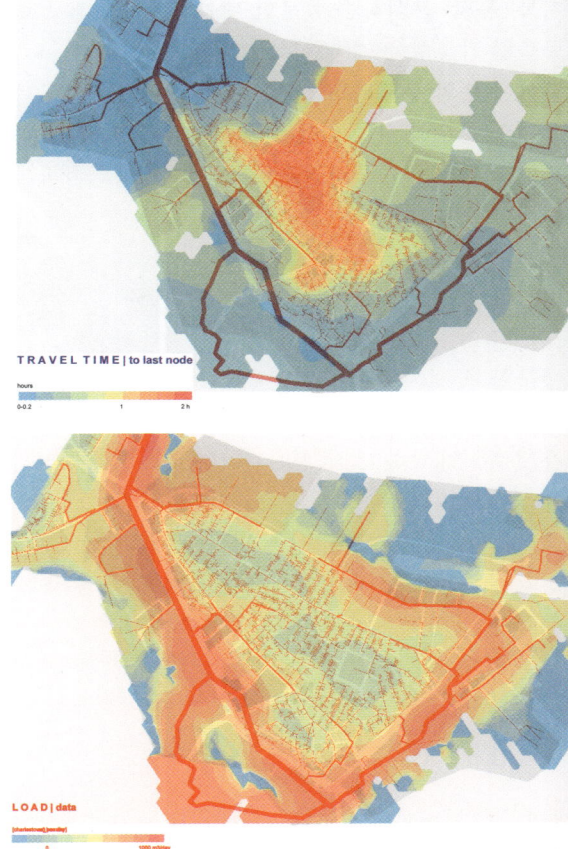

보스턴 찰스타운 하수 시스템에서의 이동 시간. (위) 경로 길이에 따른 폐수 이동 시간. 최장 경로가 표시돼 있음. (아래) 인구 및 건축 면적 모델링에 따른 폐수 부하.

비로소 발병을 추적할 수 있는 것이다. 우리의 플랫폼에서는 증상이 발현되기 전 잠복기에 질병 발현을 파악할 수 있는 만큼, 병원은 지역 수준에서 그에 대비할 수 있다. 미생물군계에 대한 우리의 이해가 깊어질수록 이 플랫폼은 도시 규모에서 장내 미생물군계 정보의 광대한 데이터베이스를 최초로 제공하게 될 것이다. 화합물을 통해 비만과 당뇨 같은 비전염성 질병을 측정할 수 있으니, 이제는 이게 공공 보건 정책 하류 부문에 끼칠 효과를 측정해볼 수도 있다. 예컨대 전 뉴욕 시장 블룸버그(Bloomberg)가 청량 음료를 금지하려 했을 때 이런 플랫폼이 있었다면, 그런 금지가 하류 부문에 끼칠 효과를 측정할 수 있지 않았을까?

게다가 「지하세계」 플랫폼은 인간 내부에서

표본 추출 장치. (왼쪽) 서로 다른 6개의 표본 추출 용기를 갖춘 마리오는 대개 고객 맞춤 부품들로 제작됐다. (오른쪽) 루이지는 훨씬 더 작지만 대개 기성제 부품들로 이뤄졌다.

발생하는 생물지표를 바탕으로 인구 집단 규모를 추산하는 개념을 처음으로 입증하는 실례가 될 것이다. 위험의 측정값(즉 바이러스 부하와 화학적 노출 등)을 가늠하려면 인구 규모에 대한 실시간 지식이 반드시 필요할 것이다. 우리는 환경보호국(EPA) 환경화학부 소속 연구 물리학자 크리스천 도턴(Christian Daughton)이 발표한 개념들에 기초할 텐데, 도턴은 이 주제에 관한 광대한 문헌 조사를 통해 인구 집단 규모와 상관이 있을 수 있는 다양한 생물 지표들을 제시했다. 우리의 플랫폼은 그 다양한 인간 생산 생물 지표들(크레아티닌, 코프로스타놀, 코르티솔, 안드로스텐디온 등)과 더불어 흔히 소비되는 상품 속의 화학 물질(카페인, 이부프로펜, 파라세타몰 등)을 검사할 것이다.

표본 추출 장치

상기한 풍부한 인구 집단 건강 조사 플랫폼을 구축하기 위해, 도시 규모에서 12곳이 넘는 위치의 표본 추출을 촉진할 도구가 필요했다. 따라서 표본 추출 과정을 자동화할 수 있을 최소한의 실행 가능한 도구를 우선 설계해야 했고, 아울러 하류 부문 연구실 분석을 위한 표본의 무결성도 유지해야 했다. 우리는 다양한 역량과 자동화 수준을 지닌 (마리오[Mario]와 루이지라 불리는) 복수의 원형(原型)을 개발했다. 서울에서 사용된 장치인 루이지는 효율적이고 깨끗하며 쉬운 방식으로 20분 넘게 합성물 표본을 수집할 수 있었다. 그 결과는 여기서 각 지역 사회를 진정 총체적으로 재현하는 식으로 시각화된다.

여기서 생성된 데이터는 서울비엔날레를 넘어서 매사추세츠주의 케임브리지와 보스턴, 쿠웨이트의 쿠웨이트 시티 내 지역 사회에서 수집되는 데이터와 비교·대조하는 데 사용될 것이다. 이런 데이터의 취합은 도시 보건의 경향과 요인을 총체적으로 정리하는 포괄적 데이터베이스의 구축을 향한 첫걸음이 될 것이다.

불

침투적 재생
RAAD 스튜디오

「침투적 재생」은 자연과 건축 환경 간의 복잡한 관계를 탐구하고자 한다. 자연은 퇴화와 재생이 모두 일어나는 대표적인 곳이다. 인류는 지금껏 자연계를 정복하려고 끊임없이 투쟁해왔지만, 이런 노력을 뒤집으면 오히려 성장과 재생을 촉진할 수 있다.

자연광은 첨단 태양광 기술을 통해 설치 현장으로 유입돼, 아래쪽에서 빛을 받는 식물을 성장시키는 것처럼 보인다. 그렇다면 콘크리트 건물이 해체되는 과정에서도 이런 식물의 성장을 볼 수 있게 될 것이다. 우리의 작품은 기술 능력으로 시간의 가속화를 연출함으로써 시간의 상대적 규모에 대한 질문을 제기한다.

1. 서론

비어 고든 차일드(V. Gordon Childe)가 한때 말했듯 자연계에 제어 시스템을 적용하는 게 문명의 전형적 특징이라면, 그런 제어의 실패를 보여주는 도상은 대중의 뇌리에 즉각적인 인상을 남길 수 있다.

하이럼 빙엄(Hiram Bingham)이 1922년 마추피추를 탐험했던 최초의 이미지들이나 앙리 무오(Henri Mouhot)가 앙코르 와트를 발견했을 때의 유명한 이미지들이 공개됐을 때, 대중의 상상 속에서는 인간의 야망과 실패, 그리고 거의 필적할 수 없는 자연의 힘에 관한 이미지를 굳히게 됐다. 사람들은 놀라워하며 궁금해했다. 그 강력한 게 어찌 이렇게 몰락할 수 있었을까? 어떤 자연 재난이 건축 환경을 제압하고 한 문화를 무너뜨린 것일까?

수년이 흐른 뒤, 몇몇 고대 문명의 소멸에 관한 일부 놀랍고 혼란스러운 깨달음이 일면서 우리 문명과 불가피하게 비견되기에 이르렀다.

예컨대 앙코르인들은 주변 시골 전역으로 영향력을 가차없이 확장해 자연을 관개하고, 형태 짓고, 길들이고, 제어하면서 복잡한 도시의 수요를 충족했다. 하지만 그 모든 환경의 정복과 교묘함에도 불구하고, 그들의 자원은 결국

소진됐다. 기아와 갈등과 붕괴가 이어졌고, 돌로 지은 앙코르의 도시들은 시간이 지나 자연계의 가차없는 침투 속에서 소진됐다. 이는 전설적인 마야 도시들과 폰페이, 이스터 섬 주민들에게서도 엿볼 수 있는 이야기다.

　따라서 우리 시대의 건축된 세계는 어디로 향할까가 즉각 관심의 초점이 된다. 기술적 기량이, 문명의 진보가, 지구의 길들이기가 실제로 우리 자신을 소진시키는 요인으로 작용한다면? 우리 사회를 성장시킨 바로 그 도구들이 우리를 궁극의 죽음으로 이끌어간다면?

　이런 종류의 혼란스런 생각들을 중심으로 한 문화적 시대정신은 분명 여러 예술과 소설 작품이 뿌리내릴 수 있었던 비옥한 토양이었다. 「조용한 질주(Silent Running)」(1972)는 모든 식물이 궤도를 도는 누에고치 같은 용기(pod) 속에서 기술적으로 보존되며 소형 로봇들의 관리를 받아온 폐허가 된 지구를 상상한 영화였다. 「12 몽키즈(Twelve Monkeys)」(1995)에서는 인류가 생존을 위해 지하로 도피했고, 관객이 마주하는 건 식물과 야생 생물만 완전히 퍼진 폐허가 된 필라델피아의 이미지들이다.

　이를 통해 우리는 두 가지 가능성을 그려볼 수 있다. 하나는 기술이 우리를 소진시키는 가운데 전적으로 우리의 손에 불쌍한 자연의 운명이 좌우될 가능성이고, 다른 하나는 인류가 자연에 잠식당해 소멸할 가능성이다.

　문명과 자연의 관계에 대한 이런 관점들을 탐구하는 데 준거가 될 만한 또 다른 작품이 있다. 버스터 심슨(Buster Simpson)의 조각 작품 「호스트 아날로그(Host Analog)」(1991)는 인간의 개입을 퇴화와 재생을 모두 장려하는 수단으로 바라본다. 여기서 인간의 개입은 단순한 대나무 관개 배관 하나로 쓰러진 나무에 자원을 공급함으로써, 새로운 묘목을 식재할 수 있는 매체를 만들어낸다.

　나의 작품 「로우라인 랩(Lowline LAB)」(2015)은 앨런 와이즈먼(Alan

Weisman)의 '준-소설적(semi-fictional)' 저서인 「인간 없는 세상(The World Without Us)」(2007)에 크게 의존한다. 와이즈먼은 이 책에서 몇 가지 사례 연구 현장을 탐구하면서 일종의 사고 실험을 하는데, 말하자면 인류가 갑자기 사라질 경우 그런 현장에 무슨 일이 일어날지를 상상하는 것이다.

「로우라인 랩」은 자연광을 모아 어두운 창고 공간으로 보내는 기술을 도입한 설치 작품이다. 이를 통해 우리는 건축 환경(built environment)의 개념을 탐구했는데, 버려진 건물 안에 식물 조경을 꾸밈으로써 우리의 태양광 기술을 적용하면 인류 문명의 시대가 저문 먼 미래에 무슨 일이 일어날지에 대한 거대한 역사적 상상을 구현했다. 버려진 창고로 형상화된 인류의 과거는 먼 미래의 비전을 통해 현재의 방문객들과 통합됐다.

이런 역사적 탐구와 거대한 시간 규모, 건축 환경과 자연의 관계를 바탕으로, 우리의 서울비엔날레 작품 「침투적 재생」이 설치됐다.

2. 맥락과 내용

모든 세대는 자기 세대와 자녀 세대에게 유용한 환경을 지으려고 노력한다. 우리가 짓는 건 우리보다 더 오래 살아남을 수 있지만, 우리가 영속하기를 기대하고 만든 것조차도 결국 시간이 지나면 닳아 없어진다. 튼튼한 건물의 수명에 비하면 인생은 눈깜짝할 새에 불과하지만, 그런 건물의 생애도 자연의 힘 앞에서는 스쳐가는 순간에 불과하다.

우리의 설치 작품은 한때 전통적 규모의 동네와 강력히 결속됐던 한 다층 콘크리트 골조 건물의 지하에 위치한다. 이 동네는 현재 지역 공동체의 변화하는 수요에 따라 용도를 바꿔 재발명되는 중이다.

우리의 설치 작품은 현재 한국이 기술과 친환경 구상 분야의 세계적 전선에서 부상하고 있음을 보여줄, 희망차고 긍정적이며 새로운 역사적 층위를 부과하고자 한다. 우리는 자연과 재성장을 장려할 수단으로서 한국의 첨단 자연채광 시스템을 활용할 수 있다. 자연의 힘을 장려함으로써, 서울의 역사를 인식할 뿐 아니라 자연을 옛 상처의 치유 방법으로서 활용할 수도 있다.

이 디자인은 완전한 어둠 속에 파묻혀 존재하는 공간 속에 자연광을 도입할 것이다. 그런 기술이 이 건물의 죽은 기초들을 바깥 세계의 리듬

및 자연력과 연결할 것이다.

하지만 여기서 우리의 기술은 자연력을 제어하며 자연적인 하루 주기를 가속화할 수 있다. 낮과 밤의 리듬은 빠르게 연속으로 일어나는 것처럼 보인다. 자연과 삶의 과정들이 가속화되고, 느린 퇴화의 과정도 빨라진다.

요컨대 천장 속 균열은 방향이 제어된 태양광으로 빛나고, 그에 상응하는 바닥 속 균열은 식물로 채워져 자연이 결국 인공 태양광을 소비하는 양상을 보여준다.

3. 기술적 제어

「침투적 재생」의 맥락에서 자연은 구성 요소들로 체계화된다. '자연' 자체는 물론 무한한 힘을 구현하지만, 우리의 설치 작품은 그걸 물과 빛이라는 두 요소로 압축해 제시하고자 한다.

지하 공간은 바깥 세계와 효과적으로 분리되기에 그 핵심 깊숙이까지 햇빛을 공급하기가 쉽지 않으나, 이 문제는 기술을 적용해 해결했다.

현장 바깥에는 빛을 반사시켜 땅속 깊숙이 보내는 일광 반사 장치가 설치된다. 이로써 반사광이 여러 전송 매체를 통과한 끝에 설치 작품의 핵심 구역에 도달한다.

도달한 빛은 천장 속 균열과 그 아래 구성 요소들로 배분된다. 우리는 빛의 거동을 정밀하게 제어하는 기술력으로 빛이 전달되는 시점과 방식을 결정할 수 있다.

우리는 자연력을 거꾸로 제어하는 능력을 보여줄 뿐 아니라 시간을 뒤트는 관점을 만들어내기 위해, 일일 주기를 일종의 '고속 재생(fast-forward)' 방식으로 가속화한다. 설치 공간에서는 몇 분마다 '해'가 뜨고 지면서 다른 시간 감각을 만들어낼 것이다. 시간의 경과에 대한 우리의 일상적 지각이 압축되는 만큼, 방문객은 지질학적 시간 규모 속에서 작품을 볼 수 있게 된다.

(우리의 사고 실험에서) 언젠가 도시 전체를 부숴 먼지로 만들 침투적 자연의 성장이 가속화하는 만큼, 건물이 실제로 무너져 내릴 시점보다 훨씬 앞서서 붕괴되는 건물을 시각화할 수 있게 된다.

4. 결론

우리가 자연과 맺는 관계는 복잡하다. 자연은 때때로 적대적이고 길들여야 할 무엇이며, 자연의 귀환이 우리의 종말을 예고할 수 있다.

우리 문명이 앞으로 나아갈수록 일어날 수 있는 가능성은 문명이 자연을 정복하거나, 인간을 소멸시켜 궁극의 지배력을 자연에 다시 내주는 것이다. 그게 아니라면 우리가 자연의 혼돈과 나란히 협업하는 자세로 균형을 만드는 법을 모색할 수도 있을 것이다. 우리는 이 마지막 선택지의 탐구를 장려하고 싶다.

시간의 흐름에 대한 우리의 지각과 관점을 바꿈으로써, 우리는 우리가 짓는 것들의 유한성을 이해하고 결국 우리보다 더 강력한 자연의 힘을 직관할 수 있다.

불

우리는 같은 하늘 아래에서 꿈꾸고 있는가
니콜라우스 히르슈·미헬 뮐러와
리크릿 티라바니자

「우리는 같은 하늘 아래에서 꿈꾸고 있는가」는 분명해 보이는 무엇을 문제시한다. 우리는 물론 같은 하늘 아래에 있다. 하지만 정말 그러한가?

'랜드(Land)'는 리크릿 티라바니자(Rirkrit Tiravanija)와 카민 레차이프라세릿(Kamin Lertchaiprasert) 주도의 예술 공동체에서 연유한 자급자족적 환경이다. 태국 북부 치앙마이 시에서 남서쪽 20킬로미터 거리의 산파통 마을 근린에 있는 이곳은 소유권이 없이 누구나 경작할 수 있는 공간으로서 여러 문화적 논의와 실험을 촉진하는, 말하자면 일상적인 지역 생활 활동(즉 쌀 경작)과 근린 공동체에 모두 열려있는 환경이다. 그렇게 혁신과 전통주의를 혼합하는 랜드는 현대적인 재료와 기술을 오랜 역사가 서린 실천 형식과 병치한다.

랜드는 본질적으로 모두가 자유롭게 이용할 수 있는 논이자 정원이면서도, 잠을 잘 만한 쉼터부터 요리를 할 수 있는 주방, 강의나 공연을 할 수 있는 무대까지 다양하게 활용될 수 있는 건축 구조들을 지지한다. 이런 랜드의 가능성을 탐구하는 데 수많은 미술가와 건축가가 관여했는데, 물론 오로지 그런 예술 분야에서만 관여한 건 아니었다. 지금껏 지역과 세계를 통틀어 카민 레차이프라세릿과 토비아스 레베르거(Tobias Rehberger), 필립 파레노(Philippe Parreno), 프랑수아 로슈(François Roche), 앙크릿 앗차리야소폰(Angkrit Ajchariyasophon), 카를 미하엘 폰 하우스볼프(Carl Michael von Hausswolff), 수퍼플렉스(Superflex), 리크릿 티라바니자 등의 예술가들이 랜드의 구조를 만들어왔다. 가장 최근의 랜드 프로젝트인 「우리는 같은 하늘 아래에서 꿈꾸고 있는가」는 프랑크푸르트를 거점으로 활동하는 건축가 니콜라우스 히르슈(Nikolaus Hirsch)와 미헬 뮐러(Michel Müller)가 설계했는데, 스튜디오와 작업실 공간, 쉼터로 이뤄지는 이 구조물의 설계에 수많은 국제 파트너들이 협업했다.

리크릿 티라바니자, 니콜라우스 히르슈, 안토 멜라스니에미(Antto Melasniemi), 미헬 뮐러 (2015) 「우리는 같은 하늘 아래에서 꿈꾸고 있는가」, 아트 바젤.

부품 개발 과정을 보여주는 전시

니콜라우스 히르슈와 미헬 뮐러 건축사무소는 건축가와 엔지니어, 미술가와의 협업과 전시를 통해 미래 건물의 건축 부품을 생산하는 프로젝트를 리크릿 티라바니자와 함께 진행하며 새로운 건축 부품을 개발하고 있다. 첫 번째 건축 부품은 대나무-강재 지붕과 신축성 있는 기둥들로 이뤄진 구조 시스템으로서, 2015년 아트 바젤 행사에서 실제로 지어졌다. 두 번째 부품은 매달린 파사드 구조인데, 이 구조는 2017년 덴마크 오르후스에서 열린 정원 트리엔날레(Garden Triennale)를 위해 설치된 바 있다.

서울비엔날레를 위해서는 보호막 파사드 재료와 에너지 생산 장치를 모두 통합한 세 번째 부품을 개발했는데, 이 직물 파사드는 첨단 유기 태양광 전지(organic photovoltaics, OPV) 및 유기 발광 다이오드(organic light-emitting diode, OLED) 기술을 이용해 전기를 생산하고 빛을 방출한다. 이 시스템은 대나무 관들로 짠 격자 체계에 마치 지붕 널을 깔 듯 1,250개의 유기 태양광 전지 모듈과 403개의 유기 발광 다이오드 모듈(각 155×175밀리미터)을 매달아 만들었다. 낮에는 에너지를 생산하고 밤에는 에너지를 방출하며 '우리는 같은 하늘 아래에서 꿈꾸고 있는가(Do We Dream Under The Same Sky)'라는 질문을 조명하는데, 이 제목은 에너지 공유 자원의 문제만을 암시하는 게 아니라 전 세계적으로 부상하는 국가적·윤리적·종교적 특수주의의 맥락 속에서 하나의 보편 문화가 존재할 수 있느냐의 여부를 묻는 것이기도 하다.

이 프로젝트는 건축가를 단일 작가로 표현하는 데 집중하는 게 아니라, 다양한 분과의 작업과 복잡하고도 종종 모순적인 건축·기술 과정의 형세를 조명하는 게 목적이다. 완성된 결과물에 대한 관심만큼이나 우리는 하나의 미적 질문으로서 건축 부품의 물적 역사를, 즉 그것의 원료와 제작업체, 엔지니어, 디자이너, 입지, 궤적 등을 드러낸다.

확장과 수축

이 프로젝트는 동시대 건축 실천의 새로운 형식을 성찰하는 게 목적이며, 점점 더 광범위해지지만

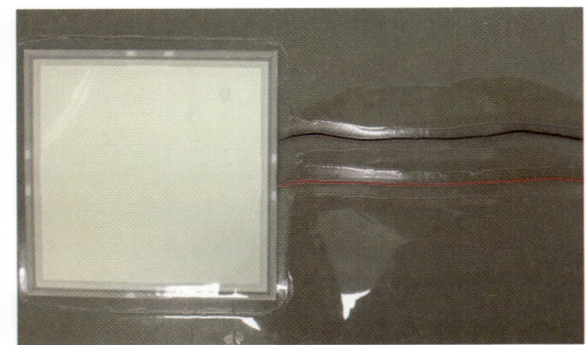

유기 발광 다이오드 파사드 부재 원형(2017).

핵심 전문성은 제한적이고 종종 위기에 처하기까지 하는 건축가의 역할에 초점을 맞춘다. 건축 분야는 현재 확장과 수축을 모두 경험하는 역설에 직면하고 있다. 건축가들은 한편으로 다양한 분야가 협업하는 실천에 자부심을 느끼지만, 다른 한편으로는 팔방미인 건축가-천재라는 고전적 자기 이미지와 반대되게 형태만 포장하는 주변적인 전문가가 돼버렸다.

이런 분과적 맥락에서 본 프로젝트는 학제간 협업의 갈등 문제를 비판적으로 탐구하려 하며, (로잘린드 크라우스[Rosalind Krauss]의 용어를 응용한) '확장된 영역의 건축(architect in the expanded field)'의 잠재력과 모순을 논할 것이다. 예술과 엔지니어링 사이, 점증하는 컨설턴트와 관리자, 개발업자, 제조업자 등의 사이에 낀 현대 건축가는 새로운 위치를 물색할 필요가 있다.

어떻게 통제권을 놓을 것인가

건축가의 고전적 자기-이미지는 뭔가를 통제하는 사람이다. 하지만 건축가는 어떻게 건축 직종의 야심 차지만 문제 있는 유산—미래의 완성 목표인 목적인(目的因, telos)을 미리 결정하는 경향—을 피할 수 있을까? 건축가가 어떻게 다양한 부분들의 장소를 결정하고 복속시키는 절차에 기초한 목적인의 우선성을 거스를 수 있을까?

특수 전략의 중요성을 강조하면서 통제권을 놓는 한 가지 길은 초현실주의의 협력적인 인체 드로잉 실험을 뜻하는 '우아한 시체(exquisite corpse)' 개념이다. 이 개념은 인간의 시체를 머리부터 발끝까지 모두 단편화해 우연과 즉흥의 계기를 도입함으로써 목적론적 종합계획을 문제시하는 것이다. 이 논리를 건축에 적용하면 어떤 모습이 될까?

우아한 시체로서 건축

도시 계획과 건축이 많은 작가가 참여하는 가운데 더 큰 정치적·사회경제적·문화적 맥락을 성찰하는 협력 과정의 결과라는 말은 진부하다. 하지만 아키텍처(architecture)라 불리는 이 복잡한 공간적·물리적 실체가 단일 작가(대개는 건축가)가 구상한 일관된 언어를 품어야 한다는 가정이 널리 퍼져 있다는 사실 또한 역설적이다.

이와는 반대로, 우리의 랜드 프로젝트는 일관성과 동질성이라는 개념을 문제시하는

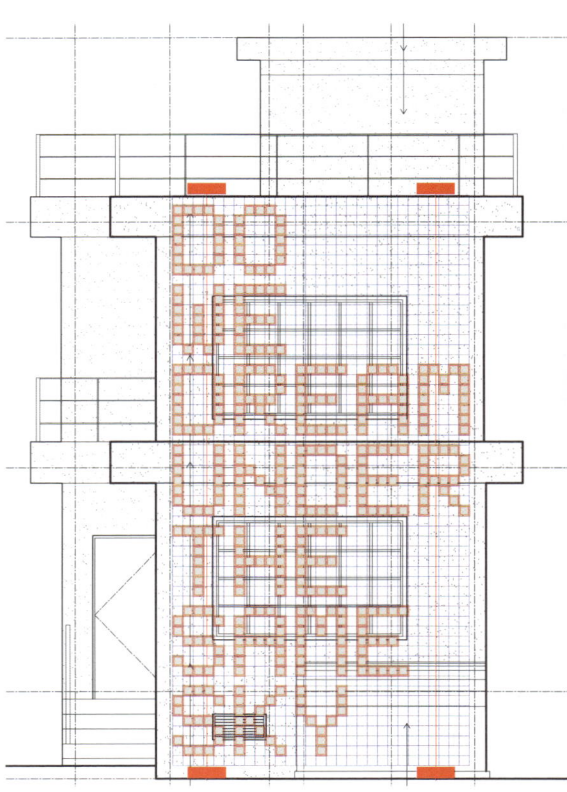

니콜라우스 히르슈·미헬 뮐러와 리크릿 티라바니자 (2017). 유기 태양광 전지 및 유기 발광 다이오드 입면도.

리크릿 티라바니자, 니콜라우스 히르슈, 미헬 뮐러 (2017). 「우리는 같은 하늘 아래에서 꿈꾸고 있는가」, ARoS 트리엔날레, 오르후스.

접근법을 제안한다. '우아한 시체' 개념의 순차적이고 누적적인 논리를 따라서, (22 × 22미터 건물에서 전체적으로 볼 때) 시간과 과정을 가시화할 몇몇 건축 부품들을 개발하기 위해 다양한 협력업체와 제조업체, 건축가, 엔지니어, 예술가가 참여했다. 집단적으로 이뤄진 이 프로젝트는 누가 한번 작업을 시작하면 다른 이들이 작업을 이어받아 발전시키는 초현실주의의 집단 작업인 '우아한 시체'를 떠올리게 할 것이다. 이는 결코 완성되지도 완전해지지도 않는 유기적인 개체로서, 그 어떤 종반전도 알지 못하는 작업이다.

이런 의미에서 '랜드 워크숍(Land Workshop)'은 건축인 동시에 실천이기도 하다. 그 목적은 협력적 워크숍의 논리에서 자극 받아 촉발되는 새로운 건축 모델을 탐구하고 그 안에서 적절한 건축술적, 프로그램적, 조직적 언어들을 찾는 것이다. 이런 '워크숍들의 워크숍'은 그 자체가 여러 단계의 연속 기획을 통해 구성됨으로써, 워크숍 자체의 잠재력과 모순을 성찰할 것이다. 각 단계마다 기초(foundation)와 구조(structure), 파사드(facade), 에너지(energy), 설비(services), 스튜디오(studios) 등의 공간 요소가 하나씩 추가되면서, 결국 건축은 시간 속에서 진화하는 전시처럼 읽힐 수 있게 될 것이다.

건축가: 니콜라우스 히르슈·미헬 뮐러(프랑크푸르트)
미술가: 리크릿 티라바니자(치앙마이, 뉴욕, 베를린)
협력자: 한나 뷔르크슈티머(Hannah Bürckstümmer), 미하엘 그룬드(Michael Grund), 리처드 하딩(Richard Harding), 마르티나 휘버(Martina Hüber), 헤르만 잇사(Hermann Issa), 다비드 뮐러(David Müller), 귀도 올버츠(Guido Olbertz), 랄프 페촐트(Ralph Paetzold), 파벨 슐린스키(Pavel Schilinsky)

이 프로젝트는 메르크(Merck)와 코오롱(Kolon), 오엘이디웍스(OLEDWORKS), 옵비우스(OPVIUS)의 관대한 후원을 통해 이뤄질 수 있었다.

땅

열 질량[1]

스토스 랜드스케이프 어버니즘(일레인 스톡스·
캐서린 하비·에이미 화이트사이즈·크리스 리드)

---

[1] 돈의문 박물관 마을에 전시된 「열용량」에 관한 글이다. thermal mass는 물리학적으로 '열용량(heat capacity)'과 교환 가능한 말이긴 하나, 이 글에서는 말 그대로 토양에 축적된 열의 질량을 의미한다는 점에서 '열 질량'으로 번역했다. —옮긴이

지하 토양 시스템은 지표면을 차지하는 서식지에 심대한 영향을 준다. 도시화가 계속되고 인위 개변 과정이 이산화탄소를 만들어낼수록, 토양은 새로운 패턴으로 열 질량(thermal mass)을 흡수하고 유지한다. 토양의 열 흡수는 도시 열섬 효과에 기여할 뿐 아니라 식물의 서식지가 더 시원한 지역으로 이동할 수밖에 없게 만든다. 조경 건축가들은 지표 설계를 넘어 깊은 단면을 고려하고 지표면을 점유하는 유기체들에 영향을 주는 지하 조건들을 구성해야 한다. 지표 밑 토양 유형과 열 질량을 도면화하고, 지도화하고, 모델링함으로써 우리는 이런 요인들이 지상 서식지를 건강하게 유지하는 데 필수임을 인식한다. 열 질량의 측정을 대규모의 열린 공간 구상들과 짝짓는 새로운 설계 방법론을 활성화하면 도시와 조경, 환경 설계에서 토양이 더 능동적 역할을 할 수 있게 될 것이다.

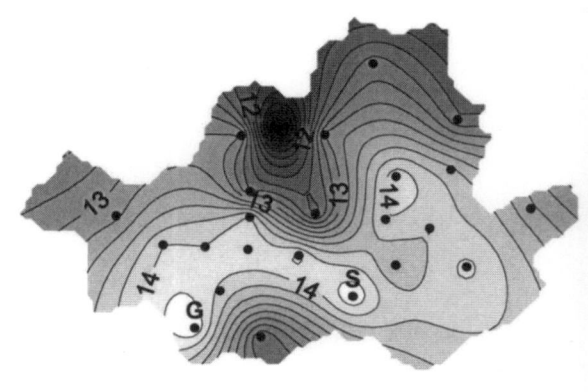

2001년 3월부터 2002년 2월까지 서울 평균 기온 분포. 숫자는 섭씨 온도를 가리킨다.

설계를 위한 능동적 물질로서 토양

발열원과 흡열원

도시 열섬 효과는 지표 문제로 자주 다뤄지곤 한다. 이 문제를 논할 때 가장 주된 관심을 끄는 건 지표 물질과 땅의 불투수성이다. 하지만 도시 열섬은 대기와 지하의 발열원(heat source)과 흡열원(heat sink)이 접촉하는 곳에서 생겨난다. 토양은 지구상에서 두 번째로 큰 탄소 흡수원이며,[2] 도시는 지하 토양에서 열 질량을 키운다. 도시 지역에서는 인위 개변에 따른 발열원에서 시작해 토양으로 열을 방출하는 지하 열점(hotspot)들이 수십 또는 수백 년에 걸쳐 진화한다.[3] 지하 교통 시스템과 하수 시스템, 지열 에너지 설비, 가열된 지하는 토양으로 열을 방출하는 열원의 소수 사례일 뿐이다. 도시 열섬 효과는 주변 촌락 구역보다 더 따뜻한 미세기후를 만들어내면서, 도시에 사는 인간과 동·식물의 건강에 상당한 영향을 준다.

서울시는 도시 열섬 효과뿐 아니라 시 전역의 에너지와 관련해 토양과 열린 공간의 역할을 탐구할 수 있는 중요한 연구 사례가 된다. 서울에서 인구밀도가 가장 높은 지역들은 대개 산에서 벗어난 저지대에 위치하지만, 시의 남·북 외곽 지역은 숲으로 가득한 산악 지형으로 이뤄져 있다. 서울의 광대한 지하철 시스템은 200킬로미터 길이에 걸쳐 운행되며, 지금껏 40년 넘게 계속적인 확장을 거쳐왔다. 강의 계곡에서 산등성이까지, 밀집한 도시 공간에서 열린 촌락 공간까지 아우르는 다채로운 풍경이 600제곱킬로미터 넓이 안에 펼쳐진다. 이런 지형적·인위 개변적 조건들은 시내의 온도를 매우 다양하게 변화시킨다. 서울대학교의 김연희와 백종진이 수행한 연구에 따르면, 서울시에서 저지대의 밀집한 도시 구역들은 다른 고지대의 열린 공간보다 연간 평균 기온이 섭씨 3도 더 높은 것으로 밝혀졌다.[4] 이 연구에서 더 따뜻한 온도와 인간 활동의 수준

---

[2] European Environment Agency (2015). "Soil and climate change." *Signals-Towards clean and smart mobility*. 2015: 5.

[3] Menberg, Kathrin, et. al. (2013). "Subsurface urban heat islands in German cities." *Science of the Total Environment* 442: 123.

[4] Yeon-Hee Kim and Jong-Jin Baik (2005). "Spatial and Temporal Structure of the Urban Heat Island in Seoul." *Journal of Applied Meteorology* 44: 594.

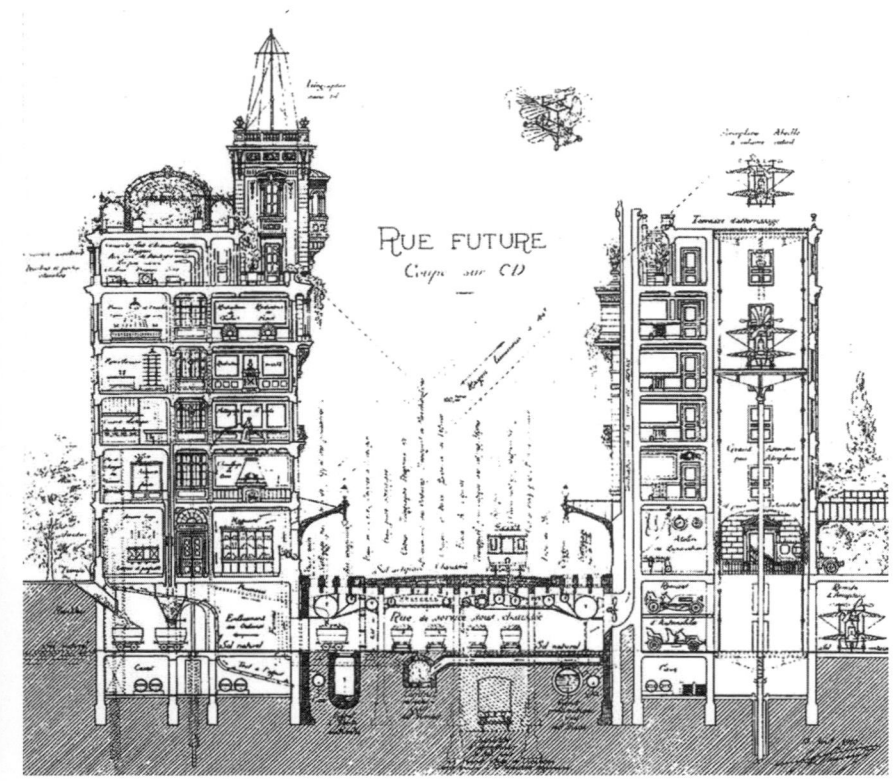

외젠 에나르의 '퓌튀르 길' 단면도. 지하 공간을 지상 공간 못지않은 비중으로 그리고 있다.

사이에는 (인과성은 증명되지 않았지만) 분명한 상관 관계가 나타났다. 도심지들은 사람들이 덜 북적대는 주말보다 주중에 더 따뜻했다.[5] 서울 같은 도시와 그 발열원 및 흡열원을 계속 탐구한다면 도시 열섬 효과에 대처하기 위한 설계 방법론의 핵심적 통찰을 얻게 될 것이다.

토양을 옹호하는 표현법

도시계획 과정에 토양을 통합하려면 도시 조직을 도면화할 때의 표현법을 바꿀 필요가 있다. 도시계획은 전통적으로 대규모의 도시 지표와 일견 전지적으로 보이는 평면적 관점과 관련돼왔지만, 이런 접근은 도시의 지상 환경에 영향을 주는 지하 토양의 과정을 간과한다. 도시계획가들이 도시의 단면적 성격을 인식하는 대안적 표현법을 새롭게 채택한다면, 지하 공간은 설계 과정에 필수적으로 포함해야 할 도시 환경 요소가 될 것이다.

도시 열섬 효과를 완전히 이해하려면, 도시를 시각화하는 우리의 관점을 바꿔야 한다. 평면적 관점이 도시 환경을 포착하는 가장 효율적인 방법이라고 받아들일 게 아니라, 그런 평면이 도시 지표 밑에서 작동하는 시스템들을 가려버리는 경향이 있음을 인식해야 한다. 도시를 단면적으로 분할하고 3차원적으로 모델링하는 새로운 방식을 취하면 지하의 각종 연결망을 전면적으로 가시화할 수 있다. 이렇게 지하 도면을 상세히 그리는 접근법은 20세기 초 들어 건축가들이 더욱 흔히 쓰는 방법이 됐다. 지하 교통 체계가 일반화됨에 따라, 지하 연결망도 설계 단계에서 표현되고 더 두터운 단면도가 작성됐다. '퓌튀르 길(La Rue Future)' 단면도를 그린 외젠 에나르(Eugène Hénard)는 지하 교통 시스템을 지표면보다 훨씬 더 상세히 표현해 설계 분야에서 인간이 지하에서 살 수 있는 잠재력을 인식시키는 전환점을

5
Ibid., p. 603.

만들어냈으며, 그와 비슷하게 실현된 뉴욕의 그랜드 센트럴 터미널과 시카고의 입체 가로 체계 같은 교통 연결망들은 점점 더 많은 지하 공간을 차지하게 됐다. 하지만 이런 프로젝트와 표현은 토양과 비축된 열이 지상의 표면에 끼치는 영향보다 지하를 향한 인위 개변적 영향을 드러내는 게 대부분이었다.

이안 맥하그(Ian McHarg)는 이런 깊은 단면의 용도를 뒤집어, 인위 개변이 자연에 영향을 주는 단면이 아니라 기존 자연 조건이 인간의 점유에 영향을 주는 단면을 보여줬다. 맥하그는 필라델피아 매나영크(Manayunk) 지역의 단면을 그릴 때 콜라주와 다이어그램과 단면도를 활용해 해당 대지의 지하 토양이 갖는 특징들을 구별한다. 토양 정보가 담긴 이런 단면 유형을 계획 도구로 번역함으로써, 설계자는 특수한 지하 토양 조건을 보완하는 더 알찬 식재와 인간 점유 전략을 만들어낼 수 있다. 토양 표면을 차지하는 동·식물에 상당한 영향을 주는 토양 유형과 수분 함량, 온도 구배는 중첩된 평면도와 분해된 축측투영도, 그리고 특히 깊은 단면도의 형식으로 표현된다. 이런 방법으로 발열원과 흡열원을 도시 개발 패턴에 영향을 주는 대화에 직접 통합할 수 있다.

토양 기반 도구

기후 변화는 이미 식물의 성장 패턴에 상당한 영향을 줬다. 강우 패턴이 변하고 온도가 더 극심해지면서, 식물은 각자의 필요를 더 잘 충족해줄 새로운 지역으로 이동하고 있다. 도시는 식물이 진화하는 환경에 적응하면서 형성되는 새로운 생태를 특히 결정적으로 보여주는 곳이다. 도시 열섬 효과가 시내 고유의 따뜻한 토양을 만들어내면서, 도심지들은 새로운 생태의 진앙지 역할을 한다. 최근 몇 년간 새로운 환경 조건이 식물 군락에 미치는 영향을 탐구하는 일단의 새로운 연구가 늘어났고, 종전까지 집중하던 생태 조건의 보전 대신 유동적이며 늘 진화하는 구성체로서 식물 군락을 이해하는 방향으로 조경의 우선순위가 바뀌고 있다.

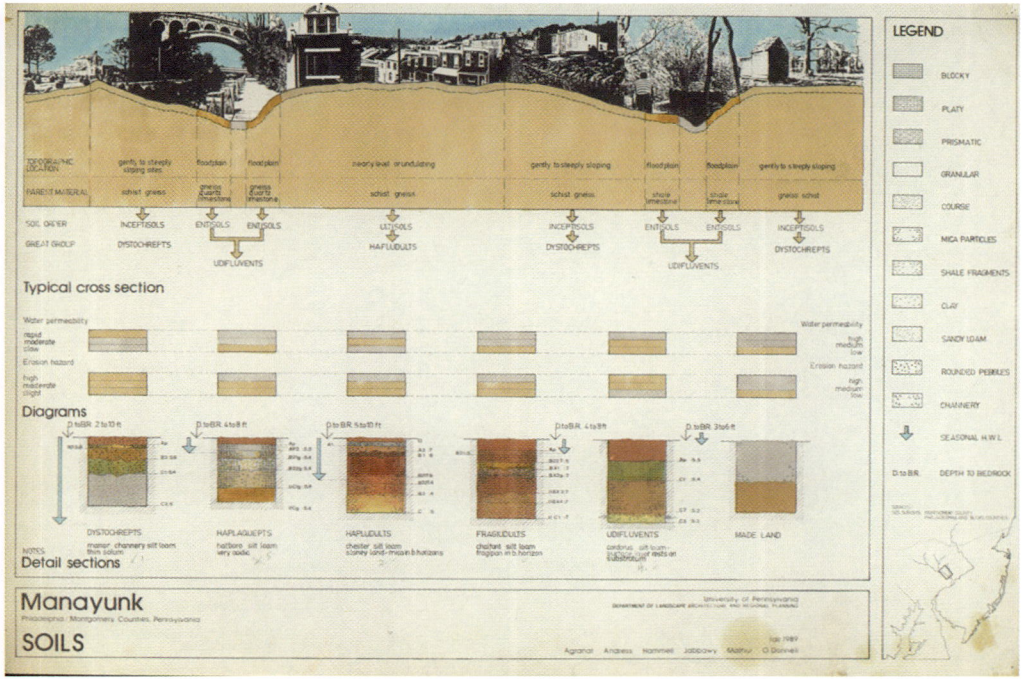

맥하그와 그의 학생들이 필라델피아시 지하 토양 유형들을 기록한 단면도와 다이어그램.

특히 도시의 토양이 토양 속 식물에 미치는 영향은 점점 더 큰 관심을 끌어왔다. 피터 델 트레디시(Peter Del Tredici)는 도시 환경에서 생겨나는 '새로운 생태계'에 관해 상술한 바 있다. 델 트레디시는 토착 식물만을 중시하기보다 '침투하는(invasive)' 자생 종의 연구에도 똑같이 관심을 두며 그런 식물이 수행하는 중요한 생태 기능을 인식한다. 무엇보다 핵심은 그가 특정 대지에서 어떤 식물이 번성할지를 결정할 주된 요인으로 도시 토양의 변이를 꼽는다는 점이다. 어떤 식물 종들은 거친 땅의 오염되고 치밀한 토양에서도 살 수 있는 특징을 발달시켜왔다.[6] 델 트레디시는 기존의 조경 유형 개념들로 자신의 분석을 진행하기보다 하나의 식물 종이 인위 개변적 조경에 적응할 수 있게 해주는 특징들을 고려한다. 이런 방법론은 식물 군락을 수용하는 토양의 특징을 연구하는 과정에도 비슷하게 적용할 수 있을 것이다.

로라 솔라노(Laura Solano)는 최근 토양이 그 속의 식물 못지않게 주목할 만하다는 관점을 개진해왔다. "건강한 토양은 더 오래 살고 더 크게 자라는 나무를 만들어냄으로써 더 큰 그늘을 드리워 더 많은 이산화탄소와 유수를 흡수"하기 때문에, 솔라노는 건강한 도시 식물 군락을 길러내기 위한 중대한 조치로서 도시의 토양에 투자하자고 주장한다.[7] 건강하게 자란 숲은 그늘을 늘려 이산화탄소를 줄여주고, 결국 도시 열섬 효과를 완화시킨다. 따라서 이 과정에서 토양이 근본적 역할을 수행하게 된다.

이런 새로운 조건들로 설계하기 위해서는 진화하는 환경의 평가 도구를 개발할 필요가 있다. 새로운 환경 조건에 적응하면서 식물의 서식지 이동을 일으키는 요인을 더 잘 이해하면 도움이 되는 요인들을 활용할 수 있을 뿐 아니라 미래 환경 조건에서 식물의 번성을 방해하는 인위 개변 과정을 완화할 수도 있다. 식재 계획에서는 보통 햇빛과 물, 토양의 산도 같은 요인들을 고려하지만, 특정 부지에서는 식물의 성장 능력에 심대한 영향을 주는 요인들이 더 있다. 조경의 직능이 새로운 환경 조건을 다루는 방향으로 진화할수록 토양과 열 질량, 그리고 그것들이 지표에서 발견되는 식물의 수명과 유지 관리 및 회복력에 미치는 영향에 초점을 둔 추가적인 대지 측정 도구를 개발할 기회가 생긴다.

지하 시스템을 설계 과정에 통합하는 한

---

[6] Peter Del Tredici (2014). "The Flora of the Future." *Places Journal* (April 2014), https://doi.org/10.22269/140417 (2017년 6월 15일 접속).

[7] Laura Solano (2013). "Reconsidering the Underworld of Urban Soils." *Scenario 03: Rethinking Infrastructure* (Spring 2013). https://scenariojournal.com/article/reconsidering-the-underworld-of-urban-soils/

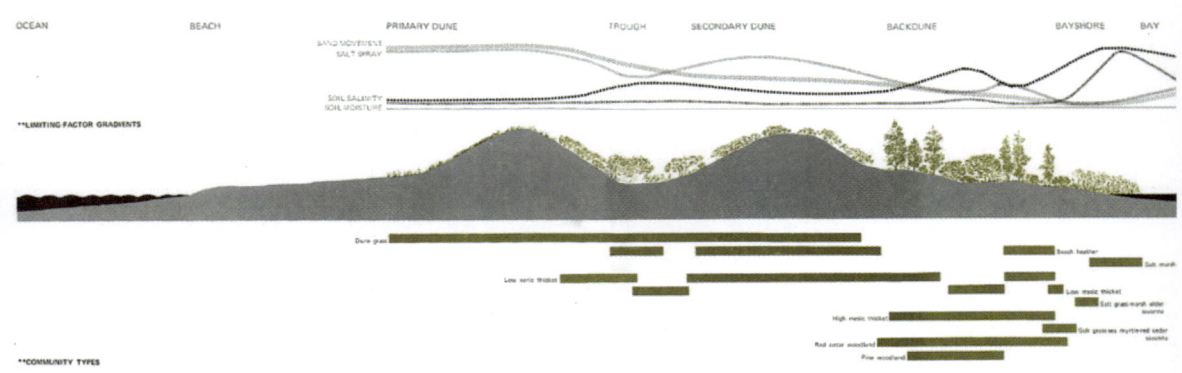

모래 언덕 조경의 유동적 성격을 도해한 맥하그의 단면도.

가지 방법은 조경 부지의 열 질량을 측정하는 것이다. 토양의 열 질량은 식물의 양분 흡수 능력에 상당한 영향을 주는 만큼 식물의 성장 패턴에도 영향을 끼친다. 예컨대 광합성의 시작은 토양의 해빙이 끝날 때 함께 일어나는 것으로 나타났다.[8] 그렇다면 토양이 늦가을에도 더 높은 수준의 열 질량을 보유하거나 이른 봄에도 대기의 열 질량을 흡수하기 시작할 경우, 식물의 광합성 주기가 연중 더 오랜 기간으로 늘어날 가능성이 높을 것이다. 하지만 극심한 열은 식물의 수정 능력을 떨어뜨려 일부 식물 종 개체수의 급격한 감소를 불러올 수 있다. 따라서 우리는 한 대지의 열 질량을 측정하면서, 성장 시기가 확장되는 반응을 보일 식물을 활용하고 그 결과 더 생산적인 조경을 연중 내내 만들어낼 수 있다.

설계에 앞서 지형의 열 질량을 측정하는 것과 더불어, 대지의 지표 온도를 계속 관찰하면 도시 열섬 효과를 줄이는 효과적인 설계를 통찰할 수 있다. 도시 공간 녹화(greening)는 더 시원한 미세기후를 만들어낸다고 오랫동안 알려져 왔지만, 최근의 연구는 이런 이론에 덧붙여진 몇 가지 뉘앙스를 조명했다. 여러 연구에 따르면 나무와 관목으로 덮인 비주거 지역은 비슷한 주거 녹화 공간보다 11개월 동안 몇 도 더 시원한 토양 지표 온도를 유지한다.[9] 게다가 서로 관계가 있는 공공 녹화 공간들은 짜임새 있게 계획해야 한다. 지표 온도를 관찰해보면 '작은 여럿보다 큰 하나(single large over several small, SLOSS)'라는 생태 원리가 도시의 열린 공간 조직을 이끈다는 게 드러난다. 도시 열섬 효과의 맥락에서, 큰 하나의 식재 공간은 도시 전체에 흩어진 작은 여러 식재 공간들보다 도시의 온도를 낮추는 데 훨씬 더 큰 영향을 준다. 애리조나주 피닉스에 관한 한 연구에 따르면, "군집화되거나 덜 파편화된 식생 패턴은 분산된 패턴보다 계절별 지표 온도를 더 효과적으로 낮춘다."[10] 이런 결과는 열린 공간들 간의 관계가 순전한 공간의 양보다 더 중요함을 말해주며, 따라서 도심에서 지구온난화의 부정적 효과를 가장 효과적으로 덜어내려면 조경 건축가가 거시적 규모의 계획을 해야 한다.

토양 기반 설계

설계자에겐 분명 기후 변화에 대한 인위 개변의 영향을 최소화할 책임이 있지만, 어느 정도의 지구온난화는 불가피하다. 우리는 도시 열섬 효과를 줄이는 방법론을 활용하는 것에 더해, 온난화하는 환경에 대처하면서 도시민들의 삶의 질도 높이는 새로운 연속 조경(successional landscapes)을 기획할 수 있다. 조경은 역동적인 자연에 기인하는 독특한 매개체다. 조경 설계는 계속해서 진화하고 처음 개념화된 이후 몇 십 년이 지나면 일정 수준의 성숙도에 도달하며, 그 이후에도 계속해서 연속적인 단계를 경험한다. 조경 건축가의 책임은 조경 설계가 앞으로 경험할 진화하는 기후적 맥락을 고려하는 일이다. 특히 온난화하는 기후와 변화하는 강우 패턴에 따른 식물 서식지 이동은 새로운 연속 조경을 만들어낼 것이다. 현재 조건밖에 보지 못하는 설계자의 프로젝트는 가까운 미래에 일어날 더 따뜻하거나 건조하거나 습한 조건에 적응하기 어려워질 것이다. 하지만 토양과 수분 함량, 열 질량 보유분, 그리고 식물을 이해할 때, 설계자는 기후가 변화하면서 번성하게 될 자기 지속 조경(self-sustaining landscapes)을 만들어낼 수 있다.

서울은 지구온난화와 도시 열섬 효과의 맥락 속에서 식물 군락이 어떻게 이런 요인에 반응하며 이동할지를 탐구하기에 매우 적합한 연구 현장을

8
Satyen Mondal et. al. (2016). "Impact of Elevated Soil and Air Temperature on Plants' Growth, Yield, and Physiological Interaction: A Critical Review." *Scientia Agriculturae* 14(3): 293–305.

9
J. L. Edmondson et. al. (2016). "Soil Surface Temperatures Reveal Moderation of the Urban Heat Island Effect by Trees and Shrubs." *Scientific Reports* 6: 1.

10
Chao Fan et. al. (2015). "Measuring the Spatial Arrangement of Urban Vegetation and Its Impacts on Seasonal Surface Temperatures." *Progress in Physical Geography* 39(2): 215–6.

제공한다. 서울은 도심이 주변 환경보다 연간 평균 온도가 더 높기 때문에,[11] 일반적인 지구온난화가 일어날수록 북쪽으로 이동할 수 있는 온난 영역의 연구 사례가 될 수 있다. 식물의 서식지 이동은 토양 유형과 높이, 물 활용, 온도를 비롯한 다양한 환경 요인에 반응한다. 서울은 이런 조건들이 지역마다 상당히 다르기 때문에, 작은 지리 범위에서도 식물의 적응 전략을 평가할 수 있는 독특한 시험장이 된다.

지구온난화에 반응하는 식물 서식지 이동에 대한 연구는 대부분 지난 몇 십 년간 출현한 상대적으로 새로운 영역이지만, 조경 건축가들은 이제 도시 환경에서 토양 기반 도구를 활용함으로써 그런 서식지 이동이 설계에 갖는 함의를 시험해볼 수 있다. 설계 실시를 전후해 대지의 토양 유형과 그 지표 온도를 측정함으로써, 특수한 종이 특정한 토양 조건에 어떻게 적응하는지를 더 잘 이해하고 도심지 온도를 낮추려면 어떻게 하는 게 가장 효과적인 조경 실천인지를 귀띔해줄 일단의 지식을 쌓을 수 있다.

예측을 더 해보자면, 조경 건축가는 도심지의 열 특성을 조명하는 조경을 만들어 도심지에서 온난화하는 기후의 강도를 활용할 수 있다. 토양 및 열 질량과 관련해 설계 탐구의 혁신적인 길을 시험해볼 수 있다. 이런 요인들에 초점을 맞춤으로써, 설계 지침이 되는 형태적 속성을 넘어 조경의 감각적이고 경험적인 특질에 집중해볼 수 있다. 조경 건축가는 형태적 성과를 작업 목표로 인식하기보다, 자신의 노력을 실험적인 피드백 순환 과정으로 바라볼 수 있다. 도시의 대지는 (조경 설계가 특정 방향으로 밀어가는) 계속해서 변화하는 데이터 점들을 내재한 시험장으로 봐야 한다. 이렇게 이해할 때, 토양의 열 질량은 주의 깊게 관찰하며 사려 깊게 표현할 필요가 있는 필수 변인으로 작용한다. 조경 건축가 스스로 설계를 탐구하고 생태적·지질학적 연구를 설계와 결합하면서 토양이 지표 조건에 미치는 영향에 대한 조경 분야의 지식이 늘어갈수록, 조경은 점점 더 효과적으로 기후 변화에 대처하게 될 것이다. 토양을 우리가 다루는 식물 종과 인간적 과정만큼이나 유동적인 물질로 인식할 때, 이 분야는 결국 우리가 만드는 조경을 더 깊이 이해하게 될 것이다.

11
Yeon-Hee Kim and Jong-Jin Baik (2005). "Spatial and Temporal Structure of the Urban Heat Island in Seoul." *Journal of Applied Meteorology* 44: 594.

참고 문헌

Del Tredici, Peter (2014). "The Flora of the Future." *Places Journal* (April 2014).

Edmondson, J. L., et. al. (2016). "Soil Surface Temperatures Reveal Moderation of the Urban Heat Island Effect by Trees and Shrubs." *Scientific Reports* 6: 1.

European Environment Agency (2015). "Soil and climate change." *Signals-Towards clean and smart mobility*. 2015: 5.

Fan, Chao, et. al. (2015). "Measuring the Spatial Arrangement of Urban Vegetation and Its Impacts on Seasonal Surface Temperatures." *Progress in Physical Geography* 39(2): 215–6.

Kim, Yeon-Hee and Baik, Jong-Jin (2005). "Spatial and Temporal Structure of the Urban Heat Island in Seoul." *Journal of Applied Meteorology* 44: 594.

Menberg, Kathrin, et. al. (2013). "Subsurface Urban Heat Islands in German Cities." *Science of the Total Environment* 442: 123.

Mondal, Satyen, et. al. (2016). "Impact of Elevated Soil and Air Temperature on Plants' Growth, Yield, and Physiological Interaction: A Critical Review." *Scientia Agriculture* 14(3): 293–305.

Solano, Laura (2013). "Reconsidering the Underworld of Urban Soils." *Scenario 03: Rethinking Infrastructure* (Spring 2013). https://scenariojournal.com/article/reconsidering-the-underworld-of-urban-soils.

땅

채광을 넘어: 도시에서 길러내기[1]
적정 엔지니어링으로 농작되는 자원의 건축적 혁신
디르크 헤벨·필리프 블록·펠릭스 하이즐·
토마스 멘데스 에체나구시아

[1] 돈의문 박물관 마을에 전시된 「채굴을 넘어: 도시 성장」에 관한 글이다. 『공유도시: 임박한 미래의 도시 질문』(배형민·알레한드로 자에라폴로 엮음, 워크룸프레스, 2017)에 실린 디르크 헤벨 팀의 「쓰레기로 짓는 건축」에서 '채광'되는 건축 재료를 다뤘다면, 이 글은 '농작(경작)'되는 건축 재료를 다룬다. 두 가지 방식을 비교한 다이어그램과 '도시 광업'에 관한 설명은 『공유도시: 임박한 미래의 도시 질문』 306–8쪽을 참조. —옮긴이

철근콘크리트는 세계에서 가장 흔히 쓰이는 건설 재료다. 하지만 철강이나 시멘트를 자체 생산하는 능력이나 경제적 역량을 갖춘 개발도상국은 극소수에 불과하다. 그런 나라들은 현재 세계적 표준이지만 지속 가능한 공법은 아닌 이 건설 관행에 적응하려고 선진국에서 철과 시멘트를 수입하는 착취적 관계에 쉽게 걸려들게 된다. 이 바람직하지 못한 상황이 예전에 수요가 없거나 강도가 낮다고 여겨졌던 재료들을 통해 종식될지 모른다. 현장이나 인근에서 효과적으로 농작할 수 있는 재료들로 건물을 짓거나 인장 강도가 낮은 구조재라도 압축적으로 설계해 넓은 경간을 가로지를 수 있게 생산한다면 현재 절실히 요구되는 변화가 일어날 가능성이 있다.

더 나아가 21세기는 우리 거주지의 구조재를 생산하는 방식과 관련해 근본적인 패러다임 변화를 맞게 될 것이다. '만들기, 쓰기, 버리기(produce, use, and discard)'라는 선형적 개념은 기하급수적으로 늘어나는 대다수의 도시 인구와 희소 자원에 직면하면서 지속 가능하지 않은 개념임이 드러났다. 그 대신 만들기, 쓰기, 다시 쓰기(re-use)의 순환 주기를 달성하기 위해서는 활용할 수 있는 최신 기술과 도구, 방법으로 창조적 혁신을 도모하는 대안적 재료와 공법을 탐구해야 한다. 카를스루에 공과대학교(KIT)의 지속 가능한 건설 전공 교수 디르크 E. 헤벨과 스위스 연방공과대학교(ETH)의 블록 연구 그룹(Block Research Group, BRG)은 재료와 시공, 구조, 기하학에 관한 서로의 지식을 결합해 설계와 재료 사용 영역에서 비효율성이 제기되던 문제들에 대처하고 있다.

헤벨의 연구팀은 천연 재료와 재생 재료를 길러내 세계 도시 환경에서 나타나는 도전들에 최적화된 구조로 활용하는 방법을 탐구하고, 블록 연구 그룹은 오늘날의 기술적·디지털 진보를 활용하면서 압축적인 경간 구조와 도해정역학(graphic statics) 기법을 비롯한 과거의 방법을 되살릴 방도를 연구한다. 오늘날에는 컴퓨터 계산과 정교한 설계 도구를 활용해 효율적이고 표현적인 구조를 만들 수가 있다. 이 기회를 살려 힘의 흐름을 잘 설계하면 '강도가 약한' 재료라도 구조 부재로 활용할 수 있게 되는 것이다.

대나무와 균사체(mycelium) 같은 재생 재료뿐 아니라 구조물에 작용하는 힘들의 기하학을 보여주는 연력도(連力圖, form diagram)[2]·시력도(示力圖, force diagram)[3] 기반 설계를 활용하는 헤벨 교수와 블록 연구 그룹은 3차원 도해정역학으로 설계한 최초의 실물 규모 구조를 제시한다. 이는 우리의 건설 재료를 채광하는 걸 넘어 그것을 농작하고 길러내는 방법들을 시범적으로 재현하는 것이자, 디지털 설계·엔지니어링의 효율성과 (희소) 자원의 효율성이 힘을 합쳐 현재의 실무에 질문을 던지고 더 지속 가능한 대안적 접근을 제안하는 방법들을 보여주는 것이다.

현재 상황

도시 인구가 증가할수록 그들을 지원할 물질과 자원의 수요도 늘어난다. 그런 자원 수요를 한때는 지역과 광역의 배후지가 충족시켜줬지만, 이제 그 수요의 규모와 범위는 전 지구적으로 확장하고 있다. 이런 현상은 대륙 규모를 넘어 지구적 규모의 물질 흐름을 만들어냈으며, 미래 도시의 지속가능성과 기능, 소유권과 정체성의 의미에 심대한 변화를 가져왔다. 하지만 건설업은 전 세계적으로 몇몇 소수의 선택된 재료에만 집중하면서 천연 자원의 미래에 큰 부담을 주고 있다. 예컨대 콘크리트 혼합물 속의 골재로 사용되는 수중 모래는 현재 희박한 상태다. 굶주린

---

[2]
구조 부재에 작용하는 힘의 작용점들에 맞춰 힘의 벡터들을 배치한 다이어그램으로, 연속되는 벡터의 모양이 구조 부재 밑에 밧줄을 늘어뜨린 형태처럼 그려지기에 funicular diagram이나 funicular polygon이라고도 불린다. —옮긴이

[3]
구조 부재에 작용하는 힘들의 벡터를 꼬리에 꼬리를 무는 형태로 이어 하나의 닫힌 다각형으로 표현한 다이어그램. Force polygon이라고도 불리며, 닫힌 다각형을 이룬다는 것은 힘의 벡터의 총합이 0인 안정된 구조를 이룸을 의미한다. —옮긴이

「웨이스트 볼트 – 스위스 연방공과대학교 파빌리온」은 뉴욕시의 쓰레기 자원 중 하나인 버려진 음료 박스를 2015년 뉴뮤지엄 '아이디어 시티(IDEAS CITY)' 축제의 가설 전시 구조물을 위한 건설 재료로 활용했다.

건설업계가 바다모래를 채취하며 일어나는 산사태가 동남아시아의 섬들을 없애고 있다. 북아프리카의 여러 나라에서는 불법적인 폐기물 채광 관행 때문에 해변이 사라지고 있다. 미국 플로리다주는 관광 명소 이미지를 잃지 않으려고 해변 모래의 대체제로서 재활용 유리를 사용할 수 있는지 시험하고 있다. 우리가 미래 도시를 말한다면, 분명컨대 그건 기존 도시와 똑같은 자원으로 지어질 수 없다. 이렇게 보면 도시의 지속가능성을 위한 프로젝트는 현재 전 지구적 상황에서 드러나듯 일단의 보편적 규칙들에 관한 문제일 수 없다. 오히려 지속가능성은 세계적 차원을 인식하면서도 특정 장소들의 기후적·사회적·문화적·미적·경제적·생태적 역량이 지속될 뿐 아니라 크게 성공할 수 있도록 민감한 자세를 취하는 탈중심화된 접근을 요한다.

카를스루에 공과대학교의 지속 가능한 건설 전공 교수이자 싱가포르의 미래 도시 연구실(Future Cities Laboratory, FCL)에도 개입하는 디르크 E. 헤벨은 스위스 취리히 연방공과대학교의 블록 연구 그룹과 협업해 그런 생각을 다양한 규모의 도시 개발 및 건설 영역에 적용하려는 시도를 하고 있다. 지속가능성은 각각의 맥락 속에 위치할 수 있어야 하는 열린 시스템이다. 최근 이 연구 팀들은 재료의 가용성과 인적 자원 역량, 기술을 고려해 특정 맥락에서 종종 강도가 약한 대안적 건설 재료를 적용하는 방법에 공통적으로 집중해왔다. 아디스 아바바의 지속 가능한 도시 주거 단위(The Sustainable Urban Dwelling Unit in Addis Ababa, SUDU) 프로젝트나 뉴욕시의 웨이스트 볼트(Waste Vault) 프로젝트(위 그림)는 지금껏 그들이 함께 관여한 프로젝트 중 단 두 개의 사례일 뿐이다(Hebel, Moges and Gray 2016; Heisel 2015). 이런 프로젝트들은 혁신적이고 응용된 사고를 함께 탐구한다는 점에서 '대안적'이며, 이런 접근은 기존 재료와 지식을 최첨단 연구와 결합하는 법에 관한 새로운 아이디어들의 실험실을 제공해오고 있다. 이 협동 연구의 공식적인 목적은 가용한 건축 수단과 도구의 표현 범위를 확장함으로써 재료와 개념의 선택이 전 세계적으로 독점되고 있는 상황을 문제시하는 것이다.

풀잎이 철강이나 목재로 만든 구조 부재를 대체할 수 있을까? 균사체 구조로 만들거나 박테리아로 경화시킨 건설 재료가 대안적 건설 기술로 널리 퍼질 수 있을까? 지역에서 가용한 재료로 3층짜리 도시가 지어질 수 있을까? 그리고 그렇게 조성된 동네가 고층 유형의 동네만큼 밀도가 높을 수 있을까? 쓰레기가 건설 부문의 미래 자원이 될 수 있을까? 어떤 엔지니어링 원리를 논하고 적용해야 할까? 헤벨의 연구팀은 관찰을 통해 지식을 얻는 경험적 연구와 더불어 과학적 엔지니어링을 실시하고 특화된 새 연구실을 설립함으로써 이런 가설들을 정량화했다. 다른 협력자들과 함께, 그 결과를 기존 건설 재료와 비교하기 위한 시험 시나리오와 표준도 개발했다. 이 연구는 다양한 배경을 지닌 다양한 분야의 학생과 연구자가 참여한 워크숍 환경을 기반으로 실물 규모의 재료를 적용하는 데 초점을 뒀다.

패러다임 변화

21세기는 우리 거주지의 구조재를 생산하는 방식과 관련해 근본적인 패러다임 변화를 맞게 될 것이다. 산업화는 재생 자원을 비재생 자원으로 전환시켜왔지만, 우리 시대는 거꾸로 미래 자원을 농작하거나, 양식하거나, 배양하거나, 재배하거나, 길러내는 방향으로 변화해갈 것이다(Hebel and Heisel 2017). 이런 자원은 에너지산업이나 건설업에서 지금껏 유용하게 여겨지지 못한 미생물을 활용해 농작할 수 있는데, 전형적인 토양 기반 농업 체계에서도 양식장에서도 농작이 가능하다. 우리는 두 농작 시나리오가 모두 중요하다고 보지만, 첨언하자면 후자의 접근은 현재 도시 환경에서 유행하는 소규모 산업·농업 생산 단위 방식에 대한 우아한 응답이다.

현재의 디지털화와 프리패브(공장 사전 제작), 대량생산 체계에서 천연·유기 원자재의 사용을 고려해볼 때, 재료를 개발하고 적용하는 과정의 핵심은 생물 재료의 결함과 그에 대한 엔지니어링 원리의 대처 방식에 있다. 진보하는 재료 속성에 대한 꾸준한 관심 다음으로 기본적인 노력은 그런 천연 자원과 그에 관한 산업 생산 과정을 표준화해 모든 재료에서 예측과 통제가 가능한 속성을 보장하는 형식에 있다.

    헤벨 팀의 연구 작업에서 제안하는 몇 가지는 예전에 수요가 없다고 여겨지거나 혐오스럽다는 오명을 들어야 했던 개념과 유기체를 활용한다. 예컨대 제약 산업에서는 박테리아를 활용해 이론의 여지가 없이 성공을 거두지만, 건축과 건설 분야에서는 지금껏 그런 유기체의 역량을 적극 활용해오지 못했다. 버섯 균사체나 대나무 같은 다른 유기체의 경우도 마찬가지인데, 이 부분도 뒤에서 더 논하게 될 것이다.

    수 세기 동안 모든 산업화된 가치 사슬의 방법을 지배한 건 '만들기, 쓰기, 버리기'라는 선형적 사고 방식이었다. 점점 더 민감해지는 사회를 위한 평가 기준으로서 재활용가능성(recyclability), 내재 에너지(embodied energy)나 화석연료 에너지(grey energy), 재배치 수용가능성(acceptability for repositioning), 분류된 재조합(sorted reassembly) 같은 용어들이 등장한 건 겨우 최근의 일이다. 새로운 세대의 농작된 건축 재료들이 채택하는 이런 모델에서는 주택이 성장할 뿐 아니라 용도를 마치고 나면 퇴비로 전환될 수도 있다.

    건축 재료의 농작은 지속 가능하고 윤리적인 경제 모델을 요한다. 특히 토양에 의존하는 농작된 재료들을 다룰 때는 통제되지 않는 이윤 주도형 농업 모델로 빠지는 부작용이 상당히 많이 일어나는데, 예컨대 야자유 산업에서는 농작 면적을 넓히려고 천연 삼림을 태운다는 위험한 이야기가 전해진다. 반면에 건설 전문가들의 면면이 변하고 있다는 사실은 긍정적이다. 미래 도시 연구실(FCL)에서는 다양한 전공을 아우르는 학제간 팀들이 미래 개발을 위한 연구에 관여하는데, 생물학자와 생물공학자, 생태학자, 화학자, 재료과학자가 건축가와 토목 엔지니어와 협업해 복잡한 임무들에 대한 접근법을 더 폭넓게 이해할 수 있게 만든다. 또한 이런 학제간 연구는 경제학자들의 노력과도 결합해 대안적인 도시 모델에 대한 우리의 관점을 정교히 발전시킬 것을 약속하는데, 여기서 새로운 유형의 공간과 기반 체계를 요하는 미래 도시 사회의 핵심 부분은 생산이 차지한다.

과거의 교훈

19세기 이래로 건설업은 철강과 철근콘크리트 같은 재료의 휨 강성에 크게 의존해왔는데, 기둥과 보 같은 직선 부재를 휘어 만드는 경간 구조의 인장 내력이 필요하기 때문이다. 이런 단순한 기하 형상은 조립하고 반복하기가 쉽고 효율적이어서 생산을 더 싸고 빠르게 해준다. 그 결과 건설업은 에너지가 요구되는 비재생 재료를 대량으로 비효율적으로 쓰는 데 익숙해지게 됐다. 이 문제는 오늘날까지 계속되고 있을 뿐 아니라, 산업화와 건축 법규, 건축 및 엔지니어링 실무를 통해서도 강화되고 있다. 게다가 현대의 엔지니어링은 응력을 기반으로 구조 부재 크기를 계산하는 방법에 지나치게 의존하기 때문에, 효율적인 기하 형상을 설계하기보다는 나쁜 구조 형상을 실현하는 경향의 사고 방식을 낳게 된다.

    하지만 이런 비효율적 시나리오도 상대적으로 최근의 일이다. 산업혁명 이후 철강과 철근콘크리트, 그리고 기타 고강도 재료의 폭넓은 사용이 표준화되기 전까지, 건물의 경간 구조는 압축력을 활용해 설계됐다. 고딕 성당의 볼트 지붕이나 이탈리아 르네상스 시대의 아치와 돔은 인장 내력이 없는 재료로 지은, 오로지 압축만을 견디는 구조의 대표적 사례다. 이런 역사적 선례를 만들어낸 도편수(master builder)들의 구조 원리와 방법은 풍부한 영감과 지식의 원천이다.

    과거의 도편수들은 재료와 공법 상의 각종 제약을 맞닥뜨리면서 튼튼한 구조 형상을 만들어낼 방법을 개발할 입장에 있었다. 그들의 구조는 힘의 흐름을 따른다. 말하자면 지붕에서 기초를 향해 압축력이 전해지게 될 곳에는 조적 부재를 배치했다. 이런 튼튼한 구조 원리는 쓰이는 재료와 상관없이

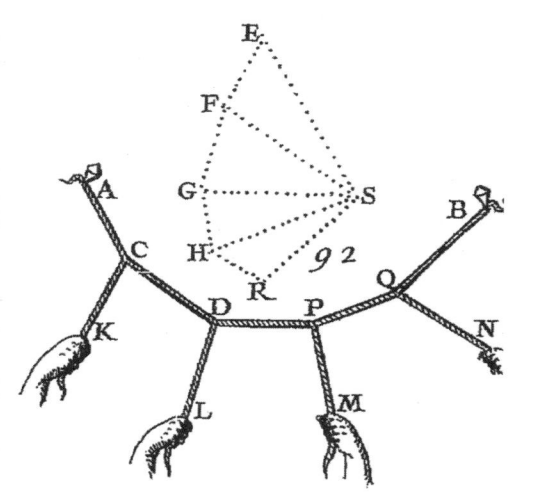

연력도와 시력도(Varignon 1795).

그때나 지금이나 변함없는 가치를 지닌다.

물론 오늘날의 건설업은 매우 다르다. 현대적인 재료와 고급 공법이 가용해져 거의 무엇이든 지을 수 있게 된 요즘, 우리에게는 무언가를 그냥 짓기만 하면 되는 것이냐는 질문이 남는다. 하지만 현재 우리의 환경적 도전과 더불어 현재와 미래에 우리가 직면하는 가속화된 인구 성장을 고려한다면, 과거의 도편수들이 직면해야 했던 제약들이 다시 한번 시의성을 띠고 있다고 강하게 주장할 수 있다. 그들의 구조 원리와 방법을 배워 더 책임 있는 방식으로 짓는 게 지금보다 더 중요할 때가 없었다. 재료의 환경 비용은 이제 그 강도보다 더 중요해졌다. 농작되거나 재활용되는 재료는 압축 강도가 낮고 인장 내력도 낮거나 없는 게 대부분이다. 따라서 이런 재료에는 종종 '저강도(low-strength)'라는 형용사가 붙곤 한다.

도해정역학: 2차원에서 3차원으로

되살릴 가치가 있는 가장 유용한 역사적 방법 중의 하나는 도해정역학이다. 힘의 평형 찾기라는 주제를 중심으로 이중 다이어그램에 기초하는 이런 지식은 1725년의 바리뇽(Varignon) 이후로 점점 더 풍부하게 발전하기 시작했다(Varignon 1725). 이후 수 세기에 걸쳐 제임스 클러크 맥스웰(James Clerk Maxwell)과 윌리엄 랭킨(William Rankine) 같은 많은 중요 인사들이 이 주제에 관한 서적과 논문을 출판하면서 지식 형성에 일조했다(Maxwell 1864; Rankin 1864). 추후 20세기가 돼서는 대부분의 엔지니어들이 기하학적 도면보다 탄성 이론 방정식을 선호한 나머지 도해정역학에 관심을 두지 않았다. 이 방법은 기하학을 힘의 평형과 관계 지을 수 있다는 점 때문에 겨우 최근에야 재발견되고 있는 중이다.

실제로 도해정역학은 2차원 구조의 기하학이 그에 작용하는 힘들의 평형과 맺는 관계를 명시적으로 재현하며 설계할 수 있게 해준다(Block et al. 2016). 이런 힘들의 크기는 소위 말하는 시력도(force diagram)로 재현되는데, 시력도는 하나의 닫힌 다각형을 이루며 연결되는 선들로 이루어진다. 시력도의 닫힌 다각형은 2차원 구조물의 한 절점에서 이루는 평형 상태를 재현하는데, 긴 선일수록 큰 힘을 나타내므로 설계자는 구조물의 거동을 분명히 이해할 수 있게 된다.

현대적인 디지털 기술과 컴퓨터 계산법으로 향상시킨 연력도와 시력도를 사용해 힘들의 기하학을 설계하고 구축하며 구조물을 설계할 수도 있다. 블록 연구 그룹은 압축 셸 구조 설계에 자유롭게 활용할 수 있는 라이노볼트(RhinoVAULT) 플러그인을 비롯해 구조 설계에 쓰이는 도해정역학 기반 도구를 폭넓게 제공하며 교육한다.

윌리엄 랭킨은 3차원 도해정역학 도법을 처음 제안한 인물이었다(Rankin 1864). 2차원 구조에서는 한 점의 평형 상태가 하나의 닫힌 다각형 시력도로 재현되고, 3차원 구조에서는 하나의 닫힌 다면체 시력도로 재현된다. 2차원 구조에서는 힘의 크기가 선의 길이로 재현되고, 3차원 구조에서는 다면체를 이루는 각 면의 넓이로 재현된다. 랭킨은 이 원리를 150년도 더 전에 두 문단의 글로 간략히 설명했지만, 최근까지도 그 원리가 사용된 적은 한 번도 없다. 블록 연구 그룹은 도해정역학을 3차원으로 확장해 직관적·시각적

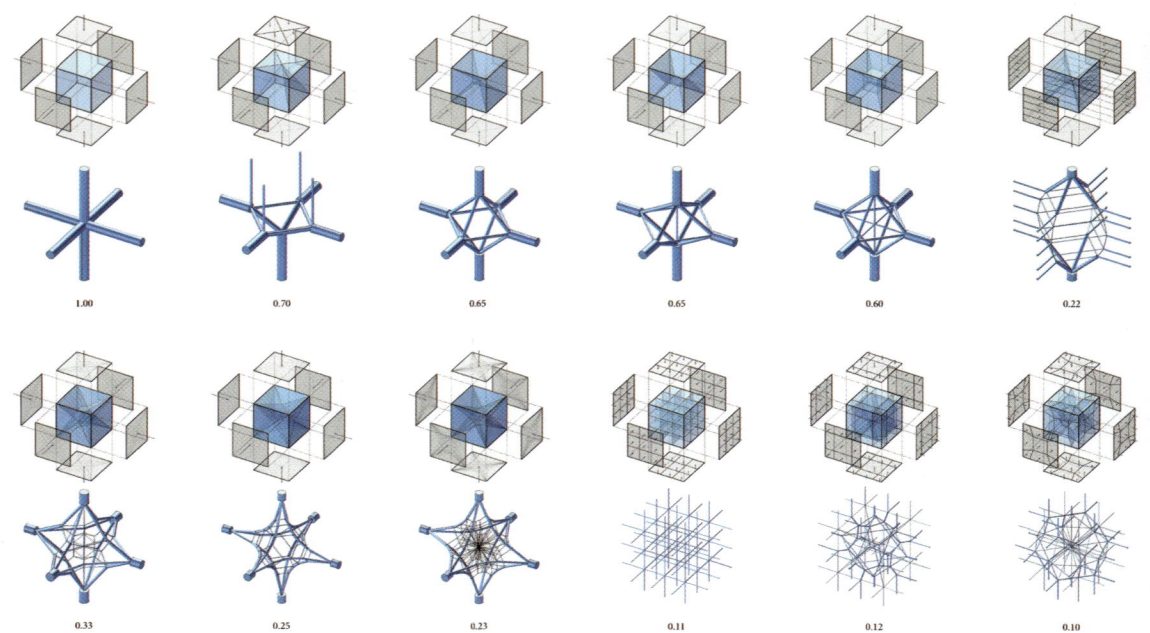

힘들의 다면체적 작용을 기하학적으로 변형하는 방식의 구조 형태 탐구와 개량(Lee et al. 2016).

설계 환경에서 매우 효율적인 구조를 얻으려는 목적으로 랭킨의 방법을 해독하고 이해하는 작업을 해오는 중이다. 본 전시는 이런 방법으로 설계한 최초의 실물 규모 구조물을 선보인다.

    3차원 공간 체계에서 힘들이 이루는 평형 상태를 다면체라는 기하학적 형태로 재현할 수 있는 만큼, 3차원 도해정역학은 설계자가 구조 형태의 기하학과 내력의 기하학을 모두 명시적으로 제어할 수 있게 해준다. 이런 독특한 성격 때문에 복잡한 공간적 기하 형상을 제어 가능한 쉬운 방식으로 생성할 수 있고, 늘 구조적 평형 상태를 보장할 수 있다. 힘들이 다면체적으로 작용하는 기하학적 고체 형상에 다양한 절석법(截石法, stereotomy)[4]을 적용함으로써, 새로운 구조 형태를 발견하고 이제껏 상상하지 못한 건축적 표현을 탐구할 수 있다.

'저강도' 재료를 위한 구조기하학

오늘날에는 더 이상 귀중한 재료와 에너지를 무책임하게 사용하는 허황된 건축적 제스처에 몰입할 핑계를 만들어내는 게 아니라, 컴퓨터 계산과 정교한 설계 도구로 효율적이고 표현적인 구조를 만들 수가 있다. 이 기회를 통해 우리는 저강도 재료를 구조 부재로 활용할 수도 있게 된다.

    구조기하학은 1950년대와 1960년대의 박막 셸 구조를 통해 중요한 발전의 계기를 맞이했다. 당시 여러 수학자와 엔지니어가 이런 셸 구조에 이상적이고 최적화된 형상을 고안했는데, 현재는 효율적이고 표현적인 구조 형상을 만들 가능성이 훨씬 더 높아졌다. 역사적 원리와 방법에 따른 컴퓨터 계산과 지식에 힘입어, 블록 연구 그룹은 다양한 환경적 맥락과 수요에 대한 구조 시스템을 개발해오는 중이다(Block 2016). 이 중 두드러진 한 사례는 섬유단형 바닥 시스템(funicular floor system)이다(Liew et al. 2017). 섬유단형 바닥 시스템은 철근 보강 없이 네 모퉁이에서 지지되는 얇은 섬유단형 궁륭(vault), 궁륭의 둘레에 부착되는

4
돌과 같은 고체 물질을 다양하게 파내는(subtractive) 방식으로 모양을 내는 방법. 쌓는(additive) 방식으로 구조를 만드는 구축술(tectonics)과 대비되는 방법이다. —옮긴이

일련의 보강 안정판, 네 모퉁이의 지점을 연결하는 인장 연결 부재들로 구성된다. 바닥 시스템에 궁륭을 도입한 건 조적 궁륭 시스템에서 영감을 받은 것으로, 이런 시스템은 재료의 인장 내력에 의존할 필요가 없게 된다. 말하자면 철근 없는 콘크리트에서 만들 수 있는 시스템이란 뜻이며, 철근 피복을 위한 추가적인 콘크리트가 필요 없는 만큼 이미 최적화된 전통적 콘크리트 슬래브보다 70퍼센트의 재료를 절약할 수가 있다. 게다가 압축력과 인장 연결 부재를 활용하기에, 콘크리트 말고도 다양한 바닥재를 실험할 수 있게 된다.

힘들의 흐름을 활용한 설계는 재료를 상당히 절약시킬 뿐 아니라 '저강도' 재료도 활용할 수 있게 해준다. 섬유단형 바닥 시스템은 3차원 인쇄 제품으로 개발되고도 있다(Block et al. 2017). 현재 개발 중인 분말 기반의 3차원 인쇄 바닥 시스템은 주문형 제작도 가능하다는 이점이 있을 뿐 아니라, 매우 정밀하며 주형을 필요로 하지 않는다. 다른 한편으로, 3차원 인쇄에는 단점도 있다. 3차원 인쇄가 가능한 재료는 대개 매우 약하고, 철근 보강을 허용하지 않으며, 인쇄 크기도 제한적인 경우가 대부분이다. 하지만 이런 문제들은 섬유단형 기하 형상을 활용함으로써, 또한 균열을 미리 내고 별개 부품들로 구조 시스템을 설계함으로써 해결할 수 있다.

새로운 대나무 구조재

소위 말하는 '저강도' 재료들은 수 세기 동안 신뢰할 만하다고 인정 받은 건설 자원으로 알려진 경우가 많지만, 마치 '토속' 재료라 불리는 한계에 갇힌 것마냥 산업화된 제품 수준으로까지는 발전한 적이 없었다. 이를 보여주는 완벽한 사례가 바로 대나무를 건설 재료로 사용하는 경우인데, 홍콩의 고층 비계 구조물이나 동남아시아와 일본의 전통 건축, 또는 매우 개별적인 스타일이 두드러지는 건축을 떠올려볼 수 있다. 반면에 우리의 연구는 대나무라는 원자재의 적용법에서 출발하는 게 아니라, 그 재료 자체의 섬유가 지극히 강력하단

3차원 인쇄된 섬유단형 바닥 시스템(Block et al. 2017).

사실에서 출발한다. 이렇게 대나무 섬유를 추출하고 재구성하는 접근법은 건설업계가 그에 맞는 산업화된 생산법을 새로 개발하는 데 적절한 자극제가 될 것이다.

철근콘크리트는 세계에서 가장 흔히 쓰이는 건설 재료이며, 전 세계 건설 부문에서 개발도상국이 소비하는 시멘트와 철강의 비율은 각각 90퍼센트와 80퍼센트에 육박한다. 하지만 철강이나 시멘트를 자체 생산할 만한 능력이나 자원을 갖춘 개발도상국은 극소수에 불과하기에, 선진국에서 그런 재료를 수입하는 착취적 관계에 쉽게 걸려들게 된다. 대나무는 철강의 대안으로서 지구의 열대 지역에서 자라며, 열대 지역은 여러 개발도상국이 위치한 곳이기도 하다. 대나무는 식물학상 벼과에 속하며, 인장 응력에 대한 내력이 엄청나게 강하다. 사실 대나무는 자연에서 가장 다양하게 쓰이는 생산물 중 하나다.

대나무는 재생가능성이 높고 친환경적인 재료이기도 하다. 일반 목재보다 훨씬 더 빨리 자라고, 입수하기가 상대적으로 쉬우며, 대량 입수가 가능하다. 게다가 탄소 고정 능력이 타의 추종을 불허하기에, 전 세계 탄소 배출량을 줄이는 데 중요한 역할을 할 수 있을 것이다. 대나무는 풍부하게 입수할 수 있음에도 불구하고, 현재 그 훌륭한 사회적·경제적·재료적 이점들이 그 수요에 반영되고 있는 건 아니다.

헤벨 교수는 새로운 유형의 대나무 합성 재료들을 탐구하면서 대나무의 잠재력을 시험하는 연구를 진행 중이다. 대나무의 인장 강도에 초점을 맞춰 섬유를 추출하고 변형해 다루기 쉬운 산업 제품으로 변형시킬 가능성을, 말하자면 주거와 상업 규모에서 철강과 목재에 대항할 능력을 갖춘 실용적인 건설 재료의 가능성을 탐구해왔다. 이런 대나무 합성 재료는 전통적 구조체에 흔한 그 어떤 친숙한 모양과 형태로도 생산하고 응용할 수 있을 뿐 아니라, 천장 및 지붕 구조를 위한 신개발 보강 경간 시스템과 같이 대나무의 인장 강도를 최대한 활용하는 특수 용도에 맞춤 적용할 수도 있다.

싱가포르의 첨단 섬유 합성 연구실(Advanced Fibre Composite Laboratory)에서는 고성능 용도에 적용할 대나무 합성 재료들을 생산하고 시험한다.

균사체 재료

건설 부문의 한 가지 최첨단 접근은 '당신의 집을 길러내라(Grow your own house)'는 대담한 진술로 요약할 수 있을 것이다. 이제껏 유해한 폐기물로 오해되던 미생물들이 최근 들어 재생 가능한 건설 재료의 범주를 재정의할 가능성을 지닌 비옥한 자원으로 재발견됐다. 여기서 중요한 건 미생물 고유의 자체 성장 능력이다. 건설 부문에서 실행할 만한 방법을 개발하기 위한 연구가 현재 진행 중에 있다.

균사체(mycelium)는 버섯류의 뿌리 체계이자, 천연 접착제로서 스스로 달라붙으며 빠르게 성장하는 조직망이다. 톱밥 같은 식물성 폐기물을 소화하는 균사체의 치밀한 조직망은 기질을 접착시켜 구조적으로 능동적인 합성 재료로 전환시킨다. 이런 생산물의 이점은 상당하다. 균사체는 물질대사 주기를 따르기 때문에, 건물의 부재나 전체 구조체가 원래의 용도를 마친 후 퇴비화될 수 있다. 그건 두 번째 생애 주기에서 다시 차후 생산을 위한 비옥한 모체가 된다. 정상 조건 하에서라면, 재료가 국지적으로 자라나는 만큼 재료 운반에 필요한 에너지와 시간이 모두 절약될 수 있다. 결국 그 재료는 유기물인 만큼, 탄소를 흡수해 탄소 배출 과정을 뒤집는 역할을 하게 된다.

버섯 균사체는 셀룰로오스를 소화해 키틴질로 변형할 수가 있다. 이런 성장 과정을 위한 첫 조치는 살균한 나무조각들(이나 다른 식물 폐기물)을 균사체 조직과 혼합하는 것이다. 며칠이 지나면 균사체가 영양분을 소화하고 변형하기 시작하면서 치밀하게 얽히고설킨 균사 해면질로 성장할 것이다. 두 번째 단계에서는 이 덩어리를 거의 모든 형태나 주형으로 주조할 수가 있다.

균사체 재료를 성장시키려면 제어된 환경이 필요하다. 처음에는 공간을 어둡고 습하게 유지하며 적정한 유기 영양분을 제공해야 한다. 습도 수준을 바꾸거나 재료를 다른 빛이나 온도에 노출시키는 식으로 환경 조건을 바꿀 경우 어느 시점에서든 바로 성장 과정이 중단될 수 있다. 균사체는 해면질의 뿌리줄기와 섬유를 갖고 있기 때문에, 건설업에서 매우 필요로 하는 경량의 단열재를 생산해낸다. 혁신적인 엔지니어링이 함께 결합한다면, 그렇게 유기적으로 자라난 물질은 건설업에서 쓰여온 기성재, 심지어는 구조재에 대해서도 매우 현실적인 대안이 될 가능성이 있다. 2017 서울비엔날레에서 두 팀이 협업한 본 전시가 표현적으로 보여주듯이 말이다.

참고 문헌

Block, Philippe (2016). "Parametricism's structural congeniality," in P. Schumacher ed., *Parametricism 2.0: Rethinking Architecture's Agenda for the 21st Century*—special issue of AD Architectural Design 86(2): 68–75 (March/April).

Block, Philippe, Matthias Rippmann and Tom Van Mele (2017). "Compressive assemblies: Bottom-up performance for a new form of construction," in S. Tibbits ed. *Autonomous Assembly: Designing for a New Era of Collective Construction*—special issue of AD Architectural Design (준비 중).

Block, Philippe, Tom Van Mele and Matthias Rippmann (2016). "Geometry of Forces: Exploring the solution space of structural design." *GAM* 12: 28–37 (April), Issue on *Structural Affairs*.

Hebel, Dirk and Felix Heisel (2017). *Cultivated Building Materials: Industrialized Natural Resources for Architecture and Construction*, Berlin and Basel: Birkhäuser.

Hebel, Dirk, Melakeselam Moges and Zara Gray (2016). *SUDU–The Sustainable Urban Dwelling Unit, Research and Manual*, Berlin: Ruby Press.

Heisel, Felix (2015). "Waste Vault—The ETH Zürich Pavilion at the IDEAS CITY Festival in New York City." *FCL Magazine Special Issue: Constructing Alternatives*, Singapore: Future Cities Laboratory.

Lee, Juney, Tom Van Mele and Philippe Block (2016). "Form-finding explorations through geometric manipulations of force polyhedrons." *Proceedings of the International Association for Shell and Spatial Structures (IASS) Symposium 2016* (September), Tokyo: IASS.

Liew, Andrew, David López López, Tom Van Mele and Philippe Block (2017). "Design, fabrication and testing of a prototype, thin-vaulted, unreinforced concrete floor." *Engineering Structures* (인쇄 중).

Maxwell, James (1864). "On reciprocal figures, frames and diagrams of forces." *Phil Mag* 27: 250–61.

Rankine, Macquorn (1864). "Principle of the equilibrium of polyhedral frames." *Phil Mag* 27: 92.

Rippmann, Matthias, Lorenz Lachauer and Philippe Block (2012). "Interactive Vault Design." *International Journal of Space Structures* 27(4): 219–30 (December).

Varignon P. (1725). *Nouvelle mécanique ou statique*. Paris: Claude Jombert.

감지하기

오케이, 컴퓨터: 기계 학습과 알고리즘,
편향의 블랙박스 열기[1]
데이비드 벤자민

1997년 5월, 세계 최고의 체스 선수 게리 카스파로프(Garry Kasparov)는 세계 최고의 컴퓨터 IBM 딥블루(Deep Blue)와 경기하기 위해 자리에 앉았다. 10년 전에 카스파로프는 "어떤 컴퓨터도 나를 이길 수 없다"고 떠벌렸었다. 하지만 최근 컴퓨터 계산의 진보는 인상적 수준에 도달해 있었고, 게임의 판도를 바꿀 가능성이 있어 보였다. 이 경기는 사전에 무하마드 알리(Muhammad Ali)와 조 프레이저(Joe Frazier)의 대결에 비유됐다.

첫 경기가 끝나갈 무렵, 44번째 수에서 딥블루는 매우 이례적인 수를 뒀다. 앞서가는 와중에도 루크(rook) 하나를 희생시킨 것이다. 이 수는 맞수를 미연에 방지하려는 정교한 전략의 기미처럼 보였고, 카스파로프는 당황했다. 왜 컴퓨터가 그런 수를 뒀는지 알 수 없었던 그는 컴퓨터가 뛰어난 지능을 보여주는 걸 두려워했다. 이 경기는 동점으로 끝났지만, 다음 경기에서는 초반부터 카스파로프가 예기치 않은 실수를 저질렀고 결국 딥블루는 큰 격차를 벌리며 승리를 거머쥐었다. 『와이어드(Wired)』 매거진에 실린 한 기사에 따르면, "체스계는 엄청난 충격을 받았다. 체스 명인 야서 세라완(Yasser Seirawan)은 '정말 견디기 힘든 결과였다'고 말했다. 『인사이드 체스(Inside Chess)』 매거진의 표지에는 '최후의 결전!(ARMAGEDDON!)'이란 문구가 실렸다."[2]

컴퓨터가 체스 우승을 한 지 오랜 시간이 지나 2012년에는 딥블루의 발명자 중 한 사람이 그 치명적인 44번째 수가 소프트웨어 버그 때문에 일어난 거라고 밝혔다. 작가 네이트 실버(Nate Silver)에 따르면, 딥블루는 수를 선택할 수 없는 상황이 되자 최종 실패방지 기능에 따라 기본값으로 설정됐다. 그래서 완전히 무작위의 한 수를 두게 된 것이다. (…) 직관에 반하는 이 수를 카스파로프는 뛰어난 지능의 기미로 확신했고,

---

[1] 돈의문 박물관 마을에 전시된 「쌍둥이 거울」과 관련된 글이다.
—옮긴이

[2] Rudy Chelminski (2001). "This Time It's Personal." *Wired Magazine*, October 1.

단순한 버그였을 거라고는 전혀 생각지 못했다."³ 결국 컴퓨터가 승리한 건 혁신적인 전략 때문이 아니라, 인간이 우려와 의심과 자멸적 선택에 취약했기 때문이었다. 인간의 입장에서 기계의 지능이 인간의 지능처럼 작동한다고 생각한 나머지, 그 이상한 수가 분명 합리적 전략일 거라고 판단한 것이다. 하지만 컴퓨터는 전혀 다른 지능을 갖고 있다. 컴퓨터의 지능은 버그에 취약할 뿐, 피로나 우려에 취약하진 않다.

신경학자 로버트 버튼(Robert Burton)은 인간과 기계를 정교하게 구분하면서 가까운 미래를 전망한다. "인간의 사고가 갖는 최종적인 부가가치는 정량화할 수 없는 걸 숙고하는 능력에 있을 것이다. (…) 기계는 그럴 수 없다. 기계는 우리에게 최상의 이민 정책이 뭔지, 유전자 치료를 진행해도 되는지, 총기 규제가 우리에게 득이 되는지 아닌지를 말해줄 수 없을 것이다."⁴ 말하자면 기계는 우려를 할 수 없고, 우리 시대의 문제를 인간적으로 공정하게 해결하는 데는 우려와 의심이 생산적이므로 인간은 결코 기계로 대체되지 않을 거란 얘기다.

아마도 이 체스 경기가 주는 가장 큰 교훈은 인간과 기계가 경기로 대적할 만한 상대는 안 되더라도 협력하면서 서로 다른 종류의 지능을 보완할 순 있겠다는 점이다.

기계 학습

컴퓨터가 체스에서 승리한 치명적인 사건 이후 거의 20년이 지난 2016년 4월에는 구글의 딥마인드(DeepMind)가 바둑 경기에서 인간 챔피언을 큰 차이로 이겼다. 바둑은 한때 인간 고유의 지능을 위한 게임으로 여겨졌었다. 나올 수 있는 경우의 수가 거의 무한에 가깝고 어떤 순간에 어느 선수가 리드하고 있는지를 계산하기도 어렵기 때문에 기계가 이길 수 없는 게임으로 생각됐던 것이다. 하지만 구글의 컴퓨터는 기계 학습(machine learning)이라는 새로운 버전의 인공지능을 활용했다. 기계 학습은 명시적인 프로그래밍이 없이 결론을 도출하는 기술이어서, 기계가 새로운 방식으로 바둑에 접근할 수 있게 해줬다.

기계 학습은 이제 금융 거래와 광고, 번역, 악성코드 탐색, 컴퓨터 시각장치, 그 외 수많은 용도를 위해 물밑에서 적용되고 있다. 이 다양한 용도와 딥마인드의 승리는 아마도 러시아 바둑연맹 부회장인 막심 포돌리야크(Maksim Podolyak)가 "새로운 시대—컴퓨터가 인간 고유의 문제들을 해결할 수 있는 시대"⁵라 부르는 것의 신호일 수 있다.

바둑 경기에서 컴퓨터가 이겼다는 사실이 기계와 인간이 서로 다른 종류의 지능을 가졌다는, 또한 서로가 쉽게 대체돼선 안 된다는 관념을 바꾸게 될까? 그런 균형은 바뀌게 될지도 모른다. 하지만 아마도 이건 가장 중요한 문제가 아닐 것이다. 아마도 이런 체스와 바둑 경기, 그리고 거기서 나타난 기계 성능의 진보는 인간이 알고리즘을 더 유능하게 다루는 게 중요함을 시사한다. 중요한 건 그 속에서 무슨 일이 일어나고 있는지를, 말하자면 알고리즘 속에 담긴 버그와 그 기준이 되는 데이터, 알고리즘의 결론으로 이어지는 규칙 등을 이해하는 것이다. 기계의 체스 승리는 기계의 지능이 인간의 지능과 성격이 다름을 암시한다. 기계의 바둑 승리는 기계의 지능이 급속히 진보하고 있으며 사전 프로그래밍을 뛰어넘는 여러 가지 방식으로 학습할 수 있음을 암시한다. 두 승리는 모두 알고리즘 사용 빈도가 점점 더 높아질수록 우리가 그걸 학습하는 게 중요함을 암시한다. 이게 중요한 이유는 단지 알고리즘을 효과적으로 사용할 능력뿐 아니라,

---

3
Nate Silver (2015). *The Signal and the Noise: Why So Many Predictions Fail–But Some Don't*, New York: Penguin, p. 288.

4
Robert Burton (2015). "How I Learned to Stop Worrying and Love A.I." *New York Times*, September 21.

5
Dawn Chan (2016). "In the Age of Google DeepMind, Do the Young Go Prodigies of Asia Have a Future?" *New Yorker*, March 11.

알고리즘의 사용을 안내하고, 조절하며, 그에 반응할 능력을 갖추기 위해서이기도 하다. 말하자면 이는 기술적 문제일 뿐 아니라 정치적 문제이기도 하다.

가정과 편향

알고리즘의 부상과 그것이 미치는 영향을 얘기한 대표 사례는 2003년에 출판된 마이클 루이스(Michael Lewis)의 『머니볼(Moneyball)』이라는 책이다. 여기서 루이스는 야구에서 데이터와 알고리즘을 활용한 사례를 들려주는데, 이건 거의 마술적으로 보일 만큼 결정적 결과를 생산하는 식으로 얘기된다. 하지만 그는 최근 저서 『언두잉 프로젝트(Undoing Project)』(2016)에서 알고리즘과 인간의 사고가 관계 맺는 방식을 다루면서, 기본적으로 인간의 두뇌가 오인과 잘못된 가정에 취약하다고 본 행동경제학 분야 최초 연구자인 두 이스라엘 심리학자의 영향을 거론한다. 그리고는 인간의 이런 결점에 대한 인지가 알고리즘의 부상으로, 즉 주관적인 인간을 교정할 만큼 객관적이고 인간으로서는 불가했을 통찰을 보여주는 기계들의 부상으로 이어졌다고 말한다. 루이스는 이렇게 제안한다. "새로운 분석적 접근이 야구에서 새로운 지식의 발견으로 이어졌다면, 그런 접근이 같은 결과를 내지 못할 인간 활동 영역이 있을까?"[6] 하지만 이런 주장은 뭔가를 놓치고 있는 것일 수 있다. 알고리즘 자체는 가정과 편향을 포함하며, 인간처럼 쉽게 오인하고 주관적일 수 있다는 사실 말이다.

모든 기술이 그렇듯 알고리즘은, 특히 기계 학습 알고리즘은 가정과 편향을 포함한다. 하지만 기계 학습의 편향은 은폐돼 있는데다 때로는 그걸 발명한 사람도 모르게 은폐돼 있단 점에서 다른 편향보다 훨씬 더 문제가 될 수 있다. 작가 앤디 그린버그(Andy Greenberg)에 따르면, "엔지니어들은 그들이 만드는 인공지능을 종종 '블랙박스' 시스템이라고 부른다. 사례 데이터 모음을 기반으로 얼굴 인식부터 악성코드 탐색에 이르기까지 뭔가를 수행하도록 훈련 받은 기계 학습 엔진은 블랙박스 안에서 의사결정 기법을 완전히 이해해 '이게 누구의 얼굴인가?', '이 애플리케이션은 안전한가?' 등을 자문하고 그 누구도, 심지어 개발자도 개입하지 않은 채 답변을 낼 수 있다."[7]

이런 알고리즘이 우리의 삶에 어떻게 영향을 줄지를 인지하는 게 중요하단 사실은 케빈 슬래빈(Kevin Slavin)이 '알고리즘은 어떻게 우리의 세계를 만드는가(How Algorithms Shape Our World)'라는 유명한 테드(TED) 강연에서 밝힌 바 있다. 슬래빈은 알고리즘이 현재 우리 삶의 많은 부분을 자동화하고 있지만 우린 그걸 깨닫지 못할 때가 많다고 말한다. 알고리즘은 심지어 문화 생산에도 영향을 주고 있다. 이와 관련된 한 가지 개념이 최근 캐시 오닐(Cathy O'Neil)의 『대량살상 수학무기(Weapons of Math Destruction)』와 케이트 크로포드(Kate Crawford)의 「인공지능의 백인 문제(Artificial Intelligence's White Guy Problem)」 같은 저술에서 표명된 바 있다. 오닐과 크로포드는 알고리즘의 편향이 어떻게 정책 결정에서 인종 편향을, 구인 목록에서 성차별을, 도시 근린 환경에서 불균등한 자원 배분을 일으킬 수 있는지를 보여준다. 그리고 그들의 주장이 함축하는 바는 알고리즘을 이해하려면 누가 그걸 만들고 누가 그것 때문에 자리를 잃는지, 누가 그 결론의 영향을 받는지를 이해할 필요가 있다는 것이다.

이런 발달을 이해하는 한 가지 방법은 알고리즘이 점점 더 정성적이고 사회적이며 문화적인 영역에서 작동하고 있음을 인식하는 것이다. 알고리즘은 예전에 컴퓨터로 계산할 수

---

[6] Michael Lewis (2016). *The Undoing Project: A Friendship that Changed Our Minds*, New York: W.W. Norton.

[7] Andy Greenberg (2016). "How to Steal an AI." *Wired Magazine*, September 30.

없어 보였던 삶의 측면들을 정량화하고 있으며, 예전에 인간의 판단이 필요해 보였던 결정들을 하고 있다.

물론 알고리즘이 정성적인 영역에서 작동하고 있다 하더라도, 알고리즘의 결정은 여전히 인간의 판단을 포함하고 있다. 인간이 데이터를 선택하고, 알고리즘을 전개하고, 이런 시스템의 결론을 수용하고 있으니 말이다. 컴퓨터 알고리즘은 특정한 이름과 의견을 가진 특정한 인간이 쓰는 것이다. 알고리즘이 중립적이거나 객관적이지 않다는 사실은 명백하며, 명심해야 할 일이다. 알고리즘은 하나의 관점을 갖고 여러 가정을 전개하며, 여러 가지 편향도 포함한다.

건축에 쓰이는 데이터와 알고리즘도 마찬가지다. 디자인 관련 알고리즘은 특정한 사람들이 만드는 것이며, 그들은 각자의 가정과 편향 속에서 알고리즘을 만든다. 그리고 그들의 가정이 달라지면, 그걸 통해 만든 디자인도 달라질 것이다. 건축에서 디지털 작업 흐름과 애플리케이션들—예컨대 파라메트릭 모델링 소프트웨어와 건설 정보 모델링(Building Information Modeling, BIM), 빌딩 시뮬레이션과 최적화 애플리케이션들—은 우리를 일정한 디자인 방향으로 이끌고 있다. 건축 설계에서 중요한 역할을 하는 이런 애플리케이션들은 그걸 활용하는 프로젝트의 설계 공간을 정의하고 있다. 소프트웨어는 설계 문제를 기술하는 위상 표면에 엄청난 영향을 준다. 최종 사용자의 입력 값은 이런 위상 표면의 특징에 영향을 미치고, 소프트웨어는 위상 표면의 유형을 정의한다. 소프트웨어의 변화는 유형의 변화를 뜻할 것이다. 하지만 건축 소프트웨어와 그 바탕의 알고리즘은 대개 컴퓨터과학자들로 이뤄진 팀이 설계하고, 건축가들은 대개 그들이 누군지 모른다. 그런 알고리즘의 가정과 결과는 건축가가 확실히 알기 어려울 때가 많다. 컴퓨터과학자 아이탄 그린스펀(Eitan Grinspun)은 이렇게 말한다. "나는 건축가들이 자기 영역을 강탈당했다고 생각합니다! 건축가들이 작업할 때 쓰는 툴은 대개 아주 과학적인 엔지니어링 기반 사고로 훈련된 프로그래머들이 만들죠. 이런 툴들이 건축가가 사용해야 하는 언어를 제공하니 건축가는 그런 툴에 익숙해질수록 엔지니어의 언어에 적응하기 시작합니다."[8] 다시 말해 단순히 건축 소프트웨어를 띄워 사용하기 시작하는 건 엔지니어처럼 작업하는 것이란 얘기다.

알고리즘이 기하학뿐 아니라 이윤과 공공 공간, 프로그램, 환경적 영향, 개인적·집단적 선호와 가치에 관한 데이터에 대해서도 작동하면, 그 위력은 더 커진다. 정책 결정과 구인 목록에서도 그렇듯, 알고리즘의 높은 위험도와 숨겨진 가정은 (건축가를 비롯한) 시민들에게 '알고리즘 이해력'을 갖출 것을 시급하게 요청한다.

얼굴과 파사드

언뜻 보기에는 인간의 얼굴이 당연히 인간의 영역에 속하지 컴퓨터의 영역에 속하진 않은 것으로 보인다. 얼굴은 인간의 이해를 조직화하는 논리적 구성의 일부다. 서로 다른 얼굴을 본능적으로 분간하는 인간의 능력은 믿을 수 없을 정도로 뛰어나며, 심지어 누군가의 나이든 얼굴과 젊을 때의 얼굴도 쉽게 짝짓는다. 컴퓨터는 이와 다른 논리를 갖는다. 역사적으로, 얼굴은 컴퓨터가 인식하기 어려운 대상이었다. 하지만 기계 학습으로 인해 더 이상 그렇지 않게 될지 모른다. 새로운 알고리즘과 기법은 인간의 얼굴 탐지·인식 능력에 더 근접한 수준으로 기계의 능력을 발전시키고 있다. 물론 대부분의 사람들은 그게 어떻게 가능한지 얼마나 정확한지도 알 길이 없다. 그리고 이런 기법들은 모든 인간보다 더 뛰어난 능력도 제공하는데, 무엇보다도 수백 명의 얼굴이 아닌 수억 명의 얼굴을 목록화하고 인식하는 능력이 그런 예다.

서울비엔날레를 위한 이 프로젝트는 기계 학습

8
Eitan Grinspun (2011), from transcript of Columbia Building Intelligence Project, New York Think Tank, February 18, 2011.

"자동 인코더라는 기계 학습 알고리즘을 통해 처리된 일련의 얼굴 이미지들. 자동 인코더 모델은 최소량의 정보를 사용해 저장할 수 있는 일단의 이미지들 사이에서 가장 공통되는 특징들을 학습한다. 그렇게 처리된 얼굴 이미지들은 알고리즘이 훈련 중에 받아보는 얼굴 이미지 중에서 어떤 특징에 편향되는지를 보여준다."

알고리즘의 각종 특징과 숨은 가정을 가시화할 것이다. 알고리즘을 활용한 설계 과정이 갖는 함의를 탐구할 뿐 아니라, 그런 과정이 건축 환경에 미치는 영향, 특히 새로운 건축 외피의 원형을 제작함으로써 미치는 영향을 따져볼 것이다. 건축 외피는 도시가 공유하는 핵심 현장이다. 건축물은 특정한 사람과 기관이 소유하지만, 건축 외피는 가로와 도시와 시민에게 속한다. 이렇듯 건축 외피는 공공 공간의 한 형식이다.

대부분의 건축 역사에서 건축 외피는 상징과 재료를 통해 문화와 정치와 미학을 '재현했다.' 지난 20년간 건축 외피는 (장식으로 쓰이거나 이따금 환경의 질 같은 도시 관련 실시간 정보로 쓰이는) 역동적인 조명과 움직임의 '디스플레이'를 통해 활기를 얻게 됐다. 이제는 기계 학습을 통해 건축 외피가 시간이 지날수록 자체 내장된 지능을 활용하며 학습하고 진화할 수 있을지 모른다. 본 프로젝트는 건축 외피의 이런 새로운 방향을 탐구한다.

본 프로젝트의 목적은 비엔날레 방문객에게 직관적인 방식으로 최첨단 기계 학습 기술의 힘과 한계를 모두 보여주는 설치물을 만드는 것이다. 기계 학습을 활용해 인식한 인간의 얼굴을 건축 외피에 다시 그려 넣어 개인과 집단을 모두 묘사하게 될 것이다. 더 구체적으로 말하자면, 이 시스템이 개인의 얼굴을 포착해서 수천 명의 다른 얼굴로 이뤄진 하나의 동적 컴퓨터 모델과 비교하고 이 특정한 얼굴을 독특하게 만드는 요소를 학습한 뒤 이 사람에게 가장 필수적인 200개의 선분을 스케치할 것이다. 물밑에서 일어나는 작업을 드러내기 위해 본 프로젝트는 전시장의 한 컴퓨터상에서 하나가 아닌 두 개의 '자동 인코더(autoencoder)' 기계 학습 모델을 작동시킬 것이다. 이로써 각 모델이 취하는 몇몇 가정들을 드러내고 그 결과가 중립적이거나 불가피한 게 아님을 보여줄 것이다.

실제 전시장에서 두 모델은 모두 접근하는 사람들의 얼굴을 인식할 수 있는 한 대의 카메라와 연결된다. 또한 각 모델은 방문객들의 얼굴을 제각기 가공해 실시간 비디오로 보여주는 한 대의 모니터와 연결된다. 이런 구성은 두 모델이 비엔날레 방문객들의 얼굴을 다른 방식으로 해석하는 걸 보여주면서 그 속에 숨은 편향을 드러내는, 일종의 '쌍둥이 거울(double mirror)'을 만들어낸다.

자동 인코더 모델

자동 인코더는 어떤 정보를 훈련된 중립적 네트워크를 통해 저차원적 형태로 코드화하는 법을 배울 수 있는 기계 학습 모델의 한 유형이다. 여기서 정보는 전시장의 카메라가 찍어 보내는 한 얼굴의 이미지이고, 네트워크는 서로의 거울 이미지인 인코더와 디코더로 양분돼 구성된다. 인코더와 디코더는 모두 일정 수의 나선형 레이어들이 서로 완전하게 연결된 나선형 중립 네트워크다. 디코더는 인코더와 같은 수와 유형의 레이어로 구성되지만, 레이어의 순서만 거꾸로다. 이 두 네트워크 사이의 중간에는 코드화된 정보를 포함하는 뉴런들이 완전하게 연결된 하나의 레이어가 있다. 이 레이어에 포함된 뉴런의 수가 데이터의 압축도가 된다.

인코더 네트워크는 하나의 이미지를 입력 받아 인코더 레이어에서 일련의 값들로 변환한다. 그 다음에는 디코더 레이어가 이렇게 코드화된 값들을 받아 다시 거꾸로 작업해서 하나의 이미지를 만들어낸다. 전체적인 자동 인코더 네트워크의 목적은 두 네트워크 모두의 인자들을 균형 있게 맞춤으로써, 디코더에서 생성된 이미지가 입력된 이미지에 최대한 근접하게 만드는 것이다. 중간의 인코더 레이어는 최초의 입력 데이터보다 차원이 낮기 때문에, 입력 데이터와 출력 데이터 사이에서 병목 현상을 일으킨다. 따라서 자동 인코더는 정보 손실을 최소화하면서 데이터를 저차원적 형태로 압축했다가 다시 완전한 차원의 이미지로 재구성할 수 있는 방법을 학습하려고 노력 중이다.

모델 훈련

두 모델의 인자들은 모두 무작위적인 값으로 초기화되기 때문에, 처음에는 자동 인코더가 무작위적인 노이즈만 만들어내게 된다. 그 다음엔 두 모델이 동시에 훈련 집합의 이미지들을 인코더 네트워크로 보내면서 훈련이 이뤄지고, 두 모델의 인자들이 조금씩 조율될수록 재구성된 이미지는 원본에 더 가까워진다. 따라서 두 모델이 동시에 학습을 하는데, 인코더는 이미지를 저차원적 형태로 압축하는 법을 학습하는 반면 디코더는 이렇게 압축된 데이터로 원본 이미지를 최대한 재생하는 법을 학습한다. 이런 훈련 과정을 가리켜 '자기 지도(self-supervised)' 학습이라고 부른다. 이 모델은 지도 학습(supervised learning)과 마찬가지로 사례 데이터에 기초한 훈련이 이뤄지지만, 지도 학습과 달리 데이터의 입력 특징과 표적 레이블 간의 관계는 학습하지 않는다. 그 대신 이런 네트워크는 더 낮은 차원의 형태를 통해 단순히 입력 값을 재생하는 법을 학습한다. 따라서 표적 레이블에 따라 지도 받는 게 아니라, 네트워크가 자기 자신을 지도한다고 말할 수 있다.

설치 디자인

훈련 과정이 이미지 압축을 위한 좋은 자동 인코더 전략을 가르쳐줄 수 있지만, 이 전략은 훈련 중에 접하는 이미지들의 영향을 크게 받게 될 것이다. 예컨대 자동차들의 이미지만으로 훈련된 자동 인코더는 다른 자동차 이미지들을 훌륭하게 압축해낼지 몰라도, 다른 사물의 이미지들은 형편없게 압축할 가능성이 높을 것이다. 이런 편향은 자동 인코더에만 있는 게 아니라, 사실 훈련에 기초한 모든 기계 학습 모델에 존재하는 주된 한계다. 이런 편향을 일컬어 훈련 데이터에 대한 '과적합(overfitting)'이라 부른다.

우리가 매일 툴로 사용하는 모델을 비롯한 모든 기계 학습 모델에 그런 편향이 존재한다 하더라도, 사용자는 보통 그걸 볼 수 없다. 우리의 설치 작업은 비엔날레 방문객들이 서로 다른 일단의 데이터로 훈련되는 두 개의 별개 모델과 직접 상호 소통하며 그런 내재적 편향을 볼 수 있게 하는 걸 목적으로 한다. 첫 번째 모델은 첨단 얼굴인식 소프트웨어에 흔히 쓰이는 '표준' 얼굴 데이터 집합인 LFW(Labeled Faces in the Wild, 식별된 현장 속 얼굴) 데이터 집합에 기초해 사전에 훈련된다. 두 번째 모델은 행사에 온 사람들의 얼굴에만 기초하면서 행사 중에 훈련될 것이다.

    LFW 데이터 집합은 정치인이나 운동 선수나 유명인처럼 대개 유명한 5,740명의 사진에서 찍은 1만 3,724개의 얼굴 이미지를 포함한다. 이 데이터는 매사추세츠 앰허스트 대학교 컴퓨터과학부 연구자들에게 수집돼 2007년 공중 라이선스로 공개됐다. 그 이후로 50편이 넘는 학술 논문에서 이 데이터 집합을 활용해 얼굴 탐지 인식 시스템의 다양성을 개발하고 시험했다. 이 데이터 집합이 컴퓨터 비전 연구자들에게 인기를 누린 건 접속이 쉽고, 규모가 크며, 조직이 분명했기 때문이다. 하지만 이 데이터는 유명인 위주로 구성된 만큼 인종과 젠더의 편향을 내포하고, 그 때문에 연구 개발을 도운 방법들의 광범위한 적용 가능성에 영향을 미칠 수 있다. 우리는 두 가지의 구분되는 모델을 서로 전혀 다른 두 데이터 집합으로 훈련시킴으로써, 제한되고 유한한 데이터 집합으로 훈련되는 모든 기계 학습 모델의 내재적 편향을 드러내길 희망한다.

설치 경험

방문객이 설치물에 접근하면 컴퓨터상에서 작동하던 오픈 소스 컴퓨터비전(OpenCV) 소프트웨어가 방문객의 얼굴을 인식할 것이고, 두 모델을 통해 영상을 보낸 다음 두 가지 버전을 원형 건물 파사드와 두 개의 모니터상에 모두 표시할 것이다. 동시에 방문객의 얼굴 이미지들은 두 번째 모델을 실시간으로 훈련하는 데 활용된다.

    방문객에게는 이게 두 가지의 다른 방식으로 이미지가 재현되는 '쌍둥이 거울'처럼 보일 것이다. 사전에 훈련되는 첫 번째 모델은 늘 똑같이 처리될 것이고, '학술 데이터'에 기초해 훈련된 모델 속에서 편향을 드러낼 것이다. 두 번째 모델은 (훈련 받지 않고 시작하므로) 처음에 재현 능력이 매우 떨어지겠지만, 시간이 갈수록 행사 중 수집하는 이미지들로 학습을 하며 더 나아질 것이다. 이 모델이 행사 참여자들의 얼굴과 더 관련이 있다 하더라도, 이 또한 제한된 데이터 집합으로 훈련 받기에 자체적인 편향을 포함하게 될 것이다.

    전시장 안에 두 개의 디스플레이가 설치될 뿐 아니라, 건물 밖의 디지털 외피에서도 이미지들이 재현될 것이다. 이 설치 작업은 방문객의 실제 얼굴과 두 가지의 '유사 재현물'이라는 세 가지 이미지를 보여주게 될 것이다. 이런 외부 설치물은 더 많은 관중이 참여해 이 작업의 개념을 접할 수 있게 해준다. 예전에도 대형 공공 영상 설치물에 얼굴을 표시하는 프로젝트가 있었는데, JR(New York, 2013)과 세바스티안 에라수리스(Sebastian Errazuriz, New York, 2015)는 기존 영상 빌보드에 얼굴을 표시했고, 하우메 플렌차(Jaume Plensa, Chicago, 2004)와 아시프 칸(Asif Khan, Sochi, 2014)은 사용자 맞춤 영상 디스플레이에 얼굴을 표시했다. 하지만 본 프로젝트에서는 대형 공공 디스플레이와 함께 동적 기계 학습 모델을 처음으로 사용하게 될 것이다.

    우리는 사람들에게 두 기계 학습 모델을 실시간으로 재현하고 실제로 행사 도중 하나를 훈련시킴으로써, 사람들이 매일 상호 소통하는 알고리즘 유형을 더 현실감 있게 경험할 수 있는 설치물을 만들었다. 아울러 두 모델이 별개의 두 데이터 집합으로 훈련되는 만큼, 각 모델의 내재적 편향도 시각적으로 바로 나타나게 될 것이다.

공유도시, 타자, 그리고 우리 자신

전반적으로 본 프로젝트는 건축 외피상에 도시의 자동화된 집단적 초상을 그리는 맞춤형 기술을 만들어낼 것이다. 그 기술은 엄청난 양의 이미지 데이터를 요하고, 그 속에서 도시 생활의 핵심 패턴을 탐지하는 법을 학습하며, 개인적이면서도 공적인 특징들을 파악할 수 있는 알고리즘들을 포함할 것이다. 이런 과정들이 결합하면 우리는 상향적이고 다층적이며 역동적인 도시의 모습을 그려갈 수 있게 되고, 그 도시는 흥미롭지만 걱정스럽게도 우리가 직접 통제하지 못할 새로운 지능인 도시적 전산 행위 주체를 드러낼 것이다.

    본 프로젝트는 공유도시에서 개인과 집단 간 경계를 탐구하기 위해 인간 지능과 인공 지능을 결합한다. 관중의 적극적 참여를 독려해

크라우드소싱 방식으로 공유도시 데이터를
추출하고, 이런 사회적 개입은 본질적으로 통제가
불가한 도시적 맥락에 맞춰 불확실한 제어 불능
요인을 더한다. 게다가 본 프로젝트의 지능적
기반을 이루는 기계 학습 중립 네트워크는 다소
제어가 불가능하고 인간 고유의 의식과 유사한
블랙박스로서, 훈련 과정 속의 편향과 그 지각의
한계를 바탕으로 독특한 스타일을 개발한다. 이
네트워크는 스스로 삶을 살아간다. 우리는 그걸
완전히 통제할 수 없으나, 이해하려고 노력할 순
있다. 네트워크의 작동 방식, 즉 그 알고리즘의
특징과 가정을 학습할 수가 있다. 아마도 우리가
다른 사람을 개입시키듯 알고리즘을 개입시키고,
그렇게 공유도시와 타자와 우리 자신에 대한
새로운 의미를 개발할 수 있을 것이다.

감지하기

감지 구문[1]

마크 와시우타・파진 롯피잼과 진 임

1971년 아폴로 14호의 위치 전환 및 도킹 시도 중 우주비행 관제본부의 비행작전 관제실 상황을 보여주는 전경 사진.

리우 운영본부, 2012년 6월 리우데자네이루.

[1]
돈의문 박물관 마을에 전시된 「송도 제어 구문」과 관련된 글이다.
—옮긴이

A. 통제의 극장

행복한 만화, 춤추는 다이어그램, 발광다이오드(LED)가 깜박이는 거대 규모의 모델. 우리는 셔틀을 타고 홍보 거점들을 옮겨 다닌다. 대한민국이 가장 열정적으로 홍보하는 스마트 도시 기획인 송도에서, 이 도시를 스마트하게 만드는 게 뭔지를 배우기란 너무 고된 과정임을 알게 된다. 시스코의 엔지니어들은 우리가 보고 싶어 하는 게 업무상 비밀임을 암시하듯 우리에게 말하기를 거부한다. 이 도시의 혁신을 끝없이 칭송하면서도 이런 혁신이 어디에 있는지에 대해서는 비밀로 함구하는, 이상하고도 거의 불가능한 모순이 형성되기 시작한다. 우리는 그런 혁신이 송도보다는 오히려 데이터가 키워주는 통합과 지능과 도시 생활을 묘사하는 일단의 표준화된 암송 업무에 있는 게 아닐까 의심하기 시작한다. 이 모호한 정보 영역의 수많은 막다른 길에서 우리는 다른 스마트 도시 순례자와 연구자, 탐험가 들의 경험을 반복하고 있는 듯하다. 송도 스마트 시티 투어의 아무것도 없는 파노라마 속에서 길을 잃은 채.

우리가 송도에서 맞닥뜨리는 얼버무림은 리우 운영본부(Center of Operations Rio, COR)에서 받은 안내와 완전히 반대다. 리우 운영본부는 리우데자네이루의 스마트 도시 네트워크에서 고동치는 사이버네틱스의 심장부에 해당하는 거울 입면의 뚱뚱한 건물이다. 거기서 우리는 운영본부장을 비롯해 엔지니어와 작업요원 들로 이뤄진 팀을 만나고, 그들은 우리를 안내하며 리우 운영본부의 역사와 임무, 알고리즘 구조, 리우의 스마트 도시 실험이 거둔 성공과 실패, 그 한계를 가늠해 알려준다. 리우 운영본부의 의사결정 규약을 비롯해 데이터 추출과 센서를 통해 관람과 조직이 이뤄지는 도시의 가능성을 정교하게 보여주는 사례다.

이렇게 상반되는 안내를 받은 경험은 관공서의 특수한 형태, 송도와 대한민국의 행정기관들이 맡는 책임의 불일치, 스마트 도시의 시행과 통합을 위한 서로 다른 전략 탓이라고 말할 수 있다.

송도국제도시. 중앙공원에서 지-타워(G-Tower)를 바라본 광경. 2017년 6월.

하지만 거의 뜻밖에도 이 두 경험은 스마트 도시 담론에 널리 퍼져있는 개념이 뭔지를 깨닫게 해준다. 아시아와 유럽과 아메리카 대륙 전역의 도시에 침투하고 있는 스마트 산업은 계속해서 엄청난 성장을 내다보며 수십억 달러의 스마트 도시 예산을 들일 준비를 하고 있다. 이런 상업 논리에서는, 스마트 도시가 (시스코 측에서 에둘러 말했듯) 산업 디자인 제품과 비슷한 전매특허 기술이다. 복잡한 공급망이 존재하고, 기술적 구성과 혁신의 경로는 산업 스파이에게 새나가지 않게 보호해야 할 비밀로 취급된다. 도시는 거의 하나의 판매 상품처럼 보인다. 도시 안보라는 호전적 애국주의와 도시적 지속가능성이라는 유행어로 시장을 공략하는 총체적인 도시 상품 같다.

이런 경제 논리의 이면에는 정부 혁신이 있다. 센서와 피드백 채널과 더불어, 시민이 지방자치체 데이터에 거의 상상하기 힘든 수준으로 접속할 수 있게 하는 오픈 소스 도시 코드의 구성 요소들로서 스마트 도시 알고리즘이 옹호된다. 이런 논리는 도시뿐 아니라 시민의 삶도 향상시킨다고 주장한다. 스마트 도시는 정치적으로 더 활동적인 더 좋은 참여 시민들을 만들어내고, 스마트한 시민들을 길러내는 기술의 집적체라는 것이다.

이런 특징은 주목할 만한 것이, 송도와 리우를 포괄하는 이런 논리들이 시의 혜택부터 세계적 매출, 스마트 도시 판촉에 이르는 스펙트럼 위에서 그 양극을 파악하기에 유익해 보이기 때문이다. 하지만 우리가 그리 다른 안내를 받았음에도, 이 유익한 개략적 대비는 정밀하게 검토되지 못한다. 송도에서든 리우에서든 억압과 매개 기관, 감시와 보안, 효율성과 침투성을 동반하는 전 세계 상업과 지자체 정부는 안정적이거나 독립적으로 남아 있는 입장도 개념도 아니다. 대신 서로의 주변 궤도를 맴돌면서 상호작용과 반응성, 도시 데이터의 사회적 혜택이라는 스마트 도시 개념 및 상투어로 이뤄진 궤적을 남긴다.

이런 논리와 입장, 그리고 송도와 리우의 스마트 시티 구축 사업에 어떤 개념적·실용적 차이가 있든 간에, 각 도시의 관제실에 들어서는 순간 그런 차이들은 더 무색해진다. 리우든 송도든, 관제실은 도시의 감지와 정보 추출, 피드백, 관리를 능동적으로 시연하는 곳이다. 데이터 스크린과 카메라 영상 들로 이뤄진 거대한 벽체는 도시가

송도국제도시 3공구 생활폐기물 자동집하시설의 감독 데스크 광경. 2017년 6월.

모든 걸 알고 있다는 숭고한 이미지를, 말하자면 도시의 일상에서 나타나는 차분한 연극성이 실제로 작동하는 드라마의 산물인 만큼이나 수사적 효과이기도 한 관리의 무대를 형성한다.

이런 연극성은 일상적 도시 생활의 평범한 데이터 목록에 침투할 수 있는 사건을 추적하고, 무대화하고, 현전화하고, 시각화하는 데 기초한다. 리우 운영본부에서는 녹색이나 적색 또는 황색의 가로 선들을 갑자기 등장시켜 도시 지도를 활성화한다. 각각의 색은 어느 정도의 교통 중단을 암시하며 알고리즘으로 결정되는 반응 수준을 나타낸다. 이런 색색의 벡터가 발산하는 섬광은 교통 혼잡과 조율을 통해 등록되는 도시 드라마의 대본에 따른 시각적 결과다.

송도에서 이 드라마는 더 예측적이다. 건물 화재의 첫 신호를 포착하기 위해 아파트와 사무소 타워에 밤낮없이 집중하는 카메라 연결망은 도시를 비디오 영상들의 계통으로 재구성한다. 송도의 건축에 설치된 모니터들은 앤디 워홀의 여덟 시간 길이 영화 「엠파이어(Empire)」[2]를 무한히 연장하는 듯하다. 송도의 연속성 미학은 가차없이 이어진다. 다른 카메라들은 도시에 진입하는 모든 자동차의 번호판을 포착해 기록하고, 자동차가 가로와 교차로, 어디에나 있는 지하 주차장을 통과하는 움직임을 추적한다. 광대하게 이어지는 또 다른 모니터들은 송도의 교통 지향 데이터베이스로 격자 배열돼 자동차 번호판들의 배열을 보여준다. 송도에서는 관제실의 모든 서사가 진동 센서와 진동을 울리는 사건에 맞춰진다. 가로와 담장, 건물 입면에 장착되는 센서들은 움직임과 정지의 패턴을 기록하고, 사용 주기를 예측하며, 경계 침범과 침입에 대해 경고를 내린다.

스마트 도시 관제실에서 수행되는 드라마는 부분적으로 그 친숙함 때문에 눈길을 사로잡는다. 거대한 관제 스크린과 빛나는 모니터 들이 들어앉은 은행의 이미지는 영화에 등장하는 표준적 비유이자 냉전 시대 전산 기술관료제의 상징이 됐다. 미국 항공 우주국(NASA)의 아폴로 미션 지휘본부에서 스탠리 큐브릭 감독의

[2] 앤디 워홀의 1964년 작품으로, 여덟 시간 동안 한 자리에서 뉴욕 엠파이어 스테이트 빌딩을 찍은 영화다. —옮긴이

송도의 센서·통신용 기둥. 2017년 6월.

「닥터 스트레인지러브(Dr. Strangelove)」에 나오는 군 상황실에 이르기까지, 관제실은 20세기 합리성이라는 꿈의 이미지로 부상했다. 스마트 도시 관제실은 우주 프로그램과 미사일 방어 체계로 이해되는 세계의 산물로서, 그런 대량살상인구 계산의 이미지가 도시의 일상 생활을 충족시키고 있다.

    그런 이미지를 전수받은 스마트 도시 관제실은 적어도 두 가지의 기본 특징을 드러내며 융합한다. 첫 번째는 합리적인 도시 행정이다. 관제실은 높아지는 인구 밀도와 복잡성, 부의 불일치를 통한 인구 분할, 서비스 접근성 문제에 대처하면서 시의 관리를 교정하는 역할을 맡는다. 두 번째 특징은 스마트 도시가 실패와 위기, 취약성에 관한 도시적 상상을 키우는 시발점인 도시 비상 대응 센터와의 연계다. 위기감은 스마트 도시의 발생 시점부터 따라붙는다. 어렴풋한 정치적 불안정성과 환경 재난, 금융 불안정, 기반시설의 난립, 그 외 도시적 묵시록의 징후들이 스마트 도시 실험을 향한 욕망에 불을 지핀다.

    관제실의 연극성은 공적 발표의 장으로 확장한다. 우리는 송도 지타워 3층에서 한 비디오 상영실로 안내 받아 송도의 센서 기반체계와 이 도시가 성취한 '스마트 환경(Smart Environment)' '스마트 홈', '스마트 빌딩', '스마트 헬스', '스마트 러닝(Smart Learning)'을 이야기하는 영상을 관람한다. 영상이 절정에 달할 때, '스마트 변색유리 영사막(switchable smart glass projection screen)'이 흐린 색에서 투명색으로 변하면서 마치 유령이 나타나듯 아래쪽 스마트 도시 운영본부의 모습을 드러낸다. 송도의 운영에 관한 비밀주의는 여전해서 사진 촬영이 금지되고 우리의 관람 시간도 촉박하게 제한된다. 우리는 마치 컴퓨터적 합리성의 범속한 계시라도 받는 양 눈깜짝할 새에 관제실을 엿본다.

    리우의 수행 전략은 이와 상당히 다르다. 리우 운영본부의 관제실은 열린 발코니를 통해 리우 시민과 모든 방문객에게 공개되고, 운영본부의 데이터 수집과 발표 내용을 영구적으로 목격하는 카메라를 통해 온라인으로도 공개된다. 이는 리우 운영본부의 제어 메커니즘이 민주적 도시의 구성 요소이자, 그들이 만들어내는 데이터와 그래프와 차트처럼 리우 시민들의 것임을 뜻한다.

    두 도시의 차이가 얼마나 있든, 이런 시각적

접근법들은 스마트 도시가 단지 시민 편의시설로 위장한 시민 감시 네트워크에 불과하다는 통상적 비난을 물리치려는 시도다. 게다가 시민들이 허용하는 접근 형식을 취해 그들을 도시의 지휘·관제 논리로 끌어들이는 전략이기도 하다.

송도에서는 스마트 도시의 도입이 집에서부터 이뤄진다. 집에서 가정용 센서와 자동화된 쓰레기 회수, 쌍방향소통 텔레비전 교육이 도시의 가로상에 있는 교통 카메라 및 진동 센서와 융합한다. 송도의 스마트한 시민 정체성은 가정 안전의 감각이 도시로 스며들고, 보편적인 가로 모니터링은 아파트 연기 탐지기만큼이나 친숙하다. 리우에서는 관제실이 도시의 관리 역량을 입증하는 홍보 공간의 역할도 겸한다. 이건 리우로서 적잖은 공적이다. 리우의 황량한 지형과 노후해가는 기반시설은 스마트 도시의 수사법이 주창하는 도시 관리의 매끈한 합리성과 어울리지 않아 보여도 그걸 수용한다.

관제실은 감지 작업과 정보 추출을 재현과 소비의 장면으로 변환하면서, 도시의 새로운 비전을 보여주고 도시의 이미지를 바꾼다. 송도와 여타 스마트 도시에서는, 시각적·공간적·지각적·상징적 질서의 위계를 갖춘 도시 공식 조직의 전통이 움직임 센서와 교통 카메라, 운영 데이터 지도 등으로 이뤄지는 새로운 도시 어휘를 향해 변화한다. 스마트 도시 제어 알고리즘에 쓰이는 이 새로운 의미의 도시 요소들은 도시의 사물과 행위자로 이뤄지는 무차별적이고 위계 없는 배열을 생산한다.

도시 비전의 재편, 스마트 도시 운영을 조율하는 의사결정 계통도와 알고리즘, 센서와 카메라를 활용한 도시의 분배와 입지, 포화는 우리가 스마트 도시 '제어 구문(control syntax)'이라 부르는 것의 물리적·공간적·정보적·정치적 뼈대를 제공한다.

이런 구문에 익숙해지고, 도시민들이 통제의 장면과 기술에 포섭되며, 시민 정체성이 효율성과 보안이라는 스마트 도시의 이상과 융합하는 것은 그 어느 때보다 더 보편화된 조건의 21세기 버전, 즉 우리가 '컴퓨터적 통치성(computational governmentality)'이라 부르는 것의 바탕을 이룬다.

그런 컴퓨터적 통치성은 세계대전 이후의 지휘·관제 네트워크, 컴퓨터와 도시계획을 통합한 초기 실험, 메시지 전송 체계로서의 도시 개념에 근원을 두기에 시민을 센서처럼, 정보의 단위처럼 취급한다. 컴퓨터적 통치성이 커져갈수록 스마트한 도시 개선의 합리성과 매끈한 도시 관리의 환상이 그보다 더 복잡하게 코드화된 도시의 정치적·사회적·지형적 사실들과 만나게 된다. 바로 그런 협치의 정보 피드백 체계가 관람자들을 도시의 장관을 이루는 광학 논리로, 도시 규제의 기법으로, 도시의 스크립트화된 데이터 장면화법으로 끌어들인다. 도시는 도시와 가로, 센서, 데이터를 한데 모은 데이터 위주의 정치적 구성체이자, 제어 구문으로 이야기되며 극화되는 통제의 극장(theater of control)이기도 하다.

B. 리우 제어 구문

「리우 제어 구문(Control Syntax Rio)」은 코파카바나 해변에서 리우데자네이루를 관통해 마라카나 경기장으로 이어지는 교통로를 모델로 하는데, 이곳은 2016년 하계 올림픽 게임 중 비치발리볼과 축구 경기가 열린 장소였다. 2010년의 재앙적 산사태에 대한 반응으로 설립된 리우 운영본부는 미래의 재난과 기반시설 오작동을 예측하고 그에 대처하고자 계획됐다. 아울러 도시 행정과 교통 관리를 향상시키겠다는 리우의 헌신을 보여줘 국제 올림픽 위원회(IOC)를 설득하려던 의도가 있었던 점도 역시 중요하다. 국제 올림픽 위원회와 리우 시민들 모두에게 리우 운영본부는 재난 대응과 도시 센서 모니터링, 그리고 (가로를 단순화해 하계 올림픽 절정기와 이후의 교통을 원활히 할) 지능형 교통 행정 형식을 결합할 도시적 피드백 시스템이자 관제본부로 알려졌다.

리우 운영본부를 위한 기술적·개념적 골격은 본부의 의사결정 체계를 위한 코드와 더불어 IBM의 '더 스마트한 도시(Smarter Cities)'

「리우 제어 구문」. 예술과 건축을 위한 스토어프런트(Storefront for Art and Architecture), 2017년 3월.

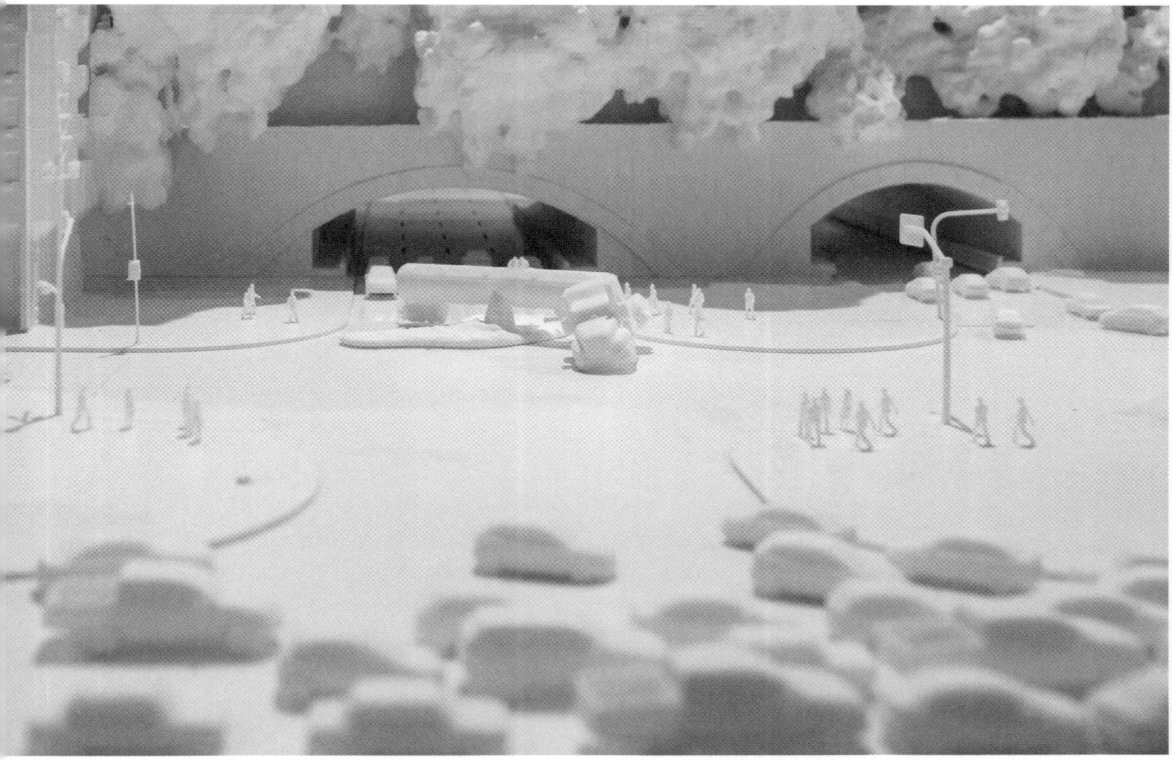

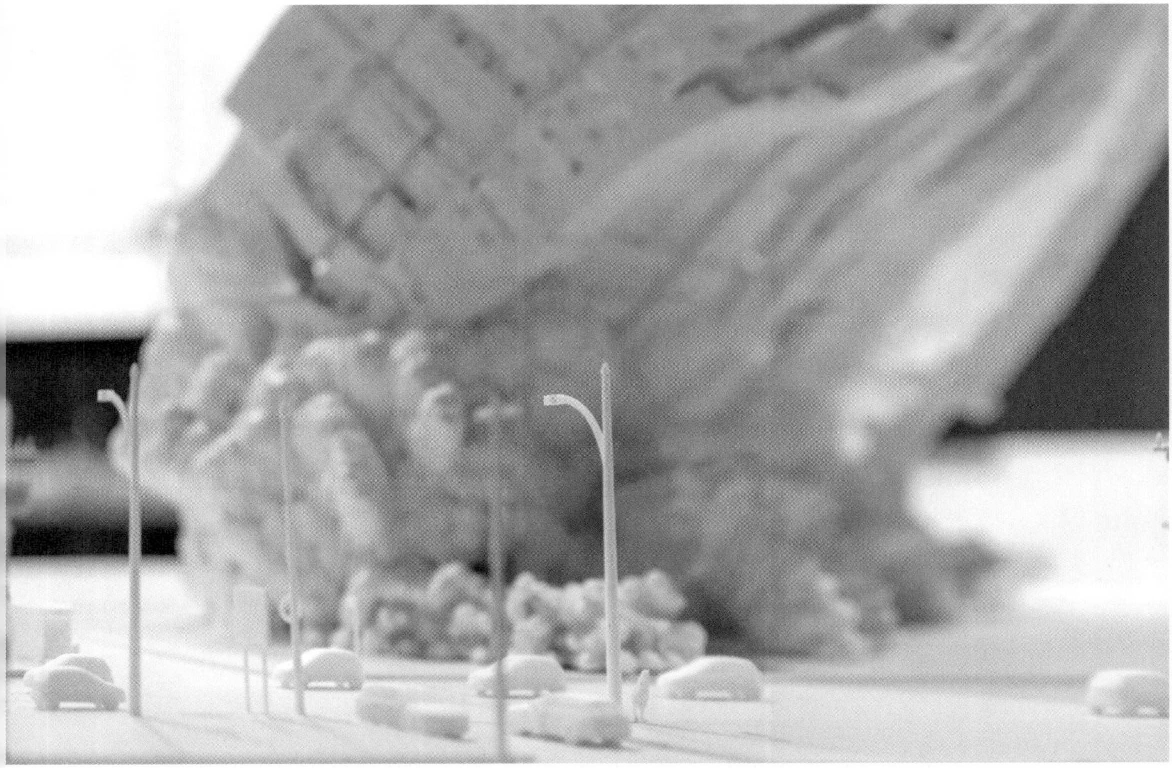

구상에서 나왔다. 경찰·방어 작전을 지원하는 리우의 두 번째 지휘·관제 본부는 도시 감시와 얼굴 인식, 군중 패턴 평가를 수행한다. 리우 운영본부의 업무에서 공공연한 보안·추적 임무가 분리되면서 IBM과 리우 운영본부에는 상대적으로 좁은 영역의 임무만 남았다. 리우 운영본부는 교통 흐름과 도시 보건, 날씨 패턴에 관한 데이터를 모으고, 교통이 중단되는 곳에서 교통로를 바꾸거나 비상 대응 팀을 보내 대응한다. 요컨대 리우 운영본부의 일차적 임무는 도시의 물질대사 과정을 모니터링하고, 측정하며, 재현하는 것이자, 그 과정을 약화하거나 완화 또는 차단하는 실제적·잠재적 중단 요인에 대처하는 것이다.

리우 운영본부는 리우의 물질대사 과정이 정상적인지의 여부를 판별한다. 리우를 구축하는 중심이 되는 IBM 코드 논리를 통해, 운영본부 측은 사고(incident)부터 사건(event), 비상(emergency), 위기(crisis)에 이르는 네 가지의 단계적 강도 척도에 따라 비정상성을 측정한다. 이런 척도가 어떻게 등록되고 재현되는지, 그리고 그게 어떻게 대응을 결정하는지가 리우 제어 구문의 기초를 이룬다.

리우 운영본부의 제어 구문은 얼핏 평범하고 관리적인 것처럼 보이지만, 이 구문은 잠재적 위기에도 대비하고 있다. 예컨대 리우에서 점점 더 흔히 일어나는 사건인 시위가 일어날 경우, 교통 마비를 피하기 위해 교통 경로가 전환될 것이다. 역시 리우에서 그리 보기 드문 사건이 아닌 건물 폭파의 경우, 대응 팀을 최대한 빨리 투입하기 위해 교통 경로가 깨끗이 비워질 것이다. 폭파와 화재, 시위, 산사태, 대규모 집회, 갑작스런 열대성 폭풍은 리우 운영본부 제어 구문의 요소로서 신호등 오작동과 교통 사고, 트럭 수하물 유출, 버스 화재, 일상적 혼잡과 결합된다.

리우 운영본부와 스마트 도시는 도시의 이미지를 형성하고 새로운 재현 시스템을 정초한다. 이 시스템은 도시가 카메라를 통해 어떻게 보이는지, 도시가 어떻게 센서와 데이터를 통해 등록되는지, 도시가 도시에서 일어나는 일을 어떻게 재현하는지, 통제와 최적화, 알고리즘적 결정 경로의 조건이 어떻게 도시를 합리화하는지를 다룬다. 그 이미지는 이런 합리성을 통해 도시의 조율된 인상 속에 나타난다. 리우 운영본부와 그 코드화 과정 속에서, 우리는 컴퓨터적 통치성의 현재 이미지를 엿본다. 태평하게 공학 설계된 효율성을 지향할 뿐 아니라, 가능한 위협과 위험, 붕괴의 서사로도 가득한 이미지 말이다.

해변에서 경기장으로 향하는 교통로상에 중첩되는 「리우 제어 구문」은 리우 운영본부의 의사결정 체계를 통해 의사결정 경로를 추적하기도 한다. 이 모델은 도시의 물질적 교통 기반체계를 리우 운영본부 도시 관리 코드의 비물질적 구문과 일치시키며, 리우의 제어 구문으로 조직된 물리적 도시—도시의 가로, 전등, 센서 등의 교통 장치—를 우리에게 보여준다.

리우 운영본부의 구문에서는, 행동(action)과 중단(interruption)이라는 근본적으로 구분되는 두 방식이 동등하게 일체화된다. 시위와 교통 체증은 같은 의미 범주를 차지한다. 말하자면 리우 운영본부의 알고리즘을 통해 정치를 일상화하는 동시에 교통 통제는 정치의 수준으로 격상하는 것이다. 「리우 제어 구문」은 교통 공학을 잦은 재난 발생 가능성에 시달리는 도시 정치로 이해한다.

사건과 도시 정치와 교통을 합쳐서 일상화하고 격상한다는 발상은 스마트 도시의 신화이자, 풀리지 않고 풀 수도 없는 모순이다. 이 신화는 갈등의 원인과 도시의 불평등, 부자와 빈자 간의 도시 구역 분할처럼 관리될 수 없는 것 앞에서 도시가 취하는 합리적 관리를 말한다. 그것은 구조적·사회적·경제적 불안정성을 지질학적·기후학적·기술적 사실의 표면으로 전환한다. 리우 운영본부의 극장도 이런 신화를 낳는 공범이다. 그것은 기반체계의 오작동, 정치적 개혁의 부재, 그 외 알고리즘이 풀거나 고치거나 개선하지도 못하는 다른 모든 것에서 벗어나 있다.

C. 송도 제어 구문

「송도 제어 구문」은 두 가지 주요 구성 요소로

송도 교차로의 360도 영상에서 포착한 스틸 사진들. 센서와 그것이 감시하는 환경이 보인다. 2017년 6월.

구성되는데, 하나는 물리적 모델이고 다른 하나는 주요 송도 교차로에서 찍은 360도 연속 영상이다. 이 영상들은 핵심 센서 설치 지역에 위치하며, 송도의 시각화 기술이 어떤 곳이든 예의주시하고 있음을 보여준다. 이 모델은 송도를 중복된 사고로 교통이 혼잡한 단일 교차로로 압축해 이런 일련의 사건들을 등록하고 목록화하며, 아울러 스마트 도시의 알고리즘 제어와 규제라는 상상 속에 잠복하는 불안을 드러낸다. 송도에는 어린이 교통 사고를 막기 위해 그들의 동선을 더 잘 감시할 수 있는 위치정보 태그(geotag) 계획이 있다. 다가오는 자동차를 감시해 운전자를 추적하고, 기록을 확인하며, 범죄적인 침투 가능성이 있으면 시 측에 경보를 전송하는 계획이다. 스마트 도시의 시민 생활이 예측을 벗어나는 경우, 모든 사고는 저마다 어떤 특정한 시스템 실패의 결과다. 하지만 이 모델은 극적인 재난의 장면이기보다 스마트 도시의 합리성을 형성하는 예측 논리, 송도가 도시적 삶을 흡수하면서도 제한하는 수단인 컴퓨터적 통치성, 그리고 송도와 기타 유사한 스마트 도시 시설에 스며드는 실제적·작위적 두려움의 이미지에 가깝다.

송도에 가득한 센서들은 기술적인 동시에 표현적이다. 기술적인 면으로는, 환경 조건과 교통 패턴을 감시하고 차량을 추적하며 가로와 건물의 진동을 기록해 붕괴와 이례적 사건, 잠재적 위험의 신호를 보낸다. 표현적인 면으로는, 송도 주민들에게 이 도시가 생태적으로 최적화됐을 뿐 아니라 안전하게 통제되며 경계를 늦추지 않고 있다는 신호를 보낸다. 센서들의 가로 풍경, 교통 통제와 시민 정체성의 생략, 환경적·사회적·도시적 위협의 압축이 송도 제어 구문의 정보·공간 체계를 이룬다.

이런 위협과 그것이 일으키는 두려움은 단지 시 당국의 염려가 낳은 산물이 아니라, 송도의 스마트 도시계획을 이루는 구성적 특질이기도 하다. 송도 모델이 성공적인 도시 상품으로 팔리려면, 일단 하나의 도시로서 인지돼야만 한다. '중앙공원' 근처에 타워들을 배치하고 세계적인 대학과 차터 스쿨(charter school)[3]에 공간을 할당하며 도시의 격자 체계

[3] 지역 사회의 재정 지원 속에 지역 사회와 학부모, 교사들이 자율적으로 헌장(charter)을 만들어 운영하는 일종의 자율형 공립학교를 말하는 용어이지만, 여기서는 단순히 '자율형 학교'를 뜻한 것으로 보인다. 송도의 경우 포스코 등의 사기업이 재정을 지원하는 자율형 사립고가 들어섰다. —옮긴이

속에 박물관과 문화 센터를 삽입하는 송도 종합계획은 매력적인 도시 생활의 이미지를 만들어 주민들을 유치하려는 목적으로 설계됐다. 이건 여러 요소와 건물, 프로그램, 편의시설이 일련의 차별화 논리를 통해 결정되고 프로그램적으로나 형태론적으로나 다양한 인상을 전달하게끔 정밀 계산되는 스프레드시트 어버니즘(spreadsheet urbanism)이다. 하지만 이렇게 완전히 규제되는 도시는 도시성의 가장 명백한 신호인 다양성과 무질서와 사회적 긴장을 본질적으로 두려워하는 곳이기도 하다.

과장된 후 극적으로 통제되는 도시적 두려움의 역설은 송도의 스마트 도시 구문에서와 마찬가지로 국가 안보(national security)라는 현대 세계의 수사법에서도 익히 나타난다. 이런 의미에서 송도는 다른 스마트 도시들의 판매 작전과 마찬가지로, 전형적인 공공 복지 프로그램에 대한 투자 철회와 함께 국경 안보와 이민, 기타 세계적 인구 순환의 통제와 규제에 대한 역투자가 낳은 부산물이다. '세계적 도시(global city)'라는 이름으로 홍보되는 송도가 세계에 선전하는 일차적 내용은 송도가 국제적인 내부화와 배제의 논리를 희석시킨다는 것이다.

송도의 세계적 수사법은 세계 기후 변화와의 암묵적 연계 속에서도 나타난다. 도시의 공기 감시 네트워크가 보편적으로 상기시키는 환경적 기후 감시의 미덕은 완전히 감시되는 도시를 정상화하고 이상화하는 데 일조한다. 실내에서는 자동화된 쓰레기 추출이 이뤄져 환경 보호와 가정 모니터링 간의 연계가 강화된다. 아파트 건물을 쓰레기 집하장과 연결하는 유압식 배관망은 가로 밑에서 아파트 쓰레기를 흡입해 처리한다. 수집된 쓰레기는 고압용기 속에서 압착돼 도시 바깥으로 배출된다. 코드화된 쓰레기봉지를 제공받은 주민들은 모든 건물의 각 층마다 있는 '스마트' 쓰레기 배출구에 쓰레기봉지를 내다버린다. 가정용 쓰레기 모니터링은 가정 에너지 소비 모니터링과도, 도시 공기 내의 미세먼지와 오염물질에 대한 끊임없는 모니터링과도 연관된다. 계속되는 기후 재앙의 위협이 송도의 감시 체제에 아른거리며 그 체제가 절실히 요구된다는 감각을 만들어낸다.

환경 모니터링과 가정 모니터링이 쓰레기 처리를 통해 융합한다면, 송도의 길거리는 가장 완전한 응축의 현장이다. 가정 모니터링에 익숙해지면 가정 보안의 개념이 길거리로 확장된다. 송도의 관제실(과 그 상상 속)에서는 길거리가 위협과 제어의 이미지로서, 스마트 도시의 효율성과 최적화를 나타내는 이미지로서, 또한 사회적 두려움과 경계 위반의 이미지로서 상존한다. 리우데자네이루에서처럼 송도에서도 교통 공학은 정치에 해당하며, 여기서는 그게 생명정치(biopolitics)이기도 하다. 환유적으로 연속되는 감지 운영 장치들이 도시와 길거리와 카메라와 자동차 번호판과 미세먼지 센서를 환경적 위협으로 연결하고, 삶을 감시하는 새로운 형식으로도 연결한다.

감지하기

크로노스피어: (IPv6) 센서 도시를 위한 실험[1]
퓨처 시티즈 랩(나탈리 가테뇨·제이슨 켈리 존슨)

부상하고 있는 IPv6[2] 통신규약은 인터넷을 통해 엄청난 양의 물리적 세계에 유동적인 주소와 위치를 부여해 전산 처리할 수 있게 해줄 것이다. 이 신종 통신규약은 지표면 1제곱미터당 무려 391경 1,873조 5,382억 6,950만 6,102개나 되는 어마어마한 양의 IP 주소를 만들어낸다.[3] 당신 눈앞에 보이는 1제곱미터 공간 내의 모든 객체가 잠재적 주소를 할당 받아 네트워크화된 채로 감지된다고 상상해보라. 각각의 객체에는 육안으로 보기에 너무 작지만 주소 할당이 가능한 수십억 개의 서브객체(sub-object)도 있을 수 있다. 이런 전산 감지 네트워크는 도래하는 대량 분산 컴퓨팅과 이미지화, 데이터 수집 기술과 결합해 우리의 물리적 환경을 급속히 확장시키는 결정적 특징이 될 것이다. 생태와 도시를 정의하는 요소들(식물, 동물, 사람, 사물, 건물, 배관, 전선, 교통망, 강, 기상관측 시스템 등)은 점점 더 건축가와 디자이너, 엔지니어를 위한 전산적·생성적 잠재력을 갖게 될 것이다.

> 크로노스피어(Chronosphere) [명사] 작은 시간 간격을 (낙하하는 구나 막대, 풀린 추, 전자기기 따위로) 정밀하게 측정하거나, 한 사람의 반응 시간을 측정하는 몰입형 도구.

퓨처 시티즈 랩(Future Cities Lab)은 이런 몰입형 조건을 탐구할 수단으로서 서울비엔날레를 위한 「크로노스피어」 설치물을 만들었다. 이 멀티미디어 센서 장착 설치물은 디지털 영사 시스템과 현수형 LED(발광다이오드) 점조명들로 구성된다. 이곳은 일종의 몰입형 극장이자, 다양한 빛과 소리의 매체들 사이를 오가는 역동적인 점과 선, 가변적인

---

[1] 이 글은 2013년 에드 미첼(Ed Mitchell)과 일라 버만(Ila Berman)이 편집한 ACSA 101 회보 『새로운 짜임관계/새로운 생태학(New Constellations/New Ecologies)』 중 "환승 터미널 + 쌍방향소통 기술(Exchange Terminals + Interactive Technologies)"이란 제목의 장에 실린 제이슨 켈리 존슨의 「(IPv6) 도시 감지하기(Sensing the [IPv6] City)」에 먼저 출판된 내용을 포함하며, 그중 일부분을 수정하고 보충한 버전이다.

[2] 인터넷 통신규약 버전 6(Internet Protocol Version 6)의 약어. 현재 쓰이는 12자리 숫자의 32비트 IPv4가 가진 단점을 보완하고자 개발된 128비트 기반의 차세대 인터넷 통신 규약이다. —옮긴이

[3] IPv6 지식기반 웹사이트(http://www.ipv6.sltnet.lk/know2whatis.html)에서 인용한 수치임.

힘들과 상호작용하는 입구다. 이런 입구는 디지털 영역을 물리적 영역과 융합하고, 컴퓨터 시스템과 공적 공간 또는 (그게 설치되는 장소인) 갤러리 사이의 교류를 만들어낸다.

이번에 설치된「크로노스피어」는 서울 열린 데이터 광장(http://data.seoul.go.kr) 시스템에서 얻은 센서 데이터로 구동되며, 서울 한강 네트워크의 델타 값이 아우르는 동적으로 진화하는 센서 공간을 들여다볼 몰입적인 경험을 제공한다. 퓨처 시티즈 랩은 세계에서 가장 통신망이 발달하고 센서로 구동되는 도시 중 하나로서 서울의 잠재력을 탐구하는 데 관심이 있다. 서울은 여러모로 IPv6 센서 도시의 원형이 될 만한 최상의 조건을 갖췄다. 디자인과 전시 기획, 안무 편성, 공학 설계를 시작하는 과정에서 서울의 센서 데이터를 생산적이고, 생성적이고, 창조적이고, 영감을 일으키는 방식으로 활용하려면 어떻게 해야 할까?

우리가 이제껏 말해온 모든 단어, 이제껏 보거나 만지거나 냄새 맡아 온 모든 사물, 이제껏 생각해온 모든 것들을 언젠가는 소위 IPv6로 가능해진 엄청난 양의 '빅데이터'[4]를 처리하고, 비교하고, 시각화할 수 있는 슈퍼컴퓨터에서 불러낼 수 있게 되리라는 예측이 있어왔다. 컴퓨터가 날이 갈수록 기하급수적으로 강력해지는 동시에 작아져 가는 걸 감안해보라. 소위 말하는 IPv6 '사물인터넷'의 급진적 규모와 전망은 우리가 세상과 소통하는 방식을 근본적으로 바꿔놓을 것이다.[5] 이런 통신규약들이 지닌 잠재력이 일부라도 활용될 여부는 지켜볼 일이지만, IPv6가 미래에 점점 더 깊은 영향을 줄 것임은 분명하다. 그것은 기기와 건물, 도시를 비롯한 물리적 환경을 이론화하거나 시각화하거나 구축하는 모든 분야에 도전하며 영감을 주게 될

것이다.

1960년대부터 도시 이론가와 활동가, 건축가, 예술가 들로 이뤄진 아방가르드 집단은 이런 신종 통신규약들의 정치적·사회적·생태적·감성적 차원을 탐구해왔다. 마셜 매클루언(Marshall McLuhan) 같은 이론가, 아키그램(Archigram)과 슈퍼스튜디오(Superstudio) 같은 집단, 그리고 콘스탄트 니웬하위스(Constant Nieuwenhuys) 같은 디자이너 들의 선구적 작업은 이런 인공지능 정보망이 정의하는 도시들을 예견했다. IPv6가 착상되기 반 세기도 전에 ('지구촌[global village]'과 데이터 '서핑[surfing]'이란 말을 도입한 것으로 유명한) 매클루언은 이렇게 이론화했다. "우리 시대의 미디어 또는 프로세스인 전기 기술은 사회적 상호의존성과 우리의 개인적 삶이 갖는 모든 측면의 패턴을 재편하고 재구조화하는 중이다. 우리로 하여금 앞서 당연시되던 모든 생각과 모든 행동, 모든 제도를 실질적으로 재고하고 재평가할 수밖에 없게 만들고 있다."[6] 미디어가 우리의 감각에 미치는 효과를 비판적으로 탐구한 매클루언은 인간의 감각중추가 어떻게 새로운 기술을 통해 근본적으로 조건 지어지고 확장되는지에 관심이 있었다. "모든 미디어는 어떤 인간 능력의 확장이다. (…) 바퀴는 발의 확장이고, 책은 눈의 확장이며, 옷은 피부의 확장이요, 전기 회로는 중앙 신경 체계의 확장이다."[7] 오늘날 이렇게 확장된 통신규약들은 실시간 위치 파악과 소셜 네트워킹, 금융, 탐색, 투표 등을 할 수 있는 센서 내장 스마트폰과 무선 기기의 급속한 부상에서 가장 분명히 나타나고 있다. 1960년대에 이론화된 연속적 네트워크화 도시들이 요즘 와서 실현되는 중이다. 많은 정부 기관이 기본적으로 컴퓨터 플랫폼을 모방하고, 휴대 기기와 인터넷만 있으면 언제 어디서든 모든 도서관에 접속이 가능하며,

---

4
이 주제에 관한 더 자세한 내용은 Ray Kurzweil (2006). *The Singularity Is Near*, New York: Penguin Books 참조.

5
이 주제에 관한 더 자세한 내용은 William J. Mitchell (2003). *M++: The Cyborg Self and the Networked City*, Cambridge, MA: MIT Press 참조.

6
Marshall McLuhan (1967). *The Medium Is the Massage: An Inventory of Effects*, Corte Madeira, CA: Gingko Press.

7
Ibid.

뉴욕증권거래소(NYSE)의 대형 객장[8]이 원격 데이터 농장을 기반으로 수학적 알고리즘 중심의 가상 인터페이스로 진화해오는 식으로 말이다. IPv6이 부상할수록, 이런 현상은 더 강화되기만 할 것이다.

우리는 이제 거대 기업(IBM의 '더 스마트한 지구[Smarter Planet Initiative]' 구상)과 모든 국가(중국의 국가전력망공사[State Grid Corporation]) 들이 IPv6 기반체계와 클라우드 기반 '빅데이터' 기술에 수십억 달러를 투자하고 있음을 안다.[9] 2012년에 출판된 한 에세이에서 IBM은 그들의 투자가 얼마나 야심차고 그들의 기술이 얼마나 보편화됐다고 여기는지를 정확히 다음과 같이 기술했다. "오늘날 우리는 그 어느 때보다 더 빠르게 더 많은 데이터를 수집하고 있다. 건물과 도로, 도시, 사람, 우리의 습관과 정념과 수요, 거래와 작업 흐름과 시장, 어느 단일 품목의 온도와 입지, 그리고 그것이 전 세계 공급망 속에서 갖는 조건 등등. (…) 매일같이 쏟아지는 데이터와 분석적 통찰 따위를 깊이 따져보지 않고 다루는 방식에 아무런 이의도 제기되지 않는다."[10] IBM과 구글, 아마존, 그리고 (최근 '빅데이터' 법안을 발의한) 미국 정부 등은 데이터가 결국 인간이 해오던 많은 거래를 대체하면서 일상 감시와 의사 결정, 과학적 방법에까지도 적용되리란 전망에 내기를 걸고 있다.

테크놀로지 저술가 크리스 앤더슨(Chris Anderson)은 이 개념을 그의 논쟁적인 논문 「이론의 종말: 데이터 홍수가 과학적 방법을 쓸모 없게 만든다(The End of Theory: The Data Deluge Makes Scientific Method Obsolete)」에서 탐구한다. 그는 다음과 같이 기술했다. "이제는 엄청난 양의 데이터와 응용수학이 다른 모든 도구를 대체하며 압박할 수 있는 세상이다. 언어학부터 사회학에 이르기까지, 인간 행위에 관한 모든 이론은 더 나올 게 없다. 분류학, 존재론, 심리학은 잊어버려라. 자신이 뭔가를 하는 이유를 아는 사람이 누가 있는가? 요점은 인간이 뭔가를 한다는 것이며, 우리는 그걸 전례 없이 충실하게 추적하고 측정할 수 있다. 데이터가 충분하면, 숫자가 자명한 증거를 말해준다."[11] 앤더슨이 암시하듯이, 이 새로운 통신규약들은 모든 분야를 불안정하게 만들 것이다. 마찬가지로 2010년 「센서와 감지가능성(Sensors and Sensibilities)」이라는 논문에서, 펜실베이니아 대학교 와튼 경영대학원 교수이자 테크놀로지 분석가인 케빈 워바크(Kevin Werbach)는 이런 데이터와 분석적 통찰에 대한 초점이 근본적으로 "강령적 분야들의 혼미한 배치 속에 감춰진 가정에 도전"[12]할 거라고 썼다.

수천 년간 미적 강령과 기술 지식에 기초해온 건축은 점점 더 이런 도전에 직면하게 될 분야 중 하나다. 우리는 점점 더 각종 기기와 건물과 도시를 디자인하고, 건설하고, 유지 관리하는 과정에서 인간이 수행할 역할의 변화를 다룰 수밖에 없게 될 것이다. 인간은 자신이 수행하던 주체적 역할을 얼마나 기꺼이 포기하게 될까?

퓨처 시티즈 랩의 지난 설치 작업들은 도시 환경에 자리한 물리적 설치 작업들을 통해 디자인 행위 주체성(design agency)의 문제를 탐구하고자 노력해왔다. 파사드 설치물인

8
Kazys Varnelis (2011)의 연구 "Space Finance and New Technologies" in *Sentient City*, ed. by Mark Shepard, Cambridge, MA: MIT Press, p. 200에 기초.

9
이 주제에 관한 더 자세한 정보는 "Sensors and Sensibilities: A Smarter World Faces Many Hurdles." *Economist Magazine* Special Report on "Smart Systems," 4 November 2010, http://www.economist.com/node/17388338 참조.

10
IBM (2012). "The More We Know The More We Want to Change Everything," www.ibm.com/smarterplanet/

11
Chris Anderson (2008). "The End of Theory: Big Data Makes Scientific Method Obsolete." *Wired* 16.07, http://www.wired.com/science/discoveries/magazine/16-07/pb_theory

12
Kevin Werbach (2010). "Sensors and Sensibilities: A Smarter World Faces Many Hurdles." *Economist Magazine* Special Report on "Smart Systems," 4 November 2010, http://www.economist.com/node/17388338

「라이트스웜(Lightswarm)」[13]은 창문에 장착된 센서들이 도시의 소리와 진동 데이터를 감지해 15미터 높이까지 설치된 조명들을 떼로 작동시키는 3차원 현장 시뮬레이션 모델을 활용했다. 이 디자인의 행위 주체는 다양한 방식으로 고정된 요소(현수형 LED 모듈)들과 컴퓨터 시스템 및 센서, 도시의 소리 자체가 이루는 공동 생산 그 자체였다. 철과 아크릴의 격자 모양으로 짠 또 하나의 설치물 「데이터그로브(Datagrove)」는 유행하는 소셜 미디어 해시태그 문자들을 음성으로 합성해 방문객한테 속삭인다. 가장 최근에 설치한 「크로노스코프(Chronoscope)」는 동적 데이터가 영사된 몰입형 구름을 만들어, 갤러리 방문객들이 데이터가 연속으로 흐르는 현수형 구름 속에 들어가 쌍방향으로 소통하며 구름을 조작할 수 있게 했다.

이번 서울비엔날레에 전시된 「크로노스피어」 설치물은 이런 문제에 대한 탐구를 더 진척시키려는 목적으로 개발됐다. 이 설치물은 다양한 데이터 집합이나 위치를 탐구하도록 재구성할 수 있는, 가공되지 않은 '미완'의 공간적 원형이다. 서울 한강 네트워크의 델타 값이 아우르는 5×5×5킬로미터 입방체의 센서 공간은 이 설치 작업을 위한 기본 바탕을 만들어낸다. 설치물의 구조 비계에는 네트워크에 연결된 영사기들이 장착되는데, 이 영사기들은 집단적으로 부유하는 동적 데이터의 흐름에 몰입할 수 있는 환영을 만들어 바닥에 영사한다. 또한 일련의 3차원 스캐닝 센서들(이 경우에는 엑스박스 키넥트[X-Box Kinect]를 통합했다)을 비계에 부착해 시스템 전체가 방문객의 움직임과 몸짓에 반응할 수 있게 한다. 방문객이 갤러리 공간에 들어와 움직이면 3차원적 힘들의 크기와 방향에 영향을 주는 상호작용이 일어나 역동적인 구름 형상이 생기고, 형상은 저마다 고유의 속도와 궤적과 지속시간을 갖는다. 바닥에 영사된 고해상도 이미지에서 흘러 나오는 형상들은 강렬한 빛과 소리를 내며 방문객 주위를 둘러싸는 일련의 벽걸이 융단 같은 물리적 LED 조명들로 흘러 들어간다. 이 설치물은 서울 열린 데이터 광장(http://data.seoul.go.kr)의 데이터베이스를 활용하며, 공기 질과 음질, 온도, 교통 흐름에 관한 데이터와 기타 공개 접속이 가능한 데이터 집합을 순환시킨다.

「크로노스피어」는 16개의 네트워크화 집적 모듈로 이뤄진 더 큰 센서 공간 구성을 위한 원형이다. 이런 모듈은 물리적 세계와 디지털 세계의 상호작용을 실험하기 위한 몰입적이고 합성적인 '원형극장'을 형성할 것이다. 이 설치물은 면을 늘려 전개할 수 있고 달 착륙 모듈과 수중 관찰 갤러리가 교차하는 구성으로서, 인터넷과 소셜 미디어의 진화하는 구조에서부터 떼지어 움직이는 도시적 흐름의 시뮬레이션, 생물학적 또는 기상 시스템의 생생한 장면에 이르기까지 광범위한 동적 시스템 및 데이터 시각화의 복잡성을 탐구하기 위한 허브 역할을 할 것이다.

우리는 연구가 더 심화할수록 이런 가설 구조물이 단지 실험적 원형이나 수단으로 분류되는 데서 벗어나 그 고유의 분류 가능한 속성과 분명한 디자인 방법론, 교수법, 학문적 분류와 더불어 새로운 종류의 건축이 되는 방향으로 발전할 거라고 가정한다. 지리정보체계(GIS)와 컴퓨터보조설계(CAD), 파라메트릭 모델 같은 우리의 현대 디자인 도구들이 점점 더 IPv6 통신규약과 빅데이터 모두의 영향을 받게 될수록, 인간의 주체성은 디자인에서 어떤 역할을 하게 될까? 우리는 어떻게 해야 덜 선형적이고 예측을 벗어난 디자인 실무의 측면들이 인공지능 네트워크와 기계가 정의하는 세계에 빠져 길을 잃지 않게 할 수 있을까? 이론가 샌포드 퀸터(Sanford Kwinter)는 이렇게 예견한다. "더 이상 단순한 사물이나 구조 또는 건물이 아니라 실로 전 규모의 전기-물질적 환경으로 나타나는 물질적·기술적·건축적 징후가 부드러우면서 아마도 은밀하게 홀로그램적인 방식으로, 모든 게 실시간으로 함께 흐르는 세계를 구현하는 세계

---

[13]
여기서 언급한 예전 작업에 관한 더 많은 정보를 보려면 다음 사이트를 참조. www.future-cities-lab.net/datagrove.

유형이 출현하고 있다."**14** 이런 비가시적인 실시간 흐름과 가시적인 도시 과정을 어떻게 의미 있게 만들고, 가능하다면 현실적으로도 만들 수 있을까? 어떻게 해야 시민들이 새로운 기술과 소셜 미디어, 빅데이터 등과 더불어 도시 공간을 창조하고, 기록하고, 활성화하는 데 참여하도록 독려할 수 있을까? IPv6 센서로 돌아가는 도시가 정말로 지각 능력을 갖추게 되고 인공지능과도 엮인다면, 건축은 어떻게 해야 능동적 행위주체가 될 수 있을까?

14
Quoting Sanford Kwinter (1993). "Soft Systems," in *Culture Lab*, ed. Brian Boigon, Princeton, NJ: Princeton Architecture Press, p. 227.

소통하기

도시를 횡단하는 사랑: 로맨스의 건축화
오피스 포 폴리티컬 이노베이션(Office for Political Innovation)의 안드레스 하케·미겔 메사

지난 수십 년 동안에 일어난 네 개의 동시 현상은 건축이 사랑의 제작 과정(making of LOVE)에 참여하는 방식에 혁명을 일으켰다. 1. 위치 기반 데이트 매체(예: 그라인더[Grindr]의 개발), 2. 성인 영화의 배급에 대한 독점적 제어(마인드기크[MindGeek]), 3. 금융 위기, 4. 돈의 교환 수단으로서 고층 소유형 아파트(콘도)가 지닌 '헬리콥터 전망.' 2008년에 조화를 이룬 과정(coordinated process)으로 떠오른 이 네 현상은 예기치 못한 결과를 가져왔다. 진정한 사랑에 대한 욕망이 검증된 사랑스러운 상태 또는 조건(lovability)에 대한 집단적 평가로 바뀐 것이다. 2008년 이후 사랑은 점차적으로 대인관계적 거래이기를 멈췄고 건축의 일이 됐다(미국에서는 사람 사이의 성관계가 십 년마다 일관된 5퍼센트 비율로 하락했다. 일본에서는 성인 인구의 절반가량이 지난달 사람 사이의 성관계를 맺지 않았다고 주장했다.) 이런

(왼쪽) "어떤 것이든 언제든지 보세요." 1978, 소니 배타맥스 SL-8600 비디오 레코더 광고.
(오른쪽) 공기로 부풀린 라텍스 소파는 사랑하는 이를 집으로 가게 만든다. "레이-지-보이. 다른 이름의 의자는 그저 의자일 뿐이다."

변화는 도시의 원자화 과정으로 시작된 것이다. 인체면역결핍바이러스(이하 HIV) 위기가 고조되었을 때, 사람들은 안전한 예방법[콘돔]의 기포 속으로 흩어졌고, 위험 요소는 일부 녹화된 문란한 성행위에게 맡겼다. 이 같은 현상은 30년 후, 더 이상 사랑을 위한 공간을 제공하지 않지만 사랑 자체가 된 건축적 장치 안에서 로맨스가 점차 구현되는 과정으로 나타났다.

0. 전례들: 공기로 부풀린 도시계획: 라텍스를 사용하지 않는 이들에게(The Unlatexed) 위험을 맡기다.

사랑은 1984년에 열린 베타맥스 재판(Betamax Case)에서 근본적으로 바뀌었고, 도시계획도 그랬다. 그 해, 미국 대법원은 비디오카세트리코더(이하 VCR) 사용자가 새로운 매체 경험, 즉 'TV 시간 이동'을 성취하는 방법으로 텔레비전 쇼 전체의 복사본을 만들 권리가 있다고 소니(Sony) 측에 우호적으로 판결했다.[1] 4년 만에 VCR을 갖춘 미국 가정의 비율이 19퍼센트에서 88퍼센트로 증가했고, 영화 제작사의 수입은 크게 줄어들었다.[2] VCR은 많은 사람들이 영화를 보러 나가는 대신 집에 머물 수 있게 했다.

이미 주택 건축에 뭔가 일어나고 있었다. 1969년, 미시간주 먼로에 위치한 회사 레이-지-보이(La-Z-Boy)가 첫 번째 천을 씌운 안락의자의 특허를 받았다. 미국 내 가정용 가구에서 라텍스로 만든 기포 고무의 우세를 촉진시킨 이 회사는 1년 만에 대량으로 실내를 천으로 장식하면서 가구 시장에서 많은 경쟁자를 흡수했다. 이 의자의 매출은 1981년 1억 5,000만 달러에서 1983년 5억 달러로 증가했다.[3]

1년 후, 제너럴 밀즈(General Mills)는 버터 맛을 첨가한 최초의 대량 생산 전자레인지 팝콘을 개발했는데, 이 팝콘은 1983년에 5,300만 달러였던 홈 팝콘 시장을 10개월 후 2억 5,000만 달러 시장으로 바꿔놓았다.[4] VCR과 소파에는 지방이 따랐다. 1985년에 톰과 제임스 모나한 형제(Tom and James Monaghan)가 창업한 도미노 피자(Domino's Pizza)는 일본과 영국에서 가맹점들을 열어 대양을 횡단하는 확장을 시작했고, 그로부터 10년 후 5개 대륙으로 '군침 도는' 식사를 가져왔다.[5]

사회적인 것이 지방을 함유한 가정(fat-retaining-homes)들로 초국가적인 퇴각을 했는데, 이는 초국가적 HIV 위기와 발을 맞춘 것이다. 그렇게 사랑이 시작되고 흥정이 오가는 공간이 도시에서 사라졌고, 그 자리에 바싹 마른 몸에 대한 두려움이라는 체제가 들어섰다. 영화의 건축적 사회화는 영화관을 떠나 주위와 연결되어 있지만 고립된 거실의 단란한 가정용 소파에서 배달된 고열량의 음식과 함께 유포됐다.

위지(1899–1968)의 사진은 사랑의 육체적 경험을 영상기에서 나오는 빛이 형성한 집단적 공간에서 일어나고 있는 무엇으로 드러내지만, VCR 시대에 사랑은 기포 고무의 푹신함, 시간 이동, 지방 증가로 이뤄진 분산된 건축적 네트워크가 대신했다. 1920년대 이래로 대부분의 콘돔은 라텍스로 만들어졌다. 또한 기포 고무의 공기로 채운 모체(matrix)도 라텍스로 만들어졌으며, 가구 제작에 사용되는 것과 동일한 재질이다. 건축은 예방과 위안을 가져왔다. 라텍스 콘돔이 성적 경계심이라는 임상적 체제를 도입하는 데 사용됐다면, 라텍스(공기로 부풀린 라텍스, 즉

1
Sony Corp. of America v9. Universal City Studios 464 U.S. 417 (1984)

2
Asa Briggs and Peter Burke (2010). *A Social History of the Media: From Gutenberg to the Internet*, Cambridge, UK: Malden, MA: Blackwell. p. 262.

3
Winston-Salem Journal (2006). "La-Z-Boy Feels Energetic about Future: Company Is Restructuring to Return the Brand to Profitability." *Winston-Salem Journal*, August 30, sec. D.

4
The New York Times (1987). "Microwave Key to Popcorn War," *The New York Times*, June 22.

5
Sean Farrell (2014). "The Rise and Rise of Domino's Pizza," *The Guardian*, January 9, sec. Business.

소파)는 가정을 허구의 매체와 신체 변형 지방에 접하는 곳으로 고립시켰다.

두 개의 라텍스 부산물인 콘돔과 가구의 사용은 사랑의 건축이 공간적으로 공기로 채운 모체가 될 때 기하급수적으로 증가했다. 콘돔과 가구의 사용이 도시에서 농촌으로, 교외로 이행했기 때문에 이는 도시적 진화가 아니라 도시를 횡단하는 진화였다. 그로써 사회적 집회를 위한 굉장히 수사학적인 거대 공간의 건축은 건설과는 다른 무언가로 만들어진 예방적이고, 연결망으로 연결된 건축으로 진화했다. 그것은 영토적으로 분산되어 있는 가정으로 이루어진 연결망의 창조였고, 공기 주입 전략으로 작용해 다른 형태의 사랑이 상연될 수 있게 만들었다.

거대 영화 제작자들의 (간절하게 이익 손실을 줄이기 위한) 대규모 해고에 직면한 실업자 기술자와 영화 산업에 의존하는 독립 회사들은 산페르난도 밸리(San Fernando Valley)에서 일하기 좋은 새로운 곳을 발견했다.[6] 1984년, 최초의 비전문가용 캠코더인 JVC GR-C1과 소니 베타무비-100P가[7] 나오면서 급속하게 성인 비디오 영화 산업을 추동했다. 매춘 알선죄로 기소된 영화감독 해럴드 프리맨(Harold Freeman)은 캘리포니아 대법원에 호소해 승소했는데, 이는 사실상 캘리포니아주에서 성인 영화 제작이 매춘에서 분리된 실무로서 법적인 인정을 받은 사건이다.[8] 당시 산페르난도 밸리의 부동산 시장은 가치가 떨어졌기 때문에 대칭된 횡단도시화(mirrored transurbanism)를 구현할 수 있었다. 즉 유니버설이나 디즈니 영화 제작사처럼

「팔라스 극장의 연인들」. 위지(Weegee)(1940년경).

기념비적 건축물에 입주하기보다는 오히려 상호 연결된 소규모 창고와 재전용한 주거지 등의 건축을 통해 영화 산업이 상연될 수 있었던 것이다.

1980년대에 라텍스 예방법으로서 재도시화된 사랑을 전복하는 동시에 그에 이바지하기도 한 산페르난도 밸리는 라텍스를 사용하지 않는 사랑의 집단적인 형태로 살아가는 비라텍스 공동체가 됐다. 횡단도시들이 기포 라텍스로 채워지는 동안, 이런 환경은 위험을 대신 떠맡았다. 1998년, 전 성인 영화배우 샤론 미첼(Sharon Mitchell)은 산페르난도에서 일하는 평균 1,000명이 넘는 배우를 매달 검진하는 성인 산업 의료 보건 재단을 창립했다. 이 월간 검진은 HIV, 클라미디아 감염, 임질, 매독으로부터 이 업계에서 일하는 사람들의 안전을 유지하는 수단이었다.[9] [콘돔을 사용하는] 라텍스 예방법을 대신한 건 신뢰를 바탕으로 한 사랑 나누기 공동체였다.

월간 검진과 엄격한 규약은 성인 엔터테인먼트 업계에서 13년간의 성관계를 종합적으로 설명하는 데이터베이스를 생산했다. 허구적으로 성애화된 비디오 녹화 장면을 통해서만 볼 수 있는 보이지 않는 현실이 만들어졌는데, 이는 대리적인 위험을

6
Melia Robinson (2016). "How LA's 'Porn Valley' Became the Adult Entertainment Capital of the World," *Business Insider*, March.

7
The New York Times (2011). *The New York Times Guide to Essential Knowledge: A Desk Reference for the Curious Mind*, 3rd ed., New York: St Martin's Press.

8
People v. Freeman (1998). 758 P.2d 1128, 46 Cal. 3d 419, 250 Cal. Rptr. 598.

9
Terrell Tannen (2004). "Sharon Mitchell, Head of the Adult Industry Medical Clinic," *The Lancet* 364, no. 9436: 751, doi:10.1016/S0140-6736(04)16921-3.

공동으로 관리하기 위해 개발된 것이다. HIV 감염 사례는 4년 넘게 한 건도 보고된 바 없다.[10] 공동체가 만들며 실험실에서 다뤄진 신체는 공기로 채워진 사회 건설에 대한 반-라텍스적 저항이자 동맹의 형태였다. 정치는 반사적인 위험 구역 사회에 포함됐다.

I. 네트워크는 강간범이다. 도시화, 생식기를 향하다.

2016년 9월, 'N. P.'로 등록된 사람은 '감각적인 생활양식 제품,' 특히 자사의 무라텍스(latex-free) 위바이브 디지털 딜도(We-Vibe digital dildo) 제품군을 사용하는 소비자에 대한 매우 민감한 개인 식별 정보(열 및 진동 수준 포함)를 비밀리에 수집하고 전송했다고 주장하면서 스탠다드 이노베이션 회사(Standard Innovation Corp.)를 상대로 소송을 제기했다. 이 제품은 이 회사의 '원격 조정 딜도닉(teledildonic)' 소프트웨어인 위커넥트(We-Connect)를 사용하여 스마트폰과 짝을 맞춰 쓰는 경우에만 작동할 수 있으며 서로 떨어져 있는 장치 간에 주문, 데이터, 동영상이 전송되는 것은 전화를 통한 것이다. 온라인 매개는 공유된 상호 작용 속에서 회사, 여러 사용자, 기반시설을 소집하는 공간으로 만들어졌다. 즉 디지털 기술이 매개하는 사랑 행위 중인 동시에 온라인으로 연결된 성기로 이뤄진 공동 살롱의 한 형태였다. 온라인 상태는 관능적인 생활양식 제품을 해킹당할 수 있게 했다. 조지 워싱턴 대학교의 법학 교수 존 밴자프(John Banzhaf)는 "사기나 속임수로 동의를 얻은 경우, 사용자가 협력하더라도 승인받지 않은 질 진입은 강간에 해당될 수 있다"고 말했다.[11] 아이디 'N. P.'는 스탠다드 이노베이션이 관리하는 네트워크된

(위) 사랑 나누기 장치가 되고 있는 VCR 카메라. "JVC VHS 테이프데크가 딸린 JVC Hold Everything."(1984).
(아래) "밸리에서 만든 타샤의 세 번째 영화." Larry Sultan(1998).

집단적 공간 자체가 그렇게 은밀한 데이터를 수집하고 문서화함으로써 강간의 주체로 떠오르고 있다고 주장했다. 법적 판결 이외에, 이 논쟁은 신체적 사랑이 더 이상 공간 속에 수용되지 않고 매개되는 방식을 발견하는 성과를 거뒀다. '원격 조정 딜도'의 도시화는 더 이상 공간으로 만들어져

---

[10] Susan Abram (2010). "Founder of Clinic for Porn Actors Fights Back," *Los Angeles Daily News*, December 19.

[11] Chris White (2016). "Lawsuit Alleges 'Smart' Vibrator Illegally Transmits Intimate User Data Back to Company," *Law Newz*, September 15.

있지 않으며 또한 '도시,' '풍경,' '방,' '건물' 또는 '유형학'으로 기술될 수도 없다. 그것은 주체 자체가 되었다. 윤리적 헌법을 찾아 나선 서로 떨어진 성기들의 집합에 의해 성립된 비(非)인간 주체다.

2011년에 시작된 채터베이트(Chaturbate)는 한 달에 400만 명의 방문자수를 통해 친밀감이 주문, 데이터, 동영상의 형태로 유통되게 하는 자발적 공간이 됐다. 매 순간마다 수천 명의 아마추어 모델이 포스트-VCR 가정의 친밀한 분위기에서 자신을 노출한다. 많은 사람들이 위바이브와 비슷한 신체 장치를 자기 몸속에 임시로 설치하여 익명의 사이버항해자가 그들의 신체에 접근하여 멀리 떨어진 곳에서 원격 딜도를 활성화할 수 있다.12 VCR 도시화 이후 33년 만에 관능적인 생활을 공유하고 위험을 공유하는 플랫폼에 근거리로 연결된 가정이라는 새로운 무라텍스 사회가 새로 추가됐다.

II. (그라인더의 시대에) 사랑은 건축적인 것으로 표현된 몸이다.

미국인 성인의 연간 낭만적 성교 횟수는 1990년대 이후 15퍼센트나 감소했다.13 그것은 1990년 이후에 태어난 사람들에게서 더욱 두드러지게 나타났으며, 그 중 성적으로 비활동적인 성인의 숫자는 이전 세대의 같은 연령대에서 집계한 숫자보다 두 배가 많다.14 일반적으로 젊은 사람들 사이의 대인 관계가 디지털 상호 작용, 사회 매체(소셜 미디어), 위치 기반 응용 프로그램(이하 앱)의 시대에 늘었다고 가정하지만 전혀 그렇지 않다. 미국에서는 성관계를 한 번도 경험하지 않은 18세의 청소년이 1991년 이래 총 13퍼센트에 달하고,15 대학생의 43퍼센트만이 산발적인 관계에서 성기 투입으로 관계를 맺는다고 주장한다.16 일본에서는 더 극단적인 것으로 나타났는데 2016년에,17 성인 인구의 반은 지난달에 육체적 사랑을 나누지 않았다고

12
Jamie Bartlett (2014). *The Dark Net: Inside the Digital Underworld*, Reprint, Brooklyn, NY: Melville House, 2016.

13
Matthew Haag (2017). "It's Not Just You. Americans Are Having Less Sex," *The New York Times*, March 8.

14
Janet Burns (2016). "Millennials Are Having Less Sex Than Other Gens, But Experts Say It's (Probably) Fine," *Forbes*, August 16.

15
Bartlett (2016). *The Dark Net*.

16
Arielle Kuperberg and Joseph E. Padgett (2017). "Partner Meeting Contexts and Risky Behavior in College Students' Other-Sex and Same-Sex Hookups," *The Journal of Sex Research* 54: 55–72.

17
Jiji (2015). "Abstinence on Rise as Nearly Half of Japanese Report No Sex," *The Japan Times*, January 19.

(위) 러브센스(Lovensense). 원격 조정 딜도닉(Teledildonic)(2016).
(아래) 스마트폰용 앱 We-Vibe 4 Plus(2016).

자택에서 채터베이트(Chaturbate)에 접속해 공연하는 캠걸(Cam-girl), 아이디 Germanflavor2(2017).

주장했다. 도쿄의 인간관계 상담 전문가인 아오야마 아이(Ai Aoyama)는 "(젊은 사람들이) 저를 찾아오는 이유는 자신들은 뭔가 다른 것을 원하는데, 그러는 본인들에게 뭔가 잘못된 것이 있다고 생각하기 때문입니다."라고 말했다. 그러나 이와 같은 현상은 사랑과 욕망을 구축하기 위한 현대적 양상에 일어난 의미 있는 변화를 보여준다.[18]

그라인더의 마케팅 전략가인 랜디스 스미더스(Landis Smithers)는 말하길, "텀블러(Tumblr)에 올라오는 글이나 이미지를 보다가 이것이 기본적으로 패션, 패션, 포르노, 포르노, 인테리어 디자인, 예술, 포르노, 포르노라는 사실을 깨달았습니다. 이것은 우리가 요즘 사물을 받아들이는 방식이지요. 그리고 저는 (그라인더에) 실생활에서 그렇게 할 수 있는 도구를 찾고자 합니다."[19] 사랑은 더 이상 성기에 제한되지 않으며, 하나의 뜻을 가진 개체들 사이에서만 일어나는 것도 아니며, 여러 버전의 존재들의 연합, 이질적 실체들의 모음으로 구성된 복수의 주체들로서 확연히 드러내고 촉진하는 활동이다. 1980년대 이래로, 사랑은 더 이상 사람들 사이에서만 일어나는 게 아니다. 사랑은 또한 옷, 예술, 이미지, 기술적인 매개, 건축적인 장소 및 내실로 구성된 복합성의 상호 작용이다. 사랑의 도시화에서, 도시화된 것은 사랑 그 자체이다. 사랑은 더 이상 신체 제약적인 일이 아니라 오히려 건축적 설정이다.

III. 위치 기반 매체, 또는 알칼리성 알루미노규산염 구역(The Alkali-Aluminosilicate ZONE)의 탄생

조엘 심카이(Joel Simkhai)는 1976년 이스라엘의 텔아비브에서 태어났으며 곧 그의 가족과 함께 보수적인 뉴욕 교외인 마마로넥으로 이주했다. 1990년대 십대였던 그는 당시 떠오르던 온라인 채팅 서비스의 세계에 참여하기 시작했고 거기서 남자들을 만나곤 했다. 그의 부모님은 옆방에서 TV를 보고 있고 그는 침실의 어둠 속에서 멀리 떨어진 여러 게이 남자와 즉각 연결하기 위해 CB 시뮬레이터의 다중 사용자 채팅 채널 33과 AOL 채팅에 접속하기도 했다. 심카이는 "나는 온라인에서 게이로 태어났습니다"라고 말했다. "좋았지만, 대부분 와이오밍, 미네소타, 워싱턴 D.C. 등의 지역에 사는 사람들과 이야기를 나누는 것이 대부분이었습니다. 실용적이지 못한 일이었지요."[20]

심카이가 21세였을 때, 그는 아직 성정체성을 드러내기 전(closeted)이었는데, 뉴욕 대학교 교환학생으로 파리에서 1년을 살게 됐다. 심카이는 텔아비브의 게이 바에서 여름을 보내곤 했는데 그곳에서 경험한 제한된 선택지에 실망했던 그는 미니텔(MINITEL)이라는 선구적인 통신 체계가 파리에 미치고 있는 영향을 보고 놀랐다. 파리의 인구 밀도는 평방킬로미터 당 주민 2만

[18]
Abigail Haworth (2013). "Why Have Young People in Japan Stopped Having Sex?" *The Guardian*, October 20.

[19]
Emma Hope Allwood (2016). "What's Grindr's New Agenda?" *Dazed*, June.

[20]
Polly Vernon (2010). "Grindr: A New Sexual Revolution?" *The Guardian*, July 4.

가족과 함께 선 조엘 심카이(오른쪽). 뉴욕주 마마로넥(Mamaroneck), 1980년대.

1,000명이었는데, 이는 마마로넥의 인구 밀도보다 약 27배 높은 것이다. 프랑스의 인터넷 전신으로 900만 명의 사용자를 보유한 미니텔은,[21] 이미 온라인 만남을 위한 디지털 언어를 제작했다. 그것은 비디오 화면에 표시되는 상호 작용 가능한 콘텐츠를 제공하는 비디오문자 체계로 구성됐다. 이 비디오문자 체계는 고정 전화 회선에 연결하고 사용자의 방에 배치하는 장치를 요구해서 번거롭기는 했지만, 미니텔 사용자가 워낙 많아서 문자화면 대화를 오프라인 만남과 성관계로 확장할 수 있었다.

텔아비브에서 여름을 보냈을 때, 심카이는 교통 정체 속에 갇힌 운전자가 혼잡한 이스라엘 도로 체계의 악성 교통을 피할 수 있도록 개발된 위치 기반 사회 매체인 웨이즈(WAZE)를 알게 됐다. 웨이즈가 길 잃은 운전자를 위해 했던 것을 심카이는 사랑을 찾고 있는 길 잃은 게이 남성에게 할 수 있었다.[22]

2008년, 애플, 삼성, 노키아가 속속 GPS와 휴대 전화를 출시하는 동안에 심카이, 모르텐 벡 디트레브센(Morten Bek Ditlevsen), 스콧 레왈렌(Scott Lewallen)은 6개월에 걸쳐 그라인더라는 위치 기반 응용 프로그램의 첫 버전을 개발하기 시작했다. 그라인더는 '남자(guy)'와 '찾기(finder)'의 합성어로, 이 응용 프로그램은 게이 남성이 가까운 거리에 있는 다른 게이 남성을 쉽게 꾈 수 있도록 고안됐다. 2009년 6월, 영국방송 BBC-2의 프로그램 "톱 기어"에서 영국 배우 스티븐 프라이(Stephen Fry)는 제러미 클락슨(Jeremy Clarkson)에게 그라인더가 인근의 게이 남성을 얼마나 발견하기 쉽게 만들어줬는지를 보여줬다. 일주일 후, 4만 명의 남성들이 이 앱을 자신의 기기로 내려 받았다.[23] 제이미 우(Jaime Woo)는 이 앱에 대해 이렇게 말했다. "[마치] 슈퍼맨의 엑스레이 시각을 얻는 것과 같았고, 갑자기 벽돌과 강철을 통과해 모든 굶주린 남성들을(hungry men) 알아볼 수 있었어요. 사람들은 '게이더(gaydar)'라는 용어를 사용하는데, 이 말은 다른 남자를 동료 퀴어로 알아보는 퀴어 남자의 능력을 지칭합니다. 그라인더는 문자 그대로 레이더라고 느꼈어요(…)."[24]

그라인더 무료 판에서는 사용자와 가장 가까운 곳에 있는 다른 개별 사용자들의 사진 열두 장이 화면에 나타나고 왼쪽 하단에는 그들의 이름이 표시된다. 여기서 보여주는 인물 소개는 나이, 신체 측정 기준, 민족성, 관계 상태, 사용자가 열두 개의 '부족'(곰, 클린 컷, 아빠, 신중한, 괴짜, 운동선수, 가죽, 수달, 포즈[HIV 양성반응자], 거친, 트랜스, 여자 같은 남자[트윙크]) 중 하나에 맞춰 자신을 정의하는 방식으로 선별(필터링)할 수 있다. 아래로 화면을 내리면 최대 100명에 이르는 주변 사용자를 보여준다.

휴대 전화기의 알칼리성 알루미노규산염 유리 화면은 부드러운 피부와 유사한 질감을 제공한다. 그래서 그라인더 사용자가 나오는 화면을 엄지손가락을 사용해 아래로 내리면 마치 알몸의 젊고, 털이 없는 피부를 만지는 것과 같다.

그라인더 화면은 상호 작용을 촉진하며, 차단, 선호, 문자 보내기가 다음 단계다. 사용자의 사진을 누르면 그의 프로필은 커지면서 전 화면을 차지한다. 사용자의 프로필은 그 남자가 위치한 거리, 나이, 신체 측정 기준, 멘션, 한 줄 머리 글, 120자 문자로 쓴 '자기 소개' 섹션으로 구성된다.

다음은 그라인더에서 남자들이 자신을 구축하는 (또는 그라인더가 그들을 온라인에서 구축하는 데 사용하는) 기능이다. 사진은 주로

21
Numéro (2016). "An Encounter with Joel Simkhai, Founder of Grindr," *Numéro*, August 25.

22
조엘 심카이(2016). 로스앤젤레스에서 필자와 나눈 대담. 2017년 런던 디자인 뮤지엄에서 열렸던 전시 『공포와 사랑(Fear and Love)』에서 선보인 안드레스 하케 / 오피스 포 폴리티컬 이노베이션의 비디오 설치 작업 「은밀한 이방인들(Intimate Strangers)」에 포함됐다.

23
Polly Vernon (2010). "Grindr: A New Sexual Revolution?" *The Guardian*, July 4.

24
Jaime Woo (2013). *Meet Grindr: How One App Changed the Way We Connect*, Toronto: Jaime Woo.

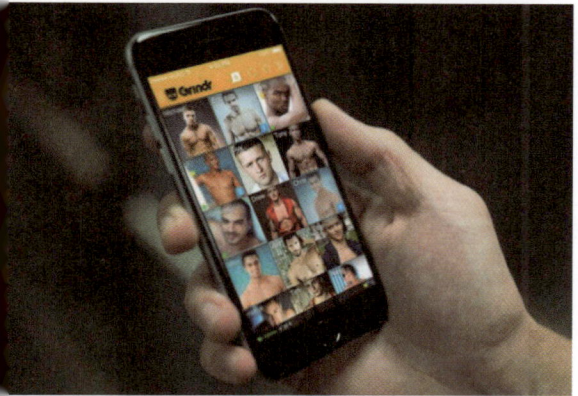

(위) 로스앤젤레스에 있는 그라인더 운영 센터. A. Jaque(2016).
(아래) 알칼리성 알루미노규산염 강화 유리 화면을 쓰다듬는 손가락. Grindr(2010).

신중하게 선택한 옷을 입고 보기 좋은 내실에서 찍은 성적 정체성을 드러낸 버전을 보여준다. 그라인더에서 일어나는 대화 중 5퍼센트 미만이 오프라인 만남으로 이어진다.[25] 그라인더는 새로운 방식의 낭만적 경험을 제공한다. 영원한 사랑이나 성기의 상호 작용을 추구하는 것이 아니라 포르노, 패션, 실내 디자인이 돋보이는 배치(아상블라주)로부터의 욕망이 주도하는 여정을 추구한다. 알칼리성 알루미노규산염 표면을 움직이는 손가락 스크롤의 신체적 경험은 매일 평균 총 90분 동안 반복되는 아주 작은 몸짓으로, 중요한 건축적 변형을 필요로 하고 촉발시킨다.

요즘 어때요? 무슨 일을 하는데요? 요즘 빠져 있는 일은 뭐죠? 어디 있어요? 사람들을 만나려고 노력 중입니다. 관심 있어요? 뭘 찾고 있나요? 방문 중입니다. 저를 보여줄 누군가를 찾고 있어요. 사진 더 있나요? 나이가 어떻게 되는지요?

그라인더 사용자 한 명이 말한 대로 "그라인더에서 사진 말고 더 중요한 것은 없다." 그라인더 대화는 편안한 동시에 은밀한 경향이 있다. 사전에 표준성으로 합의된 '시각 주도의' 공간을 만들어 낭만적인 우연을 가속화한다. 2016년 10월에 출시된 그라인더 앱 3.0.9 버전은 인터페이스에서 주황색 프레임을 제거함으로써 그라인더를 확인할 때 휴대 전화기 화면에서 나오는 오렌지 빛이 얼굴에 비춰져 사용자가 노출되는 것을 방지했다. 그라인더는 오프라인의 공간적 오버레이를 가능케 하는 온라인 건축이다.

그라인더는 도시와 달리 구축되는 것 이상으로 상연되는 고유의 구역이지만, 지금 우리의 오프라인 세계가 돌아가고 있는 방식의 일부이기도 하다. 디지털 상호 작용이 근접성을 중요하지 않게 만들 것이라던 1970년대의 예측은 잘못된 것으로 입증됐다. 오히려 근접성이 복합적이고 기술적으로 관리 가능한 것이 됐다. 그라인더는 192개 국가에서 1,000만 명의 사용자가 일일 1만 회 다운로드 속도로 성장하면서 하루에 7,000만 건 이상의 송수신 메시지를 생성한다. 이 같은 교류는 침실의 어둠 속에서뿐 아니라 그들이 거주하는 사무실, 술집, 거리, 기차, 공장, 체육관, 대학에서도 일어난다.[26]

또 다른 사용자 제프 퍼조코(Jeff Ferzoco)는 그라인더가 있어야 누가 방에 있는지를 알 수 있다고 말했다.[27] 퍼조코와 같은 사람들에게 건축적인 경험은 위치 정보 매체가 제공하는 엑스선 시각이 없다면 가능하지 않다. 그라인더는 현대 건축과 도시화의 융합이다. 과거에는 장소(바, 클럽, 사우나, 구애 명소

25
Andrés Jaque / Office for Political Innovation (2017). "Intimate Strangers" video installation.

26
Ibid.

27
Jeff Ferzoco (2012). *The You-City: Technology, Experience & Life on the Ground*, San Francisco: Outpost19.

그라인더 초국가적 위치 기반 도시화. 로스앤젤레스 시각 2012년 6월 3일 저녁 7시 45분 16만 1,601명의 그라인더 사용자 분포.

등)가 레즈비언·게이·양성애자·트렌스젠더 씬(LGBT scenes)을 만들어냈다면, 이제는 스스로 재구축한 주체가 온라인상의 편집과 유통을 통해 게이다움(gayness)을 관리한다.

  그라인더는 5조 바이트의 데이터를 사용하는 바이트와 육체의 교차점에서 초국적 도시주의를 구성하는데, 데이터를 저장한 서버의 위치는 오직 두 개국, 즉 미국과 중국에 위치하고 있다.[28] 기능적 분산 및 신체 재구축의 관리는 실제로 두 개국의 장소에 집중돼 있는 것이다. 그라인더는 근접성 기반 사회 매체의 다양한 맥락이 된 영역을 개척했다. 그 중에서도 바두(Badoo), 블렌더(Blender), 블루드(Blued), 다운(Down), 글림스(Glimpse), 해픈(Happen), 힌지(Hinge), 잭드(Jack'd), 제이에스와잎(JSWipe), 누랑나랑(Nuh Lang Nah Lang), 퓨어(Pure), 틴더(Tinder), 스크럽(Scruff)이 있다. 이런 매체들은 현재 섹스와 사랑이 이해되고 경험되는 방식을 근본적으로 변화시켰을 뿐만 아니라, 전 세계의 3억 6,000만 명 이상의 사람들이 스스로 자신을 재구축함으로써 건축을 대체하고 낯선 사람들과 친밀감을 나눔으로써 도시성을 재발명하는 그런 과정에 참여하도록 만들었다.

  1980년대에 VCR이 출현하면서 영화관에 일어난 일과 유사한 일이 발생했는데, 세계 곳곳의 구애 명소와 어두운 방이 지난 몇 년 동안 구성원이 줄고 나이 들고 있다. 젊은 세대가 그곳을 버린 채 디지털 공간을 찾아 연애를 하고 사랑을 타진하고 있기 때문이다. 런던에서는 블랙 캡(Black Cap)과 조이너스 암스(Joiner's Arms)와 같은 역사적인 게이 장소가 아파트 건설 부지 확보를 위해 철거되면서 언론 매체의 관심을 일깨웠다. 2015년 뉴욕에서는 웨스트 빌리지에 있던 클럽 웨스트웨이(Westway)가 고층 소유형 아파트로 대체될 계획으로 문을 닫았다. 라틴계 게이 클럽 라 에스쿠엘리타(La Escuelita)의 주인 세이본 자바르(Sayvon Zabar)는 "소수자들은 도시의 고급주택화(gentrification) 계획에 맞지 않았기 때문에" 그의 클럽이 45년 만에 문을 닫았다고 주장했다.[29] 2016년 뉴욕의 첼시와 이스트할렘, 브루클린 그린포인트 지역의 고층 아파트들은 그라인더 사용자들이 전 세계에서 연인을 찾을 수 있는 곳이었으며 토요일 정오는 일주일 중 가장 선호되는 시간이었다. 라 에스쿠엘리타와 같은 역사적인 1980년대와 1990년대의 '연애 중개' 디스코 장소는 고층 아파트로 대체됐다. 사랑을 위한 최고의 건축물로서 연기가 자욱한 고상한 밤의 내실이 개방형 아파트로 대체된 것과 마찬가지로. 에로틱 산업이 경제적으로 도시의 우울한 부분을 차지하곤 했지만, 지금은 임대료가 뛰고 있는 그린포인트와 첼시 등의 지역은 버닝 에인절(Burning Angel)과 코키 보이즈(Cocky Boys)와 같은 인기 있는 성인 스튜디오의 장소가 됐다. 고급주택화가 진행된 이들 도시 지역은 투자를 유치하는 동시에 도시화된 다중 신체들 사이에서 연애를 위한 실험실이 되고 있다.

  2015년 5월, 그라인더는 이 앱을 총체적 경험을 위한 확장 환경으로 전환한다는 계획을 세우고 10개월 동안 통합적인 재구축 작업을 진행했다. 1단계: 그라인더는 구매자를 찾기 위해 레인 그룹(Raine Group LLC)을 고용해 개발 자금을 조달할 수 있도록 준비했다. 8개월 후, 그라인더는 지분의 60퍼센트를 중국의

28
그라인더 개발팀(2016). 로스앤젤레스에서 필자와 나눈 대담.

29
Michael Musto (2016). "Let's Dance. But Where?" *The New York Times*, April 28, New York ed., sec. D.

게임 회사인 베이징 쿤룬 테크(Beijing Kunlun Tech)에 매각했다.³⁰ 2단계: 그라인더의 최고 기술 책임자인 루카스 슬리우카(Lukas Sliwka)는 새로운 그라인더 소프트웨어 스택을 출시했다. 초기에 그라인더의 디지털 기반 체계는 맞춤형 솔루션으로 구성돼 있었고, 사내 엔지니어들만 업데이트를 수행할 수 있기 때문에 그들의 시간을 모조리 잡아먹고 있는 상태였다. 그러나 기성품 구성요소를 사용한 새 스택은 업데이트를 쉽게 외주로 돌릴 수 있게 해줬다. 이렇게 그라인더의 엔지니어들은 사용자들을 충족시킬 수 있는 새로운 방법을 모색함으로써 앱을 확장하는 데 집중할 수 있었다. 2016년, 800만 명의 활성 사용자를 보유한 우버(Uber) 택시와 같은 앱들의 기업 가치는 250억 달러가 넘지만, 1억 명의 사용자를 보유한 그라인더는 1억 5,500만 달러 범위에 머물러 있다. 프로그래머들의 포럼인 벤처 비트(Venture Beat)에 따르면,³¹ 이것이 그라인더가 가치 부가형 서비스를 도입함으로써 더 넓은 게이 생활양식 플랫폼으로 변모하고 계속해서 확장하는 방식이다. 3단계: 2015년 9월, 스미더스(Smithers)는 그라인더의 마케팅 부사장으로 임명됐다. 2016년 1월, 런던 패션 주간 행사에서 그라인더는 사용자들에게 제이더블유 앤더슨(JW Anderson)의 2016 가을/겨울 남성복 쇼의 독점 라이브스트림에 접근할 수 있는 코드를 제공했다.³² 스미더스는 이런 행동을 "까다로운 기성 권력을 가지고 조금 놀아 본 것"이라고 묘사했다.³³ 2016년 4월, 잡지『페이퍼(Paper)』는 여름 호의 남성 모델이 그라인더로부터 캐스팅될 것이라고 발표했다. 패션 잡지는 그라인더의 트랜스미디어(trans-media) 도시화의 연장선이 됐다. 젊고 탄탄하며 건강하고 풍족한 미래의 모델들이 사용자의 휴대폰에서 몇 피트 떨어진 곳에서 채팅이나 사랑도 주고받을 수 있는 곳에 있었다. 그라인더에 광고하기로 결정한 디젤(Diesel)의 크리에이티브 디렉터 니콜라 포미체티(Nicola Formichetti)는 "사회 매체는 지금 사람들의 관심을 받고 있습니다. 우리는 휴대 전화기를 먹고 살지요. 저는 사람들의 관심이 있는 곳으로 가고자 합니다. 틴더, 그라인더, 폰허브(Pornhub)는 좀 뜻밖으로 보일 수 있습니다. 하지만 우리는 디젤입니다. 이런 장소들이 두렵지 않습니다. 디젤이 곧 거리니까요(We are street)."³⁴

도시는 그라인더를 수용하지 않는다. 그라인더 자체가 도시다. 그라인더는 심야 장소가 고층 소유형 아파트로 대체되는 효과인 만큼이나 관계자이기도 하다. 그라인더는 임대형 아파트, 옷, 포르노화된 사람들, 도시화된 신체들의 집합이 휴대 전화기 화면 위에서 손가락을 굴리는 성행위를 통해 동원되는 방식으로 구성된다. 이는 사회 매체가 '거리'일 때, 도시화된 신체들이 상연하는 연애 양식이다. 또한 그 자체로 다양한 규모에서 이뤄지는 여러 가지 기술 간의 협업에 기반을 둔 건축 형식이다. 이 형식은 방에 있다는 것의 의미, 우리가 따르고 있는 근접성의 개념, 밀도에 대한 개념을 재정의한다. 이 형식을 감지하려면 미학, 인터페이스, 회원 자격을 필요로 한다. 이 형식은 일상생활에 너무나 성공적으로 통합돼 있어서 대체로 관심을 받지 못한다.

1980년대의 클럽과 게이 장소가 사랑의 경험을 제공한다면, 고층 소유형 아파트와 세련된 프로필 관리는 가치를 더한다. 동시대 사랑의

30
Mike Isaac (2016). "Grindr Sells Stake to Chinese Company," *The New York Times*, January 12, New York ed., sec. B.
31
VentureBeat (2016). "Mobile App Analytics: How Grindr Monetizes 6 Million Active Users (webinar)," *VentureBeat*, April 11.
32
Lauren Cochrane (2016). "JW Anderson Mixes Mundane and Strange in Fashion Show Streamed on Grindr," *The Guardian*, January 10.
33
Emma Hope Allwood (2016). "What's Grindr's New Agenda?" *Dazed*, June.
34
Steve Salter (2016). "Why You'll Soon Be Seeing Diesel Ads on Grindr, Tinder, Pornhub and Youporn," *I-D.*, January 10.

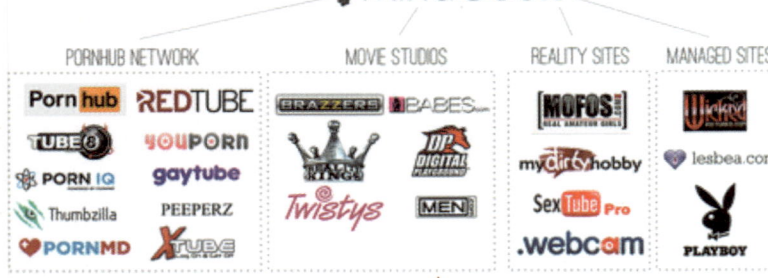

마인드기크 비즈니스 포르노 독점(2017).

건축은 더 이상 경험을 극대화하기 위한 것이 아니라 가치의 부가를 추구한다. 사랑은 살아지는 게 아니라 평가된다.

V. 부동산이 사랑이 됐다. 가치 부가 시대에 사랑은 어떻게 부동산이 되었나.

2007년 스티븐 매노스(Stephane Manos)와 퀴쌈 유세프(Ouissam Youssef)가 캐나다 회사 맨윈(Manwin, 마인드기크로 명칭 변경)을 설립했으며, 곧 세계 최대의 성인 온라인 플랫폼이 됐다. 핀드허브(Pindhub), 유폰(YouPorn), 레드튜브(RedTube), 튜브8(Tube8), 엑스튜브(XTube), 익스트림튜브(ExtremeTube), 스팽크와이어(SpankWire) 등 100개 이상의 경쟁 '튜브'의 파편적인 맥락으로 인식되는 마인드기크는 지금까지 사용할 수 없던 방식으로 무료 성인 비디오 콘텐츠를 제공하는 통합 플랫폼으로 운영됐다. 아마존, 페이스북, 트위터보다 훨씬 큰 1일당 1억 회에 달하는 방문자 수를 동원하면서 세계에서 세 번째로 큰 대역폭 집중도를 기록했다.[35]

점차적으로 마인드기크 플랫폼은 사회 매체로 성장했다. 폰허브는 전문적인 모델의 진화와 발걸음을 맞추고, 사용자가 자신의 영화를 제작하고, 더 나아가 스냅챗(Snapchat)과 유사한 기능으로 몸을 움직일 수 있게 했다.[36] 마인드기크는 성인 영화 모델들에 대한 새로운 접근성을 촉진한 회사로도 유명해졌다. 성인 영화 모델들이 온라인 소속사를 통해 동행인(에스코트)으로 일하는 관행이 늘어나고 있는데, 그들은 마인드기크에서 주최하고 자신이 출연한 성인 영화에 개인 프로필을 연결한다.

마인드기크와 2008년 금융 위기는 동시 현상이다. 금융 위기는 금융 시스템의 치안을 유지해야 할 미국 증권거래위원회의 고위직 직원들이 포르노 서핑을 하고 있을 때 일어났다. 한 선임 변호사가 포르노를 검색하고 내려받는 데 하루 평균 8시간을 소비했다는 보고도 나왔다. 증권거래위원회의 경우도 예외는 아니었다. 이런 활동의 범위가 커지자 증권거래위원회는 성적인 콘텐츠를 차단하는 시스템을 설치해야 했는데, 직원 중 한 명은 1개월 만에 1만 6,000회 이상 차단된 적이 있다고 보고됐다. 2007년과 2008년 사이에 17명의 고위 간부들이 이런 이유로 경고를 받았다.[37]

2000년대 초반에 일어난 세 개의 결합된 변화는 뉴욕의 주거용 고층 건물에 새로운 유형학을 가져왔다. 첫째, 적어도 10 피트(약 3미터)

---

[35] Alexa Internet. "Mindgeek.com Traffic, Demographics and Competitors," https://www.alexa.com/siteinfo/mindgeek.com.

[36] Mix (2017). "Pornhub Launches 'Snapchat for Nudes' So You Can Put Filters on Your Genitalia," *The Next Web*, April 18.

[37] Daniel Indiviglio (2010). "Did Porn Cause the Financial Crisis?" *The Atlantic*, April 23.

인접도로가 있는 부지 사이에서 공중권을 교환할 수 있는 새로운 방법이 생겼고 둘째, 부동산 소유자의 신원을 숨기기 위해 뉴욕의 유한 책임 회사를 유령 회사로 이용하는 걸 대중이 인정했으며 셋째, '421-a 뉴욕 세금 감면 프로그램(421-a New York Exception Program)'이 등장,[38] 최고급 아파트의 세금 부과를 뉴욕 재산세 납부액의 100분의 1로 줄이게 된 상황이다.[39] '헬리콥터 전망'을[40] 지닌 (세장비 1:14라는 폭의) 날씬한 주거용 고층 건물은 2008년 이후의 어려움을 활용하여 투자 포트폴리오를 확보하기 위해 재정적으로 안정된 지역을 찾으려고 했다. 2013년, 마이클 블룸버그(Michael Bloomberg) 뉴욕 시장은 "전 세계의 모든 억만 장자가 이곳으로 이사할 수 있게 만든다면, 그것은 신의 선물이 될 것"이라고 말했다.[41]

뉴욕 중심가에 있는 432 파크 애비뉴(Park Avenue)는 이들 고층 건물들 중에서 가장 세련된 결과로 볼 수 있다. 그 디자인은 세 건축 사무소의 협업으로 이뤄졌다. 전체 구조는 라파엘 비뇰리 건축 사무소(Rafael Viñoly Architects)가 담당했고, 아파트 레이아웃은 데보라 버크 앤 파트너즈(Deborah Berke and Partners)가 맡았으며, 디자인 에이전시 디박스(Dbox)는 이 건물을 그라인더와 유사하게 광범위한 생활양식 플랫폼으로 보여주는 영상물을 제작했다. 『뉴욕 매거진(NY Magazine)』에 따르면 "지난 몇 년 동안 건축은 예술 중에서 가장 섹시해졌다. 디박스의 키스 봄리(Keith Bomely)와 그의 동료들은 포르노 작가다."[42] 그들은 CIM 그룹과 매클로위 부동산 회사(Marklowe Properties)에 고용되어 영화, 사진, 온라인 유통을 통해 432 파크 애비뉴라는 고급 고층 아파트를 위한 2008년 이후의 허구적 사회를 개발했다.

그들이 만든 4분짜리, 100만 달러의 예산이 든[43] 영화 「밤이 내리기 전(Before Night Falls)」에는,[44] 2016년 『스포츠 일러스트레이티드(Sport Illustrated)』 수영복 특집호 모델인 크리스티나 마코브스키가 영국에서 날아와서 외줄타기 예술가 필립 페티(Philippe Petit)의 안내를 받으며 432 파크 애비뉴의 한 아파트에서 열리는 파티에 참석하는 장면이 있다. 그녀는 킴 카다시안(Kim Kardashian)이 랑방 양복을 셔츠 없이 입어서 유명해진 방식으로 아르마니 양복을 입고 있다. 디박스의 창업 파트너인 매튜 배니스터(Mathew Bannister)에 따르면 이 장면의 중요한 부분은 배경에 있다. 배니스터와 디박스 팀이 [영화배우를 닮았다고

---

[38] Evan Bindelglass (2016). "Everything You Need to Know About NYC's 421—a Tax Program, Poised to Expire Today," *Curved* (New York), January.

[39] Kriston Capps (2015). "Why Billionaires Don't Pay Property Taxes in New York," *CityLab*, May 11, https://www.citylab.com/equity/2015/05/why-billionaires-dont-pay-property-taxes-in-new-york/389886/

[40] 마크로우 부동산의 회장이자 432 파크 애비뉴 건물을 CIM 그룹과 공동개발한 해리 매클로위(Harry Marklow)는 자신이 '헬리콥터 전망'이라는 개념을 발명했다고 주장한다. '독창성'에 기반해 고급 아파트 시장을 창출하겠다는 의도를 가지고 부동산 상품의 주요 부분으로 발명했다는 것이다.

[41] Michael Kimmelman (2013). "Seeing a Need for Oversight of New York's Lordly Towers," *The New York Times*, December 22.

[42] New York magazine (2006). "The Influentials: Architecture & Design," *NYMag*, May 15.

[43] Julie Satow (2013). "Selling Park Avenue Condos at $250,000 a Minute," *The New York Times*, June 21, sec. Real Estate.

[44] DBOX. "DBOX › 432 Park Avenue.".

파크 애비뉴, 뉴욕.

(모델이자 방송인인 킴 카다시안이 랑방 양복을 셔츠 없이 입어서 유명해진 방식으로 아르마니 양복을 입고 있는) 스포츠 일러스트레이티드 모델 크리스티나 마코브스키(Christina Makowski), 영화배우 대니 드비토를 닮은 남자, 432번지의 헬리콥터 전망으로 구성된 셋 사이의 낭만적인 장면. 뉴욕 432 파크 애비뉴. 『밤이 내리기 전(Before Night Falls)』. 디박스(DBOX) 제작, 뉴욕.

해서] '대니 드비토 가이(Danny-DeVito-Guy)'라고 칭한 70대의 남성 인물이 나오는데, 이 인물은 배우가 연기하지 않았고, 이 건물의 공동 개발자인 해리 매클로위의 절친한 친구인 뉴저지 기반의 사업가다.[45] 이 영화는 이 70대 남성을 초고층 건물의 매개를 통해 마코브스키를 연기하는 인물과 로맨틱하게 연결될 수 있는 사람으로 표현한다.[46] 배니스터는 건축을 통해 성적인 성취의 한 형태와 구매를 통한 자기 가치의 확인에 관심을 돌리고자 했다.

2004년, 조지 W. 부시(George W. Bush) 대통령은 미국 주택 건설 협회원들 앞에서 이렇게 말했다. "(정부가) 이 나라에 '소유권 사회(Ownership Society)'를 세우고 있습니다. 그 어느 때보다도 많은 미국인들이 집 문을 열고 '저희 집에 오신 것을 환영합니다. 제 소유물에 오신 것을 환영합니다.'라고 말할 수 있을 것입니다."[47] "집을 소유하는 것은 미국적 경험의 일부입니다."[48] 철학자이자 문화이론가인 미셸 페어(Michel Feher)에 따르면, 동시대의 사랑은 금융 전략이 주체성 만들기에 뛰어드는 방식에 따라 형성된다.[49] 금융 신용은 상업적 수익보다 중요하다. 평가 기관은 신자유주의를 전형이었다. 페어에게 [데이팅 앱] "틴더는 사랑에 대한 신용 평가 기관이다(Tinder is the Standard and Poor of love)."[50] 신용되는 가치의 상연은 사랑의 궁극적 형식이 됐다. 2008년 이후의 시대에서, 만족을 찾기 위해 사랑을 원하는 주체들은 영구적인 자존감 포착 활동에 의존하는 연약한 주체들로 대체됐다.

2008년 이후의 시대에 검증 가능한 사랑스러움은 진정한 사랑을 대체했다.

45
매튜 배니스터(2015). 뉴욕에서 필자가 이끄는 컬럼비아대학교 건축대학원(Columbia GSAPP)의 심화 설계 스튜디오 "리볼팅 아파트먼트(Revolting Apartments)" 참여자들과 나눈 대담.

46
Marjorie Garber (2000). *Sex and Real Estate: Why We Love Houses*, New York: Schocken Books.

47
George W. Bush (2004). "Remarks to the National Association of Home Builders in Columbus, Ohio," October 2. Online by Gerhard Peters and John T. Woolley, *The American Presidency Project*, http://www.presidency.ucsb.edu/ws/?pid=64585(2017년 6월 19일 접속).

48
George W. Bush (2002). "Remarks at the Plenary Session of the President's Economic Forum in Waco," August 13. Online by Gerhard Peters and John T. Woolley, *The American Presidency Project*, http://www.presidency.ucsb.edu/ws/?pid=73101(2017년 6월 19일 접속).

49
Michel Feher (2009). "Self-Appreciation; Or, The Aspirations of Human Capital," *Public Culture* 21, no. 1 (December): 21–41, doi:10.1215/08992363-2008-019.

50
스탠더드 앤드 푸어(Standard and Poor's)는 미국의 신용평가기관이다. —옮긴이

참고 문헌

Abram, Susan (2010). "Founder of Clinic for Porn Actors Fights Back." *Los Angeles Daily News*, December 19.

Alexa Internet. "Mindgeek.com Traffic, Demographics and Competitors."

Allwood, Emma Hope (2016). "What's Grindr's New Agenda?" *Dazed*, June.

Bartlett, Jamie (2014). *The Dark Net: Inside the Digital Underworld*. Reprint, Brooklyn, NY: Melville House, 2016.

Bindelglass, Evan (2016). "Everything You Need to Know About NYC's 421-a Tax Program, Poised to Expire Today." *Curbed NY*, January 15.

Briggs, Asa, and Peter Burke (2010). *A Social History of the Media: From Gutenberg to the Internet*. Cambridge, UK; Malden, MA: Blackwell.

Burns, Janet (2016). "Millennials Are Having Less Sex Than Other Gens, But Experts Say It's (Probably) Fine." *Forbes*, August 16.

Bush, George W. (2002). "Remarks at the Plenary Session of the President's Economic Forum in Waco." August 13. Online by Gerhard Peters and John T. Woolley, The American Presidency Project.

— (2004). "Remarks to the National Association of Home Builders in Columbus, Ohio." October 2. Online by Gerhard Peters and John T. Woolley, *The American Presidency Project*.

Capps, Kriston (2015). "Why Billionaires Don't Pay Property Taxes in New York." *CityLab*, May 11.

Cochrane, Lauren (2016). "JW Anderson Mixes Mundane and Strange in Fashion Show Streamed on Grindr." *The Guardian*, January 10.

Farrell, Sean (2014). "The Rise and Rise of Domino's Pizza." *The Guardian*, January 9, sec. Business.

Feher, Michel (2009). "Self-Appreciation; Or, The Aspirations of Human Capital," *Public Culture* 21, no. 1: 21–41, doi:10.1215/08992363-2008-019.

Ferzoco, Jeff (2012). *The You-City: Technology, Experience & Life on the Ground*. San Francisco: Outpost19.

Garber, Marjorie (2000). *Sex and Real Estate: Why We Love Houses*. New York: Schocken Books.

Grebowicz, Margret (2013). *Why Internet Porn Matters*. Stanford, California: Stanford University Press.

Haag, Matthew (2017). "It's Not Just You. Americans Are Having Less Sex." *The New York Times*, March 8.

Hauskeller, Michael (2014). *Sex and the Posthuman Condition*. Basingstoke, Hampshire; New York: Palgrave Pivot.

Haworth, Abigail (2013). "Why have young people in Japan stopped having sex?" *The Guardian*, October 20.

Indiviglio, Daniel (2010). "Did Porn Cause the Financial Crisis?" *The Atlantic*, April 23.

Isaac, Mike (2016). "Grindr Sells Stake to Chinese Company." *The New York Times*, January 12, New York ed., sec. B.

Jacobs, Katrien (2007). *C'lickme: A Netporn Studies Reader*. Amsterdam: Institute of Network Cultures.

Jiji (2015). "Abstinence on Rise as Nearly Half of Japanese Report No Sex." *The Japan Times*, January 19.

Kimmelman, Michael (2013). "Seeing a Need for Oversight of New York's Lordly Towers." *The New York Times*, December 22.

Kuperberg, Arielle, and Joseph E. Padgett (2017). "Partner Meeting Contexts and Risky Behavior in College Students' Other-Sex and Same-Sex Hookups." *The Journal of Sex Research* 54: 55–72, doi: 10.1080/00224499.2015.1124378.

Levy, David (2008). *Love and Sex with Robots: The Evolution of Human-Robot Relationships*. New York: Harper Perennial.

McCormick, Joseph Patrick (2016). "Gay Dating Apps Hornet and Blued Enter Global Partnership." *PinkNews*. December 18.

Mix (2017), "Pornhub Launches 'Snapchat for Nudes' so You Can Put Filters on Your Genitalia," *The Next Web*, April 18.

Ogas, Ogi, and Sai Gaddam (2012). *A Billion Wicked Thoughts: What the Internet Tells Us About Sexual Relationships*. New York: Plume.

The New York Times (1987). "Microwave Key to Popcorn War." *The New York Times*, June 22.

— (2011), *The New York Times Guide to Essential Knowledge: A Desk Reference for the Curious Mind*. 3rd ed. New York: St Martin's Press.

Winston-Salem Journal (2006). "La-Z-Boy Feels Energetic about Future: Company Is Restructuring to Return the Brand to Profitability." *Winston-Salem Journal*, August 30, sec. D.

소통하기

사회 매체의 도시
베아트리츠 콜로미나

21세기 사회, 문화, 경제 생활에서 가장 중요한 전환은 아마도 사회 매체(social media)의 등장일 것이다. 사회 매체와 함께 따라온 것은 다름 아닌 디자인을 위한 새로운 공간이다. 실제로 사회 매체는 디자인을 위한 궁극의 공간으로, 이 안에서 디자인이 전례 없이 많은 사람들에 의해 매우 빠르게 이루어진다. 여러 사회 매체 채널을 통해서 우리는 더 많은 집단과 소통하고 협력할 뿐 아니라 우리 자신을 고쳐 만든다. 이미지, 비디오, 문자, 그림문자(이모지), 스티커, 트윗, 빠르게 움직이는 이미지(gifs), 인터넷 밈,[1] 댓글, 올린 글, 공유 글은 상당히 정확한 이미지 구축에 투입되는데 그것은 꼭 우리의 실물(실제 사람 모습)과 대등하지 않으며, 겉보기에는 독립적인 사고와 모습과 행동으로 출발한 아바타이다. 즉 완벽하게 다듬어진 자아, 아마도 우리가 되고 싶은 누군가의 이미지가 온라인에서 현실이 된다. 여기서 우리가 '익명'을 포함해 동시에 유지하는 디지털 인격이 얼마나 많든 한계가 없다.

2000년 이전에는 이런 사회 매체가 없었다. 같은 해 영국에서는 프렌즈 리유나이티드(Friends Reunited)가 학교 친구 찾기 사이트를 시작했다. 프렌즈 리유나이티드는 첫 성공적인 온라인 사회 연결망이며, 2000년 말에 사용자 수가 3,000명이었고 이듬해에는 250만 명에 달했다. 프렌스터(Friendster)는 2002년 설립 3개월만에 300만 명의 사용자를 모았고, 2003년은 마이스페이스(MySpace)의 해라고 할 수 있다. 2004년 하버드 대학에서는 프렌스터의 대학생판인 페이스북(Facebook)이 시작됐는데 한 달 만에 하버드 대학 인구의 절반이 가입했다. 페이스북은 곧 여러 다른 대학으로 퍼졌고 2005년에는 고등학생들도 계정을 만들 수 있게 했다. 같은 해 유튜브(YouTube)가 "스스로 방송하라"고 청하며 동영상 공유 사이트를 열었다. 2006년은 트위터(Twitter)의 해였고, 페이스북이

1
인터넷 밈(meme)은 사진이나 짧은 동영상 풍자물을 일컫는 말이다. —옮긴이

13세 이상이면 누구나 이용 가능해진 해이기도 하다.

2009년에 등장한 왓츠앱(WhatsApp)은 세계적으로 인기가 높은 메시징 앱(응용 프로그램, 이하 '앱')으로 8억 명 이상이 사용한다.

대한민국에 기반한 카카오톡은 2010년에 출범했고 현재 이 앱을 사용하는 사람은 1억 4,000만 명이다. 이는 대한민국의 스마트폰 소유자 중 93퍼센트를 차지한다. 2010년 10월에 출범한 인스타그램은 2014년 12월 30만 명의 활발한 사용자를 가지고 있었고 2015년 그 수는 4억에 이르렀다. 인스타그램은 빠르게 인기를 얻는 사회 연결망 중 하나로 18세부터 29세까지 청년층의 53퍼센트가 사용하고 오로지 26퍼센트의 사용자만이 29세 이상이다. 인스타그램은 사회 연결망 중에서도 '도시적'이고, 여성, 라틴계 미국인, 아프리카계 미국인, 디자이너들이 주로 사용하고 있다. 전자 기기에서 즉각적인 소통을 할 수 있는 메신저 서비스인 라인은 2011년 일본에서 시작됐고 남한에서 상당한 인기를 누리고 있다. 세계적으로 7억 사용자가 있다. 2011년 3월에 발생해 통신 기반시설을 파괴한 일본의 도호쿠 대지진에 반응하여 네이버(New Human Network, NHN)의 열다섯 명 인원이 설계한 것이다.

이 짧은 역사는 계속 이어질 수 있다. 자신을 방송하는 데 사용할 수 있는 채널 수가 기하 급수적으로 가속화됐는데, 이를 사용하는 사람들의 수도 그만큼 빠르게 증가했다. 실질적으로 모든 것을 위한 사회 연결망이 있다. 링크드인(LinkedIn), 위치 기반 데이트 앱은 틴더(Tinder)와 그라인더(Grindr), 비디오는 비미오(Vimeo)와 유튜브, 무드 보드로는 텀블러(Tumblr)와 핀터레스트(Pinterest),[2] 최근

2
무드 보드(mood board)란 창의적인 작업을 할 때 어떤 주제의 분위기를 나타내는 시각 및 물리적 자료를 붙이는 벽판을 말한다. 이 글에서는 웹페이지다. —옮긴이

2016년 2월 바르셀로나에서 열린 모바일 월드 콩그레스(Mobile World Congress)에서 페이스북 친구 연결관계도를 아래에 선 저커버그(Mark Zuckerberg).

앱 스토어의 사회 매체 앱을 보여주는 공식 스크린 샷.

앱 스토어의 사회 매체 앱을 보여주는 공식 스크린 샷.

젊은이들 사이에서 급속하게 증가해온 연결망은 스냅챗(Snapchat)이다. 스냅챗에서는 사용자가 시스템에서 사진과 비디오를 영구적으로 지울 때까지 다른 사용자가 볼 수 있는 시간(1초에서 10초 사이)을 설정한다. 불과 몇 초가 디자인 공간이 됐다.

2010년에 페이스북 사용자 지도는 70만 명의 활성 사용자를 보여주었는데, 현재는 약 16억 명이 있다. 세계 인구의 60퍼센트인 40억 인구가 이미 인터넷에 연결되어 있으며 그중 70퍼센트는 주로 이동통신 전화기를 통해 사회 매체에 참여하고 있는 것으로 추산된다.

이런 현상은 우리가 사는 방식의 완전한 변화를 나타내는데, 그 변화에는 건축과 디자인과 관련한 엄청난 시사점이 담겨 있다. 사회 연결망은 단순히 디지털 공간에서 일어나고 있는 어떤 것이 아니고, 전통적으로 도시가 해왔던 여러 기능을 대신하는 새로운 종류의 가상 도시를 구축하고 있다. 우리는 지금 일종의 가상과 실제 사이의 하이브리드 공간에서 살고 있다. 사회 매체는 또한 물리적 공간, 즉 우리의 집과 도시 모두의 공간을 재정의하고 재구성한다. 20세기 초반에 대중 매체가 등장이 몰고온 변화와 마찬가지로 사회 매체는 공적인 것과 사적인 것, 그리고 내부적인 것과 외부적인 것의 경계를 다시 한번 수정한다. 사회 매체 시대의 디자인은 작은 화면 공간에서만 일어나는 어떤 것이 아니고, 사회 연결망은 우리가 살고 있는 공간을 재디자인한다.

20세기 초반의 건축가들은 사진의 효과와 화보를 곁들인 건축 잡지에 대해 유감을 표시했다. 예를 들어 아돌프 로스(Adolf Loos)는 자신과 같은 시대에 활동했고 경쟁자였던 오스트리아 건축가 요세프 호프만(Josef Hoffmann)을 비난했는데, 로스의 견해에 의하면 호프만이 설계한 집들은 카메라용으로 제작된 것으로 보인다는 것이 이유였다. 그 집들은 2차원적이었고 모든 구조적 특성을 잃어버렸으며, 마분지 모형과 집을 찍은 사진을 구별하기가 어려웠다는 것이다. 로스는 자신의 고객이 사진 속에서 자기 집을 인식할 수 없다는 사실을 자랑스러워 했다.

새로운 세대의 건축가들은 그들의 젊은 고객들이 페이스북, 인스타그램, 유튜브와 같은 사회 매체에서 멋지게 보이는 공간을 설계해달라는 요청을 받고 있다. 뉴욕현대미술관(MoMA) PS1의 젊은 건축가 프로그램(Young Architects Program) 파빌리온과 같은 건축 설계 공모에서도 "인스타그램에 잘 나오는(Instagramable)" 설계를 고려한다. 모든 건물은 거리보다 사회 매체에서 더 자주 경험하게 될 것이며, 거리에서 일어나는 건물과의 만남은 이미 사회 매체에 의해 형성된 것이다. 사회 매체는 단순히 일어났던 일을 게시하고 공유하는 것이 아니다. 오히려 사회 매체의 경험은 공유하는 환경에서 발생한다. 한 세대 전의 디자인이 인쇄물(신문, 전문 저널, 잡지)에서 받아 들여지는 것과 관련이 깊었지만, 이제 관심은 대신 사회 매체에서 어떻게 수용되는가에 있다. 얼마나 많은 '트윗 글,' 얼마나 많은 '좋아요 누름,' 얼마나 많은 구독자, 얼마나 많은 글 퍼가기(reposts)가 있는지가 중요하다. 즉 궁극의 목표는 디자인이 입소문을 타는 것이다.

여기서 중요한 것은 단순히 수용의 확장이 아니다. 인터넷과 사회 매체는 우리가 살고 있는 공간, 우리와 물체와의 관계, 사람들 사이의 관계를 근본적으로 재정의하고 있다. 사회 매체는 새로운 형태의 도시화, 즉 우리가 함께 사는 방식의 관한 건축이다. 아마도 오늘날에 보기에는 보수적 추정치일 수도 있겠지만, 『월스트리트 저널』은 2012년에 뉴욕시 전문가들 중 청년층의 80퍼센트가 정기적으로 침대에서 일한다고 보도했다. 홈오피스라는 환상은 침대 사무실의 현실로 대체됐다. '사무실'이라는 단어의 의미 자체가 변형됐다. 수백만 개의 분산된 침대가 집중된 사무실 건물을 물려 받았다. 내실이 탑을 물리치고 있다. 망으로 연결된 전자 기술은 침대에서 할 수 있는 일에 대한 제한을 없앴다.

"침대에서 공동 작업하세요"라는 블루빔(Bluebeam) 광고.

우리는 어떻게 여기까지 오게 되었을까? 철학가이자 비평가인 발터 벤야민은 그의 유명한 짧은 글 「루이필리프, 또는 내실」에서 19세기에 일어난 일과 가정의 분리에 대해 썼다.

프랑스 왕 루이필리프(Louis-Philippe) 치하에서 "개인 시민은 역사의 무대에 등장한다. (…) 사적 개인에게 생활 공간은 처음으로 작업장과 상반된 곳이 된다. 전자는 내실에 의해 구성되고, 사무실은 그 보완책이다. 사무실에서 현실과 자신의 재무를 마름질하는 사적 개인은 그의 내실이 자신의 환상을 유지할 것을 요구한다. (…) 여기서 내실에 대한 환등상(phantasmagoria)이 나온다. 사적 개인에게 사적인 환경은 우주를 재현한다. 그 안에서 그는 먼 곳과 과거를 수집한다. 그의 거실은 세계 극장의 한 상자이다."3

3
Walter Benjamin (1978). "Louis-Philippe, or the Interior," in *Reflections: Essays, Aphorisms, Autobiographical Writings*, ed.

산업화가 가져온 여덟 시간 교대 작업으로 인해, 가정과 사무실 또는 공장, 휴식과 직장, 밤낮의 급진적인 분리가 이루어졌다. 산업화 이후의 산업화는 일을 집으로 몰고오고 아예 일을 침실과 침대로 끌어 들인다. [발터 벤야민이 이야기했던] 환등상은 더 이상 방 안의 벽지, 천, 이미지, 사물과 만나지 않는다. 오늘날 환등상은 전자 장치 속에 있다. 우주 전체가 작은 화면에 집중돼 있고, 침대는 무한한 정보의 바다 속에 떠 있다. 이제 누워있는 것은 쉬는 것이 아니라 움직이는 것이다. 오늘날 침대는 행동의 현장이다. 그러나 자발적인 은둔자는 다리가 필요 없다. 침대는 궁극의 보철이 됐고 완전히 새로운 산업이 누워서 일하기에 편안한 기구를 제공하는 데 열중하고 있다. 읽기, 쓰기, 문자 메시지 보내기, 녹음, 방송, 듣기, 말하는 일은 물론 이제는 일 자체로 변한 것으로 보이는 활동, 즉 식사를 하거나, 술을 마시거나, 잠을 자거나 사랑을 나누는 행위까지 말이다. 미국 식당의 웨이터들은 접시 또는 유리컵을 치우기 전에 "계속 진행 중(still working on that)"인지 물어 본다. 끝없는 조언이 개인 관계를 '작동하게 하는(work)' 방법과 동반자와 성관계 '일정을 짜는(schedule)' 방법에 대해 쏟아진다. 수면은 수백만 명의 사람들에게 어려운 일이다. 매년 정신 약물 산업이 신약을 제공하고 수면 전문가가 (더 높은 생산성이라는 명목으로) 도달하기 어려운 목표를 달성하는 방법에 대한 자문을 제공하고 있다는 사실을 감안하면 말이다. 하여튼 침대에서 하는 모든 게 일이 됐다.

이런 사상은 휴 헤프너(Hugh Hefner)라는 인물로 이미 구체화됐다. 1960년에 시카고의 노스 스테이트 파크웨이 1340번지에 위치한 플레이보이 맨션으로 이사했을 때, 헤프너는 자기 집을 세계적인 제국의 중심으로, 자신의 비단 잠옷과 실내복을 사업 복장으로 변신시키면서 문자 그대로 자신의 사무실을 침대로 옮겼다. "저는 집에서

Peter Demetz, trans. Edmund Jephcott, New York: Schoken Books, p. 154.

전혀 안 나가요!!! (…) 현대의 은둔자예요."라며 그는 자신이 마지막으로 외출한 게 대략 석 달 보름 전이었다고 어림 잡았고, 지난 2년 동안 집 밖으로 나간 적도 겨우 아홉 번이었다고 작가 톰 울프에게 말했다.[4] 놀란 울프는 헤프너를 "아티초크 가운데 그 부드러운 녹색 심"으로 표현했다.[5]

『플레이보이』는 침대를 직장으로 만든다. 1950년대 중반부터 침대는 점점 정교해져 일종의 통제실로 온갖 엔터테인먼트 및 통신 장치를 갖추고 있다.

헤프너는 혼자가 아니었다. 침대는 20세기 중반에 궁극의 미국 사무실이었을 수도 있다. 1957년 『파리 리뷰』에 실린 한 인터뷰 기사에서 소설가 트루먼 카포티(Truman Capote)는 "어떤 글쓰기 습관을 지니고 있으십니까? 책상을 사용합니까? 타자기로 쓰십니까?"라는 질문을 받고 다음과 같이 대답한다. "저는 전적으로 수평적 저자입니다. 침대나 소파에 몸을 펴고 누워 담배와 커피를 옆에 놓지 않으면 생각을 할 수가 없어요."[6]

20세기 중반, 건축가들조차 침대에 사무실을 차렸다. 리처드 뉴트라(Richard Neutra, 1872-1970)는 일어난 순간부터 디자인하고, 글을 쓰고, 인터뷰까지 할 수 있게 해주는 정교한 장치를 갖춘 침대에서 작업하기 시작했다. 그의 아들 디온 뉴트라(Dion Neutra)의 설명이다.

"아버지에게 창의적 사고를 하기에 가장 좋은 시간은 이른 아침, 사무실 아래에서 활동이 시작되기 전이었다. 아버지는 종종 아이디어와 디자인을 가지고 작업하시느라 침대에 그대로 계셨고, 일은 미리 잡아 놓은 약속 시간까지 이어지기도 했다. 그래도 아버지가 관례에 양보한 것이 하나 있다면 그것은 침대에 앉은 채 방문자를

4
Tom Wolfe (1965). "King of the Status Dropouts," *The Pump House Gang*, New York: Farrar, Straus & Giroux.

5
Ibid., p. 63.

6
"Truman Capote, The Art of Fiction No. 17," interviewed by Patti Hill, *The Paris Review* 16 (Spring–Summer 1957).

받을 때 실내복 위에 넥타이를 매는 것이다!"⁷

로스앤젤레스 실버 레이크 지역의 VDL 하우스에 있는 뉴트라의 침대는 공중 전화 두 대를 비롯해 집안의 다른 방, 아래 층의 사무실, 심지어 500미터 떨어진 다른 사무실과 연락하는 데 쓰는 세 개의 통신 스테이션, 쓰임이 다른 초인종 세 개, 침대 위로 접히는 제도 책상과 화가(畵架), 침대 머리판의 계기판에서 제어하는 전기 조명과 라디오 겸용 건축을 포함한다. 바퀴 달린 협탁에 녹음기, 전기 시계, 드로잉과 글쓰기에 필요한 장비를 두고, 그는 (누이에게 보내는 편지에 쓴 것처럼) "아침부터 늦은 밤까지 매 순간을 사용했다."⁸

전후 미국은 생산성의 진원지로서 고성능 침대를 만들기 시작했는데, 이는 새로운 형태의 산업화로 전 세계로 수출되었고, 이제는 분산되어 있으나 상호연결된 국제적 생산자들이 이용할 수 있게 됐다. 벽이 없는 새로운 종류의 공장은 24(시간)/7(일) 세대의 소형 전자 제품과 여분의 베개로 구성된다.

헤프너가 구상한 장비는 (자동 응답기 같은 일부 장비는 아직 존재하지 않았으나) 이제 인터넷 및 사회 매체 세대를 위해 확장됐다. 이 세대는 침대에서 일을 하는 것은 물론 침대에서 교류하며 침대에서 운동하고 침대에서 기사를 읽고 그들의 침대로부터 멀리 떨어진 사람들과 성적 관계를 즐긴다. 옆집에 사는 멋진 소녀라는 『플레이보이』 환상은 같은 건물이나 이웃의 어떤 사람보다는 다른 대륙에 사는 누군가와 이뤄질 가능성이 더 크다. 이전에 본 적도 없고 다시는 못 볼 수 있는 사람일 수도 있으며, 그녀가 (실제로 어떤 장소와 시간에 존재하는) 진짜인지 아니면 전자적 구성물인지는 누구든 짐작만 할 수 있을 뿐이다. 그것이 무슨 상관인가? 최근 영화 「그녀(Her)」에서처럼, 새로운 모바일 기술의 결과인 부드러운 자궁 상태에서의 삶에 대한 감동적인 묘사인 '그녀'는 알고 보니 사람보다 더 만족스러운 파트너인 컴퓨터 운영 체제이다. 주인공은 그녀와 침대에 누워 이야기하고, 논쟁하고, 사랑을 나누며, 결국엔 침대에서 헤어진다.

미술평론가이자 미술사학자인 조너선 크레리(Jonathan Crary)가 말한대로 후기 자본주의가 수면의 종말이며 생산과 소비를 위해 우리 삶의 모든 순간을 식민화한다면, 자발적 은둔의 행동은 결국 그렇게 자발적인 것이 아니다.⁹ 휴식과 일 사이를 가르는 19세기식 도시 분리는 곧 쓸모 없게 될지도 모른다. 우리의 습관과 서식지가 인터넷과 사회 매체와 함께 바뀌었을 뿐 아니라, 19세기 말에 이미 만들어지고 있었던 신기술과 로봇화의 결과인 인간 노동의 종말에 대한 예측은 더 이상 미래 지향적인 것으로 취급되지 않는다. 35년 전, 경제학자 고 바실리 레온티에프(Wassily Leontief)는 "그것들이 말을 대신한 것 아닌가?"라고 말했다. 『뉴욕 타임스』의 비즈니스 부문은 최근에 '인간 일말(workhorse)'의 종말에 대한 그의 생각을 다음과 같이 재검토했다.

"말(馬)은 전신과 철도와 같은 '현대적' 통신 기술로부터 처음 도전을 받고 난 후에도 꽤 오랫동안 농장과 도시 주변에 물건과 사람들을 운반하면서 노동력과 어울렸다. 그러나 내연기관이 등장했을 때, 세계 경제의 중요한 구성 요소로서의 말은 역사가 됐다. (…) 일하는 말로서 인간을 보는 관점도 사라지는 추세다."¹⁰

경제학자들은 이 현실이 어떤 경제 모델로

7
Dion Neutra (1998). "The Neutra Genius: Innovation and Vision," *Modernism* 1, no. 3 (December 1998)

8
Richard Neutra to Verena Saslavsky, 4 December 1953, Dion Neutra Papers, quoted in Thomas S. Hines (1982). *Richard Neutral and the Search for Modern Architecture: A Biography and History,* Los Angeles: University of California Press, p. 251.

9
Jonathan Crary (2013). *24/7: Late Capitalism and the End of Sleep,* New York: Verso.
이 책의 국문판으로는 2014년 문학동네에서 출판한 『24/7 잠의 종말』(김성호 옮김)이 있다. —옮긴이

10
Eduardo Porter (2016). "Contemplating the End of the Human Workhorse," *The New York Times,* June 8, B1 and B6.

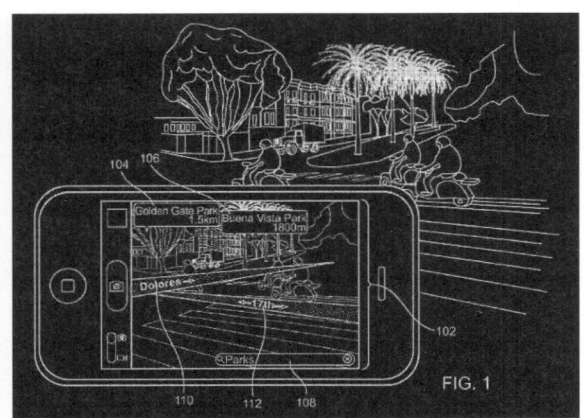

증강 현실을 통해 도시를 네비게이션하기 위한 특허 도면.

이어질지 궁금해한다. 광대한 규모의 사람들이 실업 상태에 들어가고 늘어가는 불평등에서부터 보편적 기본 소득(universal basic income) 형태의 대규모 재분배에 이르기까지 여러 경제 모델이 있다. 후자는 최근 스위스의 국민 투표에서 고려되었으나 거부되었다. 유급 노동의 종결과 그 대체로 대두된 창조적인 여가는 이미 콘스탄트(Constant), 슈퍼스튜디오(Superstudio), 아키줌(Archizoom)과 같은 건축가/집단이 1960년대와 1970년대의 유토피아 프로젝트에서 초과장착한 침대를 포함해 계획된 바 있다. 한편 도시는 스스로 재설계하기 시작했다.

오늘날의 주의력 결핍 장애 사회에서 우리는 짧게 집중하고 휴식을 취하는 식으로 일을 하면 더 잘 한다는 것을 발견했다. 오늘날 많은 기업들이 생산성을 극대화하기 위해 사무실에서 수면용 포드(캡슐)를 제공한다. 24/7 세계에서는 침대와 사무실이 절대로 멀리 떨어져 있지 않다. 사무 공간을 위해 설계된 특수 자가 밀폐형 침대들은 소형 밀폐형 캡슐이나 소형 우주선으로 변신하고, 홀로 혹은 군을 이뤄 휴식이 아닌 일의 일부로서 싱크로나이즈드 슬리핑(synchronized sleep)을 위해 줄을 맞춰 놓고 사용된다.

사무실에 삽입된 침대와 침대에 삽입된 사무실 사이에 완전히 새로운 수평적 건축이 대체했다. 그것은 민간과 공공, 일과 놀이, 휴식과 행동 사이의 전통적 구별의 붕괴 속에서 전문적, 사업적,

산업적 환경에 완전히 통합된 사회 매체의 '평면' 네트워크에 의해 확대된다. 더욱 세련된 침대요, 안감, 기술적인 부착물을 갖춘 침대 자체는 깊은 내재성 감각과 외부와의 초과연결성 감각을 결합한 자궁 내 환경의 기본이다.

우리가 집합적으로 입실하기로 결정한 이 새로운 내부 공간의 본질은 무엇인가? 밤과 낮, 일과 놀이가 더 이상 구별되지 않고 우리가 영구적으로 감시 아래 있는 이 감옥의 건축은 무엇인가? 뉴 미디어는 우리가 끝없는 연결을 축하하는 때조차도, 우리 모두를 지속적인 감시 아래 있는 수감자로 변하게 한다. 헤프너가 반세기 전에 표현했듯이 우리는 모두 '현대의 은둔자'가 됐다.

로라 포이트라스(Laura Poitras)의 2014년 기록 영화「시티즌포(Citizenfour)」에서 우리는 에드워드 스노우든(Edward Snowden)의 근접 화면을 본다. 그는 며칠 동안 홍콩의 호텔 침대에 앉아 랩톱으로 둘러싸인 채 방안의 기자들과 전 세계의 거대한 전 지구적 감시의 비밀 세계에 대해 이야기하고 있다. 지구 행성의 역사에서 가장 큰 사생활 침해 사건은 침대에서 밝혀지고 모든 매체를 사로잡는다. 그 순간 세계에서 가장 공적인 인물은 은둔자다. 건축은 뒤집어졌다.

마르셀 프루스트, 앙리 마티스, 그리고 누워 있지 않으면 생각조차 할 수 없다는 트루먼 카포티와 같은 20세기의 작가와 예술가들은 침대에서 일했다. 오늘날에는 누구나 예술가, 작가, 전시기획자, 디자이너다. (…) 발터 벤야민이 인쇄기의 등장으로 모두가 비평가가 됐다고 생각했다면, 사회 매체의 등장은 모든 사람을 작가, 예술가, 자기설계자로 만든다. 사회 매체 시대와 공유 경제의 모순은 자기 관념의 극단적인 계발이다. 모두가 독립 제작자, 즉 자신을 구축하는 영구적인 프로젝트에서 자영업자가 되는 환상을 가지고 있다. 자기설계가 주요 책임이자 활동이 됐다. 철학자이자 미술사학자인 보리스 그로이스(Boris Groys)가 다음과 같이 쓴 것처럼 말이다.

"신의 죽음으로 인해 디자인은 영혼의 매개체, 인체 내부에 숨겨진 주체의 계시가 됐다. 따라서 디자인은 이전에는 없었던 윤리적 차원을 취했다. 디자인에서 윤리가 미학, 즉 형태가 됐다. 종교가 있었던 자리에 디자인이 나타났다. 현대 주체는 이제 새로운 의무를 지닌다. 자기설계라는 의무를 지니게 된 현대 주체는 윤리적 주체로서 미적 표현을 해야 한다."[11]

그러나 우리는 결국 그렇게 독립적일까? 우리는 여전히 그를 위해 일하고 있지 않는가? 독립이라는 환상에 대한 대가로 빅데이터를 생산하기 위해 모든 사생활을 희생하고 있지 않는가?

---

[11] Boris Groys (2008). "The Obligation to Self-Design," *e-flux* no. 0, http://www.e-flux.com/journal/the-obligation-to-self-design.

소통하기

결과를 위한 건축가 계약[1]
다크 매터 랩스, 영국(오레스테스 추추라스·
인디 조하)

---

[1] 돈의문 박물관 마을에 전시된 「성과 달성을 위한 건축」에 관한 글이다. —옮긴이

도시 변화에 관한 현재의 모델은 우리 도시가 직면하고 있는 크고 복잡한 난제를 해결하지 못하고 있다. 긍정적인 변화를 창출하기 위한 건축 및 도시 계획과 같은 도시 관련 학문 분야의 주변화는 건조 환경의 생산을 뒷받침하는 제도의 내재적 한계에 기인한다. 우리는 긍정적인 사회적 결과(social outcomes)의 생산을 중심으로 건조 환경 조달을 구조화하고 건축 계약이 잠재적으로 책임을 이끄는 대안적인 비전을 제안한다. 이 가능한 미래는 재원조달, 설계, 자동화 및 알고리즘 기반의 계산(computation)과 데이터, 정책, 규제, 협치(governance)와 같은 최근의 진보에 힘입어 더욱 현실 가능한 것이 되었다. 우리는 아직은 원형에 지나지 않지만 결과를 위한 새로운 건축가 계약이 미래상의 핵심 구성요소가 될 수 있으며 시민과 사회의 요구와 함께 건축 직업의 재편성을 추진할 수 있다고 제안한다. 이는 우리가 도시를 건설(하고 재건)하는 방법에 대한 제도적 기반체계의 근본적인 전환을 촉진할 수 있다. 이런 시범 계약은 다수의 다양한 당사자들을 한 데 모으는 동시에 영향을 정의하고 측정할 수 있어야 한다. 결론적으로, 우리는 이것이 전문적인 실천과 도시 디자인에 어떤 의미가 있는지 탐구한다.

도시 관련 전문직의 주변화

도시가 빠르게 진화하는 도전에 직면하고 있다는 소식은 새롭지 않다. 도시가 빠른 속도로 성장하고 변화함에 따라 새로운 문제를 제기하고 기존의 문제를 복잡하게 만든다. 역사적으로 정부와 건조 환경 전문직 종사자들 모두 이런 문제를 도시계획, 건축 설계, 물리적 기반 시설을 포함한 별개의 정책 분야 단계에서 다뤄질 수 있는 개별적인 문제로 보는 경향이 있다. 우리 중 많은 이들은 건조 환경을 개선하는 것이 긍정적인 변화를 일으키기에 충분하다는 가정하에 노력해왔다.

그러나 우리들이 살고 있는 도시의 빠른 진화는 복잡한 전 세계적 체계가 주도한다. 이런 체계의 범위는 '뜨거운 세계 자금(hot global money)'이라고 불리는 국제적으로 떠도는 단기 자금과 파괴적인 기술 진보에서부터 기후 변화와 그것이 이주 흐름에 미치는 영향까지 모두를 아우른다. 이런 체계와 경향은 종종 분석과 조작이라는 전통적인 방법에 적합하지 않다. 우리가 공유하는 공공 기관들은 중앙 통제와 별개의 하향식 계층 구조라는 산업 시대 인식틀에 뿌리를 두고 있으며 거듭 부적절한 것으로 입증됐다. 그들은 너무 천천히 움직이며 그들의 권력은 너무 분산돼 있다. 또한 빈곤, 사회적 배제, 건강 결과의 불평등, 노령화, 환경과 같은 '사악한' 문제에 직면해 있으면서도 그 규모를 다루기에 충분한 민첩성으로 전체 체계에 영향을 줄 수 없다.

전통적으로 도시 차원의 변화를 책임지고 주도하는 학문 분야인 건축과 도시 디자인은 이런 도전에 잘 대처하지 못하고 있다. 개발자 주도형 도시 생산의 현재 모델이 장소 기반의 긍정적인 변화를 거의 가져오지 않는다는 사실이 점차 분명해지고 있다. 어쩌다 긍정적인 변화를 일으킨다 해도 그것은 시장을 움직이는 세력에도 불구하고 발생한 일이지 그들의 영향 때문인 것은 아니다.

보다 구체적으로, 후원의 역사를 가지고 있는 이 전문직의 유산으로 인해 이제껏 설계비는 의뢰 작업의 자본 비용과 연결돼 있었고, 그 산정 기준은 프로그램상의 복잡성을 설명해줬다. 본질적으로, 자본 비용은 건설 공사의 규모와 복잡성에 대한, 따라서 건축가의 기여에 대한 실행 가능한 대리인 역할을 한다. 또한, 계약상의 의무는 건축가가 자신에게 설계비를 지불하는 의뢰자에게 주로 책임을 다하도록 만든다. 그러나 많은 국가에서 전문가 단체와 표준은 항상 현장 안전과 건설의 장기적인 안정성에 대한 건축가의 의무—의료 전문가들이 맹세하는 히포크라테스 선서보다 제한적이지만 강력한 것—를 지켜왔다.

이런 계약 맺기 방식의 한계는 잘 알려져 있다. 우선, 육체적, 사회적, 환경적, 또는 경제적으로 현장 경계를 넘어서는 사고를 가로막는다는 것이다. 잠재적으로 전문가의 윤리를 타협하는 단기간 이익 주도 전략을 장려할 뿐이다. 이것은 직업에 대한 집단적 지식을 구축할 수 있는 잠재력을 제약하며, 입주자 데이터 수집과 평가는 명백한 법적 책임까지는 아닐지라도 불필요한 부담으로 간주된다. 디자인은 유혹의 도구가 되고, 디자이너는 세계 매체에서 미화된 문화적 장비의 유명한 창조자가 된다. 종합해서 봤을 때 이런 한계는 공공선으로서 건축 직업이 지닌 책무성(accountability)을 체계적으로 왜곡한 것이다.

현재의 이런 방식에서 개발자 이익은 다른 이해 관계자의 목표보다 우위에 서고 대다수의 건조 환경을 형성하는 엔진이 되고 있다. 결국 건축가들은 서비스 제공자로 도구화되며, 지방자치단체들은 개발자들의 실행가능성이 있는 계획을 연기시킨다. 사용자들은 틀로 찍어낸 것 같은 모양의 거주, 작업, 놀이 공간을 얻는다. 화려한 생김새에도 불구하고 이들 공간은 대개 최소한의 공통 분모 지급을 갖춘 경제적 자산으로 설계된다. 좀더 넓은 지역 사회는 이름뿐인 협의로 달래야 할 필요가 있을 때 해도 적절하지 않거나 성가신 것으로 취급된다.

이런 효과는 도시 관련 학문 분야가 운용되고 있는 기존의 재정적, 법적, 규제적 틀의 결과다. 그리고 그 효과의 내용은 건축가의 서비스 협정과 건설 계약 속에 요약된다. 훌륭한 건축물과 종합 계획이 여전히 너무 많다는 것은 대부분의 도시 개입의 영향이 매우 약하다는 사실보다 더 놀랍게 여겨져야 한다. 성공적인 경우를 본다면 그것은 합법적인 증서가 쌓이는 방식 때문이라기보다는 개별 건축가와 고객의 전문적, 인간적 윤리에 대한 증거다. 우리가 구축하는 환경의 본질은 아마도 우리가 사용하는 계약의 본질에 의해 가장 근본적으로 정의될 것이다. 건축가 루이스 설리번(1856-1924)을 따르자면, '형태는 계약을 따른다.'

결과 중심 도시 변화에 대한 또 다른 미래상

그렇다면 장기적이고 공유된 결과로 시작하는, 사람들의 행복과 번영을 도모하는 데 있어 직면한 문제의 완전한 복잡성에 영향을 미칠 수 있는 대안적인 방식을 생각해보자. 교육 성취도 함양에서 창의력 및 생산성 함양까지, 노년의 외로움에서 늘어가는 비만 위기까지의 범위를 들 수 있다. 건축물 조달 절차는 공통 가치 창출을 중심으로 구성되어야 하며, 이때 공통 가치의 유인책 또는 성과급(인센티브) 구조와 성과급 전달자의 역량 모두를 고려해야 한다. 또한 지역 사회에서 발생하는 문제를 목표로 삼아야 하며, 긍정적 변화를 초래할 수 있는 역량과 비교 평가해야 한다.

논점을 명확히 하자. 이것은 사적인 개발자와 투자자의 역할을 끌어내리자는 이야기가 아니다. 도시는 돈과 활력과 지혜가 필요하다. 실제로 건설 현장의 경계를 넘어 바라본다면 개발자와 투자자는 이런 결과에 투자함으로써 이익을 얻을 수 있다. 요점은 건조 환경 계약으로 그렇게 할 수 있다면 충분히 일어날 수 있는 일이라는 것이다. 증가하는 사회 영향 투자(impact investment)의 세계는, 우리가 투자와 긍정적인 결과를 연결하는 명확한 통로를 만들 때 재무가 실제로 뒤따른다는 것을 보여준다. 그래서 우리는 거대한 전환을 제안하고자 한다. 벽과 지붕을 형성하는 건물의 조직과 측정에 몰두했던 건축가들은 공간의 생산을 중요성의 초점으로 평가하고 이해하는 방향으로 나아갔다. 다음 전환은 결과를 위한 건축, 즉 우리 모두가 직관적으로 알고 있는 것과 탄탄한 증거에 의해 뒷받침되는 것을 인식하는 실행이며, 종합 기본 계획과 건설은 행동 패턴을 미세하게 바꾸고, 기회를 창출하며, 긍정적인 변화를 유도하는 도구다.

이런 전환은 이미 건축 및 도시계획 세계 바깥에서 시작되었다. 공공 서비스 조달, 사회 연결망의 조정, 경영학 석사 졸업생을 위한 히포크라테스 선서, 기업가를 위한 디자인 사무실, 예측 모형과 규범 행동 지침을 위한 데이터 과학, 정책 개입 분야의 행동 경제학, 이해당사자들의 집단 지성 및 참여를 이끌어 내기 위한 공동 디자인 및 공동 제작 과정 등의 결과 기반 경제의 출현을 목격하고 있다. 이런 진보는 지금까지 건축 전문가들을 피해갔는데, 그것은 현재 그들이 맡은 사업 계획과 운영 책임에 발이 묶여 있기 때문이다. 앞서 열거한 다른 전문직에서 일어난 변화는 결국 우리 마을과 도시를 재구성할 것이며, 건축 및 도시 설계 전문직에 변화를 '가져올 수' 있다. 그렇다면 건축가와 도시 설계가들은 이런 변화를 '주도하지는' 않더라도 어떻게 그들의 역할이 더욱 소외되는 현실을 피할 수 있을까? 이를 위해서는 건축의 사회적 유용성을 수치화하고, 이해할 수 있고, 비교할 수 있고, 소통할 수 있는 인식틀 전환이 필요하며 은행, 공공 서비스, 건축을 비롯한 모든 수준의 체계를 통해 가치를 이해할 수 있는 새로운 실행 가능한 렌즈를 제공해야한다. 이는 건축 전문가들이 비판적 성찰을 위해 잠시 시간을 내어 자신의 위치와 21세기에 대한 책임을 숙고하고, 복잡한 문제에 대한 흥분을 정면으로 다룰 수 있는 기회를 제공한다—건축 전문가들은 이미 그들의 작업 중 다른 측면에서는 그렇게 해왔다.

그런 렌즈를 통해, 건축가들은 (장기적인 공적 가치에 집중할 때 성과급을 받는 고객과의) 계약상 책임의 일부로 건조 환경에 의해 가능해진 결과물'을 전달하고 관리하는 데 중점을 둘 것이다. 예를 들어, 작업 공간 디자인 계약은 혁신적인 사고력을 높이고, 창의성과 공감력을 키우며, 직원 유지율을 높이고, 병가를 줄이고, 사업상 결정사항의 완전성을 보장하기 위한 성과 기준을 수립할 수 있다. 건축가들은 신중하게 고려한 계약을 통해 이런 전략적 성과를 창출하거나 가속화하기 위해 다층적 환경을 구축해야 할 책임이 있다. 따라서 건축 설계 대가는 건축 자재라는 상품 구성에 대한 보상과는 반대로 이런 전략적 성과를 발전시키고 전 체계의 가치를 창출하는 것과 관련이 있다. 건축가의 책임은 분명히 건물 완공 시점에 끝나지 않을 것이다—지속적인 입주 후 평가는 영향을 평가하고, 위험을 관리하며, 통찰력을 얻는 데 중요한 도구가 된다.

제도적 기반 체계의 시의적절한 진보

이는 몽상처럼 들릴지 모르지만 점점 더 실현 가능한 미래상이 되고 있다. 우리는 건축 계약의 급진적인 재발명을 허용할 수 있는 절호의 순간을 마주하고 있으며 따라서 우리 직업의 사업 모형을 근본적으로 공공선과 재연결할 수 있다. 특히 이를 가능케 할 경향에 대한 고찰은 가치 있는 일이다. 특히 재원조달, 설계, 자동화 및 알고리즘 기반의 계산과 데이터, 정책, 규제, 협치와 같은 6개 분야에서 최근에 일어난 진보가 수렴되는 경향을 보라.

재원조달

공동선에 자금을 조달하는 영역에서, 우리는 결과를 성취하는 프로젝트에 기초하여 투자자에게 상환을 전제로 하는 사회 영향 채권과 같은 영향 주도적 수단의 출현을 경험했다. 재범을 줄이고, 조기 학습을 강화하며, 청소년 고용을 향상시키는 것과 같은 영향 주도적 수단들의 목표는 모두 공공 출납만이 아니라 인간의 삶에 직접적인 영향을 미친다. 이런 수단들은 우리에게 사회적, 환경적 파괴와 관련된 비용 및 위험을 이해하기 위한 개념적이고 체계적인 틀거리를 제공했고, 미래의 위험에 대해 자연스럽게 대비하는 데 필요한 방어기제를 창조할 수 있게 했다. 이런 수단들은 예방 경제에 투자할 수 있는 능력을 부여해 미래의 사회적 책임을 줄이는 결과를 주도한다. 예방적 투자 구조와, 우리가 직면하는 '악질적인' 과제가 단독으로든 개입의 단일 지점을 선택해서든 다뤄질 수 없다는 인식과 결합된다면, 우리는 변화를 위한 다중 행위자 기금에 필요한 수단 유형을 상상할 수 있다.

지금까지 사회 영향 투자(impact investing)는 대부분 금융 시장의 비교적 틈새 시장에 포함돼 있었고, 이는 사회적 영향을 표준 의사 결정 체계의 작지만 '있으면 좋은' 부분으로 추가하는 것이었다. 그러나 우리는 단순히 위험의 관리 및 다각화에 대처하는 대신 공동의 이익을 위해 협력 프로젝트에 연료를 공급하도록 고안된 새로운 종류의 파생, 즉

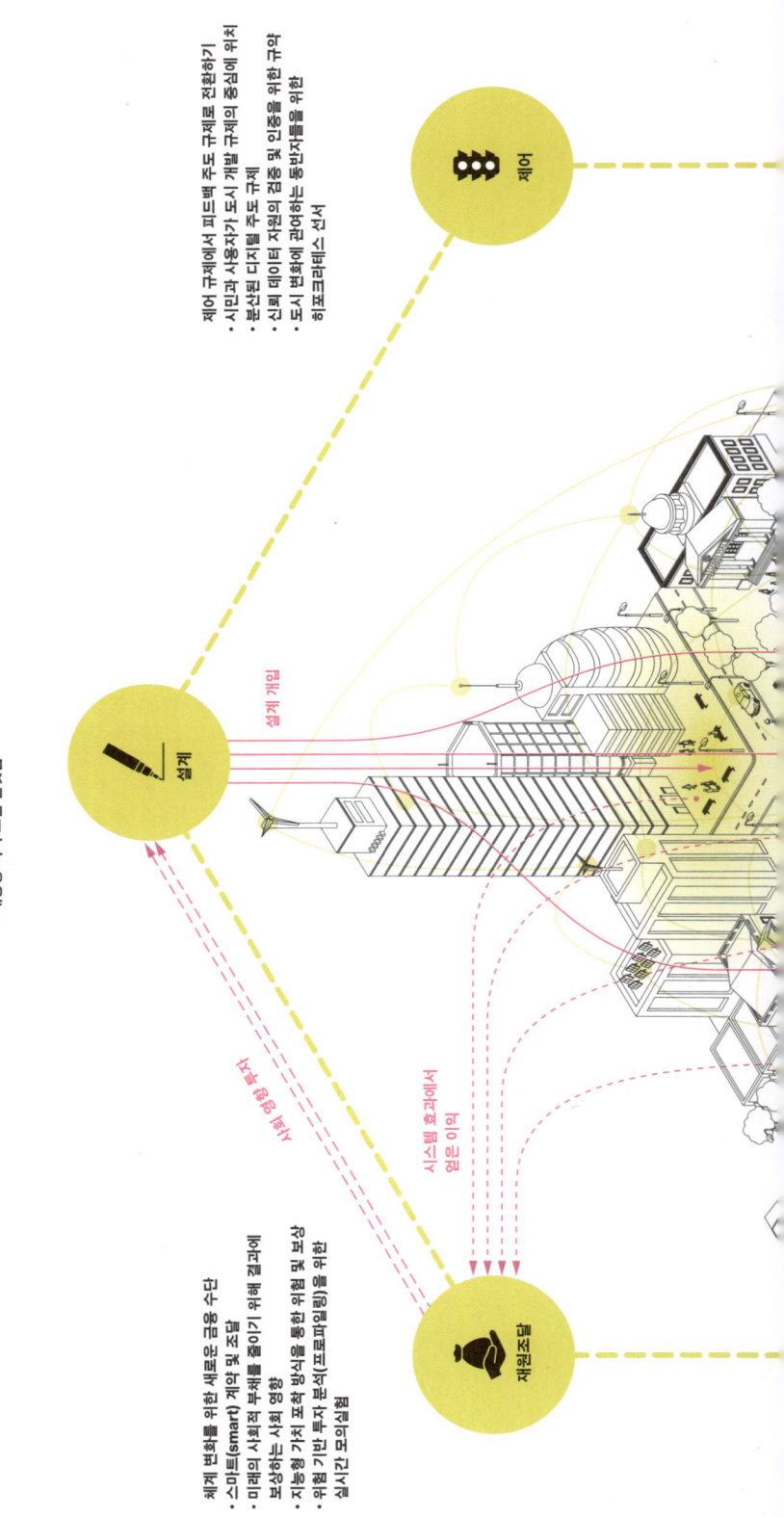

제어
- 제어 규제에서 피드백 주도 규제로 전환하기
- 시민과 사용자가 도시 개발 규제의 중심에 위치
- 분산된 디지털 주도 규제
- 신뢰 데이터 자원의 검증 및 인증을 위한
- 도시 변화에 관여하는 동반자들을 위한 히포크라테스 선서

설계
설계 개입

결과 주도의 설계 및 개발
- 장소 만들기 및 기반시설을 위한 통합된 설계 및 개발
- 디자인 기반의 대중적 공공 참여를 위한 역동적인 순환 주기
- 권역별 분산된 기반시설에 대한 설계 영향 평가
- 지역의 주택의 신축 모형(공동 생활, 세대 융합, 모듈형, 조립식, 자체 건설형)
- 4차원 건물 정보 모델링 소개이스(건물 정보 모델링에서 권역 정보 모델링까지)
- 비전을 갖춘 학습 및 훈련 전략을 통한 지속적인 인적 자원 구축
- 개방형 지식 교환 플랫폼

사회 영향 독자

시스템 효과에서 얻은 이익

재원조달
- 세계 변화를 위한 새로운 금융 수단
- 스마트(smart) 계약 및 조달
- 미래의 사회적 부채를 줄이기 위해 결과에 보상하는 사회적 영향
- 지능형 가치 포착 방식을 통한 위험 및 보상
- 위험 기반 투자 분석(프로토파일링)을 위한 실시간 모의실험

134

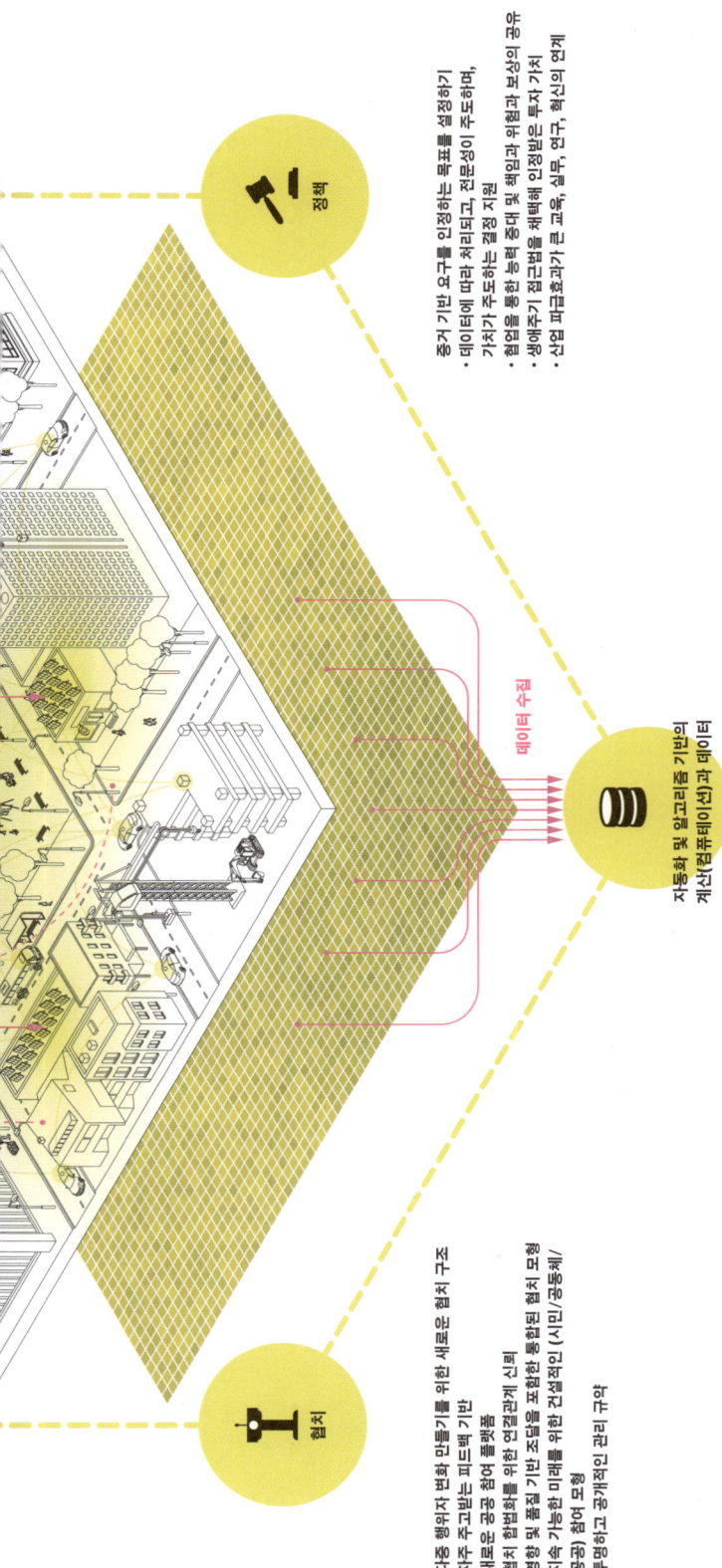

정책

증거 기반 요구를 인정하는 목표를 설정하기
- 데이터에 따라 처리되고, 전문성이 주도하는 가치가 주도하는 결정 지원
- 협업을 통한 능력 증대 및 책임과 위험에 인정받은 보상과 공유
- 생애주기 접근법을 체계적으로 인정받은 투자의 가치
- 산업 파급효과가 큰 교육, 실무, 연구, 혁신의 연계

데이터 수집

자동화 및 알고리즘 기반의 계산컴퓨테이션(연산)과 데이터

정책 및 결과 평가에 대한 근거 자료를 제공하는 데이터스케이프(Datascape)
- 새로운 센서 기술을 통한 실시간 데이터 수집
- 거대데이터(빅), 개방데이터(오픈), 동부한 데이터 기획
- 현재 정보의 광범위한 사용을 정리하는 공개 응용 프로그램 인터페이스(API)
- 데이터 품질 및 무결성의 지속적인 향상
- 공유된 예측 모형을 개발하기 위한 데이터 과학 및 인공 지능 기술의 사용

협치

다중 행위자 변화 만들기를 위한 새로운 협치 구조
- 자주 주고받는 피드백 기반
- 새로운 공공 참여 플랫폼
- 협치 협력화를 위한 조정을 연결관계 신뢰
- 영향 및 품질 기반 조정을 포함한 통합된 협치 모형
- 지속 가능한 미래를 위한 건설적인 (시민/공동체/ 공공) 참여 모형
- 투명하고 공개적인 관리 규약

재원조달, 설계, 자동화 및 알고리즘 기반의 계산과 데이터, 정책, 규정, 협치의 진보가 모여서 우리는 미래의 결과를 위한 건축을 상상할 수 있다.

'파급효과 파생상품(impact derivatives)'을 쉽게 상상할 수 있다. 이는 체계 변화―직접적이고, 완곡하고, 결과에 기반하는 수익의 종합―에 초점을 맞춘 재정 지원으로 자기 자본, 부채, 지원금과 같은 전통적인 재원 도구를 결과 전달 계약과 융합하는 것이다. 파급효과 파생상품은 체계의 2차 가치 창출을 설명하고 현재의 사고에서 대체로 무시되는 시장 실패와 관련된 현금 흐름에 대한 접근을 열어줄 수 있다.

설계

긍정적인 도시 결과(city outcomes)를 향한 도시 설계 과정을 지원하려면 기존 도구의 용도 변경뿐 아니라 새로운 도구가 필요하다. 예를 들어, 파라메트릭 디자인과 진화 알고리즘과 같이 새로운 조각 형태를 생성하는 데 이미 널리 사용되는 첨단 전산 설계 도구는 사회적 결과에 대한 건물 성능을 최적화 하기 위해 사용될 때 최대한의 잠재력을 발휘할 수 있다. 우리는 건물 정보 모델링(Building Information Modelling, BIM)에서 권역 정보 모델링(Precinct Information Modelling, PIM)으로 이동할 수 있다. 지리 정보 시스템(Geographic Information Systems, GIS)은 시 전역의 다계층 지식을 통합 할 수 있으므로 체계 규모의 분산 기반시설에 대한 설계 영향 평가가 가능하다. 훌륭한 예가 플럭스(Flux [flux.io])다. 플럭스는 건물 규제 제약, 전망 복도, 계획 제한과 같은 부지 조건을 직접 시각화하고 설계할 수 있는 도구로 공동 작업 설계 플랫폼 기반으로 작동한다.

우리는 또한 전문가의 책상에서 떨어져서 이뤄지고 있는 디자인의 진보를 보고 있다. 사회적 건축 실천은 일회적인 회유책 연습을 뛰어 넘는 도시 설계에 대한 지속적인 대중적 공공 참여를 위한 혁신적인 방법으로 전진해왔다. 그리고 저렴한 주택 분야는 공동 주택, 세대 통합 숙박, 모듈형 조립식, 자가 건축 주택을 포함한 새로운 접근 방식의 발명을 봤다. 이런 발전은 상상할 수 없었던 규모에서도 결과에 중점을 둔 반응이 빠른 설계 과정을 가능케 한다.

자동화 및 알고리즘 기반의 계산과 데이터

블록체인(공유 원장[shared ledger]을 통해 분산된 보안 거래를 가능하게 하는 기술)과 스마트 계약 (디지털 플랫폼을 통해 자동 실행)은, 무어의 법칙과 클라우드 컴퓨팅의 편재성을 활용해 안전한 거래와 수천 명에 달하는 당사자 간의 법적 계약 체결을 빈번하게 허용한다. 시 전역의 결과를 위한 계약을 통해 이런 디지털 규약은 이사회 회의실에 들어갈 수 있는 소수의 사람뿐 아니라 과정에 부여된 수천 명의 이해관계자를 적극적으로 수용할 수 있다.

데이터 수집과 분석의 기술적 진보는 이런 미래상에 대한 평가 및 증거 장치를 구축하는 데 중요하다. 새로운 유형의 감지기는 실시간 측정 동작과 체계 흐름의 잠재력을 열어준다. 공개 데이터 기획은 협력 당사자 간에 최신 정보를 공유하기 위한 규약을 창조하고 있다. 데이터 과학 분야의 급속한 진보는 예방적 개입을 해제하기 위해 공유된 예측 모형을 개발하는 데 도움이 되는 새로운 기계 학습 기술을 만들어냈다. 이런 기술을 기반으로 한 실시간 피드백 기제는 민간 부문의 계몽된 자기이익과 대응 정책의 행동방식이 공공 부문에 이익이 되도록 정보를 제공할 수 있다.

정책

지속 가능하고 미래 지향적인 혁신의 범위가 기업체의 경계를 넘어서고 시 공무원의 재선주기를 지나 지속되면서, 도시 자체는 도시의 기관들과 거주자들의 문화와 사명에 의해 정의된 새로운 지속적인 사회적 구조로 부상한다. 그러므로 도시 정책과 전략은 모든 상호 연관된 행위자를 포괄하고 도시 자체의 타임 라인에서 행동해야 한다. 따라서 단기 의존성으로부터 정책 결정을 분리하는 데 점점 더 많은 관심을 보이고 증거에 기반한 수요에서 나온 정책을 지지하는 경향이 커지고 있다. 증거에 기반한 수요에서 나온 정책이란 새로운 유형의 공적 책무성을 창조하는 방식으로 데이터, 전문 지식, 가치 공유가 주도하는 것이다. 건조 환경의 생애주기 전반에 걸쳐 가치 창출을 인정하는 평가 접근법을 채택하면 이런 장기적인 관점과 영향 투자의 효과를 인정할 수 있다. 이와 병행해서, 협력적 접근법은 책임, 위험, 보상의 공유를 통해 정책 결정 기관의 역량을 향상시켜 전 체계의 변화가 요구하는 보다 큰 범위를 지원한다.

규제

신뢰할 수 있는 데이터 소스의 유효성을 확인하고 인증하는 새로운 규약은 중앙 집중식 제어 규제를 분산되고 응답하는 피드백 주도 규제로 전환시키고 있다. 이것은 지금까지 계획 과정에서의 잠재적인 효율성 향상에 의해 동기를 부여 받았지만, 도시 개발 규제의 중심에 시민과 사용자를 돌려 놓을 것이라는 약속을 보여주기도 한다. 도시 변화에 참여하는 모든 동참자에게 선언한 히포크라테스 선서의 지원을 받은 분산 체계는 시민이 주도하는 사업을 시 전역의 전략과 연결하고 공공선을 향한 개발을 가속화할 수 있다.

협치

미래에 대한 이런 생각의 중심에는 시민의 행위 주체성을 강화한다는, 즉 대의뿐 아니라 행동의 민주주의를 창출한다는 생각이 있다. 이는 시민, 영리 기업, 공공 부문이 지역 사회는 물론 모든 이해관계자에게 이익을 가져다 주는 결과를 위해 협력할 수 있는 제도적 기반 체계를 창출하는 것이다.

우리가 현재의 도전에 민첩하게 대응할 수 있는 전통적인 민주적 기구의 능력이 감소하는 현실을 관찰하고 있지만, 다른 한편으로는 풀뿌리 차원에서 시민의 행위 주체성을 강화하고 에너지를 이용하기 위한 새로운 모델의 시작을 보고 있다. 이런 새로운 공공 참여 플랫폼은 건설적인 참여 방법론, 신뢰 네트워크, 근본적으로 투명한 행정에 의존해 모든 행위자들의 리더십과 공헌을 합법화한다. 이런 초기 원형을 늘리고 크기와 규모를 확대하면 광범위한 자원으로부터 나오는 빈번한 피드백으로 정보가 제공되는 다중 행위자 변화 만들기를 위한 도시 협치의 변화로 이어지고 사회를 공동으로 창조할 수 있는 힘을 발휘하고 민주화할 수 있다.

결과를 위한 새로운 건축가 계약의 원형 만들기

[앞서 설명한] 여섯 가지 영역 모두에서 임계점 도달을 향한 지속적인 혁신에 좌우되는 미래를 상상하기란 어려워 보일 수 있다. 그러나 지금이야말로 이런 미래의 핵심 구성요소 중 하나인 원형을 만들기 시작할 때이다. 즉 합법성, 책무성, 재원조달, 규제, 설계, 평가에 필요한 요소를 종합하는 '결과를 위한 건축가 계약' 말이다. 우리가 지금 그것을 상상하고 토론하고 시험하지 않는다면, 미래가 건축가의 문을 두드릴 때 우리는 준비되지 않았다고 말해야 할 것이다.

이 새로운 건축가 계약은 다음과 같은 두 가지 핵심 원칙에 따라 설계돼야 한다. 첫째, 민주적 수단을 통해 당도한 시 전역의 목표를 효율적으로 포함해야 하며 성공의 척도를 공개적으로 정의해야 한다. 둘째, 잠재적인 이해관계자와 수혜자를 수용할 수 있어야 하며, 이들 모두가 미래의 협치에 관여해야 한다는 관점을 반영해야 한다. 시범 계약은 이미 사용중인 계약의 전례에서 출발해야 하며, 일반적으로 방위 분야에서 사용되는 성과 기반 계약(Performance Based Contracting, PBC)의 다양성과, 대규모 건설 프로젝트에서 점차 인기를 얻고 있는 동맹 계약과 같은 다중 당사자 계약이 포함돼야 한다.

결과 정의 및 평가

간단히 말해 계약의 기능은 참가자들 간의 상호 신뢰 구조를 제공하는 것이다. 계약은 당사자들이 계약의 성공적인 결론이 모두에게 이익을 가져다 주는 반면에 위반할 경우 피해 당사자에게 고비용 파급 효과가 발생한다는 점에 확신을 가지고 진행할 수 있도록 충분히 조정된 유인책 구조를 계획함으로써 작동한다.

계약의 목적이 도시 규모에서 긍정적인 변화를 구현하는 것이라면 바로 그런 이유로 인해 모든 당사자가 자동으로 성과급을 받았다고 주장하고 싶을 수도 있다. 그러나 책무성에 대한 엄격한 기제로 작용하기 위해서는 계약은 요망하는 결과를 명확하게 정의하고 유인책 체계에 직접 연결시켜야 한다. 이런 계약은 적절한 공간 규모와 시간적 빈도로 추적 할 수 있는 기존의 주요 성과 지표(Key Performance Indicator, KPI)에 대한 초안이 될 수 있지만 새롭게 대두되는 데이터 수집 방법론으로 측정 할 수 있는 도시 활동 측면에서도 유용하다. 따라서 우리는 다음을 위해 작성된 계약을 구상할 수 있다.

- 활동 정도를 향상시켜 비만을 줄이고 운동 능력을 늘리는 녹색 공간,
- 교육 시설의 증대를 주도하거나 혁신을 가속화하는 학교 시설,
- 시민/공민 참여와 행정 투명성을 높이는 시민 회관,
- 생산성과 업무 만족도를 높이는 작업 공간,
- 사회적 연결망을 육성하고, 이웃 만족도를 높이고, 범죄율을 낮추는 주거 지역,
- 오염을 줄이면서 이동 기간을 단축시키는 교통 기반시설,
- 관광으로 도시 수입을 증가시키는 호텔,
- 재활용율을 높이고 탄소 배출량을 줄이는 산업 시설.

성공 지표의 측정에 대한 필요성은 계약에 명시되어야 하며, 그렇게 함으로써 장기간에 이루어지는 입주 후 데이터 수집이 모든 새로 조달된 건축물에 대한 요구 사항이 된다. 성공의 직접적인 측정이나 명확하지 않은 인과 관계가 없는 경우는 (종종 일어나기도 하는데), 동료 검증의 데이터 과학 기술을 사용하여 실행 가능한 위임권을 생성할 수 있다. 측정 및 목표 값을 위한 방법론 또한 모든 당사자들의 토론을 거쳐야 하고, 계약 협상 과정의 가치 있는 부분으로 간주되어 계약 조건에 대한 광범위한 신뢰를 보장해야 한다.

잠재적으로 위험을 안은 이 새로운 유형의 계약을 열정적으로 채택할 수 있게 하려면, 유인책은 두 경우만 가능해서는 안된다는 것이 분명해진다. 야심적인 목표가 완전히 달성된 경우에만 전액 보상되고 그렇지 않으면 성과급이 없는 방식은 바람직하지 않다. 따라서 이런 계약에는 가치 있는 야망을 추구하는 프로젝트의 어려움을 인정하고 장려하는 배당 지표 또는 비례에 따른 방정식이 포함되어야 한다.

마지막으로, 협약에는 개별 당사자의 처벌이나 보상보다는 목표 결과 전달에 중점을 두어 검토, 집행, 분쟁 해결 절차를 개괄하는 조항이 포함되어야 한다.

여러 당사자를 수용하기

성공적인 결과는 공사 과정에 대한 성공적인 결말뿐 아니라 장기간에 걸친 건축물의 효과적인 운영과 책임 있는 사용에 달려 있다. 모든 건축 및 건설 전문가뿐 아니라 그 주변의 재무 및 법률 전문가, 감독관, 기획자, 지방 당국, 건축물 사용자 및 손님, 건축물의 유지 보수 및 운영을 담당하는 서비스 제공 업체, 더 나아가서는 이웃에 관련된, 건축물에 거주하는 동안 건축물의 성능에 책임이 있는 수많은 당사자의 책무성을 추적하는 결과적인 문제는 분명히 사소한 일이 아니다.

계산 가능한 스마트 계약서라면 해결책을 제시할 수 있는데, 이는 온라인 양식을 작성하여 입력할 수 있고 법적인 감독 없이 실행될 수 있는 디지털 방식으로 암호화된 계약서다. 예를 들어 달성된 특정 지표 임계 값 상태에 대한 지불을 승인하는 방식이 있다. 계약 체결을 시작하고 완료하는 절차를 자동화하는 것은 수천 명에 달하는 당사자 간의 계약 협업에 대한 원형을 만드는 데 필요한 단계다. 스마트 계약서는 비교적 새로운 기술이지만 모낙스(Monax [monax.io])와 블록 체인 컨소시엄 R3(r3cev.com)이 상업적으로 구현하면서 빠르게 향상됐다.

또한 건축물 수명의 순서대로 완성도를 더하는

계약의 가능성은 유연한 접근이 필요하다는 것을 시사한다. 이를 통해 최근 수년간 건설과 정보기술 산업과 같은 대규모 공동 프로젝트를 수행하는 데 성공적으로 사용돼 온 제휴 계약을 살펴볼 수 있다. 제휴 접근법의 이점은 해결안이 무엇인지 미리 지정하지 않고 특정 문제를 처리하는 데 사용할 수 있다는 것이다. 따라서 이해관계자가 변화하고 예측할 수 없는 상황에 직면하더라도 제휴 접근법은 (공동의 설명 책임과 법적 책임이라는 정신으로) 공유된 사명에 대해 협력적으로 혁신할 수 있는 공간을 조성한다. 이런 유연한 접근법은 당사자들이 비용과 프로젝트 기간을 단축하도록 동기를 부여하는데, 이는 그렇게 하지 않을 경우 정해진 방식으로 명기하는 것이 아니다.

전문가 직종에 대한 시사점

이 유형의 계약을 철저하게 적용하면 건설 전문직에 부득이 중요한 영향을 미칠 수 있다. 이는 사용자 행동과 건축물 성능 데이터를 포괄하는 표준 작업 일정을 재구성해야 할 필요성을 의미한다. 우리의 건축 윤리 강령은 건축가의 결과에 대한 새로워진 책임을 반영해 변화하지 않는 한 무의미해질 것이다. 시민이 주도하는 협업과 결과 전달을 중심으로 계획 및 규제 틀거리를 재구성해야 한다. 우리의 보험 기반 구조는 체계에 대한 책무에 뒤쳐지지 말아야 할 것이다. 근본적으로, 건축 및 도시계획 실천의 본질과 이들 분야에 요구되는 역량은 변화할 필요가 있으며, 이는 건축 학교의 커리큘럼을 재고하는 방향으로 이어질 것이다.

다음 제안은 이 결과 기반의 새로운 건축가 계약의 잠재적 영향에서 비롯한 건축 전문직에 대한 일곱 가지 제도적 기반 체계다.

1. 건축가를 위한 히포크라테스 선서 도입. 건축가들이 설계한 건조 환경의 장기적인 사회적, 환경적 성과와 관련하여 책무를 명기한다.
2. 건축 사업 모형의 전환. 공사비의 백분율을 기반으로 하는 방식에서 결과의 성과에 따라 가격을 책정하는 방식으로 바꾼다.
3. 건축물 사용자와 다른 시민들을 포함하여 모든 이해 관계자의 집단적 지식과 지성, 혁신, 참여를 이끌어 내기 위한 건축 과정을 다시 상상하자.
4. 수요 측면에서 새로운 공공 조달 요건을 수립하고 공급 측면에 대한 오픈 소스 증거 기반에 투자함으로써 증거와 가설 주도적 도시론이라는 새로운 영역을 개발하자.
5. 모든 [건축사로 불리는] 등록된 건축가들과 그들의 설계 데이터 및 지식에 대한 데이터 공유재를 확립한다. 이는 깃허브(GitHub)와 같은 오픈 소스 코드 저장소의 유형과 라이센스 협약을 기반으로 하며, 버전 관리 및 포킹(저장소 복사) 제어가 포함된 설계 데이터를 위한 실행 가능한 오픈 소스 파일 표준에서 동력을 얻는다.
6. 사회적, 환경적 결과에 대한 건축과 건조 환경의 성능 지표를 재조명하는 게 좋다.
7. 현장 프로젝트 틀거리를 중심으로 구축된 첨단 폴리테크닉 학교로서 새로운 세대의 건축 학교에 초기 투자한다. 그리고 데이터 주도 설계, 행동 경제학, 장소의 사회 물리학, 계량 경제학, 변화 정치학, 영향 분석, 민족지학을 포함하는 장소 만들기에 대한 체계 접근법에 중점을 둔 커리큘럼을 제공한다.

이런 이행은 건축을 데이터 주도의 미래를 열어 줄 수 있는 지점에 위치시킨다. 즉 자신의 영향력을 정량적으로 정당화할 수 있고, 그렇게 함으로써 가장 큰 도전들을 수행할 수 있는 능력을 발휘하는 건축이다. 이는 많은 소규모 개입의 마이크로매시브(micro-massive) 건축으로 엄청난 효과를 고무하고, 디자인에 대한 투자가 인간 산출에서 800배의 가치를 창출할 수 있다는 인식에 근거하여 근본적으로 다른 디자인 경제를 주도한다. 이것은 매혹적인 이미지를 뛰어 넘어 인간 진보에 오랜 기간 동안 지속 가능한 기여를 하기 위한 건축이다.

도시와 시민에 대한 시사점

이 새로운 계약의 채택이 우리 도시의 설계에 어떤 영향을 미칠 수 있을까? 희망컨대 미래에는 인간의 경험을 도시 개발의 핵심으로 되돌리는 것이다.

이 재배치에 대한 요구는 한국에서 뚜렷이 분명하다. 일본의 점령과 이어진 한국 전쟁이 끝난 후 한국은 급속한 경제 성장기를 경험했다. 이 '한강의 기적'은 세계에서 가장 가난한 국가 중 하나에서 60년 만에 G20(주요 20개국) 회원국으로 변모하는 것을 보았다. 이 엄청난 확장은 여전히 진행 중이며, 가속화된 도시화 과정을 가져와 미래 지향적이고 뻗어 나가는 대도시 서울을 만들었지만, 발전하는 경제가 상당수의 사람을 뒤처지게 했다는 느낌을 남긴 채로 일어난 일이다.

이는 개발의 급격한 분출을 겪은 다른 도시들과 공유되는 경험이다. 여기서 우리의 생각은 역동적인 도시가 주민들의 통제를 벗어난 비인간적인 환경이 될 수 있다는 자각으로 이어지게 된다. 그럼에도 불구하고, 최근 몇 년 동안, 단호한 제도에도 불구하고 공통의 이익을 위해 자신들이 살고 있는 도시를 변화시킨 진취적인 시민의 사례가 있었다.

미국의 오레곤주 포틀랜드에서는 75명의 자원 봉사자들이 에스쿠엘라 비바 커뮤니티 스쿨(Escuela Viva Community School) 주차장의 콘크리트 포장을 제거하여 1만 평방 피트의 식물을 심은 놀이터로 변모 시켰다(depave.org/escuela-viva/). 이것은 오레곤주의 디페이브(Depave)라는 조직에 의해 촉진된 많은 개입 중 하나에 지나지 않는다.

점령(Occupy) 운동 참여자들은 2012년 초강력 태풍 샌디가 뉴욕을 강타한 후 신속하게 행동주의의 방향을 틀어 재난 구호 조직이 되어 피해자들을 조기에 지원했다. 오큐파이 샌디닷넷(occupysandy.net)은 주 당국보다 더 민첩하게 대응할 수 있었고, 원조를 제공하고 협업적인 재건 노력을 조직했다.

영국의 노스 런던에서는 50세 이상의 여성 그룹이 최근 네덜란드의 사례에서 영감을 얻어 공동 주택 공동체를 건설했다. 노인 여성 공동 주택(owch.org.uk)은 상당한 제도적 장애를 극복하고 그와 같은 다른 공동 주택 프로젝트의 길을 텄다.

이들 프로젝트는 확실히 주목할만하고 예외적인 것이며, 바로 그게 문제다. 우리는 전 세계 도시들이 직면한 쟁점들을 다루기 위해 검은 백조에 의지할 수 없다. 결과를 위한 새로운 건축 계약을 수립하고 그 주변에 합리적인 제도적 기반 체계를 구축함으로써, 이런 프로젝트는 도시 개선을 위한 기본 방법이 되는 데 필요한 체계적인 지원을 얻을 수 있다.

움직이기

마찰과 주문 이행 사이[1]
제시 레커발리에

2017년 6월 통계 웹사이트 '파이브서티에이트(fivethirtyeight.com)'는 표지 기사를 통해 '피젯 스피너(fidget spinner)는 끝났다'고 선언한다.[2] 피젯 스피너는 무겁고 둥근 돌출부가 중앙 베어링 주위로 자유롭게 회전하는 손바닥 크기의 새로운 장난감이다. 파이브서티에이트의 평가와 반대로, 해당 월 아마존 베스트셀러 순위에서 피젯 스피너의 변형들은 '최신 인기 상품' 상위 스무 개 중 열여덟 개를 차지하며 그 인기가 '끝나지' 않았음을 증명했다.[3] 피젯 스피너의 기원은 논란의 여지가 있다. 불안해하는 기술 산업 종사자들이 긴 회의 시간 중 집중하기 위해 일부 변형들을 만들었다는 얘기도 있고, 한편에서는 아이들이 이스라엘 경찰에게 돌을 던지는 게 불편했던 한 화학공학자가 "평화를 증진시키는 방법으로 (…) 진정시키는 기능이 뛰어난" 무언가를 디자인하기 시작했다는 견해도 있다.[4] 미심쩍긴 하지만 이 장난감은 긴장감을 완화시키고 불안감을 덜어주는 장점이 있다고 홍보된다. 아직 이런 주장을 뒷받침할 실질적 증거가 없음에도 아마존에서 판매하는 제품들은 여전히 이를 상품명으로

[2] Walt Hickey (2017). "Fidget Spinners Are Over," fivethirtyeight.com, 2017년 6월 16일, https://fivethirtyeight.com/features/fidget-spinners-are-over.

[3] "Amazon Hot New Releases," Amazon.com, https://www.amazon.com/gp/new-releases/toys-and-games/ref=zg_bs_tab_t_bsnr (2017년 6월 25일 접속).

[4] Kenny Malone (2017). "Fidget Spinner Emerges as Must-Have Toy of the Year," All Things Considered, npr.com, 2017년 5월 4일, http://www.npr.org/2017/05/04/526931943/fidget-spinner-emerges-as-must-have-toy-of-the-year. 이 장난감 발명에 대한 상세 정보는 Jennifer Calfas (2017). "Meet the Woman Who Invented Fidget Spinners, the Newest Toy Craze Sweeping America," Time, time.com, 2017년 5월 3일, http://time.com/money/4762207/fidget-spinner-inventor-catherine-hettinger/와 "Millions Sold: Was the Original Fidget Spinner Made in Suquamish?," Seattle Times, Seattletimes.com, 2017년 5월 17일, http://www.seattletimes.com/seattle-news/our-high-end-fidget-spinner-will-beat-the-competition-local-makers-say 참조.

아마존에서 가장 많이 팔린 피젯 스피너 중 하나.

[1] 돈의문 박물관 마을에 전시된 「물류 혹은 행복의 건축」에 관한 글이다. ―옮긴이

내세운다. 예컨대 한 제품의 공식명은 "UFO 스피너. 강력한 내구성을 지닌 스테인리스스틸 베어링. 3–5분 동안 고속 회전하는 정밀 금속 날개. 주의력결핍 과잉행동장애(ADHD)의 집중력 향상 및 불안감 완화. 지루하지 않게 시간을 때우며 언제든 즐길 수 있는 장난감"이다.[5]

피젯 스피너의 인기는 어떤 동기가 이 장치의 빠른 확산에 작용했음을 보여주는데, 아마도 그것은 집단적 불안감의 증가, 즉 사람들이 스트레스를 해소한다고 인정받은 방법을 필사적으로 찾고 있음을 반영한다고 볼 수 있다. 아직 과학적으로 입증되지 않았음에도, 애쓰지 않아도 되는 행위와 이용자를 편안하게 만드는 무게감은 마음을 누그러뜨리는 성질을 지닌다. 사실 이 장난감은 중앙에 고리와 금속 구를 조립한 단순한 볼 베어링에 불과하다. 그러나 바로 이것들이 피젯 스피너의 성공을 만들어낸 장본인이자, 이 장난감이 제 기능을 하도록 만드는 요소들이다. 베어링은 산업화 과정에 지대하게 기여해왔고 군대 및 지정학적 전략의 핵심이었는데, 이는 다름 아닌 마찰을 줄여 움직임을 더 부드럽고 빠르게, 그리고 더 오래 지속시키는 그 기능에서 기인했다.[6] 피젯 스피너와 그 중심에 자리한 베어링이 수백만 명의 손에서 판로를 찾으며 수백만 명의 개인들이 자신들의 삶에서 마찰 감소라는 무한한 열망을 담은 몸짓을 수행하기에 피젯 스피너의 성공은 볼 베어링이 거둔 작은 승리로 볼 수 있다. 그리고 만약 이 장치의 기원에 대한 얘기가 사실이라면, 이용자들은 자발적으로 행동 교정 프로그램에 등록하는 셈이 된다. 피젯 스피너가 마찰 감소기이자 자가 치료 스트레스 완화제이며

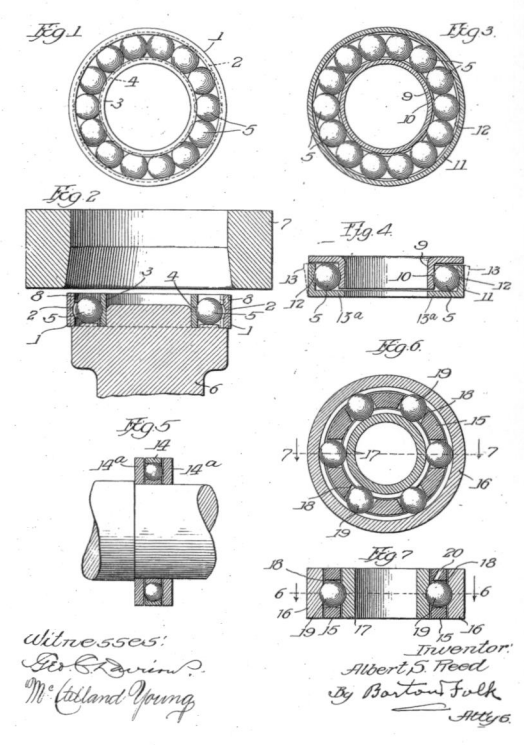

A. S. 리드(A. S. Reed)의 '볼 베어링 구조'에 대한 특허 도면의 평면도. 홈이 있는 내부 고리와 외부 고리 사이에 볼이 자리한다. USPTO 1,080,169, 1913년 12월 2일.

통제 및 수련용 장치라면, 행동 규제, 통제 그리고 마찰이라는 유사한 쟁점을 지닌 자재 관리 및 물류의 세계에서도 뜬금없는 얘기는 아닐 것이다. 그러나 피젯 스피너가 보여주듯, 물류의 세계는 즉각적으로 드러나기보다는 더 보편적이다. 그리고 우리는 생각보다 더 물류적이다.

마찰은 이행의 적이다.

물류 산업 활동은 시공간에서 사물들을 움직이는 일과 관련된 작업 영역이자 지식의 총체로서, 지구의 형태와 중력 그리고 그에 따른 마찰 등이 만들어낸 문제를 극복하고자 최선을 다한다. [마찰이] 너무 크면 어떤 것도 움직일 수 없으며, 충분하지 않으면 우리는 통제력을 잃는다. 물류

---

[5] Jennifer Calfas (2017). "Do Fidget Spinners Really Help with ADHD? Nope, Experts Say," time.com, 2017년 5월 11일, http://time.com/money/4774133/fidget-spinners-adhd-anxiety-stress.

[6] Peter Galison (2001). "War against the Center," *Grey Room*, no. 4 (2001): 7–33.

'볼 매트' 롤러 바닥 덕분에 노동자는 수 천 파운드에 달하는 에어컨 공조기를 굴려 UPS 항공기 안팎으로 옮길 수 있다.

회사들은 사물과 사람이 무한히 부드럽게 움직일 수 있도록 마찰과 그 효과를 극복할 방안을 끊임없이 강구한다. 사물의 공간 이동과 관련된 기업들은 다양한 기술과 기구를 통해 통제 수준과 속도를 향상시키기를 열망한다. 이런 기술들 중 일부는 상품의 정확하고 상세한 시공간상 위치를 관리하는 매우 정밀한 명령 및 소통 체계로 이루어진 광대하고 정교한 연결망을 구성한다. 작동 기제가 더 단순한 다른 기술들도 있다. 예컨대 단일 볼 이송 장치(ball transfer unit)는 사실상 볼 하나를 포함한 베어링으로, 항공 화물 컨테이너의 무게를 감당하기에는 불충분하다. 그러나 수 천 개를 함께 조립하면, 마찰 계수를 낮춰 한 사람이 취급할 수 없을 물건을 물리적으로 충분히 움직일 수 있도록 해준다. 베어링은 또 다시 승리를 거두는데, 이번에는 건축물 자체를 변형하는 게 그 방법이다. 물류 회사는 주문 이행 센터(fulfillment center)의 바닥을 사실상 마찰이 없는 표면으로 바꿈으로써 새로운 종류의 환경을 창출한다. 이 환경은 인간의 이동성에 영향을 미치는 방식으로 물류 산업이 초래한 변형과 프로그램이나 분위기를 만들어내는 확장된 디자인 가능성을 암시한다.

예를 들어 아마존, 페덱스(FedEx), UPS, 혹은 월마트(Walmart)가 운영하는 유통 건물의 경우, 볼 이송 장치를 장착한 바닥 같은 윤활 기술은 동선을 따라 상품을 이송하는 작업의 속도를 높인다. 그러나 이 과정은 자동으로 일어나지 않으며, 그런 증강 기술이 없다면 자신의 의사와 상관없이 이런 환경에 살게 되는 인간은 제 역할을 하기 어렵다. 사실 이런 기술들은 인간의 삶에 점점 더 적대적인 환경이 생명을 유지하는 장치가 된다. 자동화된 아마존 창고에서 재고품의 이동 및 보관을 위한 주문 이행 센터는 '사람 출입 금지 구역'으로 설명된다.[7] 우리가 설계했으나 우리에게 적대적인 이런 환경에서 우리는 가능성을 발견할 수 있는가? 우리는 이런 환경들의 임박한 편재에 대비해 더 방어적 자세를 취해야 하는가?

이 글에서 설명하는 환경은 일반적으로 준교외 경공업 개발단지의 창고 지형 안에 속하지만, 물류 지형이 일상으로 퍼지는 세계는 상상하지 않고도 떠올릴 수 있다. 아마존의 [쇼핑 도구인]

[7]
"The Window: High-Speed Robots, Part 1: Meet BettyBot in 'Human Exclusion Zone' Warehouses," Amazon.com, https://www.amazon.com/Window-High-Speed-BettyBot-Exclusion-Warehouses/dp/B00UUK3IN6 (2017년 7월 9일 접속).

대시(Dash), 프라임(Prime), 알렉사(Alexa)의 등장은, 개인의 주문 이행과 물류의 주문 이행 모두가 이 도구들과 함께 부상한 계층화된 접근 체계는 말할 것도 없고 건축 환경 속으로 점점 더 통합되는 현상을 가리키는 몇 가지 예에 불과하다. 물류, 즉 주문 이행을 위한 건축을 이해하는 일은 시급한 과제다. 이는 우리가 어떻게 집단적으로 우리의 사회적, 정치적 행동 양식을 상상하는지와 서로를 어떤 집합체의 일부로, 혹은 소비자라는 집합체의 일부로 여길 수 있는지를 보여준다. 이때 건축 환경은 부분적으로 우리의 이해 방식에 영향을 미치며, 그것을 공공연하고 교묘하게 뒷받침하거나 강화한다.

물류의 시각화는 물류 운용을 자연 현상처럼 묘사한다.

텔레비전 광고 등에서 명백히 드러나듯이 '흐름'이라는 은유는 물류에 관한 대중의 상상에서 지배적 수사법으로 나타난다. 학술적으로 접근할 때에도 유사한 언어가 사용되는데, 이는 장소의 공간과 흐름의 공간을 구분한 마누엘 카스텔(Manuel Castells)의 영향이다. 전 지구적 공급에 휩쓸린 모든 것들이 어떤 식으로든 흐르고 있다고 상상하는 일은 이것들이 자체적인 의지대로 움직이거나 어떤 요원한 힘이 그 추진력으로 작용하고 있음을 보여준다. 이 은유는 액체의 움직임을 암시함으로써 일종의 물리적 필연성을 제시하며, (사람과) 사물이 공간을 이동하는 데 드는 막대한 노력을 쉽게 간과하도록 만든다. 공급 사슬에 있는 모든 것이 흐른다면, 이동성 자원에 접근하는 문제는 참여자들의 책임으로 받아들여질 수 있다. 그리고 이는 공급 사슬이 매우 계층화된 체계이고 이동성 자원에 대한 접근이 불공평한 발전과 양극화 및 불평등을 크게 심화시킬 수 있음에도 어떤 식으로든 모두가 여기에 참여할 수 있어야 한다는 것을 나타낸다. 흐름이라는 은유가 전 세계 물류의 맥락에서 전개되면, 상품 재고가 강이나 폭포처럼 자발적으로 계속 움직여야 한다는 개념은 자연 현상처럼 받아들여진다. 실제로 주문 이행 센터가 운영되는 영상을 보면 자동화된 자재 운반 환경에서 그런 인상을 받을 수 있다. 이런 기계적 체계가 예컨대 '타임 랩스(time lapse)' 같은 영화 기법을 통해 빨리 재생될 때 모든 이미지들은 하나의 흐름으로 흐려진다. 이 기법의 초기 선구자인 힐러리 해리스(Hilary Harris)는 1975년 영화 「유기체(Organism)」를 통해 인체와 도시의 물질대사를 연결하고자 했다. 이 영화는 유기체의 기능과 도시의 기능을 연결시키기 위해 뉴욕시의 가속 이미지를 생리 체계를 담은 현미경 영상들 사이에 끼워 넣는다. 영화 속 자동차들은 '타임 랩스' 기법의 흐릿하게 만드는 효과를 통해 마치 순환하는 혈류처럼 붉은색과 흰색의 맥이 뛰는 듯한 흐름으로 나타난다.

이 은유는 운동, 순환, 교환에 기반을 둔 도시계획 모형을 제공하지만, 평형을 추구하는 자기 통제 체계이기도 하다. 영화감독 고드프리 레지오(Godfrey Reggio) 역시 1983년에 제작한 영화 「코야니스카시(Koyaanisqatsi)」의 제목을 '균형 잃은 삶(life out of balance)'으로 번역하며 유사한 개념을 암시했다. 물류 과정을 담은 영상에

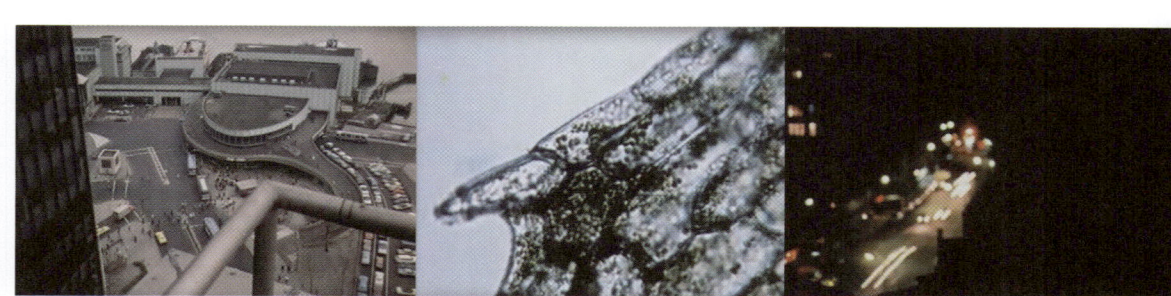

단편 영화 「유기체」(힐러리 해리스, 1975)의 장면들.

영화 「코야니스카시」(고드프리 레지오, 1985) 중 '격자(The Grid)' 부분에서 발췌한 장면들.

많은 부분을 할애한 이 영화 속 이미지들은 해리스의 영화와 유사한 효과를 만들어내지만, 레지오의 전망은 해리스보다 낙관적이지 않다.

    레지오의 비서사 영화인 「코야니스카시」는 작곡가 필립 글래스(Philip Glass)의 음악에 맞춰 항공 영상, 타임 랩스, 슬로우 모션 같은 다양한 기술을 이용해 관객을 전 세계로 이끈다. 여러 장면에서 카메라는 기계의 이동성 체계 안에 자리 잡고, 렌즈와 관객의 시점을 일치시킨다. 전지적 위치에서 '일인칭' 시점으로 전환함으로써 영화는 관객과 다양한 관련을 맺는다. 특히 조밀한 시퀀스인 '격자(The Grid)' 부분은 록히드 공장을 나서는 노동자들에서 시작해 지하철 문, 개찰구, 회전문 같은 일련의 접근 지점들을 포함한 기계적 통제로 얽혀 있는 상황을 묘사한다. 즉 통제와 관리를 추구하며 지연된 순간들이다. 이후 카메라는 차량 전면에서 바라보는 시점으로 전환하고, 샌프란시스코와 로스앤젤레스 고속도로를 질주하며 자동차가 '볼'법한 것을 관객에게 보여준다. 카메라의 위치는 다시 바뀌는데, 이번 시점은 자동차 전면이 아니라 조립 공장의 텔레비전 안으로, 결국 진공관 조립체로 채워질 텔레비전의 껍질 속에서 밖을 내다본다. 컨베이어를 따라 카메라가 이동하면, 텔레비전 덮개와 모니터를 포함한 다양한 공정 단계를 확인할 수 있다. 중력식 컨베이어의 궤적을 따라가던 카메라는 하강하는 엘리베이터 안에서 쇼핑센터를 수직으로 훑는 장면으로 전환한 후, 케이크 생산 라인의 컨베이어와 마찬가지로 추진력 있게 덜컥거리며 이리저리 움직이는 슈퍼마켓 쇼핑 카트에서 보는 시점으로 건너뛴다. 글래스의 음악은 계속 고조되고, 레지오는 텔레비전들에 둘러싸여 그중 하나를 무심하게 보고 있는 한 어머니와 그녀의 두 아이들을 보여주는데, 이들은 자기 자신들이 만드는 환경에 포함되고 유인된 유기체들이다. 이후 영화는 응시 대상을 바꿔 뉴스, 광고, 연예 프로그램의 고속 이미지들을 연이어 보여준다. 이 순식간에 지나가는 이미지들 사이에 천천히 카메라를 알아보고 자기만족, 호기심 혹은 의심의 표정을 띤 채 카메라를 향해 걸어오는 사람들의 슬로우 모션 이미지가 삽입된다. 시퀀스는 다시 컨버터블 자동차의 뒷좌석이나 자동차 전면에서 보는 시점, 즉 기계의 관점에서 보는 시점으로 돌아오며 끝을 맺는다. 카메라가 속도를 높여 라스베이거스를 통과할 때 도시는 어둠 속으로

영화 「이글 아이」(D. J. 카루소, 2008) 중 자동화된 유통 센터에서 촬영한 추격 장면.

영화 「이글 아이」(D. J. 카루소, 2008) 중 자동 신발 분류기가 주인공의 탈출을 돕는 장면.

사라지고, 관객은 가속된 장시간 노출의 흔적이 만들어낸 빛의 터널을 따라 떠밀리는 듯하다.[8] 종교 행렬로 보이는 무리 안의 시점이 잠시 지속되다가 카메라는 다시 빛의 흐름이 하나의 소실점으로 모일 정도로 계속 속도를 높인 후, 로스앤젤레스 시내를 공중에서 내려 본 장면을 보여주며 다음 움직임으로 이행한다. 행렬 안에서 보이는 혼돈의 순간은 카메라를 향해 걷고 있는 개인들의 초상과 대조적이다. 기반체계와 물류에 관한 영화는 개인의 특수성에 초점을 맞추는데, 이는 아마존과 같은 회사에 의해 고립된 소비 주체의 구성을 예견한다. 군중 속에서 개인들은 구별하기 어렵고, 그들에게 접근하거나 접촉한 것들은 모두 흐릿하게 남아 있다. 마찰이라는 적(敵)을 지닌 물류 체제의 맥락에서, 인간은 특수한 종류의 성가신 존재다. 왜냐하면 우리는 점점 우리의 주문을 이행하기 위해 우리가 디자인한 체계 및 공간들과 양립할 수 없기 때문이다.

인간은 물류의 운영체계와 양립할 수 없다. 2008년 제작된 영화 「이글 아이(Eagle Eye)」의 주요 추격 장면은 공항 내 현대적 자동 유통 허브에서 촬영됐다.[9] 이 영화 속 공간에 일면식 없는 두 사람이 미국 연방수사국을 피해서 알 수 없는 서류 가방을 배달하기 위해 역시 베일에 싸인 컴퓨터 체계의 인도에 따라 모이게 된다. 주인공들이 탈출을 시도하자 컴퓨터 체계는 그들을 공항의 자동화된 유통 시설로 이끈다. 즉 기계의 세계로 초대한 것이다. 이에 대한 답례로 컴퓨터 체계는 그들을 재고품, 즉 체계와 양립할 수 없는 요소로 판독한다. 실제로, 배경에서 '이봐! 당신은 여기 있으면 안 돼'라는 목소리가 들린다. 그들이 일련의 벨트와 롤러에서 나자빠질 때, 이 주인공들의 미숙함은 기본적으로 영화의 자산이다. 한바탕 과장되고 우스운 익살이 펼쳐지는 가운데, 낮게 깔린 보 하나가 추격하는 연방수사국 요원을

---

[8] 레지오는 이 영화에 대한 자신의 의도를 다음과 같이 설명한다. "내가 한 일은 전통적 영화의 전면에 있던 모든 것들을 지우고, 그 배경이나 '두 번째 제작진(second unit)'으로 불리는 것을 취해 '그것'을 전면에 내세우고 '그것'에 초점을 맞추는 것이었다. 우리는 건물, 군중, 교통, 산업화를 자율적인 '개체'로 바라보고자 했다. (…) 합성 세계에서 다른 개체의 현전, 즉 소비하는 비인간 개체 말이다." Scott MacDonald (1993). *Avant-Garde Film: Motion Studies*, Cambridge: Cambridge University Press, p. 140에서 인용.

[9] UPS 분류 센터의 실내 공간에 대한 상세한 설명은 John McPhee (2006), "Out in the Sort," in *Uncommon Carriers*, New York: Farrar, Straus and Giroux, p. 176 참조.

쳐서 벨트 위에 큰 대자로 뻗어버리게 만들며 시간을 번다. 그러나 신발 분류기의 움직임을 지휘해 요원을 창고의 다른 곳으로 보내며 궁극적으로 결과를 제어하는 것은 컴퓨터 체계다.[10] 자동화된 유통 체계의 공통된 특징인 이런 요소들은, 간선을 따라 움직이던 화물이 중력식 롤러로 방향을 바꿔 다양한 곳으로 뻗어나가도록 만든다. 이 영화의 프로덕션 디자인에서 두드러지는 것은, 등장인물의 몸을 컴퓨터의 '시각'으로 표현하는 방식이다. 즉 그것은 몸이 아니라 '오류: 바코드 없음, 목적지 불명'이라는 팝업 공지를 띄우는 상자들이다. 이는 컴퓨터의 응시를 통과하는 모든 요소들은 재고품으로 여겨지며, 이 체계의 임무는 분류하고 지시하는 일임을 제시한다. 「이글 아이」는 할리우드에서 제작됐지만, 물류 체계에서 모든 물질이 관리해야

10
"Dematic FlexSort SL2," dematic.com, http://www.lematic.com/en-us/flexsort-sl2.

할 데이터 점(data point)으로 다루어지는 경향을 공유한다. 물류 산업은 물질을 데이터로 상상하는 사고방식을 만들어내지만, 동시에 물질을 물리적으로 관리할 수 있는 방법을 찾는다. 세상을 그런 방식으로 이해함으로써 이런 추상화는 외재화 과정을 촉진하는데, 모든 결정이 관리와 배정의 문제가 되기 때문이다. 재고 관리 체계에서 모든 '사물'과 '몸'은 소포이자 데이터 점이 된다.

물류의 기술과 관행, 그리고 그에 따른 사고방식이 「이글 아이」가 묘사한 닫힌 세계 밖으로 점점 퍼져나갈수록 우리 인간들은 이 세계와 함께 나아가야 하는 도전에 맞닥뜨릴 것이며, 이때 그 통제 체계가 늘 우리를 신경 쓰진 않을 것이다.[11]

11
「이글 아이」는 아이작 아시모프(Isaac Asimov)의 소설 『세상의 모든 문제(All the Troubles of the World)』에 느슨하게 기반을 두고 있다. 이 소설에서 전지적 컴퓨터는 사회를 통제하고 예측 모형화를 통해 범죄를 예방한다. Issac Asimov (1959), "All the

모던 타임즈」(찰리 채플린, 1936) 중 '리틀 트램프(Little Tramp)'가 근대 공장 기계에 빨려 들어가는 장면.

이처럼 점점 증가하는 양립 불가능성을 극복하고자 우리는 물류 환경 수요를 처리할 수 있게 도와주는 증강 기술을 개발해왔다. 주문 이행 할당량을 맞추기 위해 창고 직원들은 자신들의 처리 속도와 범위를 향상시키는 다양한 이동성 증강 기술을 이용한다. 이른바 '자동 창고 및 회수 체계(Automated Storage and Retrieval Systems, ASRS)'는 인간과 기계를 조합하는데, 여기서 자동 주문 이행 체계는 인간 '선택자(picker)'를 공간상 올바른 위치, 즉 주문에 추가할 적절한 품목을 선택할 수 있는 지점으로 이동시킨다. 또한 암호화된 물류 환경의 판독할 수 없는 표면을 이동하려면 동시대 주문 이행 센터 노동자들은 착용형 컴퓨터 스캐너 같은 기술이 필요하다. 관리자와 회사 소유주가 성과와 이익을 향상시키는 방법을 찾기 때문에 선택자는 음성 지시 선택 체계의 소프트웨어 프로토콜이 지시하는 명령을 따라야 한다. 이런 체계가 있다면 언어는 더 이상 장애물이 아니다. 왜냐하면 지시 받는 사람의 모국어로 소통할 수 있도록 소프트웨어를 프로그래밍 할 수 있으며, 동시에 소프트웨어가 만들어낸 환경은 바코드로 암호화된 표면을 지니기에 [어차피] 사람이 읽을 수도 소통할 수도 없기 때문이다. 현 아마존 로보틱스(Amazon Robotics)인 키바(Kiva) 체계는 노동자들이 움직이지 않아도 소형 로봇 구동 장치가 주문 조합을 위해 그들에게 선반을 가져오는 환경을 조성한다. 이런 로봇 구동 장치는 자동화된 창고 바닥과 대기 중인 배달 차량 사이를 효율적으로 매개하는 유기적 개폐기로 작동한다.[12] 물류 공간이 기계화에서 전자동화로 계속 전환되면서 이런 환경과 상호 작용하는 능력은 기술을 매개하고 해독(解讀)하는 능력에 더 좌우된다. 이 환경이

Troubles of the World," in *Nine Tomorrows: Tales of the Near Future*, New York: Fawcett World Library, pp. 137–53.
[12] 더 상세한 논의는 Jesse LeCavalier (2016). "Bodies: Coping with Data Rich Environments," in *The Rule of Logistics: Walmart and the Architecture of Fulfillment*, Minneapolis: University of Minnesota Press, pp. 151–78 참조.

FIGURE 6. — INSTRUCTION CARD FOR LATHE WORK

F. W. 테일러의 작업 지시표. 이 지시표는 미드베일 철강 회사(Midvale Steel Company)의 선반(旋盤) 작업 단계를 최소 구성 요소로 나누어 설명했다.
F. W. 테일러, 『현장 관리(Shop Management)』(뉴욕 : 하퍼스 & 브라더스, 1912) p. 171.

인간의 독창성이 낳은 산물이고 그 내용이 어느 정도는 충족이라는 개념을 반영한다 해도 거기에 접근하는 일은 더 요원해진다. 만약 물류 공간에서 형성된 사고방식이 통제와 효율성만을 지향한다면 그리고 물류 산업이 확산돼 권력이나 영향력을 추구하는 사람들을 양성하는 장으로 기능한다면, 그와 비슷한 사고방식이 효율성이나 이익 창출을 위해 설계되지 않은 공간에도 적용돼 그 가치를 내세울 가능성이 높을 것이다.

정지 화면은 유기체를 기계로 바꾸고, 타임 랩스는 기계를 유기체로 바꾼다.
앞서 설명한「이글 아이」에는 우스꽝스러운

장면들이 있다. 자동화된 체계에서 이동하는 인간이 웃음을 유발하기 위해 등장한 것은 아니나, 그럼에도 인간과 기술이 뒤얽힌 고전 영화의 장면들을 연상시킨다. 영화 「모던 타임즈(Modern Times)」에서 찰리 채플린(Charlie Chaplin)이 겪는 심신 쇠약 증상이 익숙한 일례인데, 이 영화에서 찰리 채플린은 우연히 작동하는 공장 기계 안으로 빨려 들어간다. 현장 관리자들은 조립라인 노동자들에게 동일한 작업을 반복적으로 수행하도록 압박함으로써 인간인 노동자들에게 기계의 방식을 강요했고, 채플린이 공장 기어 속으로 빨려 들어가 가공될 때 그 흡수는 즉자적인 동시에 희극적으로 그려진다. 또한 채플린은 새로 부상한 '과학적 관리(Scientific Management)'라는 분야와 이 분야가 주목한 인간의 극히 작은 몸짓에 응답하고 있었다. 과학적 관리는 노동자의 능력에 가장 부합하는 업무를 맡기기 위해 그들의 적합성을 평가하는 동시에, 인력을 미시적으로 관리하고 끊임없이 피드백을 제공한다. 기계화가 부상하며 노동자가 기계 옆에서 일하게 됐음에도 효율성을 감독하고 개선하려는 노력은 여전히 존재하지만, 제조업의 경우 기계가 더 많은 일을 수행하며 인간은 특별한 기술이 필요한 결정적 단계만을 수행한다.

산업화된 공장은 비효율성을 근절시키기 위해 노동자들을 운동 연구의 대상으로 삼았다. 이런 노력은 주문 이행 센터 공간 같은 현대 자동화 환경들에서 늘 있는 일이지만, 그에 상응하는 분석 시각적 방식은 다르다. 포드(Henry Ford)와 테일러(F. W. Taylor) 등이 주창한 과학적 관리는 사진의 발달과 특히 에드워드 머이브리지(Eadweard Muybridge)와 에티엔 쥘 마레(Etienne Jules Marey)의 고속 사진에서 인간의 움직임을 미시적으로 관리하기 위한 기술을 찾았다. 이 사진들은 일반 시각으로는 접근할 수 없는 운동 양상을 이해하기 위해 효율적으로 시간을 늦춘다. 이런 연구들에서 인체는 입자 수준으로 포착되고 분석된다. 즉 인체의 운동은 육안으로 관찰할 수 없는 운동 양상을 이해할 수 있도록 느려졌다. 효율성 향상을 책임지는 관리자의 관점에서 보면, 이런 기술들 덕분에 관리자는 몸짓 하나하나를 관리할 수 있고, 노동자에 대한 감시를 강화할 수 있으며, (생산성 같은) 효율성을 더 높이기 위해 신체적 수준에서 개입할 수 있는 권한을 가질 수 있었다. 그 지배에 놓인 인간은 분석의 대상이자 공학 기술을 위한 장소, 즉 자신의 성능을 관찰하고 유지하며 향상시켜야 하는 기계가 된다.[13]

정지 화면이 기계화와 과학적 관리를 보여주는 징후였다면, 타임 랩스는 자동화와 물류의 세계에 더 적합할지도 모른다. 실제로 노출시간이 길면 인간의 움직임은 흐릿한 흔적으로만 나타날 가능성이 큰데, 사실상 [고정된] 기계만 남고 화면에서 사라진다. 도시 관리를 고려하는 경우에도 동일한 종류의 사고를 적용한다. 그러나 정지 화면은 평가하기 어려운 형식이다. 대신, 도시 관리자들은 더 완벽한 그림을 개발해야 하는데, 즉 해리스의 「유기체」와 같이 도시를 건강하게 균형을 유지해야 하는 일종의 몸으로 상상하며 도시의 물질대사를 만들어내는 것이다. (스마트 도시 동향 점검 같은) 도시 이동성 및 움직임의 모형을 만들 때, 도시들은 물질대사와 유·출입 그리고 (교통, 보행자 운동 등의) '흐름'을 관찰하는 타임 랩스 기법으로 대변되는 생리적 모형과 미시적으로 생산성을 관리하는 정지 화면과 같은 모형 모두를 이용한다.[14]

[13]
더 상세한 논의는 Hugo Kijne and J.-C. Spender (1996). "Introduction," in *Scientific Management: Frederick Winslow Taylor's Gift to the World?*, ed. J.-C. Spender and Hugo Kijne, London: Kluwer Academic와 James R. Beniger (1986). *The Control Revolution: Technological and Economic Origins of the Information Society*, Cambridge, MA.: Harvard Uni-versity Press and Anson Rabinbach (1992). *The Human Motor: Energy, Fatigue, and the Origins of Modernity*, Berkeley: University of California Press 참조.

[14]
스마트 도시를 다룬 문헌 개요는 Robert Hollands (2008). "Will the Real Smart City Please Stand Up?" *City* 12, no. 3: 303–20와 Nerea Calvillo, Orit Halpern, Jesse LeCavalier, and Wolfgang Pietsch (2016). "Test-Bed as Urban Epistemology," in *Smart Urbanism*, ed. Simon Marvin and

에드워드 머이브리지, 「매트리스 위로 넘어지는 여성」, 에드워드 머이브리지, 『움직이는 인물 형상(The Human Figure in Motion)』(뉴욕: 도버, 1955, 『동물운동』[1887]에서 선별된 도판을 재인쇄), 도판 176.

고속 사진의 순간을 포착한 화면을 통해 인체를 기계로 바꾸고, 타임 랩스 기법으로 기계를 유기체로 전환하면, 모든 것은 가용 관리 형식이 되며 예기치 못한 상황이나 불합리한 일이 일어날 여지도 거의 없다. 머이브리지의 「동물 운동(Animal Locomotion)」 연작 중 「도판 176」이 돋보이는 이유는 바로 이 지점이다. 머이브리지의 인간 운동 연구는 운동 경기, 일 혹은 걷기, 달리기, 서기, 앉기, 던지기 등과 같은 일상 활동의 특성에 집중하는 경향이 있다. 그의 사진 작업실의 구조화된 공간 안에서조차 여전히 모델은 지정된 동작을 어느 정도는 자연스럽게 수행하는 듯 보인다. 그러나 '매트리스 위로 넘어지는 여성'으로 설명된 「도판 176」은 모델이 부자연스럽고 불합리한 행동을 취해야 하는 조건, 즉 일반적으로 고의가 아니라 우연히 발생한 상황을 만들어낸다. 그 결과 이미지들은 어색한 해학을 담고 있는데, 이는 부분적으로 이 이미지들이 사진 산업의 표면적인 목적과 불화하는 데서 기인한다. '생산적' 행동이 아닌 넘어지는 일은 효율성 연구에서 다룰 만한 전형적 주제가 아니며, 이 정지 화면을 해체한 작업이 더 흥미진진해지는 이유도 여기에 있다. 자기 보호 충동을 이겨내고 넘어지기 직전에 포착된 모델의 자세는 어색하고 우스꽝스러운데, 왜냐하면 우리의 예상을 깨고 카메라 기술이 없다면 유지하지 못할 보기 드문 상태의 몸을 보여주기 때문이다. 이 이미지가 지닌 부조리의 일부는, 움직이는 몸과 바닥으로 곤두박질치는 가장 완벽한 방법을 찾는 듯 인간의 운동을 기계적으로 이해하고 정량적으로 평가하고 조정할 수 있다는 개념을 뒷받침하고자 설계된 그 배경에 있는 분석적 격자 사이의 긴장감에 있다. 이런 부조리한 효율성은 효율성을 추구하는 물류 체제가 부상함에 따라 그 지배를 받는 미적 탐구라는 생산적 영역을 제시한다. 주문 이행도[혹은 만족도]가 산출 가능해지고, 공식화된 분석학을 통해 우리가 스스로 원하는 것을 인지하기도 전에 우리의 다음 구입 목록을 예측하게 되면서, 이런 경향에 계속 주의를 기울이는 일은 유용해 보인다.

부조리한 효율성과 파라물류(para-logistics)의 가능성

물류 효과가 점점 자연 현상처럼 여겨지고 다른 관리 형식들에도 영향을 미칠 만큼 확장된다면, 전자 상거래의 주문 이행이나 소매 물류의 특징인 합리적 관리와 효율성에 대한 충동은 예기치 않은 다른 곳에서도 나타나기 시작한다. 속도와 효율성이 점점 폭넓은 상호 작용과 교환을 지배하고 이런 과정을 분절하고 전달하는 방식조차도 어느 정도의 필연성이나 (흐름과 같은) '자연스러움'을 보여준다. 도시들은 그 안에서 점점 늘어가는 기계들을 모델로 삼게 된다. 이는 효율성에 반대하기보다 기준 축소에 반대하는 것인데, 즉 효율성만을 유일한 척도로 인정함에 따라 문화적 가치가 있다고 여기는 많은 것들이 배제되는 결과에 우려를 표하는 것이다. 켈러 이스터링(Keller Easterling)은 벤튼 맥케이(Benton Mackaye)와 미국 지상파 연결성을 재고하기 위한 그의 개념들을 연구하면서, "문화적 경계와 범주에 대해 비정상성(eccentric)을 유지하는 것이라면 무엇이든 그 지능을 상호 참조할 가능성이 더 높다"고 기술한다.[15] 이런 비정상성은 대칭을 이루는 갈등 방식을 넘어 생각할 수 있도록 만든다. 또한 비정상성을 통해 전 세계 이동성 연결망을 고려할 때마다 포함되는 쟁점인 규모와 연결성이라는 문제를 다루는 방법을 얻을 수도 있다. 재스퍼 베르네스(Jasper Bernes)는 전 세계 운송 사례들을 분석한 후 각 경우마다 지배와 소외의 방식들이 다르게 기능한다고 주장한다.[16] 장치를 '장악'하는

15
Keller Easterling (1999). *Organization Space: Landscapes, Highways, and Houses in America*, Cambridge, MA: MIT Press, p. 4.
16
Jasper Bernes (2013). "Logistics, Counterlogistics and the Communist Prospect," *Endnotes* 3.

Andres Luque-Ayala, London: Routledge 참조.

것은 단순히 권력의 한 형식을 다른 형식으로 대체하는 것이다. 물류 혁명이라는 관점에서 보면, 항만 시설에서 하는 노동은 훨씬 더 큰, 세계적으로 약화된 고용 계약 체계와 연결돼 있다.[17] 순환과 관리라는 물류 기술들은 일반적으로 채굴·생산·착취 과정이 소비자 대다수로부터 외재화되도록 만들고, 이는 우리가 어느 정도까지 물류에서 벗어날 수 있는지와 어느 정도까지 물류를 자본주의 '밖'에서 생각할 수 있는지라는 질문을 제기한다. 대항물류(counter-logistics)는 생산과 유통을 다른 조건으로 재가동하기 위해 중단시키는 주장을 옹호할지도 모른다.[18] 그렇다면 파라물류(para-logistics)는 어떠한가? 그것은 일반적 채널과 나란히 동일한 도구와 물류 과정을 이용하되 그 목적지가 다른 곳을 향하는 것일 수 있다. 접두어 자체로 파라물류를 규정하기는 어렵다. '파라(para-)'의 그리스어 어원은 '나란히와 너머, 변경된, 반대의, 불규칙하고 비정상인'이라는 뜻인 반면, 이 접두사의 라틴어 어원 '파라레(parare)'는 '준비된'을 의미하며 '~에 대한 방어와 보호, 즉 ~로부터 지키다'를 암시한다. 이런 의미에서 파라물류는 물류의 대안 공간이자 물류에 대한 선제적 반응으로 상상할 수 있다. 일례로, 캐머런(J. Cameron)은 '공동체 경제'가 형성되는 방식을 이해하고자 공동체 지원 농업 구상들을 통해 도시가 그 배후지와 연결되는 사례들을 살펴본다. 규범 체계 밖에 위치하나 그에 응답할 태세를 갖춘 파라물류 체계는 앞으로 나가는 다양한 방법들에 기여할 수 있다.[19]

마찰은 주문 이행을 위한 요건이다. 상이한 사물들이 만나 그 표면이 근접하거나 접촉하면 마찰이 발생하고, 고르지 못한 표면은 움직임을 느리게 하거나 방해 없이 지속되는 것을 막는 장애를 만들어낸다. 애나 로웬하우프트 씽(Anna Lowen-haupt Tsing)은 마찰을 '거리를 가로지르는 만남'으로 설명하며, 전 지구적 자본 체제 안에서 나타나는 다양한 문화 운동들의 근원과 효과를 이해하고자 이 개념을 이용한다. 씽은 우리가 '석탄'이라 부르는 물질이 땅의 원소일 때부터 에너지 생산 기제의 일부가 될 때까지의 여정, 즉 공급 사슬이나 상품 사슬로 묘사되곤 하는 여정을 거치며 겪는 변화를 일례로 든다. 그녀는 석탄 덩어리가 어떻게 "불행한 마을 주민들, 컨베이어 벨트, 계약과 같은 사슬 내의 다른 참여자들과 마찰하는지"를 살펴보며 "석탄의 형태, 가격, 구성은 상품 사슬의 마찰로 만들어진다"고 설명한다.[20] 씽의 글에서 마찰은 일종의 발전기이자 새로운 형식을 만들어내기 위해 반드시 필요한 행동이다. 그러니 우리 함께 마찰의 생산적 차원과 부조리한 효율성이 지닌 미적 가능성을 계속 탐구해보자.

17
W. Bruce Allen (1997). "The Logistics Revolution and Transportation," *Annals of the American Academy of Political and Social Science* 553 (September 1997): 108.

18
Bernes (2013). "Logistics."

19
J. Cameron (2015). "Enterprise Innovation and Economic Diversity in Community Supported Agriculture: Sustaining the Agricultural Commons," in *Making Other Worlds Possible: Performing Diverse Economies*, ed. Gerda Roelvink, K. St. Martin, and J.K. Gibson-Graham, Minneapolis: University of Minnesota Press, pp. 53–71와 Anna Lowenhaupt Tsing (2015). *The Mushroom at the End of the World: On the Possibility of Life in Capitalist Ruins*, Princeton, NJ: Princeton University Press를 참조.

20
Anna Lowenhaupt Tsing (2005). *Friction: An Ethnography of Global Connection*, Princeton, NJ: Princeton University Press, p. 51.

움직이기

움직이는 부품: 차량 디자인은 어떻게 도시의 모습을 바꾸는가

필립 로드

현대의 자동차는 놀라운 기계다. 평균 1.5톤에 달하는 차량이 정지 상태에서 시속 100킬로미터까지 가속하는 데 14초도 걸리지 않는다. 또한 시속 140킬로미터의 속도를 유지하며 편안히 주행할 수 있으며 가파른 오르막 자갈길에서 산악자전거를 가뿐히 능가할 만큼 쓰임새도 매우 다양하다. 도시 내 제한속도로 주행할 경우 내부 소음이 평균 50데시벨인 자동차 내부 공간은 도시에서 가장 조용한 환경 중 하나다. 자동차 안에서 탑승자는 일반적으로 주위 기온을 완벽히 통제해 쾌적한 환경을 조성할 수 있고 점점 더 다양한 오락 기능을 즐길 수 있다. 더욱이 물건을 실어 나르기 위한 실내 공간도 충분해 영구적 수납공간을 만들 수 있다. 그리고 현대의 자동차는 성인이라면 거의 누구라도 운전하도록 설계됐기 때문에 [사고 시 성인이 받는] 충격에 대비한다. 예컨대 시속 50킬로미터로 단단한 구조물에 부딪혔을 경우 70퍼센트의 생존율을 보인다.

동시에 자동차는 알다시피 존재의 위기에 직면한다. 사실 이는 절실히 필요하며 이미 오래 전에 제기됐어야 할 위기로, 낙관주의, 상상력, 창의성 그리고 무엇보다 도시의 미래를 위한 계기여야 한다. 위기의 원인은 현대의 자동차가 여러 면에서 우수함에도 불구하고 그 디자인이 두 가지 중요한 점에서 사회에 도움이 되지 못한 탓에 있다. 첫째, 자동차 디자인은 궁극적으로 인간의 건강, 생태적 제약 그리고 디자인이 작동하는 맥락과 환경에 대한 책임을 다하지 못했다. 둘째, 마지막 책임을 간과한 탓에, 관습적으로 디자인한 자동차에 맞춰 건축 환경을 조정함으로써 오히려 사회경제적 안녕과 환경적 지속가능성에 역효과를 더했다.

첫 번째 논점에 대한 증거는 압도적으로 많다. 차량 디자인·운용·기술은 21세기에 가장 시급히 처리해야 할 난제들 대다수의 핵심 요인으로 밝혀져 왔다. 예컨대 자동차 도로에서 발생하는 교통사고로 매해 약 130만 명이 사망한다(Bhalla et al. 2014). 또한 자동차 이용은 전 세계 교통

부문 탄소 배출량 중 단독으로 가장 많은 양을 차지한다(IPCC 2014). 자동차 교통은 야외 공기 오염원의 대부분을 배출해 전 세계에 걸쳐 매해 약 320만 명을 죽음에 이르게 한다(OECD 2014). 즉 세계 보건 기구에 따르면 공중 보건 위기 상황이다. 또한 자동차 보급률이 증가하면서 신체 활동 수준이 전체적으로 감소하고 이에 따라 심혈관 문제, 암, 당뇨의 위험도 급격히 증가했다(WHO 2014).

두 번째 논점은 자동차 디자인이 야기한 건축 환경 변화에 관한 것으로, 도시의 경우를 고려할 때 가장 분명해진다. 교통 체계 디자인이 도시의 형태와 삶에 지대한 영향을 미친다는 것은 주지의 사실이다. 그러나 그보다 잘 알려지지 않은 것은 더 좁은 범위의 차량 디자인, 즉 교통 체계의 움직이는 부품을 디자인하는 일이 어느 정도까지 이런 관계를 유발하냐는 것이다. 뉴욕시의 전 교통국장인 자넷 사딕칸(Janette Sadik-Khan)이 언급했듯이, "20세기 하반기에 도시 개발은 기본적으로 디트로이트에서 시작한 기계공학이 결정했다."

지난 세기에 걸쳐 교통의 기계화와 더불어 수입 대비 교통비가 감소하면서 도시는 밀도를 낮추고 수평적으로 확장될 수 있었고, 근접성에 따른 접근은 이동에 따른 접근으로 대체되기에 이르렀다. 처음에, 즉 지난 세기의 전환기 전에는 전차, 지하철, 광역 철도 체계를 도입해 이런 변화를 이끌어내며 좋은 출발을 보였다(Heinze and Kill 1991; Gayda et al. 2005; Knoflacher et al. 2008). 그러나 통근자와 도시 철도망을 포함한 대중교통은 여전히 보행자 도시를 상호 보완하는 역할을 했고 일반적으로 도시 구조를 보강했다. 대중교통은 공간 및 에너지 소비 효율성을 극도로 높이며 도시 관계들의 연결망을 더 넓고 멀리 확장시켰다. 또한 기계화된 대중교통의 도입 초기에는 사람들이 계속 집단적으로 이동했기 때문에 사회적 상호작용에 대한 수요도 유지했다. 통제도가 높은 '닫힌 교통 체계'인 대중교통은 전체 도시 구조물 계획과 통합을 더 고려했는데, 예컨대 정류장과 역의 위치를 정해야 하는 때가 그렇다.

19세기 말에 이르면 처음으로 자동차가 공공 영역에 등장했고, 세기가 전환된 후 곧 공공 공간에서 움직이든 정지해 있든 자동차의 존재감은 늘어났다. 보행자의 이동은 법에

따라 특정한 영역에서 완전히 금지되거나 그게 아니라면 인도로 제한됐다. 자동차를 소유하고 운전하는 일은 이동의 자유를 나타내는 궁극적 상징이 됐고, 유일하게 이동이 제한된 곳은 공간이 부족한 도심밖에 없었다. 그러나 자동차 운전자는 전통적인 도시 경계 밖에서 살고 일할 장소를 찾았고, 이를 통해 개인적 생활공간의 평균 면적을 현저히 늘릴 수 있었다.

그 결과 20세기 후반에는 주로 산업화된 세계의 도시 구조에서 극적인 효과가 나타났다. 공간 소모적 교통으로 인해 경제·문화·여가 활동은 도심에서 멀리 이동했고, 도시는 특징 없는 집적체(agglomerations)로 변했다. 즉 도심 공동화 현상으로 알려진 효과다. 20세기 도시 만들기를 지배한 유일한 인식틀은 자동차 이동을 위한 조건을 최적화하는 것이었다. 도시 안과 주변에 위치한 대규모 지역들이 고속도로와 공공 공간 내 주차장을 만들기 위해 포장된 반면, 보행자 공간은 최소, 혹은 심지어 영으로 축소됐다. '교통'은 본연의 뜻을 잃었으며, '서비스 수준'이라는 관점에서 계측한 자동차 교통류(traffic flows)의 질이 도시계획가와 의사 결정자가 따라야 하는 지침이 됐다. 자동차의 자유로운 이동이 도시에서 삶의 질보다 우선했다.

교통류를 최적화한다는 것은 때로는 운전자 한 사람만 탄 기계의 고속 운동을 위해 많은 공간을 할애할 뿐 아니라, 속도에 대한 새로운 요구에 부합한 도시 설계 방안, 즉 인간적 규모의 디자인 특성을 결여한 선적이고 단조로운 구조물을 채택한다는 것을 뜻했다. 자동차와 그 이동을 중심으로 건설한 도시에서는 역설적으로 도심 공간의 접근 효율성이 종종 극적으로 감소했는데, 자동차로 이동하려면 다른 방식보다 훨씬 더 많은 공간이 필요하고(시속 50킬로미터에서 자동차는 운전자 일인당 160평방미터 이상이 필요한 반면, 버스의 경우는 4평방미터가 필요하다[Rode and Gipp 2001]. 즉 자동차는 도로 정체의 주된 원인이다), 자동차 교통이 매우 체계적 특성을 지니고 있기 때문이다. 다시 말해 도로는 도시에서 주요 장애물로 작용한다. 그 대표적 예는 교통류가 증가하면 같은 거리 반대편에 사는 사람들의 사회적 상호작용이 현저히 감소한다는 연구 결과를 통해 볼 수 있다. 더욱이 자동차는 심각한 주차 문제를 유발하는데, 일일 평균 96퍼센트의 시간 동안 이용되지 않은 채 서있기 때문이다(Heck and Rogers 2014). 따라서 로스앤젤레스 같은 자동차 위주 중심 업무 지구에서 총 주차 공간은 중심 업무 지구 택지의 80퍼센트 이상을 차지한다(Manville and Shoup 2004).

이상을 감안해 볼 때 자동차 디자인 및 운용이 상상할 수 없는 규모로 도시의 기대를 저버렸다는 것은 이제 기정사실이 됐다. 도시는 일반적으로 자동차가 야기하는 문제 대부분이 축적되는 곳이지만, 대기오염, 교통사고, 한정된 공공 공간에 대한 고민을 통해 자동차 지향적 미래에 도전하는 강력한 정치 동력이 창출되는 곳이기도 하다. 여론은 중국의 도시들조차 차량 이용을 제한하도록 만들었고, 전 세계 법원들이 지역 및 광역 정부들이 행동을 취하도록 전에 없는 압력을 가해왔으며, 전 세계 도시에서 공기 질 개선과 더 지속 가능한 이동에 대한 공약이 시장 선거에서 승리를 거두는 기초가 됐다. 심지어 자동차 회사들도 전통적 자동차에서 멀어지는 변화를 이끌고 있는데, 이는 일부 회사들이 차량 배출 기준을 조작함으로써 반드시 필요한 변화를 일으키는 그들의 능력에 대한 일반 공중의 신뢰를 적극적으로 파괴해왔기 때문이다.

사실, 한동안 많은 평자들이 반세기 넘게 거의 변함없이 유지돼온 정체된 자동차 디자인 접근법에 대해 불만을 토로해왔다. 그러나 이제 이런 접근 방식은 앞서 논의한 점점 우리를 압박해오는 문제들과 임박한 사회기술적 전환의 결과로 바뀌기 시작했다. 무엇보다 최근에 이룩한 전기화, 디지털화, 자율화, 신소재 같은 차량 기술의 발전은 디자인 변화를 가속화하고 내연기관과 연계된 전통적 디자인 패러다임에 도전하고 있다. 베엠베(BMW) 아이(i) 시리즈, 르노(Renault)의 트위지(Twizy) 그리고 구글(Google)과 애플(Apple)이 디자인한 새로운 자율 주행 자동차는 몇 가지 눈에 띄는 사례들에 불과하다.

차량이 '바퀴 달린 컴퓨터'라는 사실은 점점 표준이 되고 있다. 차선 유지, 정속 주행 장치, 자율 주차는 이미 오늘날의 자동차 안에 통합됐다. 일부 학자들은 2020년대 초까지 완전 자율 주행 기능을 갖춘 자동차가 시장에 진입하고 2035년에 이르면 경제 선진국에서 15-40퍼센트에 달하는 시장 점유율을 차지할 것으로 예측한다(Trommer et al. 2016). 이미 로컬 모터스(Local Motors) 같은 틈새 차량 제조사들은 도시형 차량을 성공적으로 다시 상상하고 설계하며 제작하기 위해 3D 프린팅 기술을 이용하는 방법을 보여줬다. 다른 신생 벤처기업들도 저속·초경량 도시형 차량에 초점을 맞춤으로써 자율 주행을 둘러싼 디자인 패러다임을 바꾸고 있다. 비로소 이러한 혁신이 자동차 이용의 효율성에 진정한 변화를 가져올지도 모른다. 새로운 자율 주행 차량은 다른 차량과 더 좁은 간격을 유지하며 이동할 수 있고, 다양한 승객 수에 맞춰 디자인될 수 있으며, [사고 발생 시 쉽게 접혀 승객을 보호하는] 크럼플 존(crumple zone)이 필요 없을 수도 있으므로 공간과 에너지를 더 유용하고 효율적으로 사용할 수 있게 해준다. 그리고 자율 주행 차량은 사람의 실수로 발생하는 사고 중 90퍼센트를 막을 수 있기에 도로를 훨씬 안전하게 만든다(Fagnant and Kockelman 2015).

동시에, 더 크고 무거우며 연료를 많이 소비하는 자동차와 스포츠유틸리티차량을 선호하는 흐름은, 이런 차량들을 도시 교통체계의 일부로 통합하는 일에 도전할 뿐 아니라 전 세계 도시의 교통 문제를 다루려는 어떤 진지한 시도도 거부한다. 또한 이런 차량 디자인은 그에 따르는 환경 및 건강 문제를 간과하며 혼잡 비용을 더 가중시킬 뿐이다. 『가디언(Guardian)』의 조지 몬비오(George Monbiot)가 언급했듯이, "도로의 수용력 부족은 도로를 이용하는 차량이 지닌 필요이상의 수용력에서 기인한다"(Monbiot 2016). 그러나 미래의 주행 자율화는 이런 문제를 직면하기보다 탑승자 없이도 운행할 수 있으며 어린이만을 태울 수도 있다는 점에서 오히려 과잉 수용력을 가중시킬 심각한 위험을 지니고 있다. 더욱이 단순히 전체 운전량이 증가할 수도 있는데, 주행 중 운전자가 운전대를 잡지 않고 운전 대신 다른 활동을 할 수 있기에 더 긴 통근거리도 기꺼이 감수하기 때문이다.

마찬가지로 여러 도시들에서 차량 운용과 관련해 상반된 경향이 나타나고 있다. 중국과 인도를 비롯한 여러 신흥경제국 도시들에서는 전통적 자동차 소유가 기하급수적으로 증가하고 있는 반면, 많은 경제협력개발기구(OECD) 국가들에서는 전통적 자동차 이용으로부터 다중양식(multi-modal)·공공·공유 이동성을 향한 분명한 변화가 관찰돼왔다(Rode et al. 2015). 집카(Zipcar), 카투고(Car2Go), 드라이브나우(DriveNow)가 운영하는 공유 자동차와, 브릿지(Bridj), 리프트(Lyft), 우버(Uber) 같은 무선 인터넷에 기반을 둔 이동성 서비스는 전통적 자동차 소유에 대한 분명한 대안으로 자리 잡았다. 향후 주문형 자율주행 차량 서비스는 킬로미터당 0.3유로라는 적은 비용으로 '택시 수준'의 이동 서비스를 제공할 수 있고, 자율주행차 카풀(car pooling)의 경우는 심지어 대중교통과 비슷한 킬로미터당 0.1유로 정도면 이용할 수 있을지도 모른다(Trommer et al. 2016). 헬싱키, 파리, 암스테르담 같은 도시들은 도로 교통의 민영화를 줄이는 가능성을 실험하고 있는 한편, 피츠버그, 도쿄, 런던을 포함한 다른 도시들은 자율주행 택시 서비스를 시험하기 위한 중심지가 돼왔다.

이런 상반된 유행들이 보여주는 크나큰 사회기술적 불확실성에도 불구하고, 도시의 '움직이는 부품들'이 변한 결과로 오늘날 도시에 영향을 미치는 변형적 동력이 생겼다는 사실은 의심할 여지가 없다. 그리고 도시들이 앞서 언급한 막대한 변화를 파악하기 시작한 바로 그때, 더 넓은 의미의 자동차와 도시 차량 복합체 안에서 작동하는 디자인 역학에 관해 다음과 같은 비평적 질문을 제기할 필요가 있다.

　차량, 즉 도시를 구성하는 움직이는 부품의 디자인은 도시 설계의 한 형태로 이해할 수 있는가? 디자이너들은 자동차 및 도시 도로 주행용 차량을 운용하는 데 필요한 환경 조건을 얼마나 고려하고 있는가? 이 '운용 환경'을 조정할 때 얼마나 많이 특정한 도시 조건을 다루고 있는가? 어떻게 차량 디자이너들은 현재 우리가 여러 도시들에서 감지할 수 있는 사회기술적 변화에 적응하고 있는가? 상충하는 디자인 목표들 중에서 무엇이 도시 운용의 적합성을 떨어뜨리는 목적을 우선시할 가능성이 있는가? 사례 연구에서 차량 디자인과 운용 및 그 건축 환경 사이의 관계를 관리하는 국가와 도시 들이 취하는 법과 규제는 무엇인가? 차량을 디자인할 때 입력하는 정보들 중 실제보다 낮은 비중을 차지해온 것은 무엇이며(7킬로미터 이하를 주행하는 경우가 가장 많고, 대부분 운전자 홀로 이동함 등), 그에 비해 실제보다 높은 비중을 차지해온 것은 무엇인가(가속도, 최고 속도 등)?

　이런 질문들은 차량 디자이너를 그들이 실제로 영향을 미칠 수 있는 영역 너머에 위치시킬지 모른다. 차량 디자인은 소비자 선호, 비용 효율성, 기술적 기능성, 정부 규제, 마케팅 전략, 시스템 공학 외에 여러 맥락 요인들에 의존하는 분야다. 그리고 특히 자동차 디자인은 전통적 소유 모형에 갇혀 있고, 일상 용도보다 최고 속도, 비포장도로 운행, 다섯 명의 승객, 휴일, 이삿짐 등과 같은 예외적 용도가 차량의 모양을 결정한다는 생각에 빠져있다. 불행하게도 후자를 고려할 경우 대부분은 도시 조건에 맞게 차량 디자인을 조정해야 하며, 그래야만 더 나은 도시계획이 가능하고 도시에서 삶의 질도 개선할 수 있다. 이와 유사하지만 도시 전체에 대한 디자인 책임이 더 빈번하게 요구되고 수용되는 또 다른 의존적 분야에 관한 이야기가 있다. 건축, 도시설계, 도시계획이 바로 그러한 분야들이다. 이상의 논의는 현재 교통 부문에서 나타난 기술적 혼란이 도시의 움직이는 부품을 상상하고 만들어내는 데 관여하는 이들에게 [건축, 도시설계, 도시계획과] 유사한 디자인 정신을 발전시킬 수 있는 둘도 없는 기회를 제시한다는 사실을 보여준다.

참고 문헌

Bhalla, Kavi, Marc Shotten, Aaron Cohen, Michael Brauer, Saeid Shahraz, Richard Burnett, Katherine Leach-Kemon, Greg Freedman, and Christopher J. L. Murray (2014). *Transport for Health: The Global Burden of Disease from Motor-ized Road Transport*, Global Road Safety Facility, Washington, DC: Institute for Health Metrics and Evaluation and World Bank.

Fagnant, Daniel J., and Kara Kockelman (2015). *Preparing a Nation for Autonomous Vehicles: Opportunities, Barriers and Policy Recommendations, Transportation Research Part A: Policy and Practice* 77: 167–81.

Gayda, S., G. Haag, E. Besussi, K. Lautso, C. Noël, A. Martino, P. Moilanen, and R. Dormoi (2005). *SCATTER: Sprawling Cities And Transport*, Brussels: Stratec S.A.

Heinze, G.W., and H.H. Kill (1991). "Chancen des ÖPNV am Ende der autogerechten Stadt. Verkehrspolitische Lehren für einen traditionellen Verkehrsträger im Strukturbruch," *Jahrbuch für Regionalwissenschaft*, 12/13: 105–36.

IPCC (Intergovernmental Panel on Climate Change) (2014). *Climate Change 2014: Mitigation of Climate Change: Transport*, Potsdam, IPCC Working Group III.

Knoflacher, Hermann, Philipp Rode, and Geetam Tiwari (2008). *How Roads Kill Cities*, in Ricky Burdett and Deyan Sudjic eds., *The Endless City*, London: Phaidon, pp. 340–7.

Monbiot, George (2016). "Our Roads Are Choked. We're on the Verge of Carmageddon," *The Guardian*, September 20.

OECD (2014). *The Cost of Air Pollution: Health Impacts of Road Transport*, OECD.

Rode, Philipp and Christoph Gipp (2001). *Dynamische Raeume: Die Nutzungsflexibilisierung urbaner Mobilitaetsraeume am Beispiel der Berliner Innenstadt*, Berlin: Technical University.

Rode, Philipp, Christian Hoffmann, Jens Kandt, Andreas Graff, and Duncan Smith (2015). *Towards New Urban Mobility: The Case of London and Berlin*, London: LSE Cities, London School of Economics and Political Science, and Innoz, Inno-vation Centre for Mobility and Societal Change.

Trommer, Stefan, Viktoriya Kolarova, Eva Fraedrich, Lars Kröger, Benjamin Kickhöfer, Tobias Kuhnimhof, Barbara Lenz, and Peter Phleps (2016). *Autonomous Driving: The Impact of Vehicle Automation on Mobility Behaviour*, Munich: IFMO (Institute for Mobility Research).

WHO (2014). *Physical Activity* [Online], World Health Organization, http://www.who.int/mediacentre/factsheets/fs385/en (6월 12일 접속).

움직이기

다바왈라: 공식적인 것의 비공식적 활용
라홀 메로트라·마이클 젠

서론

오늘날 인도의 도시는 같은 물리적 공간을 점유하는 두 가지 구성 요소를 포함한다. 정적 도시와 '동적 도시(Kinetic City)'가 그것이다. 콘크리트, 강철, 벽돌과 같은 더 영구적인 재료로 지은 정적 도시는 전통적 도시 지도 상의 기념비적 이차원 개체로 인식된다. 반면, 이차원 개체로 이해할 수 없는 '동적 도시'는 움직이는 도시, 즉 점진적으로 발전하는 삼차원 구조물이다. '동적 도시'는 사실상 일시적이며, 플라스틱 판, 고철, 캔버스 천, 폐목재 같은 재활용 재료로 지어진 경우가 많다. 그것은 끊임없이 자기 자신을 변경하고 재창안한다. '동적 도시'는 건축물이 아니라 공간으로 볼 수 있으며, 연관된 가치와 그것을 지탱하는 삶을 지니고 있다. 점유 양식이 이 공간의 형태와 인식을 결정한다. 이는 특정한 '지역' 논리를 지닌 일종의 토착형 도시계획이다. '동적 도시'는 대부분의 이미지가 제시하듯 꼭 가난한 자의 도시는 아니다. 오히려 공간의 일시적 절합이자 점유로서, 공간 점유에 대한 더 풍부한 감수성을 만들어내고, 공간적 제한을 넘어 공식적으로는 상상할 수 없는 방식으로 도시의 밀집된 환경을 이용하는 방법을 제안한다.

실제로 '동적 도시'는 현대 도시계획에서 여러 경계가 흐려지고 도시 사회에서 사람과 공간의 역할이 변화했음을 여실히 보여주는 설득력 있는 미래상을 제시한다. 전 지구적 흐름이 집중되면서 사회 계급의 불평등과 공간적 구분도 가중돼왔다. 이런 맥락에서 더 불공평해진 경제 조건 속에서 평등한 건축 및 도시계획을 더 깊이 탐구할 필요가 있는데, 이는 전 지구적 흐름이 모이는 공간에서 배제된 이들의 문화를 나타내고 기념하는 다양한 장소들을 찾기 위함이다. 이런 장소들은 반드시 건축의 형식적 산물에 있지 않고, 오히려 이에 도전하는 경우가 많다. 이때 도시 개념은 탄력적인 도시 조건, 즉 원대한 미래상이 아니라 '원대한 조정'이다.

뭄바이의 다바왈라(dabbawala)는 공식적 도시와 비공식적 도시가 뒤얽혀 맺는 관계를 보여주는 일례다. 철도 체계를 주요 운송 수단으로 이용하는 이 도시락 배달 서비스는 한 달에 약 300루피(4.5유로)의 비용이 든다. (직역하자면 '도시락 배달원'인) 다바왈라는 시내 어디든 가정에서 점심 도시락을 수거한다. 이후 복잡한 체계를 거쳐 점심시간까지 누군가의 일터에 도시락을 배달한 후 그 날 안에 각 가정으로 반납한다. 다바왈라는 매일 수십만 개의 점심 도시락을 배달한다. 이런 복잡한 비공식 체계가 제 기능을 할 수 있는 것은 (선형 도시의 척추와 같은) 뭄바이 철도 체계의 효율성 덕분이다. 다바왈라는 공식적 기반시설을 이용하기 위해 비공식적 체계를 도모하는 혁신적 연결망을 구축해왔다. 이 연결망은 '다바(dabba)' 혹은 도시락을 각 가정에서 수거한 후 저녁에 반납하기 전까지 네다섯 번까지 교환하는 과정을 포함한다. 평균적으로 도시락은 편도에 약 30킬로미터를 이동한다. 매일 약 이십만 개의 도시락이 도시를 가로질러 배달되며, 다바왈라 4,500명이 40만 번의 배달을 한다. 경제적 측면에서 연간 총 매출액은 약 오천만 루피 혹은 약 백만 유로에 달한다![1]

뭄바이

다바왈라 서비스는 뭄바이시에서만 볼 수 있는 사업이다.[2] 그 이유 중 하나는 이 서비스를 운영하려면 기본적으로 철도 체계와 도시 자체가 선형성을 지녀야 하기 때문일지도 모른다. 뭄바이시만의 특수한 지리적 조건과 거기에 철도망이 자리 잡은 방식은 거리 면에서 이 배달 서비스를 가능하게 하는 효율성을 창출한다. 더욱이 뭄바이시와 그 도로가 지닌 가장 중요한 특성인 음식의 이동에는 문화적 측면이 존재하는데, 여기서 사람들은 끊임없이 음식을 준비하고 먹으며 유통시킨다. 철도와 도로라는 고정된 기반시설과 사람과 음식이라는 일시적 양상이 맺는 관계는 이 도시를 규정하는 특성이다. 뭄바이의 음식 이동과 관련해 가장 흥미로운 점은 그 이동이 일어나는 규모다. 전 세계에서 가장 많은 인구가 살고 있는 도시들 중 하나에서 많은 경우 음식은 한 사람이나 자전거 한 대 혹은 손수레로 운반할 수 있는 규모로 이동한다. 다바왈라는 이런 운송 형태들 모두를 활용해 믿기 어려운 효과를 만들어낸다.

다바왈라 서비스에 대한 수요는 인도라는 맥락, 특히 뭄바이에서 음식이 지닌 더 큰 사회적 측면을 드러내고 있다. 가장 분명한 사회적 특성은 집에서 만든 따뜻한 음식을 선호한다는 것이다. 지방에서 도시로 이주한 많은 이들은 여전히 자기 자신들의 지역 음식을 선호하는데, 이는 종교에 따른 식단 제한에서 기인한 경우가 많다.[3] 부인이든 어머니든 혹은 고용인이든 집에서 요리할 수 있는 사람을 두는 게 일반적이지만, 인도 음식을 준비하는 데 긴 시간이 필요하고 수도 시설 같은 다른 도시 기반시설을 신뢰할 수 없기 때문에 노동자가 집을 나설 때까지 식사가 준비되지 못할 가능성도 있다. 또한 통근 시간의 교통 밀도는 자기 자신의 점심 도시락을 들고 붐비는 철도를 타는 일을 극히 번거롭게 한다.[4] 마지막으로 배달 서비스 산업의 낮은 인건비는 중산층이 경제적으로 이 서비스의 비용을 지불할 수 있도록 만든다.

이동하기

뭄바이가 선형 도시이기 때문에 남북 방향으로 더 긴 거리를 이동할 경우 철도를 이용하는 게 효율적이다. 자전거와 손수레는 기차역과 가정 혹은 사무실을 잇는 동서 방향의 더 짧은 거리를 오가는 데 쓸 수 있다. 다바왈라가 기존 기반시설을 전용하고, 기초적인 기술 형식만을 이용한 단순한 운송 형태를 활용하기 때문에 운영비용은 매우 낮다.

---

[1]
Vinay Venkatramam and Stefano Mirti (2005). "Dabbawallas," *Domus* 885 (December 2005): 85.

[2]
Ibid.

[3]
Doranne Jacobson (2000). "Doing Lunch," *Natural History* 1 (March 2000): 66.

[4]
Venkatramam and Mirti (2005). "Dabbawallas," p. 85.

매일 아침 다바왈라가 지정 기차역을 보고하면 연결망이 작동하기 시작한다. 이후 다바왈라는 자전거를 타고 출발 기차역에서 가장 먼 위치부터 정해진 경로 상에 있는 삼십여 가구로 이동한다. 소비자 각각은 음식을 준비해두기 위해 다바왈라가 도착할 정확한 시간을 알고 있다. 그런 다음 도시락은 기차역으로 배달되고 도착 기차역에 따라 분류된다. 분류된 도시락은 약 사십 개씩 상자에 담겨 기차 수화물 칸에 실린다. 목적지 역에 도착한 후 도시락은 다시 분류돼 점심 식사 전까지 개별 사무실로 배달된다. 점심시간 후에는 빈 도시락을 원래 가정으로 반납하기 위해 전체 순서를 반대로 밟는다. 약 여섯 시간 만에 각각의 도시락은 하루 일정을 온전히 마치고 출발했던 가정으로 돌아온다.[5]

다바왈라가 자신의 수거 지역 안에서 신규 고객을 확보하면, 배달 주소를 확인하고 도시락을 추가로 운반할 여유 공간을 지닌 다바왈라와 협력하기 위해 움직일 것이다. 일단 기차역과 교환 체계가 정해지면 도시락에 약호를 기입할 수 있다.

연결하기

도시락에 기입하는 상징적 약호 체계는 일반 우편 주소와 다르다. 더 기초적인 동시에 훨씬 더 복잡하다. 출발지점과 도착지점의 위치를 정확히 표기하는 대신, 사람, 경로, 교환 지점은 약호로 표시한다. 표준 주소는 쓸모없을 때가 많은데, 대다수의 다바왈라들이 최소한 전통적 의미에서 교육을 제대로 받지 못했거나 글을 읽지 못하는 경우가 많기 때문이다. 이런 약점 때문에 불리한 조건을 지니고 있지만, 다바왈라는 오히려 그 약점을 적극 활용해 표준 주소보다 더 효율적으로 배달을 돕는 자기 자신들만의 상징 언어를 개발해왔다. 약호는 전체 배달 체계를 담은 일종의 조직적 지도로 기능한다.

[5]
Stefan H. Thomke and Mona Sinha (2013). "The Dabbawala System: On-Time Delivery, Every Time," Harvard Business School Case 610-059, February 2010 (revised January 2013): 6.

간단하지만 포괄적인 약호 체계는 색, 문자, 잘 알려진 상징으로 구성되기 때문에 다바왈라가 보편적으로 이용할 수 있다. 배달에 필요한 모든 정보를 약호에 담을 필요는 없다. 그 차이는 다바왈라의 기억이 채운다. 도시락마다 기입된 약호는 세 가지 주요 표시들을 포함한다. 첫 번째는 중앙에 크고 굵게 쓴 숫자로, 도시락을 배달해야 하는 동네를 가리킨다. 두 번째는 뚜껑 가장자리에 적힌 숫자이며, 배달을 맡은 다바왈라와 건물명 및 배달 층수를 표시하는 약호다. 세 번째 역시 뚜껑 가장자리에 있는 색과 상징의 조합으로, 오후 일정 중 도시락을 반납할 출발역을 표시한다.[6] 당일 안에 모든 도시락은 출발역으로 배달돼 다시 분류된 후 담당 다바왈라가 해당 가정으로 다시 배달한다.

가정과 일터의 정확한 주소는 도시락에 적기보다 도시락을 담당한 다바왈라가 외운다. 고객의 이름을 도시락 뚜껑에 적는 경우가 종종 있는데, 이는 다바왈라를 위한 게 아니다. 왜냐하면 다바왈라는 자신이 맡은 도시락을 알아볼 수 있기 때문이다. 오히려 이는 도시락이 일터에 배달되었을 때 고객이 자기 자신의 도시락을 알아보기 위한 것이다.

다바왈라: 사회적 역사

1885년경 뭄바이의 한 영국인 은행가가 매일 자신의 집에서 점심 도시락을 가져다 사무실로 배달한 후 빈 도시락을 다시 집으로 반납할 사람을 고용했다. 초기 한 배달원 겸 사업가가 가능성을 보았고, 이렇게 다바왈라 서비스가 탄생했다.[7] 그는 뭄바이시에서 남동쪽으로 80마일(약 129킬로미터) 떨어진 푸네시 근처에 자리한 자신의 고향 출신 농부들과 함께 점심 배달 사업을 시작했다.[8] 오늘날까지 거의 모든 다바왈라들은 이런 몇몇 농촌들에서 온 이주자들이다. 다바왈라 협회에

[6]
Ibid., p. 8.
[7]
Ibid., p. 2.
[8]
Jacobson (2000). "Doing Lunch," p. 68.

속한 한 최고경영자는 다바왈라 오천 명 중 여섯 명을 제외한 나머지가 이런 마하라슈트라주의 특정 공동체 출신이라고 밝힌 바 있다.[9] 역사적으로 이 서비스는 매해 추수 기간 한 주 동안 사실상 중단됐는데, 이 시기 다바왈라들 대부분이 가족의 농사일을 돕기 위해 귀향했기 때문이었다. 다바왈라의 인기가 높아지며 서비스 수요가 증가함에 따라 자연스럽게 이런 경향도 어느 정도는 변했다.

다바왈라가 전설적 신뢰도를 얻는 데 도움을 준 또 다른 요소는 이 집단의 사회적 결속력이다. 다바왈라 서비스는 독점 체계이며, 구성원들이 전적으로 서로에게 의존하기 때문에 작동할 수 있다. 이 체계가 유지되려면 집단 내부에 연대와 사회적 통제가 존재해야 한다. 신규 고용인이 채용 추천을 받기 위해서는 기존 구성원의 개인 보증이 필요하며, 이때 가족이 보증을 서는 경우도 종종 있다.[10] 농촌에서 올라온 수습 직원들은 자신들을 훈련시킬 나이 많은 다바왈라의 가족에 속한다. 다바왈라들 내부에는 무카담(muqaddam)이라는 특별한 집단이 있는데, 이들은 각각 뭄바이의 작은 부분과 그 지역 내 고객들을 책임진다. 각 집단의 무카담은 구성원 중 최고령자로, 추가 급여를 받지 않는다.[11] 일반적으로 무카담마다 여섯 명에서 열두 명 사이의 노동자 및 수습 직원을 데리고 있으며, 이들은 자신들이 속한 집단의 도시락을 배달하기 위해 함께 일한다. 이처럼 다바왈라들이

9
"Importing Efficiency: Can Lessons from Mumbai's Dabbawalas Help Its Taxi Drivers?," Knowledge@Wharton, The Wharton School, University of Pennsylvania, 12 October, 2011. (2012년 7월 16일 접속).

10
Ibid.

11
"TED×SSN: Dr. Pawan Agrawal, Mumbai Dabbawalas," online video clip, Youtube, 24 February 2011. (2013년 5월 13일 접속).

팀을 이루는 일은, 뭄바이시가 너무 크고 시간을 맞추는 게 무엇보다 중요하기에 다바왈라 한 사람이 가정에서 사무실에 이르는 모든 과정에서 도시락들을 책임질 수 없기 때문에 반드시 필요하다. 이런 방식으로 다바왈라 서비스 체계는 일종의 계주 경기처럼 작동한다. 다바왈라들은 자신의 팀에 속한 구성원들 하나하나가 모든 도시락 배달을 지원하며 제 시간을 지킨다는 것을 확신해도 된다고 생각한다.

공유하기

한정된 자원을 효과적으로 활용하는 다바왈라의 능력은 고객과 노동자들에게 재정적 영향을 미치기도 하지만, 그보다 더 중요한 것은 환경에 미치는 영향이다. 다바왈라가 수동 운송 수단과 기존 대중교통을 이용한다는 것은, 매일 40만 번의 배달을 하면서도 오염원을 거의 배출시키지 않고 도시의 화석연료 소비량에도 거의 기여하지 않는다는 것을 뜻한다. 기반시설을 기꺼이 공유하려는 뭄바이시의 의지는 특별히 다바왈라에게만 헌정된 열차 칸을 보면 분명히 알 수 있다. 이런 자원 관리 및 공유는 다바왈라들과 그들의 고객 그리고 도시 전체에 유익하다.

다바왈라들은 자신들의 영향을 넘어 뭄바이시의 다른 사업과 서비스에 대해서도 지속가능하고 정의로운 도시계획의 모범 사례를 제공한다.

적응하기

뭄바이에서 분명한 사실 중 하나는 상황이 끊임없이 변한다는 것이다. 오늘날 더 많은 여성들이 직장에 들어가고 대가족보다 핵가족 수가 늘어나고 있기 때문에 집에서 아침에 점심 도시락을 쌀 수 있는 사람들은 점점 줄어들고 있다. 2008년 뭄바이에서 발생한 테러 공격 이후 안전에 대한 우려가 높아지면서 다바왈라 체계에도 많은 변화가 일어났다. 기본적으로 이 체계는 신뢰에 기초하기 때문에 다바왈라들은 이제 더 신중하게 신규 고객의 신원을 확인해야 한다. 그들은 자신도 모르는 사이에 도시락 대신 폭탄을 배달할 수도 있다는 두려움 때문에 도시락을 건물 보안 검색대까지만 배달할 수도 있으며, 이는 배달 과정을 지연시키고 배송 오류를 야기할지도 모른다.[12]

그러나 다바왈라는 변화에 적응하는 능력을 증명해왔다. 최근에는 일부 사설 급식업체들이 고객에게 식사를 배달하기 위해 다바왈라 연결망을 이용하기 시작했다. 이런 방식을 통해 가족 구성원 모두가 매일 출근함에 따라 변화한 사회 규범에 적응하는 동시에 개개인에게 맞춘 음식 배달 서비스를 유지한다. 현재 최소 15–20곳의 급식업체가 다바왈라 연결망을 이용하고 있다. 이런 사설 급식업체들을 통해 분명히 드러나는 사실은, 다바왈라 배달 체계의 특성과 역사가 뭄바이에서 강한 상징적 의미로 통용된다는 것이다. 한 사설 급식업체는 위생 관리를 위해 현대 기술을 이용한 옆지름 방지 일회용 용기에 도시락을 포장한다. 그러나 이 용기는 여전히 배달 시 이용하는 전통적인 금속 도시락 통 안에 다시 포장되고, 거리에서 음식 이동이 지닌 상징적 특성을 유지한다.

결론

'동적 도시'에서 창업가 정신은 자율적이고 말로 오가는 과정으로, 공식적인 것과 비공식적인 것을 섞어서 공생관계로 만드는 능력을 보여준다. 다바왈라는 (은행 업무에서 환전, 택배, 전자 상가에 이르는 다른 몇몇 비공식 서비스들과 같이) 공동체 관계와 연결망을 활용해 정적 도시와 그 기반시설을 의도된 한계치 이상으로 능수능란하게 이용한다. 이런 연결망은 공식화된 구조들에 집착하지 않고 상호간 통합에 의존하는 동반 상승효과를 창출한다. '동적 도시'는 (종종 생존을 위한) 수요와 기존 기반시설의 미개척 잠재력이 만나 새로운 혁신적 도시 경험을 일으키는 곳이다.

12
Thomke and Mona Sinha (2013). "The Dabbawala System."

뭄바이시의 철도와 도로는 동적 공간의 표상으로, 공식적인 것과 비공식적인 것을 지원하고 그 경계를 흐리게 만들며, 이 두 세계를 가르는 동시에 순간이나마 단일한 개체로 통합한다. 여기서 근대성에 대한 자의식 그리고 정적 도시와 그 세계화된 대응물들이 부과한 규칙은 모두 유예되며 무용하다. 정적 도시가 지역적인 것을 지우고 이를 성문화한 '거시도덕적(macro-moral)' 질서로 재규정하려는 열망을 보이는 반면, '동적 도시'는 근대적인 것에 대한 두려움 없이 지역의 (종종 전통적인) 지혜를 현대 세계 속으로 가져온다. 이런 전술은 우리가 도시에서 살아가는 방식을 바꿀 수 있는 잠재력을 지니며, 역설적으로 현대 도시를 위한 가장 희망적인 성과를 보여줄 수도 있다. 이 도시 변형 과정은 도시 경험의 새롭고 더 평등한 형식에 대한 하나의 모형을 제시한다.

만들기

키클롭스식 카니발리즘, 혹은 로봇으로 잡석 길들이기

매터 디자인(브랜든 클리퍼드·웨스 맥기)

도판 1. 외눈박이 거인(그림: 조슈아 룽고).

키클롭스식(Cyclopean). 형용사.
1) 대문자로 표기하는 경우가 많음, 외눈박이 거인족(키클롭스)과 관계가 있거나 그 특징을 지닌. 2) 거대한, 대규모의, 3) 회반죽을 사용하지 않고 비정형의 거석을 사용하는 특징적 석조 양식이나 그것과 관련이 있는.[1]

카니발리즘(Cannibalism). 명사.
1) 주로 전통 의식으로서 사람이 사람의 살을 먹는 행위, 2) 동족 포식, 3) 어떤 것을 식인화하는 행위.[2]

---

[1] *Merriam Webster Dictionary*, https://www.merriam-webster.com/dictionary/cannibalism

[2] *Merriam Webster Dictionary*, https://www.merriam-webster.com/dictionary/cyclopean

'새로운' 건축물을 짓는 데 기존 건축물을 재전용하는 건설 기술. 전면적으로 건축물을 재건축하기 위해 로봇공학을 이용해 석재를 위치시키고, 스캔하고, 최소한으로 깎음.

요약
키클롭스 신화는 헤시오도스의 『신통기(신들의 계보)』에서 거인족으로 묘사했는데,[3] 외눈박이 거인족은 거대한 돌담을 축조한 것으로 유명하다. 키클롭스식 석조 구조물은 모양과 크기가 서로 다르지만 이음새가 맞는 거대한 석재로 구성된다. 거대 석재의 조립은 너무 놀라워서 신화 속에 나오는 거인족의 손으로 지어질 수밖에 없어 보인다. 이런 석조 구조물을 만들어낸 세계의 여러 문명 가운데서도 잉카인들은 사전 설계 없이 지었다. 이 같은 건축은 자원의 제약에서 영향을 받기 때문에 순차적 논리에 의해 등장했다. '잉카의 석조물은 계산에 의해 지어졌다.' 재료가 부족할 때는 석재를 새로운 건축물에 맞게 조정했다. '잉카인들은 자신들의 도시를 먹어 치웠다.'

오늘날의 도시는 전례 없이 많은 양의 쓰레기를 만들어낸다. 잔해 중에서도 특히 건축 폐기물 처리 방법을 놓고 임박한 위기가 존재한다. 기존의 건축물 재고를 지성적으로 재검토하는 데 있어 전문가들은 잉카인들과 여타 키클롭스식 건설자들로부터 교훈을 얻을 수 있다. 잉카인들이 사용한 방법은 사전에 결정된 설계를 포기하는 대신, 예측 불가능한 상황에도 대응할 수 있는 체계적, 지능적 설계를 강하게 요구한다. 「키클롭스식 카니발리즘」은 잉카인들이 사용하던 바로 그 방법을 현대에 적용 가능하도록 재해석한 것이다. 미래 도시는 쌓여 가는 쓰레기와 적체된 구조물을 창의적인 카니발리즘을 통해 재활용할 것을 요구한다. 가까운 미래의 도시계획은 과연 건축의 자활을 가능케 할 수 있을 것인가? 우리의 미래 도시는 스스로 분해하고, 먹어 치우고, 재조립할 수 있을 것인가?

---

[3] Hesiod (1953). *Theogony*, New York: Liberal Arts.

도판 2. 콘크리트, 콘크리트, 더 많은 콘크리트.

서론: 지속되는 문제

우리가 살고 있는 도시들은 시한 폭탄이다. 현대 도시들은 전례가 없고, 제어되지 않는 속도로 개발되고 있다. 2050년에 도달했을 때, 세계의 대다수 인구는 도심지에서 살 것이다.[4] 도심지의 급속한 개발은 임박한 인구 유입을 충분하게 수용할 여지와 시간을 남기지 않는다. 건물은 철거되고 다시 지어지는데, 비공식 공동체들은 새로운 거주자들로 급성장하고 있다. 재개발 사업으로 인해 생긴 건설 폐기물은 기하급수적으로 늘고 있으며, 어떤 경우에는 매년 수억 톤에 육박한다. 이렇게 위험한 개발 속도는 종합적 설계 관리의 포기를 요구한다.

우리는 서울을 도시 탐험의 사례 연구 대상으로 정한다. 새로운 세계 도시를 실현한 서울은 건물을 수적으로 늘리고 질적으로도 향상시키고 있다. 서울에서 건물의 생애주기는 단지 22년에 그치는데,[5] 이는 남한 시민의 평균 수명의 4분의 1에 해당한다.[6] 미국식 패러다임과 같이 기존 구축물은 철거되고 재료는 현장 밖으로 발송된다. 이런 과정에 관한 가장 이상적인 시나리오는 재료가 다시 쓰여지고, 하향 처리되고, 현장으로 다시 보내지는 것이다. 물론 끝없는 철거 현장에서 나온 잡석 쓰레기의 양은 현존하는 건설 및 재료 패러다임에 대한 대변동을 요구한다.

지난 여러 문명은 이전 건조물을 변형된

4
"2050년에 이 비율은 선진국에서는 86퍼센트, 개발도상국에서는 64퍼센트로 증가할 것이다." 서울비엔날레 문헌과 유럽연합의 기사 참조. "World's Population Increasingly Urban with More than Half Living in Urban Areas," accessed 7 February 2017, http://www.un.org/en/development/desa/news/population/world-urbanization-prospects-2014.html

5
Seongwon Seo and Yongwoo Hwang (1999). "An Estimation of Construction and Demolition Debris in Seoul, Korea: Waste Amount, Type, and Estimating Model," in *J. Air & Waste Management Association* 49(8): 980–5.

6
http://www.cnn.com/2017/02/21/health/life-expectancy-increase-globally-by-2030/

환경으로 재적용하는 일에 능했다. 그들의 재전용 방법은 쓰레기와 교통량을 줄였다. 그들은 석재의 형판을 만들고 사용자맞춤화하는 장인의 능력을 우선시했다. 특히 잉카 제국은 개발 중에 나오는 쓰레기를 관리하는 대안적인 기술을 고안했다. 잉카인들은 발견된 석재를 기존 구축물에 통합시켰는데, 그것은 아주 가까운 주위 환경에서 석재를 구해서 새로운 구축물을 세우는 방법이었다. 잉카의 석조물은 자원으로부터 자양분을 얻고 형식적으로 자원을 반영함으로써 자연과 조화를 이뤘다.7 그들의 체계는 병적이자 시적인 방식으로 기존 것과 발견한 것 모두를 먹었다. 잉카의 건설 체계는 알 수 없는 조건에 반응할 능력도 갖추고 최종 형태보다는 기술을 우선시했다. 잉카 거석은 효과적으로 군집을 이루고, 어떤 환경에서나 변형됐고, 적용 가능한 석조 구축을 소모하면서 성장했다.

이렇게 우리는 카니발리즘으로 돌아왔다. 우리의 이런 행동에 대해 호의적인 소개가 절실히 필요하다. 우리는 카니발리즘이 축적해온 나쁜 평판을 받아 들인 다음 도시적 맥락 안에서 적용해보고자 한다. 미래 도시는 자신 위에 건설할 것을 강요당하고 있고, 기존 구조물들은 파괴되고 잔해는 즉석에서 치워진다. 건설 부지는 '빈 서판(tabula rasa)'으로 취급되며, 기존 건축물들은 지워지기를 바라는 표지물이 됐다. 그러나 기존 건물들과 남은 것들은 재조립되기를 간절히 바란다. 디지털 시대의 약속은 이런 기존의 재료를 미래 건축물을 짓기 위한 재고로서 로봇을 이용해 스캔하고 검토하는 것이다.

이 프로젝트는 잉카인들이 중단한 지점에서 시작한다. 우리는 잉카 문명의 끝에서 시작하는데, 어떻게 보면 그곳은 우리들 자신의 문명일 수도 있다. 이 프로젝트는 철거와 만연한 도시 팽창이라는 맥락 안에서 재생을 제공하며, 과거의 위기와 건축 기법 둘 다로부터 배우기를 희망한다. 이 프로젝트는 '원시적인' 잉카 기술을 발굴해 새로운, 물질 패러다임을 상정한다. 「키클롭스식 카니발리즘」은 철거된 건축물이 남긴 것들을 도시 조직 안에 되찾아 놓고자 한다. 또한 폐허로부터 구조적 체계를 조립하기 위한 석조 기술을 활용하는데, 이런 행위는 두 시대를 참조한다. 이 프로젝트는 현재 서울에서 철거된 건물들의 폐기물을 먹는다. 「키클롭스식 카니발리즘」은 먼 과거의 잉카 석조 기법을 사용한다. 시대착오적 기법으로 읽힐 수도 있는 잉카 석조 기법은 우리가 보기에 지속 가능한 조립 수단이다. 이 방법은 낭만적인 견해에서 동기를 얻은 게 아니고 오히려 외눈박이 식인족이 우리보다 더 잘 이런 위기를 이해했다고 인정하는 데에서 나왔다.

7
잉카인들의 작업물은 종종 전망, 자연에서 발견한 '구조물,' 의인화된 석조물을 틀 안에 넣거나 판토마임처럼 무언의 몸짓으로 가리킨다. 그것들은 주위 경관의 이전부터 존재하고 있던 자연의 미를 축하하고 증가시킨다. Carolyn Dean (2010). *A Culture of Stone: Inka Perspectives on Rock*, Durham, NC: Duke UP.

도판 3. 잉카 제국의 제6대 왕 로카의 세부, 쿠스코, 페루. 이 상세 이미지는 기울기 방향 전환, 즉 유타 주 지형을 닮은 돌(니은 자)과 혹(마디)를 보여준다.

'우리는 미래 도시가 자신 위에 건설할 것을 강요당하고 있다고 예측한다. 이에 대한 해법으로 우리는 키클롭스식 카니발리즘을 제기한다.'

우리 도시 현실을 평가하기

현 도시 개발 체계는 난폭한 보폭으로 비틀거리고 있다. 콘크리트를 전례 없는 속도로 쏟아 붓고 있는 한편, 쓰레기 매립장으로 직행할 건설 폐기물을 생산한다.[8] 철은 일반적으로 재사용하고 있지만, 버려진 석조 잔재는 쉽게 새로운 체계에 재조합되는 걸 거부한다. 발전 중인 여러 도시적 맥락에서 과거 문명의 재전용 관행은 잃어버렸다. 건물은 변경되고, 증축되거나 '재조정'되기 보다는 빠르게 사라진다. 왜냐하면 건물이 차지한 땅이 땅 위에 세운 구조(물)보다 더 가치가 나간다고 여겨지기 때문이다. 도시는 자신이 책임 있고 지속 가능하게 제어할 수 있는 것보다 빨리 건설 폐기물을 만들어내는 듯하다.

우리는 매일 나오는 쓰레기의 증거와 대면하고 있다. 빈 피자 상자, 쓰던 제품들, 플라스틱 포장 잔재, 등등… 그러나 그 순전한 배출량은 대체로 모른다. 이런 일상 쓰레기는 미국의 경우 매년 배출되는 지방 쓰레기가 2억 5,400만 톤에 달한다.[9] 그리고 이것은 '가시적' 쓰레기, 즉 우리가 만들어내고 있다고 '알고' 있는 쓰레기다. 다른 한편, 건설 및 철거 잔해(CD)는 사회에 덜 가시적이다. 건설 및 철거 잔해는 시야에서 보이지 않게 자율주행 트럭과 기차에 의해 도시 안에서 옮겨지지만 사실 만연하다. 건설 및 철거 잔해

도판 4. 철거.

발생량은 생활폐기물량보다 '두 배' 더 많은 약 5억 3,400만 톤에 달한다.[10] 잡지 『저널 오브 네이처』의 최근 연구 보고는 그 엄청난 숫자를 전체적으로 이해하려는 시도를 하면서 "미국에서 사는 평균적 일반인은 매달 자신의 몸무게만큼의 쓰레기를 버린다."라고 썼다.[11] 이를 맥락화해서 얘기하자면, 우리는 우리 자신의 쓰레기 한 봉투와 건설 잔해 한 봉투, 그렇게 해서 매월 두 개의 몸체만한 쓰레기 봉투를 버리고 있다.

이 엄청난 양의 건설 및 철거 잔해 중에서 콘크리트가 거의 대부분을 차지한다. 건설 잔해의 70퍼센트, 혹은 3억 7,700만 톤이 발생한다.[12] 달리 말하면 미국에서 매년 한 사람 당 1.17톤의 콘크리트를 매립지로 보내고 있다. 이 콘크리트의 주요 발원은 도로와 다리 철거(1억 5,000만 톤)이고, 그 다음이 건물 철거(8억 4,000만

8
데이비드 하비는 커져가는 우려를 이렇게 짚는다. "사람들이 곳곳에서 지구 표면 위에 전례 없는 속도로 콘크리트를 붓고 있다. 우리는 지구적 차원의 도시화로 인한 어마어마한 생태적, 사회적, 정치적 위기에 처해 있는데, 그런 사실을 알지 못하거나 주의를 기울이지 않는다." David Harvey (2014). "The Crisis of Planetary Urbanization," in *Uneven Growth: Tactical Urbanisms for Expanding Megacities*, New York: Museum of Modern Art, p. 27.

9
U.S. EPA (2015). "Municipal Solid Waste Generation, Recycling, and Disposal in the United States: Facts and Figures."

10
U.S. EPA (2016). "Construction and Demolition Debris Generation in the United States, 2014."

11
D. Hoornweg, P. Bhada, and C. Kennedy (2013). "Environment: Waste Production Must Peak This Century," Nature 502, no. 7473.

12
U.S. EPA (2016). "Construction and Demolition Debris Generation in the United States, 2014."

도판 5. 파괴.

톤)다.¹³ 이 잔해의 상당한 비율은 도시에 근원을 두고 있으며, 철거 콘크리트가 수명을 마감하는 매립지는 주로 멀리 떨어져 있다. 예를 들어, 터널 힐 파트너스라는 회사는 미국 북동부 지역에서 쓰레기 관리 서비스를 하고 있는데, 뉴욕과 보스턴에서 나온 철거 잔해를 기차를 실어 오하이오에 있는 두 개의 쓰레기 매립장으로 나른다.¹⁴

사람들은 콘크리트 잔해를 처리하는 데 비용을 지불하고, 폐기 산업계는 최근 몇 년 동안 전체 지역의 규모로 폐기물을 관리하는 대기업의 출현을 봤다. 터널 힐 파트너스는 미국의 총 CD 잔해에서 겨우 1.2퍼센트를 차지한다. 그러나 그들은 도시 지역에서 매일 오하이오의 쓰레기 매립장으로 14만 톤의 잔해를 옮기는 작업에 약 400대의 쓰레기 트럭을 운영한다.

콘크리트 재활용 전략은 존재하지만 에너지와 노동력을 필요로 한다. 가장 일반적인 전략은 콘크리트를 미세한 잔해 가루로 분쇄하는 것이다. 그런데 일본의 기업들만이 이런 잔해 가루 덩어리를 구조적으로 하중지지를 하는 역할로 다시 사용할 수 있는 기술을 개발했다. 대신, 이런 잔해 가루 덩어리는 일반적으로 아스팔트 도로 표면의 밑받침으로 사용된다.¹⁵ 콘크리트 재활용에 관한 많은 논문은 건설 현장에서 콘크리트 한 덩어리를 집어와서 하중을 지닌 벽돌로 사용할 수 있다는 생각을 언급하지 않는다.

우리는 이런 문제를 다루는 데 있어 우리

13
Ibid.

14
Tunnel Hill Partners, http://tunnelhillpartners.com.

15
V. Tam (2009). "Comparing the Implementation of Concrete Recycling in the Australian and Japanese Construction Industries," *Journal of Cleaner Production*.

자신의 조상으로부터 내려온 지식을 빠뜨린 모양이다. 우리는 과거의 문화가 서로 위에 쌓여 형성된다는 것을 잊어버린다. 본보기의 장점은 이미 존재하는 것을 유지하기 위한 자연 친화력을 상기시키는 것이다. 그러면 왜 우리는 요즈음 이런 경향을 부정하고 있는가? 아마도 돌로 작업할 때 다시 쓰기라는 개념은 적절할 것이다. 그러나 오늘날 우리는 다음 세 가지 범주 안에서 작업하는 경향이 있다. (1) 다시 전용하기: 그저 간단히 기존 구조물 안에 새로운 프로그램을 채우기 위해 노력한다. (2) 다시 쓰기/확장: 기존 구조물의 부분들을 유지하려고 노력하지만 그 주위에 구축하게 된다. (3) 재활용: 구조물을 철거하고 다시 시작하며, 최선의 경우 구조물의 일부를 재활용한다. 이런 범주는 '성숙한' 도시계획 틀(urban framework) 안에서 작동한다.

'원시적인 것'을 되살리기: 키클롭스식 방법

급속한 도시 확장으로 미래 도시는 필연적으로 산더미 같은 불규칙한 파편에 직면하게 된다. 우리가 증명했듯이, 이것은 새로운 문제가 아니다. 여러 초기 문화권은 이런 제약으로 인해 엄청나게 많은 건축물을 만들었다. 다각형 석조(polygon masonry)(도판 8)가 하나의 예이다. 이 석조 범주는 표준 건설 단위에 의존하지 않는다. 오히려 그것은 무작위성의 가능성으로 산다. 불규칙한 모양의 돌을 조립하는 방식을 취해서, 돌을 줍는 대로 맞추기도 하지만 대부분 더 잘 맞도록 약간 다듬는다. 이 석조 범주는 광범위하다. 건식 쌓기에서부터 잔재물 채우기까지, 부정확한 것에서부터 정밀한 것까지, 관리가 가능한 크기에서부터 거석에 이르기까지 다양한 조립 유형을 다룬다(도판 6).

다각형 석조도 실용적이고 지방적이다. 그것은 조립에 초점을 맞추고, 종종 작은 돌들로 돌 사이의 틈새를 채운다(도판 7). 다른 이들은 그리스의 델포이에 있는 아폴로 신전에서 보는 것과 같이 독특한 맞춤(fit)과 모양을 탐구한다. 이것들은 수단, 방법, 자원, 또는 문화적 성향에서의 설명 가능한 차이에 대해 말하고 있는 것처럼 보이지만, 다각형 석조의 한 범주는 수수께끼, 즉 키클롭스식 석조(도판 9)에서 유일하게 가려져 있다.

헤시오도스의 『신통기』는 키클롭스를 거인족의 일부이며 거석 작품의 작가라고 언급한다. 메쌓기로 조립된 거대한 돌들은 응집력 있고 압축적인 시스템으로 구성된다. 정확하게 조립된 이 돌들을 보면 거대한 자들에 의해 압착됐다는 착각을 불러 일으킨다. 또한 돌들은 둥글게 남아 있기도 하기 때문에 발견 당시 이미 조립된 것처럼 보인다. 거인족들 덕분에 생긴 일로 보는 것은 실수가 아니다. 신화적인 거인족은 그런 건축적 솜씨에 대한 가장 '합리적'인 설명이다. 어쩌나 합리적인 것인지 고대 그리스인과 로마인만이 이 설명에 도달한 유일한 문화권들은 아니다. 이런 형태의 석조는 유럽중심적인 제목을 달고 있지만 전혀 그렇지 않다.

비슷한 돌 구조는 서로 마주한 적이 없는 문화권들 사이에서 전 세계에서 발견된다. 이들 문화권 중에서, 안데스 산맥의 케추아족(잉카족으로 알려진)은 가장 복잡하고 풍부한 양의 키클롭스식 건축물을 생산했다.

아후 비나푸(Ahu Vinapu)(도판 10)의 라파 누이(이스터 섬)에서도 비슷한 구조가 발견됐다. 이 유사점은 기괴하다. 많은 사람들은 물론 유명한 모험가이자 아마추어 고고학자인 토르 헤위에르달(Thor Hyerdahl)가 속았을 정도로. 그는 잉카족이 이전에 라파 누이를 식민지로 삼은 적이 있다고 잘못 제안했다.[16] 이 식민주의자의 견해는 라파 누이 사람들은 물론 잉카인들의 자존심에 해를 끼쳤다. 헤위에르달이 이전 유럽인 종족의 가르침이었을 것이라는 추가적인 추측을 내놓았으니 말이다. 두 고고학자 칼 리포와 테리 헌트가 이런 주장을 바로잡았지만,[17] 이 가설은

16
Thor Heyerdahl (1958). *Aku-Aku: The Secret of Easter Island*, Chicago: Rand McNally.
17
Terry L. Hunt, and Carl P. Lipo (2012). *The Statues That Walked: Unraveling the Mystery of Easter Island*, Berkeley:

도판 6. 메가리스(레바논 발벡).

도판 7. 멧석(라파 누이).

도판 8. 다각형 석조(페루 타라와시).

도판 9. 키클롭스식 석조(잉카 로카, 페루 쿠스코).

도판 10. 잉카와 라파 누이 석조의 비교. (왼쪽) 마추 픽추 (오른쪽) 아후 비나푸, 라파 누이.

널리 퍼져 있다. 이같은 거짓 주장은 키클롭스식 구조물과 관련해 특별하지 않다. 원시적인 거인족에 대한 관념이 그리스의 미케네에만 국한된 것이 아니라는 사실도 놀랄 일이 아닐 것이다. 잉카 신화는 그들의 신 비라코차(Viracocha)가 인류 창조의 첫 번째 시도로 거인족을 창조했다고 전한다. 그는 작은 돌들에 생명을 불어 넣기 위해 홍수를 일으켜 거인족을 파괴했다고 한다.[18]

이런 키클롭스식 건축 작업들은 선형적인 역사를 피한다. 이런 불가사의를 하나의 문화, 민족, 또는 신화로 돌리려는 열띤 여러 시도에도 불구하고, 키클롭스식 건축 작업들은 건축가의 결과가 아니다. 그것들은 자원과 기술이 만나서 (또는 부족해서 생긴) '필연적' 결과이다. 비슷한 자원과 기술의 집합이 겹칠 때마다 '이 건축이 다시 등장해' 새롭고도 유사한 기적적인 현상에 관한 신화가 탄생한다. 키클롭스식 석조는 다양한 지리적, 시간 범위에 걸쳐 나타나는데, 이를 생성하는 한계점에만 관련이 있다.

돌망치들

이들 각 문화권은 밀도가 높은 돌(종종 화강암)과 동일한 자원을 공유하지만 금속을 다루는 기술이 없기 때문에 공유 기술, 즉 돌망치가 나왔다. 잉카인들이 다양한 기술을 사용해 돌을 조각했다고 여러 이론이 제안하지만 증명할 만한 근거로는 부족하다. 우리가 접한 정보로 볼 때, 잉카인들이 서로 다른 돌을 가지고 돌을 깎았다는 것을 안다. 돌망치의 사용을 석조라고 주장하기는 어렵고 절단하기보다 사포질에 가깝다. 실제로, 잉카인들도 이를 석조라고 부르지 않았다. 미술사가 캐롤린 딘(Carolyn Dean)이 설명하듯이 "잉카인들은 조밀하게 결합된 석조를 '카닌카쿠치니(canincakuchini)'라고 부르는데,

Counterpoint.
18
Kenneth McLeish (1996). *Myth: Myths & Legends of the World Explained & Explored*, New York: Bloomsbury Publishing.

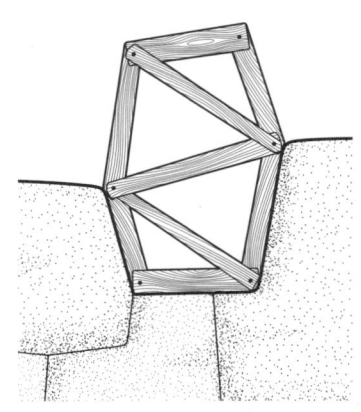

도판 11. 형판 도해.

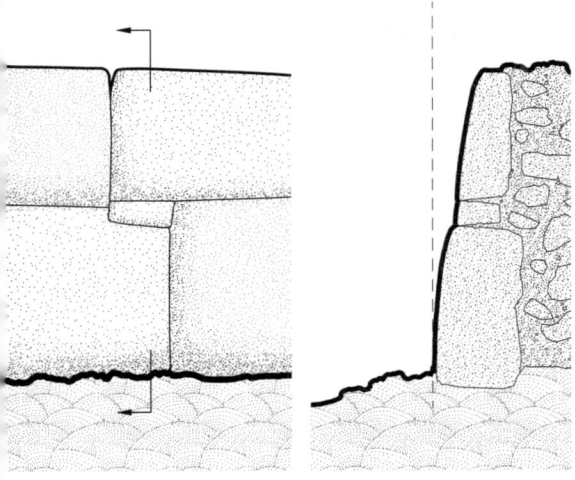

도판 12. 돌의 각도와 깊이를 보여주는 라파 누이의 아후 비나푸를 통과하는 단면도.

이는 물어 뜯거나 베어 먹는 것을 뜻하는 '카니니(canini)'라는 동사에서 파생된 말이다."[19]

　돌망치에서 가장자리에 가까운 각도로 때리면 재료의 큰 덩어리를 빠르게 깎아낼 수 있다. 표면과 수직으로 맞춰 치면 쪼개져서 돌에 입혀질 수 있다. 돌을 쪼는 행위는 지루하지만, 결과적으로 매우 정확하다. 목수에게 탁자를 만들어 달라고 요청하면서 상식적으로 사용되는 강철 연장을 치운다고 상상해보자. 그런 다음, 목수에게 목재 더미와 약간의 사포만 준다면 어떤 일이 일어날까? 목수가 탁자를 만드는 데 시간이 걸리지만, 그 탁자는 정확한 이음새로 둥글게 맞춰질 것이다.

19
Dean, *A Culture of Stone*.

돌망치는 돌의 종류에 따라 다르게 작용한다. 어떤 석재는 빠르게 성글게 깎이는 반면에 화강암 같은 돌은 더 천천히 깎인다. 잉카 석조물에서 흥미로운 경향은 석재가 단단할수록 조립에 들어간 돌이 더 커지고 맞춤이 단단해진다는 것이다.

채석과 선택

돌망치는 사용할 때 힘든 노동이며, 석조 건축에 대한 우리의 현대적인 사고 방식을 바꿀 필요가 있다. 대부분의 석조가 일반적으로 덩어리 형태의 돌을 현장에서 채취하고, 그것을 석조 단위로 만들기 위해 석공에게 가져가지만, 돌망치의 제한으로 인해 이런 문화권에서는 석재 조달을 다른 방식으로 바라 볼 수 밖에 없다.

　돌망치 기술의 결과로, 잉카인(과 여타 다른 키클롭스식 건설자)들은 돌을 깎는 대신에 돌을 작은 조각들로 다듬었다.[20] 그들이 썼던 감하기 방법(subtractive method)이 너무 느리기 때문에, 구멍을 채우기에 적절한 모양을 제대로 선택하는 데 시간을 할애하는 것이 더 합리적으로 여겨졌다. 돌을 직사각형 블록 안으로 깎아 넣는 돌을 맞추는 데 최소한으로 작업하게 된다. 이 선택 과정은 석조 작업에 대한 또 다른 사고 방식으로 길을 안내한다. 벽돌의 표준 석조 모듈은 보편적으로 한 손으로 잡을 수 있는 매스[질량감을 지닌 덩어리]로 결정되지만 하나의 콘크리트 조적 유닛(concrete masonry unit), [즉 블록 형태의 덩어리는] 두 손의 결과이므로 손이 키클롭스식 건축물은 만드는 데 있어 제한 요소는 아니다. 키클롭스식 건축은 불규칙한 기하학적 구조물의 구멍을 채우기 위해 적절한 모양을 선택한 결과이다. 시간은 속도를 제한하는 단계이므로 돌이 적을수록 선택이 줄어

20
"잉카인들이 카치가타 채석장(Kachiqhata)에서 기술적인 의미의 채석 행위를 한 것은 아니다. 돌은 면이 잘라지거나 기반석을 밑에서 잘라서 움직여지지 않았다. 채석쟁이들은 단순히 굴러 떨어진 거석을 살피며 신중하게 자신들의 요구사항에 맞는 원석을 골랐다. 내가 보기에 적합한 돌 덩어리를 발견하면 먼저 다듬고나서 현장으로 옮겼다." Jean-Pierre Protzen (1993). *Inca Architecture and Construction at Ollantaytambo*, New York: Oxford University Press, p. 165.

든다. 따라서 거석은 자원과 제약의 결합이 존재할 때 일반적으로 나타난다.

맺음 방법

단단한 돌과 돌망치 자원을 감안할 때, 결과로 나온 거대하고 정확한 키클롭스식 건축물은 비슷한 패턴화로 나타난다. 이 조립된 돌의 디자인은 '순차 조립'의 결과이기 때문에 미리 지정한 것이 아니다.[21] 이 과정은 최소한의 중첩 형식인데, 가장 가까운 맞춤새를 찾는 행동이고, 그 맞춤새를 완벽하게 맞추기 위해 재료의 최소량을 제거하는 역할을 한다. 많은 이론이 잉카인들이 어떻게 돌을 조각했는지를 제안하지만, 일반적인 합의점은 형판채움(templating)과 메채움(dry fitting)이라는 두 가지 주요 과정이 있다는 것이다.

형판: 이 널리 알려진 이론은 나무 형판이 조립 벽 또는 채석된 돌 중 하나의 기존 조건을 나타내는 선을 긋기 위해 만들어졌다는 것을 시사한다. 이 형판은 돌로 옮겨져서 원하는 윤곽 기하구조(도판 11)에 끼워 맞추고 또한 그것에 근접하기 위한 안내로 쓰이게 된다. 이 과정은 반복적인 이동을 하기에는 너무 큰 석재에는 이상적이지만, 건식 맞춤 방식과 동일한 정밀도를 만들어 내지는 못한다.

메채움: 돌망치로 쪼는(nibbling) 조각 방법의 부산물 중 하나는 적지 않은 돌먼지다. 메채움 이론에서 이 돌먼지는 고정시킨 돌을 덮어쓰고 느슨한 돌은 제자리에 놓는다. 그런 다음 이 돌을 떼어보고, 이때 돌이 기존 조건에 닿으면 돌먼지가 압축되고 재료를 제거할 곳을 시각화해준다. 이것은 지루한 과정이기 때문에 돌의 크기를 쉽게 움직일 수 있는 것으로 제한한다. 이런 맞춤이 형판 방식보다 더 정확하기는 하지만 더욱 힘이 든다.[22]

세부와 순서

그러나 이런 구조는 절차, 즉 코드(또는 현대 용어로는 스크립트)의 결과인데 순서를 역방향으로 조작할 수 있다(도판 17). 또한 몇 가지 주요 세부 정보를 통해 역방향으로 디코딩이 가능하다. 예를 들어, 돌과 돌 사이의 이음매인 줄눈은 명확하게 의도를 규정한다. 잉카인들은 돌을 놓을 의도로 아랫부분은 깎고 윗부분은 그대로 두었다. 그 윗돌이 일단 자리를 잡으면 그 위에 돌을 얹을 자리가 현장에서 깎이고, 그래서 미국 유타 주의 지형을 닮은 [니은 자] 돌이 생긴다(도판 13). 이 규칙은 흔하지만 사람들이 진지하게 따르지 않는다. 또 다른 설득력 있는 세부는 기울기의 방향 전환이다(도판 14). 돌은 보통 모양이 다른 돌과 인접할 때 수직 모서리를 이동시킨다. 이 이음새는 즉시 비틀어지는데, 이유는 필연적으로 위에서 돌을 내려뜨린 결과다. 기울기는 각도에 따라 결정된다. 양각이라면 돌을 위에서부터 떨어뜨릴 수 있고, 음각인 경우 돌을 내릴 수 없다. 마지막으로 쐐기 돌이 있다(도판 15). 쐐기 돌은[23] 이맛돌(종석)과 비슷한 접근법이다. 그것은 벽에 들어간 마지막 돌이며, 위에서 내리는 것과 달리 특정 세부가 면을 기울일 수 있게 해준다. 이런 순차적인 세부와 더불어 여러 가지 이상한 세부가 돌이 배치된 방법을 설명해준다. 이런 조치에 대한 세부는 돌이 밧줄로 위에서 내려졌는지 또는 막대기를 사용해 아래에서 위로 기울어뜨렸는지를 설명할 수 있다(도판 16).

과거에서 현재로 번역하기

그렇다면 이런 원시적인 방법을 어떻게 현대 언어로 번역할 것인가? 로봇 공학과 스캐닝 분야에서 최근 보여준 발전은 현대의 노동 경제

21
"이들 돌의 배열은 사전에 측정한 것이 아니다. 비정형의 돌을 이웃한 돌과 맞도록 쳐내고 아주 적게 깎은 다음, 밑에서부터 순차적으로 조립한 결과다." Brandon Clifford and Wes McGee (2015). "Digital Inca: An Assembly Method for Free-Form Geometries," *Modelling Behaviour* (2015): 173–86.

22
Ibid.

23
Protzen (1993). *Inca Architecture and Construction at Ollantaytambo*, pp. 195–7.

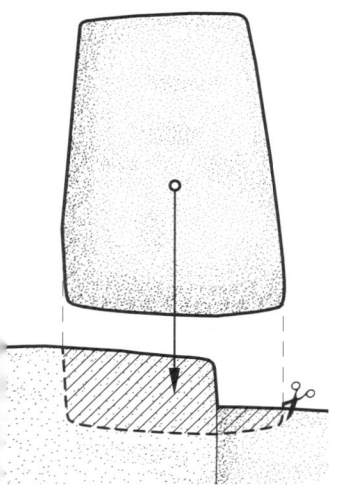

도면 13. 줄눈 이음 과정에서 생긴 유타 주 지형 모양의 돌을 보여주는 그림.

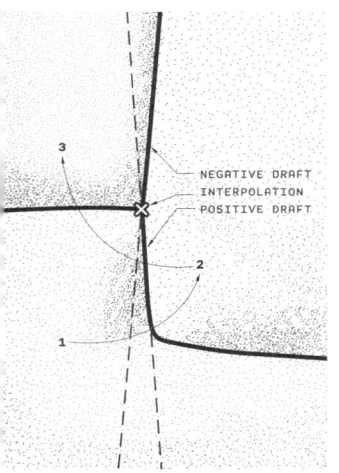

도판 14. 기울기의 방향 전환을 보여주는 그림.

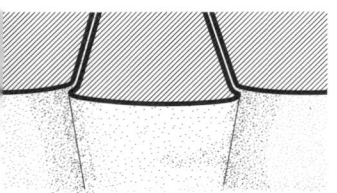

도판 15. 잉카 쐐기 돌의 계획도.

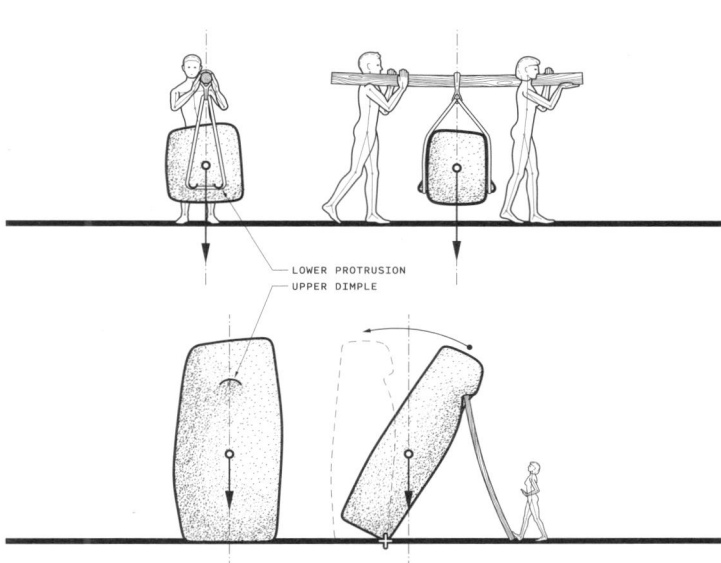

도판 16. 잉카 석조에서 일반적으로 발견되는 하부 돌출부와 상부 함몰부의 상세도.

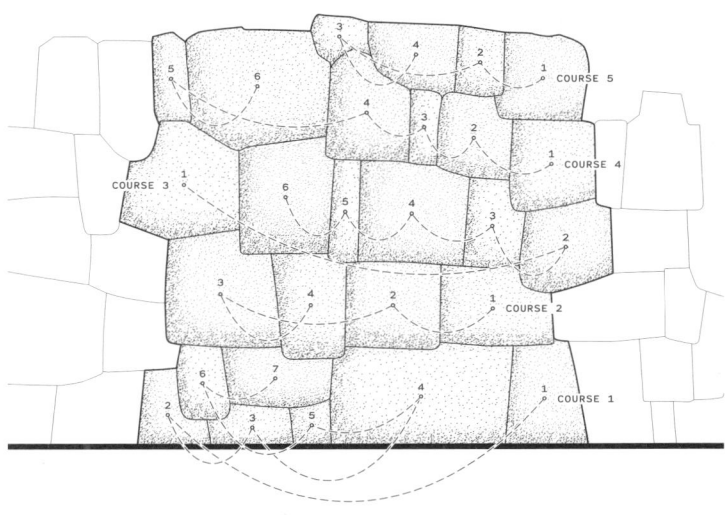

도판 17. 순차와 쌓기 도해는 페루의 쿠스코에 있는 잉카 로카에서 해독된 것.

177

맥락에 갇힌 기술을 뿌리에서부터 벗어나게 해준다. 그것들은 독창적인 틀을 제공하며, 우리는 그 틀을 통해 새로운 파괴 잔해 처리법을 탐구할 수 있다. 로봇 제조 기술을 건축 응용프로그램에 맞게 개발하고 적용하는 데 중요한 관심사가 있는 한편, 일반적인 디지털 제조 패러다임을 분열시킬 가능성이 가장 큰 적응형 과정을 구현하는 것이 최근의 움직임이다. 생산 과정에 감지기 피드백을 통합하는 것은 여러 단계에서 발생할 수 있다. 일반적인 감지 시스템에는 1차원이나 2차원 레이저, 또는 마이크로소프트 키넥트(Kinect)와 같이 [동작을 인식하는] 3차원 시간 지연 측정 카메라(time-of-flight)가 포함될 수 있다.[24]

산업 제조 공정은 부품의 정확성을 보장하기 위해 다양한 감지 및 측정 기술을 사용한다. 특히 공구 마모 또는 작업 중단의 변동성은 원하는 내성을 손상시킬 수 있다. 생산 작업 흐름 안에서 감지 과정을 긴밀하게 통합함으로써 '적응형 부품 변동(Adaptive Part Variation)' 개념으로 확장할 수 있는데,[25] 이때 감지기는 로봇 제조 및 조립 공정에 실시간 피드백을 제공하는 데 사용된다. 이 피드백은 마스터 디지털 모델과 지속적으로 업데이트된 건조[건설] 조건 사이의 편차에 적응하기 위해 향후 구성 요소의 기하구조를 온라인으로 수정하는 데 사용할 수 있다. 이동형 로봇 공학이라는 맥락 안에서 감지기는 이동형 로봇 조작기를 사용하여 현장 조립 과정과 같은 기능 기반의 위치화를 제공하는 데 사용될 수 있다.[26]

이 연구에서 우리는 이런 과정의 설계 및 제조 단계에서 잠재적인 새로운 효율성을 탐구하기 위해 스캐닝 과정을 활용할 것을 제안한다. 우리가 설계에서 생산에 이르는 선형적, 일방적인 정보의 흐름을 볼 수 없음을 인식하는 것도 중요하다. 대신에 이 과정은 정보의 양방향 흐름으로 전체 설계가 결과 또는 진행중인 변경 사항을 기본 건설 시스템에 맞게 조정할 수 있다. 발견한 돌의 기하구조를 분석하기 위해 한 단계의 스캐닝이 활용될 것이다. 알고리즘 설계 과정은 이런 기하구조물을 분석해 최소한의 재료 제거로 특정 인접성을 생산하는 데 필요한 최적 조건을 결정한다. 이 과정은 구조, 제조 제약, 공식 고려 사항과 같은 범위의 입력사항을 고려해야한다. 스캐닝의 또 다른 잠재적인 응용은 구조가 진행됨에 따라 돌의 전체 조립이 지닌 기본 설계 상태를 분석하는 것이다. 즉 미래 구성 요소를 적응형 맞춤생산을 가능케 한다.

'의도적 파괴로부터의 윤회'[27]

우리는 원시적 과거와 로봇화된 미래 사이의 우정을 쌓아 나가고 있을지도 모른다. 다행히도 풍부한 전례가 우리의 번역 과정을 뒷받침해준다. 레비우스 우즈(Lebbeus Woods)의 『급진적 재건축(Radical Reconstruction)』은 공간을 만들고 점유하는 규범적인 방법에 의문을 제기한다. 우즈의 여러 프로젝트는 '의도적 파괴로부터의 윤회'라고 전제된바 대로 공간을 만들고 공간에 거주하는 새로운 방법을 제시한다.[28] 재료 파편은 기존 구조물의 전체 건축물 또는 뼈대가 되도록 재적용된다. 이런 움직임은 상황에 따라 다르지만 재조합된 기억이라는 숨은 의미를 담고 있다. 전쟁, 경제 침체, 지진으로부터 남겨진

24
Carlo Dal Mutto, Pietro Zanuttigh, and Guido M Cortelazzo (2012). *Time-of-Flight Cameras and Microsoft Kinect™*, SpringerBriefs in Electrical and Computer Engineering.

25
Lauren Vasey, I. Maxwell, and D. Pigram (2014). "Adaptive Part Variation: A Near Real-Time Approach to Construction Tolerances," *Robotic Fabrication in Architecture, Art and Design* (2014): 291–304.

26
Katherin Dorfler, and T. Sandy, M. Giftthaler, G. Gramazio, M. Kohler, and J. Buchli (2016). "Mobile Robotic Brickwork: Automation of a Discrete Robotic Fabrication Process Using an Autonomous Mobile Robot," *Robotic Fabrication in Architecture, Art and Design* (2016): 204–17.

27
Lebbeus Woods (1997). *Radical Reconstruction*, Princeton, NJ: Princeton Architectural Press.

28
Ibid.

돌무더기, 즉 우즈가 자신의 그림에서 전용한 잔해는 재적용된 재료에 관한 확고하고 지나간 경험에 대해 질문을 제기한다. 이런 잔해는 물질적 기억들이 재구성된 구조물에 어떤 영향을 미치는지를 질문한다.

건축가들은 최근 우즈의 주장을 채택했고 디지털 제작의 틀 안에서 작업하고 있다. 그렉 린(Greg Lynn)과 그라마치오 콜러 연구소(Gramazio Kohler Research)는 스캐닝과 로봇 공학의 발전을 통해 설계의 불확실성에 대한 어휘를 확장했다. 린의 「블롭 월(Blob Wall)」(2005)은 '재창조된' 로봇형 벽돌로 만들어진 중공(中空) 플라스틱 또는 '블럽' 벽을 형성하기 위해 조립된 개별 구성 요소가 있다. 이 발명 프로젝트는 로봇을 통해 복잡한 교차로를 선택적으로 조각할 수 있는 가능성을 재고했다. 이 과정은 디지털 부울 연산 이전의 기하구조를 알고 있고, 충돌의 발생을 보장하기 위한 단위를 압축하는 문제 상황을 조명한다. 그라마치오 콜러 연구소의 「끝없는 벽(Endless Wall)」(2011)은 또한 개별화된 구성 요소를 단일 벽으로 조립하기 위해 로봇을 건설 과정에 활용했다. 이 프로젝트는 스캐닝을 통해 알려지지 않은 조건을 해결하는 데 기여하는 한편 인덱싱 또는 돌을 깎는 작업 없이 쌓기를 지지한다. 이런 탐구는 건설 공정, 로봇 공학, 석조 사이의 급증하는 합류점을 부각시킨다.

재조립을 위한 설명서

우리는 또한 우리의 과정을 형성하기 위해 토착적 건축에 대한 주변적인 연구에서 아이디어를 얻는다. 버나드 루도프스키의 책 『건축가 없는 건축』에서 소개한 건축술은 익명의 참가자의 손에 디자인을 배치시킨다. 그의 글은 "비혈통적인 건축의 익숙하지 않은 세계를 소개함으로써 건축술에 대한 우리의 좁은 개념을 무너뜨리자"고 제안한다.[29] 우리는 바로 그런 틀 안에서 키클롭스식 카니발리즘의 위치를 설정하고자 한다. 우리는 우즈의 '모호함'을 확장한 이 프로젝트가 선택의 해방으로서 기능하기를 바라며, 사용자, 즉 참여자가 이 시스템에 부여하는 의미에 기대를 건다.

우리는 이 조사의 결과물로 『카니발의 쿡북: 키클롭스식 건축에 관한 신화 깨기, 키클롭스식 카니발리즘에 관한 자가제작 설명서(Cannibal's Cookbook: Cyclopean Constructions, Do-It-Yourself Cyclopean)』를 내놓는다. 이 설명서는 기술에 포함된 기회를 '도시의 마을 군집(urban polis)'의 손에 올려 놓는다. 또한 철거 잔해에서 누구나 자기만의 구조물을 평가하고 창조하기 위한 지침을 포함할 것이다. 우리는 이 정보를 출판하는 일이 이런 기술의 민주화를 도모하는 움직임이라고 생각한다. 아마도 이 설명서는 저렴한 주택이 부족한 상태를 완화시킬 수 있을 것이다. 전 세계에 퍼진 비공식 주택의 기하 급수적인 증가는 집중을 요구한다. 키클롭스식 카니발리즘과 같이 지속 가능하고 접근 가능한 건축 기술에 관한 출판물은 이런 변화하는 도시적 맥락을 인정하는 산물이다.

파괴를 찬양하며

우리의 집중을 요구하는 긴급하고도 압도적인 도시 위기가 있다. 과거의 문명에서 알 수 있듯이 현재의 건설 패러다임은 천천히 자살하는 것과 다를 바 없다. 우리가 과거 문명의 소멸에 관해 축적해온 다량의 지식에도 불구하고, 우리는 우리 자신의 동시대 현실 속에서 그것을 활용하지 않는다. 우리의 도심은 로마보다 낫지 않다. 우리의 선조들처럼, 우리가 씹을 수 있는 것 이상으로 끊임없이 물어 뜯고 있다. 식인종주의적에서 그렇다는 의미는 아니다.

우리는 계속 물어 뜯을 것이다. 물어 뜯기는 불가피하며, 분명히 그것은 인간의 본성이다. 그러나 이런 경향을 인정함으로써 우리는 그것을 받아 들일 수도 있다. 우리 자신을 돌볼 수 없는

---

[29] Bernard Rudolfsky (1964). *Architecture without Architects*, New York: MoMA, p. 1. 이 책의 국문판으로는 2006년 시공문화사에서 출판한 『건축가 없는 건축』(김미선 옮김)이 있다. —옮긴이

이 완전한 무능함을 축하하자. 우리의 파괴를 활용할 수 있다. 「키클롭스식 카니발리즘」은 자기 소멸에 대한 우리의 성향을 높이 평가하는 미래의 도시주의를 위해 재상상된 궤적이다. 우리는 전 세계적 문제를 현지화된 솔루션으로 변환할 것을 제안한다. 도시 철거와 새로운 재료 수입에 대한 거시적 규모의 남용은 철거 지역의 미시적 규모에서 해결될 수 있다. 우리가 아주, 깊이 안쪽을 볼 수 있고, 또한 봐야할 때 왜 우리는 바깥쪽으로 향해 있는가?

우리는 자체 내재화된 논리에 의존하는 시스템을 제안함으로써 가변적인 상황에 적응하는 만병 통치약을 제공하고자 한다. 우리가 만든 프로젝트와 설명서는 다양한 관객이 도시 변화에 참여할 수 있는 접근성과 기회를 열어주는데, 그것은 건축업자와 자재 모두가 상향식 문제를 수용하는 하향식 해결안이다. 이미 존재하는 것, 우리가 이미 가지고 있는 것을 먹을 시간이 왔다. 친애하는 도시 거주자들이여, 저녁 식사가 나왔다. 본아베띠(맛있게 드시기를)!

도판 18. 외눈박이 거인(그림: 조슈아 롱고).

만들기

이상한 날씨
이바네스 킴 스튜디오(마리아나 이바네스·사이먼 킴)

서울도시건축비엔날레의 동대문 디자인 플라자 전시실(G7.1)을 방문한 관람객은 입체 타일(volumetric tiles)로 만든 천장 격자(ceiling grid)와 가동 모듈을 갖춘 바닥 트랙으로 정의된 공간에 들어간다.[1] 천장 타일(ceiling tiles)과 가동 모듈은 시민과 방문객 모두 실내 기상 체계에 영향을 주는 동시에 받을 수 있도록 망으로 연결됐다.

「이상한 날씨」의 천장 타일은 사무실 환경에서 볼 수 있는 전형적인 천장 격자와 달리 거주자의 인간 중심적인 기대를 따르지 않는다. 표준화된 천장 격자가 조절된 공기, 습도 조절, 조명을 공급하는 반면, 「이상한 날씨」 격자는 예측적이지도, 인간적 욕망에 종속적이지도 않은 더 외부적인 환경(exo-environment)을 만들어낸다.

증발기와 고광도 LED, 난방기가 입체 타일 내의 천장 격자에 배치된다. 각 천장 판은 흡음 천장 판이나 공기 취출구 대신에 촘촘하게 싸맨 탄소 섬유 구조, 또는 천장 조명 대신에 반투명 폴리에틸렌 구조로 만들어졌다. 이들을 가동하는 것은 각 노드(node)가 오름차순으로 함께 작동하도록 프로그래밍된 다중 행위자 시스템(multiagent system)이다. 수분 수준, 온도, 조명의 다양한 조합은 건조하고 부자연스럽게 밝은 상태에서 어둡고 흐린 상태에 이르는 여러 기상 조건을 생산한다.

관람객은 바닥에 있는 모듈과 직접 상호 작용할 수 있다. 이들 바닥 모듈은 궤도를 따라 움직이므로 공간을 재배열할 때와 앉거나 올라탈 수 있는 조립체를 구성할 때 유연성을 높여준다.

관람객이 앉아서 휴식을 취하고 어울리는 동안 그들의 놀이 패턴이 측정되어 다중 행위자 시스템에 입력된다.

전자 시스템은 아두이노(Arduino)

---

[1] 「이상한 날씨」는 이 글의 내용과 다르게 돈의문 박물관 마을의 전시장 바닥에 설치됐다. 실제 설치 장면 사진과 작업 설명문은 이바네스 킴의 웹사이트에 있다. http://www.ibanezkim.com/strange-weather/ —옮긴이

마이크로프로세서가 장착된 ESP8266 무선랜(wifi) 모듈로, 실시간 인간 입력에 대해 「이상한 날씨」 시스템의 다양한 출력을 지속적으로 감지하고 신호를 보낸다.

관람객이 이런 교환 행위를 통해 이해하는 것은 내부와 외부의 인위적인 구분이다. 인간 중심이고 통제된 실내 환경은 자연 세계와 쉽게 분리될 수 없으며, 그런 인간 중심적 개입은 자연에 크고 작은 규모로 영향을 미친다.

이상한 날씨

날씨는 국지적이고 포괄적인 지구적 체계 내에서 형성된다. 날씨의 행동과 논리(behavior and logics)는 확실하게 설명하기가 거의 불가능하며, 오직 최신 중앙처리장치 컴퓨터 계산으로만 시뮬레이션과 예측이 가능한 모형이 됐다. 날씨와 기후는 또한 사회경제적 조건에 묶인 정치적 노력에 형식을 부여했다. 예를 들어, 한국의 기후는 열기와 습도가 높아 숨 막히는 여름을 보인다. 이런 기후는, 일본의 한국 병합에서 해방되고 한국 전쟁이 끝난 후, 선풍기의 도입과 함께 경제 회복기를 맞은 시점에서 발전소의 혹사를 두려워한 정부의 태도가 맞아떨어지면서 선풍기 사망설(fan death)의 확산으로 이어졌다. 선풍기 사망이란 나이에 상관없이 선풍기 근처에서 잠을 자던 이들에게 일어나는 갑작스럽고 설명할 수 없는 호흡 부전을 말한다. 이는 한국에서만 발견되는 사건이며, 한국 언론 매체와 정부 지원 연구에 보고된 괴담이다.[2]

근대기에 날씨와 기후의 영향은 부정의 대상이었다. 실내가 확장되고 건물이 유리 외피로 둘러싸이면서 인공 조명과 공기 조절 장치가 태양과 기후의 영향을 받지 않는 노동과 생활의 순환 주기를 가져왔다. 기후가 제어 가능하고 인간의 필요조건에 맞게 조절될 수 있다는 개념을 사람들이 생각해낸 지 단지 1세기(1902년, 윌리스 캐리어[Willis Carrier]가 인공 냉동기술 발명)에 지나지 않지만, 그 결과는 현대 도시와 건물에 널리 퍼져 있다. 이런 개념으로 인해, 비를 내리게 하는 구름씨 뿌리기나 군사 움직임을 숨기도록 안개를 수정하는 등 인간이 기후 체계에 통제를 가하는 연구가 냉전(Cold War) 시기에 진행됐다(예를 들어 1954년 5월 28일자 미국의 주간지 『콜리어(Collier)』가 표지 기사로 다룬 누름단추로 제어되는 계절을 떠올려 볼 수 있다.)

무엇보다 자신이 우선한다는 인간의 고전적 위계를 개혁하기 위해 비인간 행위성(nonhuman agency) 개념에 대한 논의가 활발해졌다. 지휘 계통에서 벗어나―인간이 하나의 마디(node)인― 생태계에서 작동하는 평평한 행위자 연결망으로 방향을 트는 변화가 디자인과 건축을 지배하고 있다. 이런 행위성은 인류세(Anthropocene)와 지구 환경 보전에 대한 인식과 함께 20세기 후반부터 자동화 및 알고리즘 기반의 계산(computation)과 합성 생물학에 의해 떠오른 저자성에 관한 두 분야의 주장을 따른다. 건축과 도시론에서, 그에 따른 이데올로기는 체계와 환경 내의 지속 기간이나 보존 수명이다. 이런 행위성은 시간과 상호 작용에 대한 디자인 전략을 가능하게 하는데, 이는 꼭 읽기 및 가독성에 기반을 둔 형태 생성에 의존하는 게 아니다. 유형에서 발견되는 구문과 기획된 의미에 의존하는 대신, 이런 행위성은 자신의 논리에 유연하게 적응하며 인간의 기대나 계층 구조로부터 자유롭다.

「이상한 날씨」의 형태적 구조는 천장, 끝이 좁아지는 기둥, 바닥 조건 등의 세 가지 핵심 요소로 구성된다. 천장은 14피트×24피트(약 4.3×7.2미터) 크기의 격자 위에 여러 5피트×5피트(약 61×61미터) 크기의 탄소섬유강화플라스틱(CFRP) 끈으로 감은 매달기 모듈(hanging module)로 구성된다. 끝이 좁아지는 종유석과 석순을 닮은 기둥을 매개로 천장과 바닥이 만나는데, 천장에서 바닥으로의 전환은 끊임없이 매끄럽다. 이

---

[2] 한국 소비자 보호원(KCPB). 2006년 7월 18일자 보도 자료, "여름철 안전사고 주의하세요!"(온라인 기사 작성일: 2007년 9월 27일).

도판 1. 이바네스 킴, 앤드류 존 위트, 템플 대학교의 타일러 미술 대학, 「롤리폴리곤(rolyPOLYGON)」(2016).

도판 2. 이바네스 킴, 「고해소(Confessional)」(2016).

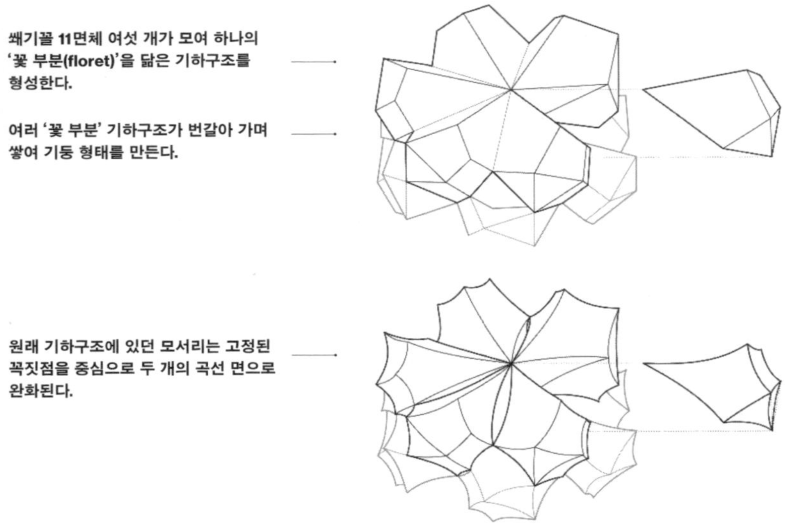

쐐기꼴 11면체 여섯 개가 모여 하나의 '꽃 부분(floret)'을 닮은 기하구조를 형성한다.

여러 '꽃 부분' 기하구조가 번갈아 가며 쌓여 기둥 형태를 만든다.

원래 기하구조에 있던 모서리는 고정된 꼭짓점을 중심으로 두 개의 곡선 면으로 완화된다.

도판 3. 모듈의 쌓기 능력, 「롤리폴리곤」(2016).

구조는 여러 '자기닮음(self-similar)' 구조물을 하나의 전체로 조립한 가벼운 집합체다(각 모듈은 2입방 피트[약 5만 7천 입방센티미터] 부피로 뒤틀린 형태이다). 바닥은 두 개의 정적 모듈(탄소섬유강화플라스틱)과 다섯 개의 동적 모듈(밀링된 MDF)로 구성된 미로이며, 그 배열은 관람객에게 자유롭게 맡긴다. 타일은 흡음 천장 타일과 공기 취출구 대신에 촘촘하게 싸맨 탄소 섬유 구조, 또는 천장 조명 대신에 반투명 폴리에틸렌 구조로 만들어졌다.

이바네스 킴 스튜디오는 사이먼 킴의 학술 연구와 몰입형 운동학(immersive kinematics)을 통한 여러 연구 프로젝트, 그리고 스튜디오의 저술과 진행 중인 연구에서 탄소 섬유를 사용했다. 탄소 섬유 재질의 외피는 거주 가능한 공간 설계 내에서 시각적, 촉각적 장점을 지닌 새로운 구축 언어가 생성될 수 있게 하는 계층화된 벡터들을 융합해서 만든다. 탄소 섬유의 적용 성능을 입증하는 참고 자료는 교육/기관 연구와 최근 로봇공학으로 제작한 프로젝트에서 찾을 수 있다. 탄소 섬유 사용에 대한 기관 연구로는 사이먼 킴이 펜실베이니아 대학교 디자인 스쿨에서 실시한 몰입형 운동학이라는[3] 세미나가 있는데, 이 세미나는 제품 디자인 및 기계공학과의 교수이자 학과장인 마크 임(Mark Yim)이 함께 기획했다.[4] 킴과 임은 권선형(선으로 감은) 탄소 섬유를 이용해 합성 모듈에서 일어나는 행동과 행위를 시범으로 보여주는 연구를 진행해왔다. 로봇공학으로 제작된 프로젝트의 참고 자료로는 이바네스 킴이 앤드류 존 위트(Andrew John Wit)와 템플 대학교 미술 대학과 협업한 「롤리폴리곤(rolyPOLYGON)」(2016)과[5] 이바네스 킴의 「고해소(Confessional)」(2016)가 있다.[6] 「롤리폴리곤」(도판 1)과 「고해소」(도판 2)와

[3] Simon Kim. "Polyhedra," Immersive Kinematics. http://www.immersivekinematics.com/polyhedra-1.

[4] University of Pennsylvania. "Mark Yim, Professor and Director of Integrated Product Design Mechanical Engineering and Applied Mechanics," Penn Engineering, The Trustees of the (The University of Pennsylvania's School of Engineering and Applied Science), https://www.seas.upenn.edu/directory/profile.php?ID=107.

[5] Mariana Ibañez, Simon Kim, and Andrew John Wit. "rolyPOLYGON," Ibañez Kim. http://www.ibanezkim.com/work#/rolypolygon.

[6] Mariana Ibañez and Simon Kim. "Confessional," Ibañez

도판 4. 틀 구축하기, 2016.

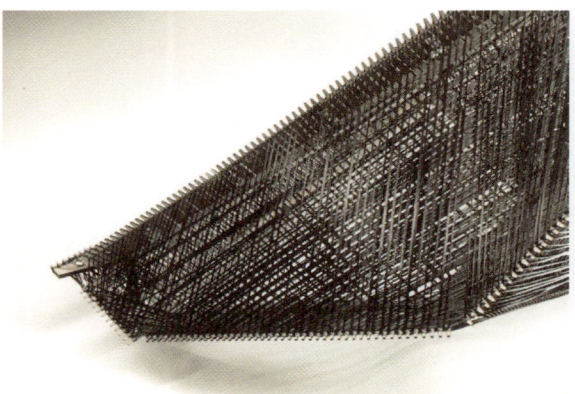

도판 5. 탄소 섬유를 감기 위한 바탕 틀(2016).

같이 권선형 탄소 섬유를 사용하는 프로젝트는 포장 가능한 특유의 다각형을 기본 기하구조로 삼았다(도판 3). 이런 기하구조는 「이상한 날씨」에서 적용되고 시연되는 것처럼 이들 다각형이 새로운, 비정형의 군집과 통합할 수 있게 한다.

「롤리폴리곤」에서 사용된 동일한 제조 공정이 「이상한 날씨」에 적용된다. 탄소 섬유는 바탕 틀(도판 4 및 5 참조) 주위에 휘감아 구조적 강성으로 굳어진다.[7] 미리 주입한 탄소 섬유 끈을 사용하면 연구와 설계를 위한 유연한 플랫폼을 얻을 수 있다. 사이먼 킴과 몰입형 운동학 연구단은 자체지지형 탄소 섬유 구조를 허용하는 혁신적인 직조 기술을 연구하고 있다(도판 6). 탄소 섬유 끈의 직조 패턴은 단일 매개체를 사용하더라도 틈새, 구조적 완전성, 강성, 밀도 등의 모든 조건에 영향을 준다.

탄소 섬유를 직조하는 과정은 특정 프로젝트의 필요에 맞춰 디지털 방식으로 3차원 매스의 기하구조를 개발하며 시작한다. 그 다음, 기능성과

도판 6. 몰입형 운동학 세미나, 프로그램된 행동, 펜실베이니아 대학교 스쿨 오브 디자인, 2016년 가을 학기.

디자인 미학과 관련해 여러 가지 직조 패턴의 적합성을 시험하기 위해 디지털 직조 패턴을 매개변수에 따라 모형에 응용한다. 물리적인 원형제작과 실물 크기 모형제작으로 이동하기 전에 여러 번의 시험을 반복한다(도판 7).[8]

디지털 원형이 설계 기준을 성공적으로

Kim, http://www.ibanezkim.com/work#/confessional/.

7
Andrew John Wit and Simon Kim (2016). "rolyPOLY. A Hybrid Prototype for Digital Techniques and Analog Craft in Architecture," in *Complexity & Simplicity: Proceedings of the Education and Research in Computer Aided Architectural Design in Europe Conference* (eCAADe), Oulu, Finland: eCAADe and and Oulu School of Architecture, University of Oulu, pp. 631–8.

8
Mariana Ibañez and Simon Kim. "Confessional," Ibañez Kim, http://www.ibanezkim.com/work#/confessional.

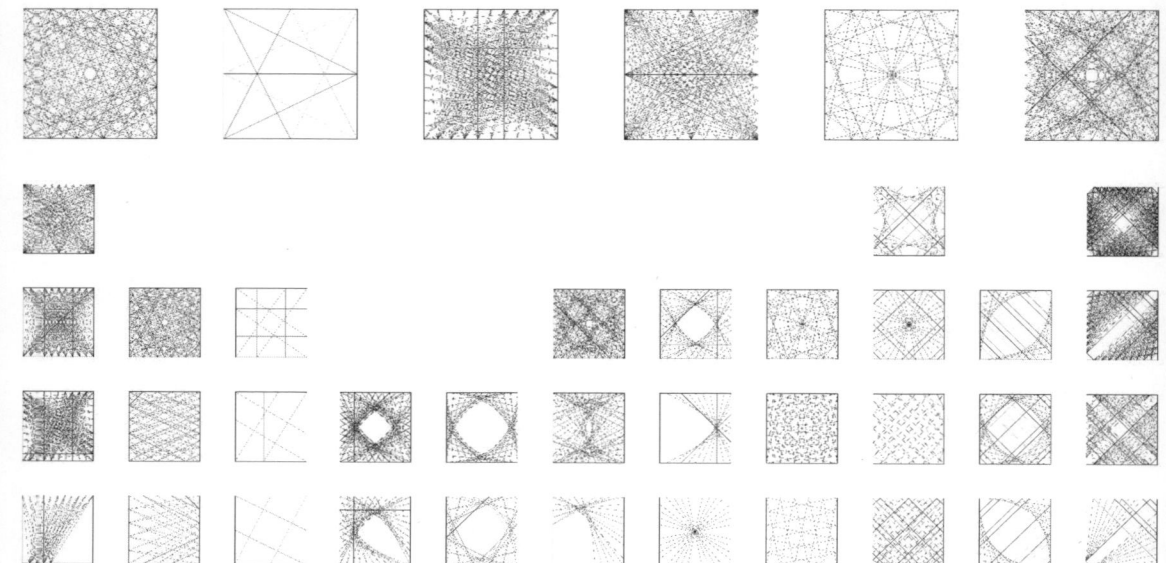

도판 7. 디지털 탄소 직조 기법 연구(2016).

달성하면 물리적 작업을 시작할 수 있다. 첫 번째 단계는 시공을 위한 물리적 뼈대를 개발하는 것이다. 이바네스 킴은 틀 한 개에서 무한한 양의 다른 물체를 만들 수 있는 저가의 조절 가능한 틀을 개발했다. 또한 두 개의 서로 다른 크기의 아연 도금 강관[일명 백관 파이프]을 사용함으로써, 조정 가능하고 제거 가능한 신축 자재 부분을 만들 수 있다(도판 8). 디지털 모형은 강철 틀이 따르는 명령어 집합이 된다. 신축 소재 기능은 [섬유 감기를] 반복할 때마다 틀이 형태에 변화를 줄 수 있게 한다. 틀의 각 신축 소재 부분은 양쪽 끝에 두 개의 회전이음쇠 연결부가 있다. 그리고 회전이음쇠 연결부를 거의 모든 각도로 조정해 시스템 유연성을 극대화할 수 있다. 정확한 직조가 가능하려면 구조의 강성을 유지해야 하는데, 그렇게 하기 위해 각 회전이음쇠 부분의 끝은 정적인 마디에 기계적으로 고정된다. 틀이 최종 형태로 조립되면, [실이나 끈을 거는] '직조 홈(weaving teeth)'을 강철 구조물에 부착할 수 있다.

'직조 홈'은 레이저로 절단한 중질섬유판(MDF) 조각이다. 레이저로 절단한 각 MDF 조각은 컴퓨터 계산 모형과 물리적 모형 사이의 정확성을 유지하기 위해 지정된 부분의 길이와 일치한다. 직조 홈의 간격은 디지털 직조의 반복 과정에서 결정된다. 직조 홈 사이의 거리는 여러 변수에 영향을 미칠 수 있는데, 예를 들어 직조의 밀도와 주어진 면의 구조적 완전성을 들 수 있다. 직조된 구멍이 절단되고 참조된 강철 부분과 조화를 이루면, 일반적인 도관 걸이를 사용하여 틀에 기계적으로 고정된다. 모든 MDF 조각이 틀에 단단히 고정되면 감기 시작한다.

이바네스 킴에서 탄소 섬유를 감는 작업은 주로 두 사람이 손으로 한다. 손으로 감으면 최종 생산물을 제어하기가 더 쉽다. 일반적인 직조 작업 과정은 보통 한 사람이 큰 타래에서 탄소 섬유를 잡아당기는 한편 다른 사람은 컴퓨터 계산으로 생성된 패턴에 따라 MDF 홈 주변에 섬유를 직조하는 것이다. 컴퓨터 계산 모형은 중요하고 필요하지만, 엄격한 필요조건이 아니라는 점에 주목해야 한다. 컴퓨터 계산 모형이 더 우수한 아이디어를 생성하지 못하면 직조하는 사람이 실시간으로 직조 전략을 변경할 수 있다.

직조 과정의 마지막 전 단계는 탄소 섬유를

굽는 것이다. 탄소 섬유를 수 시간 동안 구운 뒤에, 사전에 주입한 에폭시가 활성화되고 탄소 섬유 조각은 단단해진다. 틀과 탄소 섬유가 냉각되면 틀을 분해할 수 있고, 직조 구멍을 제거할 수 있으며, 탄소 섬유는 경화된 껍질로만 남을 것이다.

이 공정은 패턴 간섭과 시각 효과를 내는 기계적 분위기 생성 장치를 수용할 수 있는 가벼운 [뼈대와 외피의] 일체식 구조(모노코크)를 만든다. 「롤리폴리곤」은 한 사람을 위한 내부 공간을, 「고해소」는 LED 조명, 플렉스 감지기 외 표면에 악음질한 마이크로프로세서로 제어되는 스피커를 갖췄다(도판 9). 「이상한 날씨」는 이전 작업에 대한 도전이자 진전으로, 그 디자인은 안개를 만들거나, 열을 가하거나, 공기를 걸러 내고, 습기를 제거하거나, 환경 음을 내거나, 바람을 일으키는 장치를 위한 내부 공간을 제공한다. 이런 기계 장치는 돌출된 천장 격자 안에 자리하며, 바닥 모듈은 앉고 재배치하는 외부 기능을 수행할 것이다(「롤리폴리곤」과 「고해소」의 내부적인, 쉼터와 같은 기능과 다르다). 일체식 다각형 구조물의 잠재력을 발전시키는 연구와 발명을 계속하고 있는 이바네스 킴은, 디자인 분야에서 경계를 확장하고 일체식 다각형 구조물의 사용 및 전용을 재발명하고 있다.

이바네스 킴의 목표는 인공 환경 제어기를 통해 외부의 환경 조건 내부에 있는 기계적 분위기에 불을 붙이는 것이다. 자연(자연 재해, 습도, 추위, 소음 등)의 외적인 불편함(때로는 공포)을 차단하려는 인간의 욕망을 혼란에 빠뜨림으로써, 시공 기술의 발전을 통해, 이바네스 킴은 외부의 자연 개념을 뒤집고 자연의 불편한 힘을 내부로 가져온다. 그러나 단지 자연을 내부로 가져 오는 것이 아니라 기계 장치를 통해 외부 기후의 불편함과 위안점을 시뮬레이션한다. 이바네스 킴은 관람객이 전시 공간의 조건을 가지고 놀고 조작할 수 있도록 내부에 대한 외부의 힘을 제어하는 행동을 방문자의 손에 맡기고 있다. 방문자가 천장 유닛 집합으로 정의된 공간에 들어선다고 상상해보자. 천장 격자는 입체 타일로 채워져 있다. 바닥에 있는 트랙은 바닥 상태를 이동하고 재배치하기 위한 격자를 만든다. 정적인 천장 타일과 동적인 바닥 모듈은 시민과 방문객 모두가 실내 기후 체계와 영향을 주고 받을 수 있도록 연결돼 있다. 「이상한 날씨」의 천장 타일은 일반적으로 사무실 환경에서 볼 수 있는 전형적인 천장 격자와 달리 거주자의 인간 중심적인 기대를

도판 8. 아연도금강관: 조정 가능하고 탈착 가능한 신축 부재(2016).

도판 9. 「고해소」 스피커와 LED 조명(2016).

따르지 않는다. 표준화된 천장 격자가 조절된 공기, 습도 조절, 조명을 공급하는 반면, 「이상한 날씨」 격자는 예측적이지도, 인간의 욕망에 종속적이지도 않은 더 외부적인 환경을 묘사한다.

　이바네스 킴은 기계 장치들이 동대문 디자인 플라자 전시장에서 예측할 수 없는 대기 환경을 생성하도록 프로그래밍했다. 일반적인 사무실 환경에는 입력장치(즉, 조명을 켜고 끄는 출력에 도움을 주는 스위치)가 있으나, 이바네스 킴은 그 대신 감각적 행위성(sensorial agency)을 투입한다. 이 응용된 감각적 행위성은 출력 내용이 미지의, 깜짝 놀랄 결과를 갖게 한다(도판 10). 여기서 이바네스 킴은 빛, 소리, 기후(습하고 조절된 공기), 온도(시원하고 뜨거운)의 조작을 시범적으로 보여준다. 모바일 앱(응용 프로그램)/스위치를 통해 촉발되면 천장이 신비스러운 결과를 분출한다. 관람객은 천장이 만들어낼 수 있는 수많은 패턴을 모를 수도 있다. 천장 반응은 바닥 모듈의 재구성에 의해, 또한 그와 반대로도 촉발된다. 코드화된 시나리오에는 공간의 모든 조명이 꺼지는 감지기가 포함돼 있는데, 이때 관람객은 따뜻하거나 차가운 공기가 피부에 불어 오는 느낌에 사로잡히게 된다. 다른 경험을 생각해본다면, 어둠이 방 전체를 덮고 분무기를 통해 나오는 쉬하는 소리가 공간을 압도할 수 있다. LED 표시등이 계속 깜빡이며 바닥 패턴을 비추고, 불을 켜는 동작을 하면 온도 변화나 소리 변형을 촉발할 수 있다. 이런 코딩된 조건은 제어 가능한데 예측이 불가능한 것일 수도 있다. 인간의 개입은 다양한 경험과 행동으로 이루어진 일련의 패턴을 만들어낸다.

　「이상한 날씨」는 관람객이 환경 조건을 만드는 데 참여할 수 있고 독특한 경험을 제공하는 '대중이 만드는 날씨 제조기(crowd-made weather-maker)'다. 「이상한 날씨」는 다양한 규모의 건축 디자인에서 상호작용 가능하고 프로그래밍 가능한 데이터를 만들어낼 수 있는 이바네스 킴의 능력을 확장한 것이다. 스마트 모듈은 천장에 매달리게 설치될 것이며, 그렇게 하면 설치 공간을 방문하는 사람들은 매달린 구성요소들을 모아 더 큰, 매달린 형태의 클라우드를 형성할 수 있다. 감지기를 통해 활성화된 이들 클라우드는 앞서 설명한 다각형 군집에 있는 대기 조건을 해제한다. 프로그램 가능

물질(Programmable Matter)과[9] 마찬가지로 각 구성요소는 다른 구성요소와 붙거나 어울린다. 관람객이 특정 숫자를 입력하면 대기 조건이 만들어진다. 우리 전시물은 본질적으로 대기 제작자이고, 그래서 관중이 안개를 소환하거나, 결을 발동하거나, 공기를 걸러 내고, 습기를 제거하거나, 환경 음을 내거나, 바람을 일으킬 수 있다. 바닥 모듈은 트랙 위를 미끄러지듯 움직여서 서울도시건축비엔날레 방문객들이 지속적으로 자신이 원하는 패턴이나 조건을 재편성할 수 있게 해준다. 이바네스 킴은 (응용 프로그램을 통해) 여섯 가지 패턴을 제공하는데, 각각의 추가 기상 모듈을 '얼굴 일치(face-matching)' 구성요소를 갖춘 디지털 인터페이스(테트라, 큐브)에서 대중이 디자인할 수 있다. 인쇄하고, 매달고, 간단한 감지기를 끼워넣은 후, 이것들을 프로그래밍이 가능한 물질 또는 모듈형 로봇과 같이 서로 연결할 수 있다. 관람객은 사용된 모듈의 수, 원하는 결과, 그들이 모이는 위치의 배열에 따라 다양한 클라우드를 만들 수 있다. 「고해소」와 같은 이바네스 킴의 선행 연구 작업은 거주자가 다른 상호작용형 행동(즉, 자신의 비밀과 욕망을 익명으로 속삭이거나, 혹은 다른 이들과 소통하기)을 선택하고, 가까운 곳 또는 멀리 떨어진 군집 고치들 사이에서 공동체를 만들 수 있다. 이것이 가능한 것은 그(것)들을 빛으로 채우고 음성 또는 몸짓 명령에 따라 다른 '롤리폴리곤'에 무선으로 방송하기 때문이다. 한편 「이상한 날씨」는 여러 가지 감지기에 의해 활성화되고 대기권 공동체를 창조할 것이다. 이것들은 각 행위자(agent)가 오름차순으로 함께 작동하도록 프로그래밍된 다중 행위자 시스템에 의해 작동된다. 수분 수준, 온도, 조명의 다양한 조합은 건조하고 부자연스럽게 밝은 상태에서 어둡고 흐린 상태에 이르는 여러 기상 조건을 만들어낸다. 이 작업의 최종 목표는 도시 환경과 대기에 개인이 미치는 영향에 대한 의식을 일깨우는 것이다. 「이상한 날씨」는 관람객이 환경 조건을 조성하는 데 참여할 수 있고, 또한 지역 날씨의 숙달에 흥미를 느끼거나 도시 생활에 대한 요구와 기대를 단련할 수 있는 독특한 경험이어야 할 것이다.

---

[9] Daniela Rus, Erik Demaine, Ron Fearing, Ali Javey, Rob Wood, Vijay Kumar, and Mark Yim (2011) "Programmable Matter Creating Systems that Can Think, Talk, and Morph Autonomously," Massachusetts Institute of Technology, Cambridge Office of Sponsored Research (September), http://www.dtic.mil/docs/citations/ADA584792

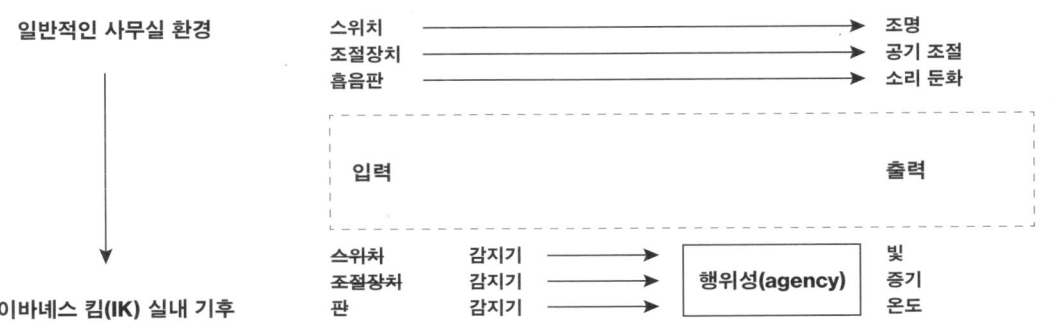

도판 10. 이바네스 킴, 「전자 프로그래밍 도해」(2017).

참고 문헌

Ibañez, M. and Kim S. (2016). "Confessional." Ibañez Kim. http://www.ibanezkim.com/work#/confessional.

Ibañez, M., Kim S., and Wit A. "rolyPOLYGON." Ibañez Kim. http://www.ibanezkim.com/work#/rolypolygon.

Ibañez, M. and Kim S. "rolyPOLYGON: Confessional." https://vimeo.com/169560349.

Kim, Simon. "Polyhedra." Immersive Kinematics. http://www.immersivekinematics.com/polyhedra-1.

Wit, A. and Kim S. (August 2016). "rolyPOLY: A Hybrid Prototype for Digital Techniques and Analog Craft in Architecture." *Complexity & Simplicity: Proceedings of the Education and Research in Computer Aided Architectural Design in Europe Conference*. Oulu, Finland: eCAADe and Oulu School of Architecture, University of Oulu. pp. 631-8.

University of Pennsylvania. "Yim, Mark. Professor and Director of Integrated Product Design Mechanical Engineering and Applied Mechanics." Penn Engineering, The Trustees of the University of Pennsylvania. https://www.seas.upenn.edu/directory/profile.php?ID=107.

Rus, D., Demaine E., Fearing, R., Javey, A., Wood, R., Kumar, V., Yim, M. (September 2011). "Programmable Matter Creating Systems that Can Think, Talk, and Morph Autonomously." Massachusetts Institute of Technology, Cambridge Office of Sponsored Research. http://www.dtic.mil/docs/citations/ADA584792.

만들기

공유 문화의 이데올로기: 디자인 요소와
연구 도구로서의 오픈 소스 건축[1]
후숨 & 린홀름 건축사무소(시네 린홀름·
마스울리크 후숨)

지역 생산, 제작 문화, 공유 문화에 대해 커지는 여러 이데올로기는 제품, 디자인, 건축에 대해 우리가 생각하는 방식을 도전하기 시작했다. 공유 데이터(오픈 소스 운동)와 함께 새로운 세계관이 등장해 특허권과 소유권에 대한 우리의 관습적인 생각에 도전하고 있다. 이 새로운 세계관은 또한 우리가 제품, 디자인, 건축을 사고하는 방식을 변화시키고 있다. 건축가들은 이런 사태에 있어 중요하고 책임을 지는 역할을 할 수 있는데, 왜냐하면 이런 맥락에서 디자인은 전과는 매우 다른 변수에서 작동해야 하기 때문이다.

우리가 이해하는 세상의 경향은 제러미 리프킨(Jeremy Rifkin)과 같은 이들이 내놓는 강력한 견해와 같은데, 리프킨은 지구시민사회는 멀지 않은 미래에 반드시 오픈 소스 운동의 가능성과 한계점을 다뤄야한다고 예측한다. 오픈 소스 운동은 사물 인터넷 시대에서 번창하고 있고, 온라인 지구지역사회를 야기했다.

세계 곳곳에 퍼져 있는 공공 제작실험실(fab lab)은 선진 제작 공구를 갖추고 있으며, 사람들이 낮은 가격에 지역에서 아이디어를 생산하고, 공유하고, 개발할 수 있게 한다. 오픈 소스 건축은 단지 사용자만 이롭게 하는 게 아니라 설계자가 지역 사회의 필요와 행동을 조사하는 도구로 사용할 수 있다.

오픈 소스 운동에 내재한 공유 문화는 「그로우모어(Growmore)」의 숨은 아이디어다. 지식의 기부와 나눔에 기반한 개선과 발상은 열려 있으며 생산적인 환경에서 발전된다.

공유 문화

우리는 오픈 소스화된 지구적 사회를 향해 나아가고 있다. 지하실이나 취미 공작실에서 나와 전문가 시장으로 진입하고 있는 이데올로기로 성장하기 위해서는 새로운 사업 모델을 필요로 한다. 이 운동은 우리가 생산, 생산품, 소비자를 이해하는 방식에 인식틀(패러다임) 전환을

---

[1] 돈의문 박물관 마을에 전시된 「그로우모어」에 관한 글이다.
—옮긴이

시도하고 있으며, 그럼으로써 소비자는 프로슈머,[2] 즉 참여형 소비자로 변한다(Rifkin 2011).

이 거대한 전환은 데이비드 건틀릿(David Gauntlett)이 그의 책『커넥팅: 창조하고 연결하고 소통하라』에서 자세하게 설명했듯이 웹 2.0 덕분에 가능하다(Gauntlett 2011, 3–5).

정보, 매체 기사, 비디오 등 많은 것을 수신하고 공유하는 역량은 사람들이 세계 곳곳의 다른 이들과 서로 나누고 배우는 운동을 만들어냈다. 이런 역량으로 우리가 완전히 다른 배경을 지닌 사람들과 공동의 관심사에 기초한 관계를 맺을 때, 종교, 국적, 공동체의 경계는 왜곡된다.

우리는 여러 형식의 이야기와 지식을 매우 빠르게 나눈다. 그 속도는 정보 산업이 못 따라올 정도이며, 자신의 표준 사업 모델을 뒤흔들고 뉴스를 제공하고 판매하는 방식을 바꾸게 만들기도 한다. 흥미로운 것은 정보 공유는 수직적으로, 즉 위에서부터 아래 쪽으로 수동적인 소비자들로 내려가는 방식이 아니라 수평적으로 일어난다는 사실이다. 그것은 개인들이 자기 주머니 속에 있는 최첨단 모바일 기기를 통해 정보와 뉴스를 기록하고 공유하기 때문이다. 이런 면에서 본다면, 오픈 소스 운동은 인터넷을 지배하는 부분이다. 우리는 다른 사람들의 이야기를 우리 것과 결합해서 글, 이미지, 비디오 등의 형식으로 공유하고 협업하고 알린다. 리프킨은『3차 산업혁명』(2011)이라는 자신의 책에서 이런 전환에 대해 기술하면서 3차 산업혁명의 다섯 가지 핵심 요소, 혹은 기둥 중 하나로 명명한다. 그는 이런 전환이 다가올 수십 년 동안 통치 및 경제 구조의 변화에 엄청난 영향을 미칠 것으로 본다.

현재 일어나고 있고, 또한 상당 기간 진행돼 온 바는 바로 오픈 소스 이데올로기가 물리적 현장으로 빠르게 이동하고 있다는 사실이다.

새로운 인식틀

웹 2.0 덕분에 우리는 사물 인터넷[3] 시대로 진입해 기계 인터넷, 제작 실험실, 제품, 감지장치 등과 연결됐다(Rifkin 2011: 193–270). 사물 인터넷은 정보 공유를 물리적인 세계로 이동할 수 있게 한다.

"사물 인터넷은 그저 기술이 아닙니다. 사물 인터넷은 경제 민주화를 돕습니다. 저는 여러분들이 2050년에는 1퍼센트와 99퍼센트로 이루어지지 않은 세상에 살고 계시기를 바랍니다. 그때는 공유 경제가 이루어져, 지속 가능하고 질 높은 삶, 즉 아무도 뒤처지지 않은 그런 생활이 가능할 것입니다. 유토피아처럼 들립니까? 아닙니다. 우리는 인간의 서사를 바꿔야 합니다. 기술과 함께 살아가는 인류를 위해 우리는 새로운 이야기를 필요로 합니다. 우리는 한 세대 안에서 지리정치학에서 생물권 인식으로 이동해야 합니다. 우리가 하는 모든 활동이 지구상의 다른 사람, 다른 생태체계, 다른 종에 즉각 영향을 미칩니다. 우리에게는 생물권이라는 하나의 비가시적인 공동체 안에 살고 있음을 이해하기 시작한 젊은 세대가 있습니다."(Rifkin 2015)

과거에는 생산품을 예를 들어 신문처럼 판매자로부터 이미 만들어진 물건으로 구매해 해당 제품이 의도한 바에 따라 사용했다. 생산은 의도한 소비자를 위한 물건들을 만들고자 하는 산업 회사나 조직들의 손에서 고가의 최첨단 기술 및 장비를 사용해 이뤄졌다.

우리가 현재 목격하고 있는 것은 생산 기술이 빠르게 향상되면서 기계설비 가격은 낮아지고 질은 높아지는 현상이다. 우리 모두가 요즘에는 첨단 모바일 기기를 소유하고 있듯이 생산 기술은 일반 인구가 이용할 수 있는 것이 되고 있다. 이들 첨단

[2] https://en.oxforddictionaries.com/definition/us/prosumer

[3] https://en.oxforddictionaries.com/definition/internet_of_things

모바일 기기는 10년 전만 해도 지닐 수도 없고 돈 주고도 살 수 없는 높은 질을 갖춘, 우리 삶을 기록하고 우리 환경을 구성하는 것들이다.

이런 인식틀 전환은 온라인 세상과 물리적 영역 사이에 존재하는 새로운 종류의 공동체를 가져왔다. 우리는 우리의 지식, 정보, 기량을 온라인 세상과 물리적 세상에서 공유하고 개선함으로써, 스스로 그리고 다른 이들과 함께 최저 비용으로 우리가 만든 장치, 생각, 제품을 생산할 수 있는 가능성을 가지게 됐다. 이 온 혁명을 구동하는 것은 구사 무욕이 아니라 공동의 열정에 의해 힘을 받는 수평적 추진력이다. 이 변화는 세계 곳곳의 경제적, 정치적 기관들을 뒤흔들 것이다. 왜냐하면 그들은 이전과는 다른 제작자(메이커) 세대, 즉 소유권과 틀 안에서 자신들의 삶의 질을 정의하기보다는 다른 이들과 공유하고, 개발하고, 생산하는 데 더 큰 관심을 지닌 그런 사람들을 직접 보고 있기 때문이다. 이에 관해 건틀릿은 다음과 같이 아만다 블레이크 소울(Amanda Blake Soule)의 글을 인용했다.

> "창조적인 삶을 사는 건 우리 가족의 삶 모든 영역에서 이루어질 수 있다. 취미 생활부터 [우리가 자연과 관계를 맺는 길], 우리가 지역 사회와 관계를 맺는 길, 우리가 우리의 나날을 함께 간직하는 길 그리고 우리가 서로를 소중히 여기는 길에 이르기까지."(Gauntlett 2011: 67)

건축 공유
오픈 소스 이데올로기는 디자인 과정에 기여한다.

> "인터넷의 등장으로 세계는 더 작아졌고 건축가와 디자이너인 우리들은 관여해서 변화를 만들어낼 기회를 가지고 있다."(Sinclair 2016)

건축가들과 디자이너들은 혁신적인 발상을 하고, 아름답고 미래에 대한 전망을 지닌 개념과 관련 시각화 작업을 창조한다. 그러나 디자인 및 건축물의 구축은 종종 초기부터 융합된 요소가 아니고, 후에 작업하는 과정에서 발전된다. 이런 관점에 볼 때 디자인과 건축은 종종 구축을 반영하지 않고 있으며, 많은 경우 구축은 미적인 부분에 포함되지 않는다는 이유 때문에 감춰져 있다.

> "변화하고 있는 사회는 새로운 제조 방식을 요청한다. 인간과 기계 사이의 관계에 의해 정의된 공예는 문화적, 경제적, 사회적 맥락의 접면에서 작동해왔다. 새로운 기술은 우리가 사물을 만든 방식만 바꾸는 것이 아니라, 우리가 생산에 대해 사고하는 방식에 영향을 준다."(Bauhaus Dessau 2017)

구축과 구성요소들이 조립된 방식은 오픈 소스 건축 및 디자인 개발에 가장 필수적인 부분이다. 생산과 조립은 상대방 사용자가 디자인을 이해하고, 창조하고, 모사하고, 발전시키기 위해서는 가능한 한 직관적이고 단순해야 한다. 그렇지 않다면, 오픈 소스 이데올로기라는 생각은 번창하기 어려울 것이다. 가령, 오픈 소스 건축에서 재료의 구축 및 선택은 디자인과 미학의 주요 부분이다. 이는 지식을 공유하겠다는 필요를 요구하며, 여기서는 건축과 공학, 그 외 관련 분야 학제들의 조합이다.

오픈 소스 건축은 디자이너에게 색다른 요구를 필요로 하며, 디자인, 개발 과정, 설계 변수, 미학에 완전히 다른 의미를 부여한다.

이런 새로운 방식의 제조 방식은 새로운 디자인 사고, 즉 구축 구조물에서 투명성을 보장하는 정직한 디자인을 창안했다. 구축이 이제 디자인과 미학의 일부분이 됐다. 디자인이 곧 구축이다.

필요 조사로서 오픈 소스 건축
오픈 소스화된 디자인은 연구 도구가 된다.

디자인을 오픈 소스로 시작하기로 결정하면 여러

장점이 따른다. 디자인을 인터넷에서 내려 받아 구축하겠다는 사람들에게만 혜택을 제공하는 게 아니라 디자이너에게도 이익이 돌아온다. 인터넷은 쌍방향으로 작동한다. 즉 디자이너는 인터넷에 디자인을 올리고 오픈 소스화하고, 그 디자인은 세계 어디서나 내려받을 수 있고 지어질 수 있다. 동시에 디자이너는 사람들이 자신의 디자인을 이용해 제조하면서 그들이 재료 선택과 디자인의 기능성에 대해 어떤 결정을 내리는지를 관찰하는 동안 피드백을 받고, 개선점에 대한 아이디어를 얻을 수 있다. 사진과 이미지를 공유할 수 있는 인스타그램과 같은 사회 매체(social media)는 피드백을 수집하고 조사하기에 좋은 채널이다. 이는 디자인이 오픈 소스로 사용될 때 '완벽'하지 않아도 되며, 세계를 협력 대상자로 사용하고, 그렇게 해서 번창하는 공동체를 지원할 수 있음을 뜻한다.

"만약에 우리가 언제나 개선할 수 있다는 사실을 받아 들인다면 우리가 측정하고 해낼 수 있는 데에는 한계가 없다. 또한 우리가 어떤 제품도 완벽하지 않다고 인정하면, 우리는 지속적인 개선을 할 수 있는 기회에 마음을 열고 그 개념을 기꺼이 수용할 수 있다."(Baker 2017)

오픈 소스 디자인의 또다른 장점이자 오픈 소스하기에 대한 더욱 흥미로운 관찰은 오픈 소스 건축 및 디자인이 지역 공동체의 필요와 행동 방식을 조사하는 데 쓰일 수 있다는 것이다. 오픈 소스로 나온 디자인을 사용하는 사용자를 적극 관찰해보면, 그들이 인류학 연구를 위한 공명판과 피실험자가 될 수 있다.

이런 관점에 볼 때 오픈 소스 건축 및 디자인은 같은 씨앗을 다른 땅에 심고 그것들이 어떻게 다르게 자라는지를 살펴보는 것과 같다. 우리는 최초의 오픈 소스 구성요소 개발과 추가 요소, 그리고 그 합이 특정 영역의 필요를 어떻게 반영하는지를 분석할 수 있다.

이런 관찰은 구조의 기능성과 유연성과 같은 다른 사안에서도 탐구할 수 있다. 과연 오픈 소스 디자인은 의도된 대로 사용되고 있는가 아니면 기능이 바뀌었는가? 어떤 재료가 사용됐으며 그 이유는 무엇인가? 크기는 구조의 기능과 잘 맞는가? 사람들은 어떤 맥락에서 디자인을 주문해 이용하겠다고 결정하는가?

모든 해결책과 필요조건은 지역적이다. 그래서 오픈 소스를 조사 도구로 사용함으로써 요구와 행동방식에 대한 정보를 수집할 수 있고, 그에 따라 디자인을 미세하고 조정할 수 있으며, 변경 가능한 아이디어나 추가물에 대해 다시 생각할 수 있다.

「그로우모어」 개발 과정: 오픈 소스 조사 작업
우리가 진행했던 「그로우모어」 개발 과정은 오픈 소스 건축을 조사 도구로 사용한 경우로 볼 수도 있다.

「그로우모어(Growroom)」는 2017년 2월 퓨처 리빙 랩 스페이스103과 필자들의 협업으로 만든 「그로우룸」이라는 오픈 소스 에디션에서 발전한 작업이다(도판 1). 「그로우룸」은 도시 농업 파빌리온으로 디자인은 도시 농업 개념을 가지고 한 공간 실험에 기초했다. 파빌리온 개념은 지역 먹거리 생산을 지향하고 도시의 모습에 식물을 불러오자는 것이었다. 구 형태로 설계한 도시 농업 파빌리온은 생기 넘치는 우주, 즉 초록 행성이라는 개념을 불러일으키려는 의도에서 출발했다. 이 파빌리온 안에서 방문자들은 식물과 같은 자리를 공유하는데, 이렇게 볼 때 인간과 식물이 평등하고 같은 주기 안에서 공존함을 의미한다. 둥그런 담장이 둘러진 정원에서 사람들은 자연과 이어지고 모든 감각을 사용해 허브와 식물의 냄새를 맡고, 맛을 보고, 그 풍성함을 느낄 수 있다.

세계 곳곳에 사는 사람들은 자신만의 「그로우룸」을 짓고 그 결과를 인스타그램에 해시태그 #space10growroom(도판 2)를 적어서 올리고 있다. 사람들은 스페이스103과 필자들에게 다음 개발사항을 위한 아이디어와 제안을 보내온다.

도판1. 「그로우룸」 사진. 조립 구성, 조립 상세, 구축의 완성.

도판 2. 인스타그램에서 해시태그가 달린 사진 모음. 사람들이 「그로우룸」을 어떻게 다르게 사용하고 있는지를 보여준다.

이런 경험이 「그로우모어」의 개발과 발상에 불을 붙여줬다.

「그로우모어」는 세계 각지의 동료들과 공유하고 함께 개선한다는 이데올로기에 기초하며, 그런 관점에서 살아 숨쉬는 실험실로 볼 수 있다.

「그로우모어」의 핵심은 어떤 주어진 맥락과 사용에 대해서도 개조할 수 있고 변형시킬 수 있는 유연한 구조 디자인이다(도판 3).

「그로우모어」를 만들 때 했던 생각은 「그로우모어」를 가능한 한 단순하고, 직관적이고, 비용효과가 높은 한편 기술적으로 진보한 기계와 재료의 사용에 공들이자는 것이었다.

「그로우모어」는 도시 농장으로 개발되고 있지만 다른 목적으로 쓰일 수 있다.

우리는 급속 팽창하는 도시에서 녹색 공간에 대한 필요를 알고 있으며, 그래서 이 작업의 디자인은 도시 경관 속에 퍼져 작은 오아시스로 기능하고, 확장하는 도시에서 함께 사용하는 인간적 충전기로서 사용한다는 구상이다. 높은 유연성을 갖춘 「그로우모어」의 디자인에서 우리는 구조가 도시 경관의 중간 공간에서 임시적 플러그인 장치나 부가물로서 기능한다고 이해한다.

「그로우모어」의 정직한 시각 표현과 함께 단순한 디자인은 오픈 소스 및 제작자 운동을 창조한다. 그것의 구축과 디자인은 오픈 소스 개념에 근간한 새로운 미학을 탐구한다는 측면에서 구조의 유연한 기능과 밀접한 관련이 있다(도판 4와 5).

이렇듯 「그로우모어」는 하나의 도시 정원에 그치지 않고, 위에서 기술한 대로 살아 숨 쉬는 실험실로서 그 구조 안에 미래 정원 체계의 모든 요소가 융합돼 있고, 그 구축과 기능에서도 투명성을 제공한다.

「그로우모어」는 그 이름처럼 소규모의 수직적인 도시 농장이나 공공 만남의 장소, 공공 도서관, 전시장으로 사용할 수 있다.

건축은 주어진 수단을 통해 우리가 사는 세상을 반영한다. 카메론 싱클레어도 "건축은 그저 해법만이 아니고 의식을 높이는 것이기도 하다(싱클레어, 2006)"고 얘기했다. 지식이 공동의 자원으로 공유된다면, 종래의 연구개발 공정을 따른 것 보다 디자인과 기술을 더 빠르고 쉽게 개발할 수 있고, 모든 형태의 공동체를 이롭게 한다.

모든 분과의 오픈 소스 운동은 완전히 새로운 범위의 가능성을 창조하고 도전을 제기하고 있다. 건축과 디자인계에서는 모든 종류의 건축가, 디자이너, 제작자에게 이 운동에 동참할 것을 요구하고 있다. 오픈 소스는 우리가 디자인에 대해 사고하는 방식을 바꾼다. 그래서 우리는 세계 전 지역의 온라인 플랫폼과 선진 공유 생산 시설을 통해 디자인하고 창조하는 다양한 접근법을 검토하고 있다. 이는 단지 소비자만을 위한 게 아니고 서로를 위한 일이다. 우리의 동료들은 수동적인 소비자가 아니고 능동적이고 혁신적인 참여자로서 우리가 공유하는 미래상을 만들고 개작해 광범위한 가능성을 창조하는 사람들이다. 우리는 이런 새 시대의 초기 단계에 와있으나, 이런 새로운 접근법에 공을 들이고 발전시킬수록 더 넓게 손을 내밀 수 있다.

공유 문화의 이데올로기에 점차 많은 전 세계인들이 동참하고 있기 때문에 공유 문화의 무게는 우리의 생활 방식을 정의하고 지배하는 경제 및 통치 기관들에 영향을 미칠 것이다. 삶은 더 이상 사적인 부와 고립된 수직 향상을 쫓는 경력이 아니라, 오히려 서로 동등한 인격체로 살고, 공유하고, 생산하며 성장하는 수평적인 공유 지구 시민사회에 근거를 둘 것이다.

이는 크게 벗어난 꿈이 아니다. 그리 멀지 않은 미래의 현실이다.

도판 3. 「그로우모어」 시각화, 후숨 & 린홀름.

 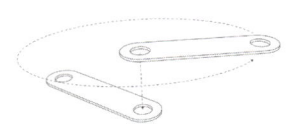 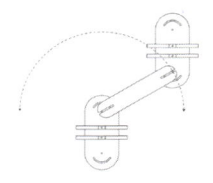 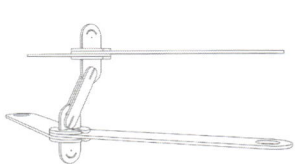

지지판이 달린 회전고리.

수평 구성요소들을 서로 위에 쌓아 회전고리 주위를 자유롭게 움직일 수 있음.

수직 구성요소들은 회전고리에 끼워 필요한 대로 움직일 수 있으며, 탄탄하게 조이기 전에 밀어 넣기와 빼기를 할 수 있다. 이런 방식으로, 같은 종류의 수직 구성요소들을 모든 높이에서 사용할 수 있다.

모든 구성요소들은 한번의 연결에 합치면, 그 위, 아래, 양쪽 측면에 추가할 수 있게 된다.

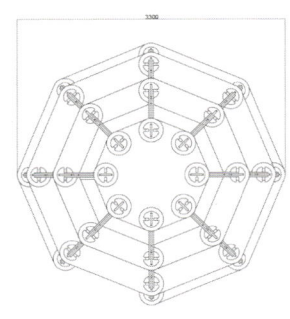 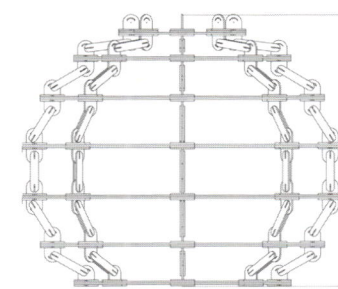 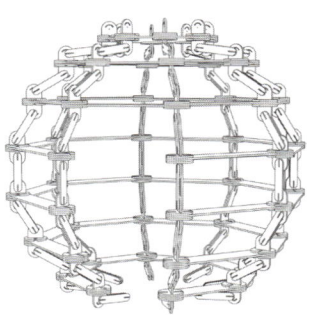

평면도　　　　　　　　　　　입면도　　　　　　　　　　　투시도

도판 4. 「그로우모어」의 구축 세부.

참고 문헌

Baker, Ben (2017) *Open Desk*. 7 April. "Continuous Improvement over Delayed Perfection." https://www.opendesk.cc/blog/continuous-improvement-over-delayed-perfection.

Bauhaus Dessau Foundation (2017) "When Craft Becomes Modern: The Bauhaus in the Making," 2017년 4월 13일부터 2018년 1월 7일까지 열리는 바우하우스 데사우 전시, http://www.bauhaus-dessau.de/en/exhibitions/craft-becomes-modern-the-bauhaus-in-the-making.html.

Gauntlett, David (2011). *Making Is Connecting*. Cambridge. UK: Polity Press.

건틀릿, 데이비드 (2011) 『커넥팅: 창조하고 연결하고 소통하라』. 이수영 옮김. 서울: 삼천리.

Rifkin, Jeremy (2011) *The Third Industrial Revolution*. New York: St. Martin's Press.

리프킨, 제러미 (2012) 『3차 산업혁명: 수평적 권력은 에너지, 경제, 그리고 세계를 어떻게 바꾸는가』. 안진환 옮김. 서울: 민음사.

Rifkin, Jeremy (2015) "Jeremy Rifkin: Zero Marginal Cost Society." Youtube. https://www.youtube.com/watch?v=MBlWEOHqdOU.

Sinclair, Cameron (2006) "My Wish: A Call for Open-source Architecture." TED. https://www.ted.com/talks/cameron_sinclair_on_open_source_architecture.

다시 쓰기

세 개의 일상적 장례식
커먼 어카운츠(이고르 브라가도·마일스 거틀러),
이지회

대체로 죽음은 헛수고다. 지난 수십 년간 진보한 기술은 죽음을 물질적으로 다루는 사업을 일상생활에서 멀리 떼어놓았다. 즉 위생화, 질병 관리, 장례 산업을 통해 죽음은 말끔히 정돈된 채 우리의 시야에서 사라졌다. 현대 도시는 한때 죽음을 둘러싼 사회 활동들을 주최했던 여러 도시 지형들을 지우고 변경하며 제한해왔다. 그럼에도 죽음은 실내 장식에서, 체력 단련 프로그램에서, 그리고 가상공간에서도 그 모습을 드러낸다. 그러나 건축은 죽음 주위에 존재하는 잠재적인 사회적 상황과 기반체계 연결망이 지닌 가능성을 알아차리지 못했고, 이런 개체들을 행동을 위한 장소로 인식하지도 못했다. 나아가 도시는 더 이상 죽음과 관련된 사업을 물리적으로 유지할 여력이 없다. 전통적 시신 처리 방식이 가용 토지의 감소, 환경 문제, 디지털 존재의 사후 처리 등의 쟁점으로 위협받고 있는 반면, 새로운 기술은 우리가 목숨을 걸고 무시한 물질적·의례적·가상적·생태적 가치를 만들어내는 특별한 기회를 제시한다.

  오늘날 도시 생태계가 처한 현실은 죽음의 장소를 더 보편적으로, 그러나 잠재적으로는 더 눈에 띄지 않게 만들었다. 죽음의 원자화는 죽음이 일상생활로 다시 통합될 수 있는 가능성을 보여준다.

  이를 위해 서울만큼 비옥한 시험장이 될 만한 도시는 드물다. 서울은 가용 토지가 부족하다는 점에서 전형적이지만, 지난 이십 년 동안 죽음, 신체의 재디자인, 의례용 건축물에 대해 매우 유연한 태도를 보여준 시민들이 살고 있는 곳이다.

> 안녕하세요, 존. 우연히 당신이 올린 포스팅과 간청을 보았어요. 나의 외동아들 마이클도 2013년 2월 25일 세상을 떠났어요. (…) 마이클이 보고 싶지만 그 애가 남긴 영상이 영원히 여기에 남아 있는 한 참을 수 있어요.
> <u>영원한 재생</u>

죽음이 지닌 생산적 잠재력을 향상시키는 과정에서 먼저 기존 도시 기반체계의 보강을 고려할 수 있다.

기술을 이용해 도시에 개입하면 죽음을 둘러싼 과정에 더 즉각적으로 접근할 수 있고, 이를 통해 더 탄탄한 사회를 만들 수 있다. 예컨대 화장장에서 발생한 열은 (일종의 믿을 만한 신규 전력원으로) 달걀을 익히는 데 이용할 수 있다.[1] 인터넷은 (가상의 사후 세계에 실제로 관여하도록 조장하며) 새로운 추모 장소가 될 수 있는 잠재력을 지니고 있다.[2] 또한 유해 처리 방식을 조정하면 (환경 행동주의를 위한 새로운 장으로 기능하며) 환경 상태를 개선할 수도 있다.[3] 그리고 피부를 팔아 주택 담보 대출금을 갚을 수 있다(이는 생명자본이 개척할 새로운 분야일 수 있다).[4] 지금까지 우리가 이런 방식을 통해 도시에서 우리의 실존을 풍요롭게 만들 수 없었던 이유는 죽음에 대한 감수성 때문이었고, 일상생활에서 죽음의 현전과 가시성을 섬세하게 보정해 이 감수성을 극복하는 게 죽음을 능숙하게 다루는 도시에 사는 디자이너의 역할이다. 나아가 디자인은 선택의 여지를 제공할 수도 있다. 예컨대 죽음에 직면한 이들이 이용할 수 있는 다양한 시신 처리 방식을 만들어낼 수 있으며, (예식 같은) 문화적 경험을 통해 몸을 재구축할 수 있는 기술적 선택지를 제공하는 것이다. 그뿐 아니라 죽음은 더 유용하고 특화될 수도 있다. 즉 우리는 망자들이 날마다 도시를 돌아다니며 남긴 물질적·가상적 실체를 미시 규모로 추모할 수 있으며, 이를 통해 죽음에 더 큰 사회적 의미를 부여할 수 있다.

더 이상 망자는 기억이라는 형이상학적 공간에만 머물지 않는다. 그들은 여전히 우리의 페이스북 친구이며, 인스타그램(Instagram)으로 직접 메시지를 받을 수 있고, 우리 카카오스토리(KakaoStory)의 팔로워들이다. 즉 그들은 새로운 실존 통로에서 계속 살고 있으며, 그들을 추모하는 환경은 더 이상 전통적 장례 의식으로 한정되지 않는다. 망자의 몸이 지닌 잠재력, 즉 거기에 내재한 에너지와 물질적 가치 그리고 정치적 동력은 더 이상 외부와 접촉을 끊은 채 관 속에 봉인된 상태로 남지 않는다. 새로운 기술과 전 지구적 연결망을 지닌 물류로 인해, 몸의 상태는 더 복잡해졌으며 죽음은 종지부라기보다 변곡점이라는 의미를 지닌다.

*****

우리는 그들 눈의 흰자위를 다시는 볼 수 없을 것이다.[5] 장기(臟器)를 지닌 역사

지난 반세기 동안 건축 담론은 죽음을 일상에서 동떨어진 일종의 섬으로 여기는 죽음의 형이상학적 시학을 정교화하며 죽음을 도시의 일상으로부터 멀리 옮기는 데 기여해왔다. 1960년대 중반 이후 건축이 그 자체의 역사에 대해 새로운 입장을 취하는 가운데 전성기 모더니즘의 잔해인 묘지와 기념묘(mausoleum)를 유추하는 일이 성행했다. 알도 로시(Aldo Rossi), 엔리크 미라예스(Enric Miralles), 존 헤이덕(John Hejduk) 같은 건축가들은 물질적·물류적·기술적 현실이 지닌 제의적 잠재력을 배제하고 낭만과 미학에 특별한 관심을 기울이며 죽음의 장소들을 탐구했다.

이런 포스트모던적 태도와 반대로, 지크프리트 기디온(Sigfried Giedion, 1888–1968)은 『기계화는 명령한다(Mechanization Takes Command)』(1948) 중 죽음에 관한 장에서 죽음 주변에서 발달한 산업이 기술 사회와 도시에 미친 영향을 묘사했다. 그는 19세기 파리나 미국

---

[1] 영국 레디치 주민센터(Redditch Community Centre)에서 시행하는 건물 간 에너지 전환이 그렇다.

[2] 미국 미주리주 출신 보디빌더인 존 벌린(John Berlin)이 유튜브(YouTube)에 올린 거대 소셜 미디어 회사에 대한 간청이 [온라인상에서] 바이러스처럼 퍼져 페이스북(Facebook) 이용자 계정을 추모하는 일을 촉발한 방식이 이런 예를 보여준다.

[3] 예컨대 알칼리 가수분해는 화장과 비교해 탄소 발자국과 대기 중 수은 입자의 배출량을 현저히 감소시킨다.

[4] 인간의 표피는 최대 미화 8만 달러의 가치를 지닌다고 평가됐다.

[5] 1961년 CBS 텔레비전 특별기획 「사람들을 죽이는 방법: 디자인 문제(How to Kill People: A Problem of Design)」 중 조지 넬슨(George Nelson).

영국 레디치 화장장에서 방출된 열은 이웃 주민용 수영장의 온도를 높이는 데 사용된다.

교외지역의 경우처럼 죽음 관련 산업이 서구 근대 도시의 풍경을 구축하는 데 중대한 역할을 했음을 인정한 최초의 건축사가임에 틀림없다. 이런 정신을 지닐 때 건축은 그 고유한 개입을 가장 유의미하게 증진할 수 있다. 기디온의 설명은 두 가지 이유에서 우리에게 시사하는 바가 크다. 첫째는, 그가 죽음을 건축의 역사적 개념에 영향을 미치는 일종의 '이론'으로 여기기 때문이며, 두 번째 이유는 죽음이 스펙터클한 영역보다 가정과 일상 영역에 영향을 미치기 때문이다. 그의 렌즈를 통해 보면, 냉장고, 세탁기, 통조림 음식은 죽음을 담고 있다. 이런 사물들은 기계화가 진전되면서 그것들이 취급하는 유기적 개체와 근본적으로 분리된 가정용품들이며, 인간에게는 자신들에 준하는 가공된 신체를 받아들이는 중립적 태도를 지키도록 유도해왔다. 이렇게 죽음은 가정에 자리 잡는다. 이런 발견은 사회에서 죽음을 관리하는 전통과 체계에 개입하려는 이들에게 중요한 의미를 지닌다. 이는 삶의 가장 본능적인 측면에 대한 경험과 지각조차도 기계적으로 대치된다는 이론을 구체화한다. 또한 장의사 협회나 군대 같은 제도에서 장례 전통의 현대화를 지지하는 근거도 정확히 이와 같다.

*****

"아버지가 돌아가신 건 어느 정도는 슬픈 얘기였죠. (…) 왜냐하면 어머니가 전화로 '아버지가 돌아가셨다'고 말씀하셨거든요. 그리고 그때는 정확히 시합 2주 전이었어요. 어머니는 '장례식에 올 수 있니?'라고 물었고, 저는 '못 가요. 너무 늦었어요. 아시잖아요? 아버지는 돌아가셨고 할 수 있는 건 아무것도 없어요. 집에 못 가서 죄송해요. 아시죠?'라고 답했어요. 그리고 어머니께 진짜 이유를 설명하진 않았죠. 둘러댔습니다. (…) 남편을 잃은 어머니께 어떻게 설명할 수 있겠어요. (…) 앞뒤가 맞지 않는 말을 하는 거죠. 저는 더 이상 신경 쓰지 않았어요."[6] 한계에 달하다, 계속 살다

의식(儀式)이 지닌 정치력은 과소평가돼서는 안 된다. 의식 관행은 일상적인 것을 문화 경험으로 확대한다. 의식은 신뢰성과 가시성을 부여하고,

6
영화 『펌핑 아이언(Pumping Iron)』(1977)을 위한 인터뷰 중 아놀드 슈워제네거(Arnold Schwarzenegger).

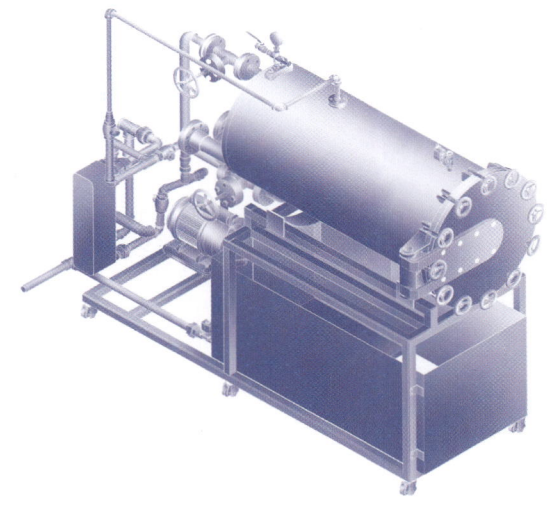

'슈프림 열형 계기(Supreme Thermal Instrument)'의 알칼리 가수분해 체계: 새로운 시신 처리 방식.

형식적이고 수행적인 방식으로 정치적인 것을 분명히 표현한다. 이런 점에서 의식은 건축과 같으며 그 영역 안에 속해 있다.

군대는 망자의 삶을 확장시키는 가장 적극적인 행위주체이자 매체에 정통한 의식 구축 전문가들 중 하나다. 그리고 미군만큼 규모가 크고 광범위하게 분포하며 막대한 예산을 갖춘 군대는 없다.[7] 미군은 생사와 상관없이 인체를 처리하고 바꾸는 데 전문가다. 미군의 세계적 도달 범위는 몸을 물류 단위로 흡수하는 기반체계 작동 원리에 필적하며, 이를 통해 몸에 정치적·의례적·가상적 가치를 투여한다. 미군의 기초 훈련 방법과 전사자 관리부(Mortuary Affairs)를 살펴보면, 군대가 '완벽한' 몸, 즉 '미국의' 몸을 만들어내는 과정을 볼 수 있다.

임무 수행 중 사망한 군인들은 제1차 세계대전에서 5만 3,402명, 제2차 세계대전에서 29만 1,557명, 베트남전쟁에서 5만 8,220명, 이라크전쟁에서 4,410명에 달하며,[8] 전사자 관리부의 절차에 따라 수습되고, 신원이 확인되며, 목록화되고, 후송되며, 처리되고, 기념된다. 이 부서는 도표를 통해 업무 순서를 명확히 제시하는데, 보관, 사진, 개인 휴대품, 지문 및 발 모양 채취, 전신 엑스레이, 치과 및 구강 외과술, 치과 엑스레이, 치과 검사, 병리해부학 검사 및 기록 분석, 신원 확인, 세척 및 준비, 방부 처리, 입관, 대기, 군복, 보관, 운송이 그 절차에 해당한다.

이 목록은 관련된 과정의 도식적 개괄만을 제공하며, 세부 단계들에 관한 자세한 내용은 포함하지 않는다.

이 경험을 전체적으로 그려보려면, 전장에서 장의사에게 유해를 운송하고자 산업적, 군사적 기구가 만들어낸 기술, 차량, 건축물, 연출 그리고 시나리오를 한데 모아야 한다.

델라웨어주 도버 공군 기지에 위치한 미군 단독 항구 영안실에서 펼치는 활동은, 기반체계로서의 몸이라는 개념을 강화하며, 가상의 주체를 만들어내는 의식을 물류에 포함시킨다. 전사한 육군하사 윌리엄 R. 윌슨 3세(William R. Wilson III)의 '고결한 운송식(Dignified Transfer)'을 담은 공식 영상은 이를 정확히 보여준다.[9] '고결한 운송식'은 적절한 신조어인데, 즉 '고결한'은 명예와 감정이라는 주제를 함의하며 '운송식'은 절차 및 관료적인 사항을 전한다. 이 용어는 의장대가 록히드 마틴 C-5 갤럭시(Lockheed Martin C-5 Galaxy) 운송기의 화물실에서 관을 내려 이후 절차를 위해 항구 영안실로 운송하는 과정을 설명한다.

첫 번째 단계에서 일반 관이 아닌 미국 국기를 두른 알루미늄 '운송 상자'는 비행기 화물 램프에서 고소작업대 위로 옮겨진다. 각각의 기술이 지닌 기능은 의식 절차로 이해된다. 즉 고소작업대를 이용해 유해를 내리는 시간은, 그 작동자가 '상자' 옆에서 거수경례를 할 때 침묵의 순간으로도 기능한다. 하강 작업 후 고소작업대의 높이는 50피트(약 15미터) 떨어진 곳에 주차된 트럭의 높이와 일치한다. 따라서 사람들은 장례식 때처럼 관을 어깨에 매지 않고 엉덩이 높이로 팔을 내려 운구할 수 있다.

그런 다음 관은 컨베이어벨트 위에 실린다. 육군하사 윌슨에 관한 영상은 운송 제트기가 시신 한 구 이상을 실어 나르는 경우로, 트럭 뒤편에

7
'글로벌파이어파워(globalfirepower.com)'는 병력, 지리 요소, 기반체계, 천연자원 의존도, 해군 역량, 물 접근도, 국가의 경제 상태를 고려해 미국의 군사력을 1위로 꼽는다. www.globalfirepower.com/countries-listing.asp. 참조.
'비즈니스인사이더(businessinsider.com)'는 피터 G. 피터슨 재단(Peter G. Peterson Foundation)의 2013년도 연구를 인용해 미군의 2012년도 방어 예산(미화 682만 달러)이 차순위 10개국의 국방예산 총액(미화 652만 달러)을 초과한다고 밝혔다. www.businessinsider.com/chart-of-defense-spending-by-country-2014-2.

8
Jeremy Bender (2014). the US Department of Veterans Affairs and US Department of Defense에서 인용, "The Number of US Soldiers Who Died in Every Major American War," *Business Insider*, 2014년 5월 28일.

9
Staff Sergeant James Jackson (2012). "Dignified Transfer of Army Staff Sergeant William R. Wilson III," *YouTube*, 2012년 4월 9일, www.youtube.com/watch?v=Ol6cOtykcRM.

] 선반 여러 개가 있는 모습을 보여준다. 이는
영웅의 특수성이라는 신화를 파괴하는 대신,
현대가 영웅들, 즉 가상의 매체 이미지 혹은
절차로서 영웅주의를 대량 생산하고 있음을 정확히
묘사한다. 기술과 관련된 절차는 한 번 더 의식으로
번역된다. 도버 활주로 위에서 흰 장갑을 낀 손으로
트럭 문들을 한 번에 하나씩 천천히 닫는다.

활주로는 도버 공군 기지가 지닌 순환적이고
철학적인 문화를 구성한다. 군사시설과 영안실은
최대의 효율성을 내기 위해 고도로 분절된
아스팔트 표면들이 이루는 분명한 논리적 연결망
안에 자리한다. 합동 개인 휴대품 부서(Joint
Personal Effects Depot)는 전사자 관리부
근처, 즉 좁은 전세 항공기용 활주로들 중 하나가
끝나는 근처에 위치한다. 때문에 유해는 항공
교통의 방해를 받지 않고 곧바로 전사자 관리부
하역장으로 인도될 수 있다. 대규모 주차장과
그보다 작은 보조 주차장들 그리고 집결 지역들은
각각 건물군을 이루고 있다. 조화를 사려는
사람들이 들르는 공군기지 꽃가게는 영안실들이
모여 있는 지역의 서쪽 주차장에 자리한다.[10]
기지 거리들은 주차장 및 [항공기] 회전 반경들과
병합되며, 군사 연결망의 방어 기반시설에서
이름을 따오기도 한다. '갤럭시 로(Galaxy
Street)'는 록히드 마틴사의 운송기의 이름을
빌렸고, 더 북쪽으로 가면 [계급장의 이름을 딴]
'셰브론 대로(Chevron Ave)'를 발견할 수도 있다.[11]
이런 방식으로 기술적 패러다임에 속한 도구들은
우리가 전사한 장군이나 국가 원수에게 경의를
표하듯 존경을 받는다.

도버의 기반체계는 일상생활과 구별할 수
없고, 이는 결국 도시계획과도 구별할 수 없다는
얘기다. 오히려 기반체계는 도시계획 그 '자체'다.

*****

10
"Dover Air Force Base, Dover, Delaware," Google Maps,
http://tinyurl.com/h3toy5m.

11
Ibid.

"이러지도 못하는데 저러지도 못하네, 그저
바라보며 ba-ba-ba-baby. 미칠 것 같애. (…)
맴매매매 아무 죄도 없는 인형만 때찌, 종일
앉아 있다가 엎드렸다 시간이 획획획. 피부는
왜 이렇게 또 칙칙?"[12] 서울과 그 유연한 장례
태도

어림잡아 5,000만 명의 인구를 지닌 나라에서
그 중 20퍼센트가 서울에, 82.5퍼센트가 전국의
도시들에 살고 있다.[13] 인구의 75퍼센트가
기독교인이거나 무교임에도 불구하고 대한민국의
문화적 전통 대부분은 여전히 유교적 유산의
영향을 받는다.[14] 화장은 가장 인기 있는 시신 처리
형식이며, 오늘날 한국민 중 대략 90퍼센트가 사후
자신의 장사 방법으로 화장을 선호한다. 그러나
한국 통계청에 따르면 25년 전만 해도 화장은
반신반의하는 시신 처리 형식이었다. 초고속 도시
개발과 가용 토지 부족에 직면하면서 한국의
도시들은 시신을 매장하고 가정에서 장사를 지내는
일을 더 이상 감당할 수 없었다.[15] 지가 급등과
새로운 도시적인 것을 수용할 필요를 인식해, 정부
기금을 받은 한국 국립 화장 장려 협회(Korean
National Council for Cremation Promotion)가
2000년 화장을 더 적은 도시 공간이 필요한
대안책으로 대중화하고자 적극적 홍보 활동을

12
한국 팝그룹 트와이스의 노래 「TT」의 일부 가사. https://www.
youtube.com/watch?v=ePpPVE-GGJw.

13
CIA World Factbook, https://www.cia.gov/library/
publications/the-world-factbook/geos/ks.html.

14
Ibid.

15
"한국에서는 전통적으로 유교 윤리에 따라 고인의 집에서
장사를 지낸다. 그러나 도시가 확장하면서 가정에서 장례식이나
결혼식을 치르는 것은 불가능해졌다. 이런 상황은 영안실에서
사용하는 부대용품을 제공하는 일에서 장의사가 모든 장례
절차를 진행하기까지 폭넓은 서비스를 제공하는 장례 산업의
부상을 가져왔다." Shi-Dug Kim (2012). "Overview of
Korea's Funeral Industry," in *Invisible Population: The Place
of the Dead in East Asian Megacities*, ed. Na-tacha Aveline-
Dubach, Plymouth: Lexington Books, p. 192.

도버 공군 기지: 미군 단독 항구 영안실.

(왼쪽 아래) 서울추모공원에 있는 한 창고에서 반자동 관 운송 수레가 새로운 관을 기다리고 있다. 서울추모공원은 3만 6,000평방미터 부지에 1만 8,000평방미터 크기의 시설을 갖추고 있다. (오른쪽 아래) 자동 수레가 시신을 서울추모공원 화로로 나르고 있다.

전개하기 시작했다.¹⁶ 이런 노력의 일환으로 불교의 매장지라는 형식을 재로 만든 유해를 캡슐에 보관하는 새로운 물질적 상태로 조정하는 경우도 있었으며, 이는 선영(先塋)의 돔 형태 건축물을 유골 안치소라는 상징으로 전환시켰다.¹⁷ 2005년 한국 장례인 협회 회장인 이상재는 『코리아 헤럴드』를 통해 "한정된 장례 공간과 묘지를 구입하기 위한 재정적 부담은 화장의 확산에 일조했다. 묘지를 관리하는 일 또한 많은 시간이 필요하며, 이는 핵가족 수가 점점 증가하는 상황에서 큰 문제"라고 말했다.¹⁸

홍보 활동은 화장을 위해 새로 고안된 표준 의식을 여러 한국 텔레비전 드라마에 삽입하며 이 새로운 장례 체계를 대중화시키는 데 성공을 거뒀다. 2014년 화장이 차지하는 비율은 75퍼센트로 증가했지만,¹⁹ 화장장 건설 계획은 이웃들의 격렬한 반대에 부딪혔다. 마침내 대규모 시신 처리 기반시설이 비교적 고립된 지역에 세워졌고, 현재 서울추모공원이라 불리는 이 시설은 주변 지역의 극심한 항의 때문에 사업을 시작한 지 25년 만에 개관할 수 있었다.²⁰ 이런 시설들은 전국적으로 매해 사망자 2만 2,000명의 장례를 돕지만,²¹ 화장이 야기한 탄소 발자국과 규제 없이 수은 같은 물질을 공기 중으로 배출하는 등의 다양한 다른 쟁점들을 만들어냈다. 2015년 현재, 한국에서 운영되는 화장장은 총 55개로, 매일 대략 총 600구의 시신을 처리한다.²² 이런 높은 수요는 이미 그 체계에 부담을 가해왔으며, 근처에 화장장이 없는 지역에서 상황은 더 열악하다.

오늘날, 죽음은 스스로를 가시화하지만, 도시에 물질적 영향을 미치는 일에서는 제한 받는다. 방부처리 됐든 아니든 시체의 현전을 포함한 죽음을 물질적으로 다루는 사업의 증거는 한국의 전형적인 장례식에서 찾아 볼 수 없다.²³ 일반적으로 추모 기간 중 영정은 시신이 없는 곳에서 전시된다. 극단적인 일례로, 서울추모공원은 일하는 사람과 조문객이 시신과 직접적으로 접촉하지 않도록 기술을 이용한다. 자동 수레는 건물을 돌아다니며 시신을 운반하고 결국에는 화장장 화로에 가져다 놓는다. 이 경험 역시 고인의 가족들을 위해 기술로 매개되는데, 가족들은 다른 방에서 폐회로텔레비전 카메라를 통해 촬영된 장면을 스크린으로 본다.²⁴ 재를 모으는 일조차 로봇이 대신 수행하는 자동화된 과정이다.

다른 한편에서 죽음을 위한 '공간들'은 접근이 제한적일 수는 있어도 도시 전역에서 볼 수 있다. 서울의 대다수 병원들은 장례식장을 갖추고 있는데, 살아 있는 환자들을 치료하는 층과 연결된 경우도 종종 있다.²⁵ 많은 장례식들은

16
Lim Yun Suk (2015). "Shortage of Cremation Facilities in South Korea," *Channel News Asia*, 2015년 11월 22일, www.channelnewsasia.com/news/asiapacific/shortage-of-cremation/2282306.html.

17
Shi-Dug Kim (2012). "Overview of Korea's Funeral Industry," pp. 192–206.

18
Lee Hyun-jeong (2015). "More Koreans Cremated," *The Korea Herald*, 2015년 11월 9일, www.koreaherald.com/view.php?ud=20151109001075.

19
Unclassified Memorandum (2015). US Embassy Seoul, Korea, 2015년 4월 3일.

20
Lim Yun Suk (2015). "Shortage of Cremation Facilities in South Korea."

21
CIA 세계 페이스북에 따르면, 2016년 인구 1만 명당 5.8명이 사망했다. https://www.cia.gov/library/publications/the-world-factbook/geos/ks.html.

22
Ibid.

23
꽃꽂이 조차도 영원히 시들지 않는 "최소한 열 종류의" 조화들로 가득 차 있다. 마치 죽음의 가능성을 저지하려는 듯 말이다. Shi-Dug Kim (2012). "Overview of Korea's Funeral Industry," p. 195.

24
토론토 교외 지역인 엘긴 밀스(Elgin Mills)에 자리한 마운트 플레전트 그룹(Mount Pleasant Group) 시설 등의 일부 다른 화장장에서는, 가족 구성원들이 시신이 화로에 들어가는 모습을 볼 수 있도록 휴게실 같은 공간을 제공하고, 심지어 화장을 진행하고 재를 모으며 기계로 배출물질을 수집하는 내밀한 과정을 볼 수 있도록 인접한 공간으로 접근을 보장한다.

25
한국 전역에 분포하는 장례식장 총 570곳 중 병원이 70퍼센트를

여전히 전통적인 삼일장을 고수하고 있으며, 광범위한 가족, 친구, 지인들이 찾아와 조의금을 낼 것으로 기대된다. 이는 공간에서 죽음의 가시성을 확대하고, 의료 및 장례 산업의 절차에 따라 미리 지정된 방식을 확장한다.²⁶ 그러나 병원과 전문 장의사가 디자인하고 운영하는 장례식장은, 한때 대대로 전해오는 생활방식과 결부된 문화적 패러다임이 부재한 상황에서 장례 산업만의 특정한 죽음 문화를 강화한다.²⁷ 송현동은 박사학위 논문 『한국 현대 장례식의 변화와 사회적 의미』에서 이런 변화를 수치로 제시했는데, 1994년에 한국인 22퍼센트만이 병원 장례식장에서 장례를 치른 반면, 2001년에는 그 비율이 53.9퍼센트로 증가했다는 것이다.²⁸ 이는 죽음이 점유한 도시 공간이 변두리 묘지와 도시 밖에 있는 조상의 매장지에서 더 중심으로 이동해왔음을 의미한다. 도시 의료 기반시설과 결부돼 엄격히 관리되고 이윤을 추구하는 장례식장으로 말이다.²⁹

차지한다. Shi-Dug Kim (2012). "Overview of Korea's Funeral Industry," p. 195.

26
"'장례 산업'이라는 용어는 1997년부터 한국 산업 분류에 포함됐다. 이후 2007년 이 산업의 다양화를 고려하기 위해 수정됐다. 또한 (지식경제부 소속) 국가기술표준원은 장례 산업 서비스를 표준화하고 국민 문화를 보호하고자 장례식장, 납골당, 화장장, 묘지에 대한 국가 표준을 만들었다." Shi-Dug Kim (2012). "Overview of Korea's Funeral Industry," p. 192.

27
장례식장은 1973년 처음으로 정부 법령에 의해 법제화됐고, 이 법령은 "면적 기준을 도입하고, 허가를 통해 시설을 운영할 수 있도록 했다. 이 허가제가 폐지되고 간단한 신고로 대체된 해는 1993년이었다. 다시 말해 [초기에는] 장례식장을 운영하려면 병원 역시 허가를 받아야 했다. 1996년 병원이 장례식장을 건축하는 경우 정부가 그에 대한 재정적 지원을 제공하는 데 동의했다." Shi-Dug Kim (2012). "Overview of Korea's Funeral Industry," p. 195.

28
Hyung-dong Song (2003), "Changes and the Social Meaning of Modern Korean Funeral Ritual," diss., Graduate School of Korean Studies, The Academy of Korean Studies, Seongnam, Korea.

29
남한의 장례 산업은 미화 23억 달러(약 2조 5,000억 원)의 가치를 지닌 것으로 추산되며, "장례식장과 다른 시설의 비용을 반영한다면 그 가치는 최대 미화 46억 달러(약 5조 원)에 해당한다." Shi-Dug Kim (2012)."Overview of Korea's Funeral Industry," p. 201.

*****

"1월 31일 욕조에서 의식불명 상태로 발견된 후 매체의 광적인 관심을 받던, 팝스타 휘트니 휴스턴(Whitney Houston)의 외동딸 바비 크리스티나 브라운(Bobbi Kristina Brown)이 일요일 사망했다. (…) 이는 그녀 어머니의 죽음을 둘러싼 상황을 상기시켰다. 휴스턴은 2012년 2월 11일 캘리포니아주 베벌리힐즈의 한 호텔 욕조에서 숨진 채 발견됐다."³⁰

보존하다, 변형하다

개선, 보존, 파괴의 과정이 죽음과 치유 사이의 유연한 범위에 놓이기 때문에, 우리는 이런 과정 하나하나를 몸을 처리하거나 디자인하는 예로 이해할 수 있다. 고트프리트 젬퍼(Gottfried Semper, 1803-79)는 『기술 및 구축 예술의 양식(Style in the Technical and Tectonic Arts)』에서 석관과 욕조의 기원을 추적하며 재생을 위한 욕조와 시신을 위한 용기의 기원 사이에 상호 작용이 있음을 지적한다.³¹

한스 홀라인(Hans Hollein, 1934-2014)의 전시 『'인간'이 '형태'를 바꾸다(MAN transFORMS)』(1976)를 위한 구조화 구름 다이어그램의 중심에는 '몸'의 모습이 등장한다. 이 인체라는 개념 주위를 도는 '상호 연관된 주제들' 중에는 '인간 재 디자인', '보디빌딩' 그리고 '죽음'이 있다.³²

30
From "Bobbi Kristina Brown, Daughter of Whitney Houston, Dies at 22," *New York Times*, July 26, 2015.

31
고트프리트 젬퍼는 석관의 기원을 욕조에서 찾는다. 『기술 및 구축 예술의 양식』에서 젬퍼는 "이런 용기들의 가장 오래된 예는 이집트의 욕조(labra)이며, 석관으로 사용되거나 욕조를 본뜬 석관이라는 형식으로 살아남은 것"이라고 기술한다. Gottfried Semper (1860). *Style in the Technical and Tectonic Arts, or, Practical Aesthetics*, 1860; repr., Los Angeles: Getty Research Institute Publications, 2004, p. 486.

32
전시 『'인간'이 '형태'를 바꾸다』의 주제는 디자인이다. 1974년 쿠퍼 휴잇 미술관 관장인 리사 테일러(Lisa Taylor)에게 보낸 서신에서 한스 홀라인은 다음과 같이 썼다. "이 전시는 디자인을 가장 넓은 의미로 다룹니다. 상품 디자인뿐 아니라 도시 설계를 이런 주제들이 핵심적 개념 요소로 제시된다고 해도, 실제 전시에서는 크게 드러나지 않으며 수사적 장치로만 기능한다. 보디빌딩과 죽음은 이 전시에서 강한 존재감을 지니지 않는다. 앞서 언급한 전시 다이어그램이 고안된 시기는 불분명하나, 전시의 전체적 틀과 이러한 재현 사이에서 발생한 전위는 중요하다. 그러므로 홀라인이 인체와 죽음의 변형 사이에서 구상한 상관관계가 무엇인지 이해하려면 우리는 그의 글을 면밀히 살펴보아야 한다.

전시 도록에서 홀라인은 "디자인(DESIGN)을 다루는 전시는 반드시 삶과 죽음에 관한 전시여야 한다. 왜냐하면 살고 죽는 것, 그리고 가능하다면 죽음 이후에도 사는 것이 우리가 디자인에 관여하는 이유이기 때문"이라고 기술한다. 그는 "인간 활동에는 크게 두 가지 영역이 존재한다. 사는 동안 살아남는 일과 죽은 후에도 살아남는 일이 그것"이라고 부연한다. 이 전시의 틀에 따르면, 자기 디자인, 아니 더 정확히 말하면 자기 '디자인(DESIGN)'은 사후 삶의 확장, 즉 '죽음의 생존'을 제공하는 변형들 중 하나다.³³

자기 디자인을 사후의 삶을 확장하는 도구로 여기는 발상은, 홀라인이 기획한 전시 이전에도 나타났기 때문에 동떨어진 생각은 아니었다. 『'인간'이 '형태'를 바꾸다』가 쿠퍼 휴잇 미술관에서 열리기 6년 전, 이 오스트리아 건축가는 『모든 것이 건축이다, 죽음이라는 주제에 관한 전시(Everything Is Architecture, an Exhibition on the Theme of Death)』라는, 그리 크지 않은 전시를 기획했다. 주요 전시 공간은 반쯤 발굴된 가짜 유적지였는데, 여기에는 고대 유물뿐 아니라 근과거의 사물 그리고 골프채와 같은 현대 요소들이 있었다. '변형'은 사후 삶의 '확장'이라는 홀라인의 개념은 1970년의 전시 도록에서도 반복되는데, 이 책에서 '변형'은 죽음에 관한 '개념' 목록에 올라와 있었다.³⁴ 『모든 것이 건축이다, 죽음이라는 주제에 관한 전시』 도록의 서문을 쓴 요하네스 클라더스(Johannes Cladders)에 따르면, 홀라인에게 변형은 자기를 이어받기 위해 의도된 것이 아니라 추가적인 무엇, 즉 실행(implementation)을 나타낸다.

그의 이 모든 얘기는 전적으로 무의미한 것일 수도 있다. 하지만 잠시 동안이라도 홀라인의 말이 단지 신비주의에 불과한 게 아니고, 이에 대한 우리의 해석이 그가 이해한 죽음에 어느 정도는 근접했다고 믿어보자. 죽음의 세계에서 무엇이 '실행'으로서 나타나는 걸까? 몸 디자인이 사후에 삶을 확장시킨다는, 즉 자기 변형이 '죽음의 생존'이라는 말은 홀라인에게 어떤 의미를 지니는가?³⁵

존 벌린의 경우를 살펴보자. 중년의 벌린은 세 아이를 둔 기혼 남성이며, 과체중이고, 미주리주 아놀드에 있는 한 이동 주택(trailer home)에서 살고 있다. 2012년 1월 28일, 22살의 청년인 그의 아들 제시가 갑자기 세상을 떠났다.

그 해, 존 벌린은 유튜브 채널을 만들고 주로

포함하며, 디자인을 단지 사물만을 고려하는 분야가 아니라 상황, 문제, 인간 조건을 다루는 접근법으로 제시합니다. 디자인이 인간 활동과 창의성에 기초한다는 사실을 보여줄 겁니다. (…)"
Hans Hollein (1989). *MAN transFORMS: Concepts for an Exhibition*, Vienna: Locker Verlag, p. 17.

33
대문자 표기는 전시의 숨은 의도와 이런 용어의 개념을 이해하는 실마리를 줄 수 있다. 일반적으로 대문자로 표기한 단어는 소문자 표기 단어에 비해 악명이 높다. 기표와 기의 모두 강화된다. '디자인(DESIGN)'은 디자인과 같지 않다. 하나는 다른 하나의 몸집이 커진 형제다. 그러므로 이 전시에서 '디자인(DESIGN)'이 일반 대중이 디자이너가 만들었다고 여기지 않는, 즉 디자인됐다고 보지 않는 일상용품을 지칭한다는 사실은 역설적이다. 여기서 분명히 존재하지 않는 상황에 직면한 '디자인(DESIGN)'은 디자인(design)을 구성한다. 마찬가지로 전멸 위기에 처한 '인간(MAN)'과 '형태(FORMS)'도 다른 시선이 필요한 개체는 아닌지 질문할 수 있다.

34
『모든 것이 건축이다, 죽음이라는 주제에 관한 전시』의 도록 자체는 삶에서 죽음으로 이행하기 위한 용기(容器)다. 즉 죽은 상태에서 생존하기 위한 용기인 것이다. 꽃들이 검은색 상자 형태로 디자인된 도록 550부에 들어 있었다. Hans Hollein (1970). *Alles Ist Architektur, Eine Ausstellung Zum Thema Tod*, Stadtisches Museum Monchengladbach, Spring 1970. Consulted version at the Art Library Rare Books Collection, Princeton University.

35
홀라인에 관한 미출간 연구를 제공해준 바르트-장 폴만(Bart-Jan Polman)에게 감사하며 그의 연구를 인용한다.

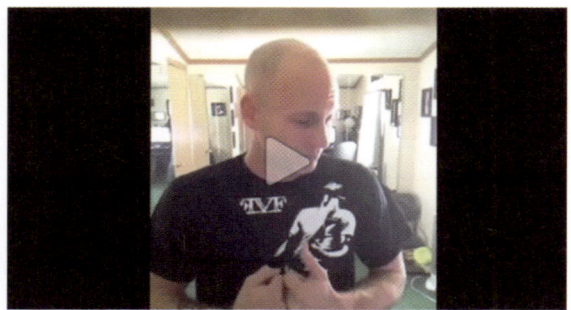

2014년 존 벌린이 유튜브에 올린 페이스북에 보내는 간청이 삽시간에 온라인상으로 퍼졌고, 결국 이는 거대 소셜 미디어 기업이 사망한 이용자의 계정을 추모하는 정책을 시작하는 계기가 됐다. 사망한 아들 제시의 페이스북 페이지 내용을 보여 달라는 벌린의 요청은 첫째 날 백만 번 이상의 조회수를 기록했다.

자신의 아이들에 관한 일상 활동을 담은 영상을 포스팅하기 시작했다. 「교통정리 실험」('직장에서 보낸 평범한 하루', 2012년 2월 15일, 조회수 300번), 「끝내주는 고양이」('그녀는 멋진 친구다, 그냥 끝내주는 게 아니다', 2012년 7월 23일, 조회수 1,087번), 「고무 얼굴」('낙엽 청소기와 나', 2012년 10월 22일, 조회수 6,334번)은 제시가 죽은 후 몇 달 동안 가족들과 그들의 생활에서 변화를 가져오기 시작한 미묘한 방식을 기록한다.

제시가 죽은 지 얼마 지나지 않아 존은 산타모니카에 기반을 둔 '비치 바디 유한주식회사(Beach Body LLC.)'가 개발한 '인세너티 신체 단련 프로그램(Insanity physical fitness program)'을 발견했다. 죽음을 극복해야 하는 벌린은 자신의 마흔네 살 몸에 영향을 미쳐온 앉아서 생활하는 방식을 바꾸고자 신체 단련에 의지했다. 2013년 9월 15일 존은 신체 단련 위주의 영상을 처음 포스팅했다. 9개의 개별적인 클립으로 구성된 이 영상은 그가 2013년 세인트 루이스에서 열린 터프머더(Toughmudder) 장애물 경기에 출전하고 있는 모습을 보여준다. 군살이 빠져 운동선수처럼 보이는 존은 '머드 마일(Mud Mile)', '키스 오브 머드(Kiss of Mud)', '펑키 몽키(Funky Monkey)'를 통과하며 달리고 구르고 오른다. 한 달 후, 그는 자택 거실에서 인세너티 운동을 하는 영상을 포스팅하기 시작했다(조회수 5,315번). 12월이 되자 같은 거실에서 존은 트레이너로서 고객을 맡겠다는 발표를 했고(조회수 2만 1,766번), 이제 거실 벽에는 아들 제시를 기념하는 물건들이 붙어 있다.

아들이 죽은 지 2년 후, 존은 온라인상에서 일파만파 퍼진 첫 번째 영상을 올렸다. 이 영상에서 그는 죽은 아들 계정의 '돌아보기(Look Back)' 영상에 대한 권한을 달라고 페이스북에 간청한다. '돌아보기' 영상은 페이스북이 10주년을 기념하기 위해 만든 형식으로, 이용자의 가상 자료에서 가장 인기 있는 것들을 가져와 슬라이드쇼를 만들어낸다. 벌린은 아들을 잃은 슬픔을 표현하며 자신이 접근할 수 없는 아들 계정의 자료에서 '돌아보기' 영상을 만들기 원했다. 이 영상은 며칠 사이에 유튜브 조회수 200만 번을 기록했으며, 이후 그는 요청을 들어주고, 공식적으로 추모에 관한 페이스북 정책을 바꾸겠다는 마크 저커버그(Mark Zuckerberg)의 전화를 받았다.

간청 영상(현재 조회수 304만 1,801번, 추천수 6만 584번, 비추천수 631번)에서 그 배경인 벌린의 거실은 더 변형돼왔다. 아들을 추모하는 벽은 바닥부터 천정까지 이어진 거울로 대체됐고, 여기저기에 운동 기구들이 보인다. 이런 모든 것들은 이 공간이 체육관이며 벌린은 트레이너라는 사실을 시청자에게 확인시키고 정당화한다. 체육관이라는 공간과 트레이너로서의 벌린을 확인하고 합법화한다. 결과적으로 시청자는 벌린의 슬픔에 참여했다. 그 익명의 평자는 메시지와 요청을 전하고 존의 방송에 관심을 기울임으로써 이 이동 주택에서 활동과 건축적 행위를 만들어내고 가속화했으며 다양한 방식으로 결정했다. 나아가 벌린의 페이스북 페이지와 유튜브 영상은 자녀의 죽음으로 슬픔에 젖은 다른 가족들에게 사회적 플랫폼으로 기능했다.

벌린의 변형 중인 몸은, (이동 주택이라는)

건축적 용기에 속해 있는 그의 거실 속 프로그램의 무차별적 생산성을 반영한다. 거실의 프로그램을 체육관으로 대체하고 이를 통해 신체 능력을 향상시키는 일은 사실상 추모의 수단이다. 죽음으로 인해 가족 구조가 붕괴되는 경우, 사회정치학은 건축을 상관물로 이용해 그 구조를 재형성하고자 한다. 죽음은 새로운 몸, 정치적 변화, 사회적 플랫폼, 미시 경제 그리고 집안 장식을 만들어낸다. 가장 중요한 것은 죽음이 디자인을 실행으로 보는 홀라인의 모형과 함께 더 많은 변형을 싹트게 한다는 점이다. 죽음, 디자인, 그리고 몸에 관한 홀라인의 이론적 가정은, 그의 시적 사변에서 나온 주장을 포스트-디지털 동시대성으로 강화하는 기술적 현실을 충분히 내다보진 못했지만, 더 넓은 형이상학적 의미에서 현 상황을 예견한 듯이 보인다.

    사정이 이렇다면 어떻게 죽음은 온전히 사회에 봉사하는 건축 기술을 위한 촉매로 발전할 수 있는가? 죽음을 다시 도시 안으로 가져올 때 우리는 디자인 렌즈의 초점을 (물질적 결과를 야기하는) 디지털 및 가상 채널 '모두'에 맞춰야 하며, 그것들의 틈에서 탄생한 활동에 민감하게 반응해야 한다. 이는 변화, 상황 혹은 행위야말로 건축이 가장 시급히 작동해야 할 장소임을 뜻한다. 이때 건축을 작동시킬 수 있는 능력은 이용자, 즉 그의 의식과 실체가 포스트-디지털 도시의 이중 통화인 아바타에게 있다. 예식과 시신 처리가 만들어낸 환경에서, 건축은 가치, 의식 그리고 도시를 결합해 행동을 만들어내기 위해 몸의 변이를 일종의 메커니즘으로 이용한다.

다시 쓰기

도시 회귀 운동: 미국 도시에서 나타난
새로운 생태마을의 증거와 가능성
사라 미네코 이치오카

우리는 '대전환(the Great Turning, Macy 2011)' 혹은 '대붕괴(Great Disruption, Gilding 2011)'시대에 살고 있다. 즉 인간 사회가 이 위기에서 살아남으려면 착취형에서 재생형 체계로 이행해야 하는 시기다. 이런 전환을 온전히 법제화하기 위해서는 국제 협력이 필수적이나 근린 지구 규모의 구상도 없어서는 안 될 역할을 한다.

전통적으로 학계와 대중문화계는 비슷한 생각을 지닌 개인들이 지가, 정신 혹은 복합적 요인으로 인구밀도가 낮은 농어촌 지역에 정착하는 경향을 우선시하며 계획 공동체에 관심을 기울여왔다. 마찬가지로 1960년대에 등장해 1990년대 이후 더 분명히 표명된 느슨하게 조직된 전 지구적 현상인 '생태마을(eco-village)' 운동 역시 도시보다는 농어촌에서 나타났다. 그러나 최근 미국의 성숙한 도시들에 설립된 몇몇 의욕적인 생태마을 공동체들은, 사람들이 모여 물질 소비보다 환경 건전성과 사회적 연결에 우선순위를 두는 생활 방식을 추구하며 점진적으로 기존 동네를 활성화한 사례를 보여주었다.

지속가능성에 초점을 맞춘 공유 주거 방식을 도시에 이미 존재하는 동네의 맥락에 적용할 경우, 이런 동네들은 경제적 곤란을 겪거나 문화적 다양성을 지닐 수 있기에 다른 경우와 구별되는 도전과 가능성에 대처해야 한다. 예컨대 공동체를 만드는 이상주의적인 이들이 구조적 불평등과 투자 감소를 해결하고자 분투하는 동네 주민들과 이웃하는 문제와, 낡은 건물을 개조하고 오염된 브라운필드(brownfield) 부지를 개선하는 동시에 둥지 내몰림과 자리 옮김의 위험에 맞서야 할 필요도 있다. 이런 도시 생태마을은 필연적으로 그리고 종종 정의와 교육이라는 관리 원칙을 담은 디자인에 따라 스스로 선택한 거주자들을 넘어 다양한 개인과 기관의 사회적·경제적 관여를 보여준다.

이 글은 오하이오주에 위치한 '엔라이트 리지 도시 생태마을(Enright Ridge Urban Ecovillage)'과 캘리포니아주에 자리한 '로스앤젤레스 생태마을(Los Angeles Eco-

Village)'의 두 비교적 새로운 사례를 집중적으로 다룬다. 특히 두 생태마을이 사회적·생태적 문제에 우위를 부여해 어떻게 물려받은 물리적 공간을 재해석하고 의사결정과 자원 공유 등에 대한 새로운 체계를 만들어냈는지에 초점을 맞춰 그 기원과 발전 과정을 상세히 탐구한다. 이를 통해 미국 내 다른 곳에 이런 공동체들을 확산시키고 경제 선진국의 다른 도시들을 점진적으로 개선하는 데 영감을 제공하고자 한다.

서울

제1회 서울도시건축비엔날레의 목적은 현재 우리 사회의 안정성과 장기적으로 우리 종의 생존을 위협하는, 인간이 만든 상호 연계된 무수한 조건들을 다루는 것이다. 비엔날레의 커미셔너와 공동 총감독들은 인간의 정착지를 건설하고 거기서 사람들이 살아가는 방식을 급진적으로 (그리고 적절히 신속하게) 전환하기 위한 실천적 발상들을 교환함으로써 서울에서 이런 실존적 문제들에 대한 해결책을 발전시킬 수 있다고 제안한다.

우리 모두가 처한 상황이 점점 더 위급해지고 있다는 사실을 인정한다면, 즉 우리가 우리 자신과 다른 생명체들을 실존적 위험에 빠뜨리며 지구상의 땅, 물, 공기를 어느 때보다 많이 고갈시키거나 파괴하고 있다는 사실을 받아들인다면, 이 프로젝트에 국제적 참여를 이끌어내기 위해 투여한 모든 물질적 자원은 서울 그 자체에 구체적 이익을 제공해야 마땅하다. 즉 건축 환경 이론가와 실천가들 사이에서 오가는 전 지구적 담론을 넘어 지역과 관련된 기여를 해야 한다. 그렇지 않다면 다른 곳이 아닌 여기에서 이 프로젝트를 물리적으로 보여주기 위해 탄소를 낭비할 이유가 어디에 있겠는가?

2015년 가을, 나는 이 비엔날레를 구상하는 심포지엄에서 공개 좌담을 진행하는 영광을 누렸고, 거기서 서울에서 활동하는 네 명의 전문가를 통해 서울의 개발사와 동시대 상황에 관한 얘기를 들을 수 있었다. 이 지역 전문가들에게 가까운 미래에 서울이 발전하기 위해 넘어야 할 문제와 기대해볼 만한 가능성이 무엇인지 묻자,[1] 그들은 다음과 같이 설득력 있는 (그리고 종종 상호 연관된) 다양한 필요성들을 역설했다.

— 사회적 이동성 감소에 대한 시민 인식을 다루며, 거주 안정성 및 주택 구입 능력 향상과 같은 구체적 행동을 포함한다.
— 증가하는 외국인 거주자들을 비교적 동질한 사회로 통합한다.
— 급격히 고령화하는 인구의 요구 변화를 수용하고 그들의 기여를 통해 이익을 창출한다.
— 1인 가구 증가에 부합하는 적절한 건물과 사회 복지 프로그램을 마련한다.
— 새로운 주거지를 조성할 경우 소규모 틈새 부지(infill site)를 우선적으로 고려하며, 그 과정에는 반드시 거주자가 참여하고 완성된 주거지 안에 일자리 창출 기회를 포함해야 한다.

일부 지역 전문가들은 제도적 차원에서 서울이 보유한 노후 건물들을 골칫거리가 아니라 기존의 도시 공간 구조를 개조하고 재생하는 잠재력을 지닌 자산으로 봐야 한다고 밝혔다. 또한 최근 지역 정책에서 나타난 (양적 성장을 넘어) 질적 성장을 지향하는 변화에 부합해 서울의 공간들을 소비 자본주의 모델에서 전환해야 한다는 의견도 있었다. 아마도 정치적 관점에서 가장 진보적인 한 참여자는 서울이 단순히 인간 중심의 도시 개발을 목표로 하기보다 "인간과 자연의 상호 번영"을 추구해야 한다고 주장하기도 했다(Ichioka 2015).

이런 쟁점들을 풀어가는 과정에서, 나는 최근 수십 년간 미국의 여러 도시에서 등장한 근린 지구 규모의 계획 공동체들을 살펴보는 일이 태평양을 사이에 둔 두 곳의 문화적 차이에도 불구하고 서울의 시민과 정책 그리고 도시계획 전문가

[1] 최막중, 조명래, 변창흠과 비엔날레의 공동 총감독인 알레한드로 자에라폴로가 참여했다.

모두에게 유용한 발상을 제공할 수 있으리라 생각한다.²

세계적인 것과 지역적인 것

현재 우리는 전 지구적으로 환경 문제에 대한 책무를 부인하는 동시에 초국가적으로 사회적 다양성을 거부하는 정치 상황에 처해 있다. 세계 곳곳에서 역사적으로 인종적, 민족적, 문화적 소수자들을 희생양으로 삼아 권력을 얻은 집단들은 이민배척주의자(nativist)들의 분노를 조장해 시장, 산업, 정부 기관에 대한 규제 완화를 정치적으로 은폐해왔다. 결국 이런 행위가 기후 재앙을 앞당기고 불평등을 심화시키고 있다.³

아마도 가장 눈에 띄는 사례는 도널드 트럼프(Donald Trump)와 폴 라이언(Paul Ryan)이 이끄는 미국이다. 미국은 연방 차원에서 사회적 불관용을 정상화하고 환경 착취를 승인하며 다국간 국제 협력에서 탈퇴하는 특징을 보인다. 이런 상황은 진보적이고자 하는 많은 이들이 걱정스럽게 해결책을 찾도록 만든다. 개인적으로 그리고 집단적으로 지구를 복원하고 우리 정치에 존재하는 독소를 제거하는 최선의 방법은 무엇인가? 어떻게 하면 우리의 행위가 효율적이고 즐거운 방식으로 우리의 신념과 조화를 이룰 수 있는가? 그리고 다른 많은 이들이 우리와 함께 하도록 설득할 수 있는 방법은 무엇인가? 시급한 일은 단순히 우리를 격분하게 만드는 것들에 저항하기보다 우리가 지지하는 것들을 실현시키고 분명히 표명하는 것이다. 나오미 클라인(Naomi Klein)이 크라우드소싱을 통해 진행한 프로젝트인 기후 위기에 대한 '멋진 해결책(beautiful solutions)'의 정신에 따라, 나는 입증된 매력적인 (혹은 클라인이 언급했듯이 '전염성 있는') 대안들을 확인하고 전파하는 일에서 어떤 희망을 본다(Klein 2014).

10년 전, 철학자 알버트 보르그만(Albert Borgmann)은 자신의 저서 『진정한 미국인의 윤리(Real Ameri-can Ethics)』에서 '점잖은' 중도주의자에게 매력적일 법한 '훌륭한 삶'의 모형을 정의해야 한다고 기술했다. 보르그만은 미국인이 도덕성에 접근할 때 '가장 두드러지는 허점'은 '처칠(Winston Churchill)의 원리에 대한 무관심'이라고 주장했다.⁴ 다시 말해,

우리가 만든 것들이 우리 자신을 만드는 방식은 중립적이지도 강제적이지도 않다. 그리고 우리는 항상 공공 구조물과 공유 구조물이 둘 중 하나여야 한다고 가정했기 때문에 우리 건물이 지닌 중재하는 힘을 볼 수 없었고, 따라서 우리가 늘 이미 공통적인 생활 방식의 윤곽을 그리는 데 관여하고 있다는 중대한 사실을 간과해왔다. 그리고 우리는 이 사실에 대해 책임을 져야 하며 우리가 직접 윤곽을 정한 삶이 훌륭한지 점잖은지 혹은 형편없는 것인지 의문을 제기할 필요가 있다. (…)

우리 가정의 형태가 우리의 관습을 형성하는 전형적인 방식을 모른다면,⁵ (…) 옳은 일을 하고자 해도 좌절과 분노만을 느낄 뿐이다. 우리 가정이 잘 정돈돼 자연스럽게 옳은 일을 할 수 있거나 최소한 이를 위해 엄청난 자기 수양은 필요 없는 경우가 아니라면 말이다(Borgmann 2006: 6-10).

2
그리고 한국도 자체적인 초기 생태마을 운동을 주도하고 있으며, 본 연구를 토대로 한 전시도 이 운동에 참여하고자 한다.

3
이런 사고의 흐름을 분명히 표현할 수 있도록 도운 카심 셰퍼드(Cassim Shepard)에게 특히 감사하다.

4
윈스턴 처칠: "우리는 건물을 만들고 건물은 다시 우리를 만든다."

5
보르그만은 몇몇 일반 용어들을 새로운 용도로 사용하기도 했다. 예컨대 '경제'는 가정 영역의 정리를 의미하며(경제의 그리스어 어원 '오이코노미아[oikonomia]'로 돌아가면, 오이코스[oikos]는 '가정'을, 노모스[nomos]는 '관리'를 의미한다), '디자인'은 정치적 경제를 뜻하는 데 사용했다. 이런 관점에서 계획 공동체는 경제를 디자인해 실천적이고 윤리적인 특정 행위를 만들어낼 수 있는 방법을 제시하는 예로 볼 수 있다.

응용수학자 리 워든(Lee Worden)은 미국의 "대항 문화적 야망"이 "1960년대 후반에 나타난 농촌 회귀 현상에서 시작해 자기실현으로 체계 비판을 대체한 1970년대를 거쳐 1980년대에 주류 사업으로 다시 흡수됐으며, 1990년대 이후에는 디지털 유토피아주의로" 전개됐다고 보았다(Worden 2012: 212). 현 시점에서 인터넷은 분명히 통합하는 기능보다 양극화하는 기능이 더 크며, 대체 가능한 사실과 의심스러운 통계로 가득 찬 보편적이지만 불확실한 영역이다.

반대로 장소에 기반을 둔 이야기들, 즉 현실에 입각한 훌륭한 삶의 사례들은 시민 담화 안에서 수사적으로 새로운 중요성을 지닐 수 있다. 보르그만이 제안하듯이, "우리가 자리 잡아야 할 장소는 직접 마주하는 공동체들이, 그리고 마침내는 이 나라의 도덕적 공동체들이 다시 번성하기 시작할지도 모를 바로 그곳이다"(Borgmann 2006: 17).

생태마을: 정의와 기원

계획 공동체에 대한 정의 중 하나는 "핵심 가치를 공유하고 이를 반영한 생활양식을 만들어내고자 협력하며, 공동의 목적을 가지고 함께 살기로 선택한 사람들의 집단"이다. 계획 공동체를 장기간 관찰한 한 연구자가 언급하듯이, "공동체는 단순히 함께 사는 것이 아니라 그렇게 하는 이유에 관한 문제다." 그리고 이런 이유들은 종종 어떤 것에 대한 반작용인데, "공동체의 이상은 일반적으로 그 구성원들이 더 넓은 의미의 문화에서 부족하거나 상실했다고 보는 어떤 것에서 나오기" 때문이다(Christian 2003).

생태마을 운동은 전 세계에 걸쳐 활동하고 있는 수백 개의 공동체들을 포함하며,[6] 더 넓은 인간 사회와 지구 시스템 안에서 차지하는 장소에 관심을 기울이며 공동체를 건설하고자 한다. 생태마을이라는 개념이 정립되는 데 많은 영향을 미친 정의에 따르면, 생태마을은 "인간을 척도로 한, 모든 기능을 갖춘 정착지로서, 거기서 사람들의 활동은 그들의 건강한 발전을 지원하는 방식으로 아무런 피해를 입히지 않고 자연계 안으로 통합되고, 무기한의 미래까지 성공적으로 지속될 수 있다"(Robert and Diane Gilman; Christian 2003에서 재인용). 한 노련한 실천가는 이 운동을 '개인적인 것', '사회적인 것', '생태적인 것'이라는 원칙들이 이루는 "세 발 의자" 모형으로 설명한다(Bang 2005: 59).[7]

생태마을이 이런 원칙들을 표명하는 방식은 다양하게 발전해왔으나 일반적으로 '상호 의존성'이라는 정신을 특징으로 하며(Litfin 2014: 4의 예를 참조), 이는 일부 다른 계획 공동체가 지닌 분리와 독립에 대한 실존적 욕구와 상반된다. 응용 영역에서는 공통적으로 간소화와 공유를 추구하는 실천들이 나타난다(Walker 2005: 213의 예를 참조). 생태마을은 공유 원칙을 확장해 훈련 및 지원 프로그램을 통해 자신들의 생각을 전하는 데 헌신하는 경향이 있다.

생태마을은 아슈람(ashram), 수도원, 캠프힐(camphill), 키부츠와 그 적합 기술, 공동체 토지 신탁, 공동 주거 운동 등과 같은 다양한 지적·실천적 뿌리를 지닌다(Bang 2005의 예를 참조). 리트핀(Karen T. Litfin)은 로스와 힐더 잭슨 부부(Ros and Hildur Jackson, 가이아 신탁[Gaia Trust], 덴마크)와 로버트와 다이안 길먼 부부(Robert and Diane Gilman, 인 컨텍스트[In Context], 미국)가 1991년 덴마크에서 열린 컨퍼런스에서 보여준 생태마을에 대한 사고와 옹호 덕분에 생태마을이 동시대의 세계적 운동으로서 분명히 표명될 수 있었다고 여긴다. 앞서 언급한 정의가 처음 공유된 것도 이 컨퍼런스를 통해서였다. 이후 영향력 있는 스코틀랜드 핀드혼(Findhorn) 생태마을이 주최한

---

[6] 생태마을(eco-village)의 영문 구두법은 다양하다. 예컨대 '엔라이트 리지' 공동체는 [하이픈 없이] 'ecovillage'로 표기한다.

[7] 흥미로운 것은 더 일반적으로 사용하는 지속 가능성에 대한 정의 역시 경제적 요소, 사회적 요소, 환경적 요소라는 세 요소로 구성된다는 점이다.

엔라이트 리지 도시 생태마을.

국제 생태마을 컨퍼런스에서 참여자들은 '세계 생태마을 연결망(Global Ecovillage Network)'을 설립했고, 이 단체는 오늘날까지 다양한 지역 연결망들을 통합하며 성장해왔다(Litfin 2014).

생태마을 운동은 사람들이 거주하는 모든 대륙에 존재할 정도로 폭넓은 지리적 범위를 지니며, 구체적인 실천 방식도 그 위치만큼이나 다양하다. 중요한 점은 빈곤한 나라와 부유한 나라의 생태마을이 상이한 목적을 지닌다는 사실에 주목하는 것이다(Litfin 2014: 16). 이 연구는 서울과의 관련성을 유지하기 위해 가장 부유한 동네나 지역일 필요는 없으나 부유한 나라에서 생태마을이 실질적이고 잠재적으로 기여한 바에 초점을 맞춘다.

현재 전 세계에서 활동하는 자칭 '생태마을들'은 오로빌(인도)에서 핀드혼(스코틀랜드), 다만후(이탈리아), 고노하나(일본)에 이르기까지 주로 농어촌 지역에 자리하고 있다. (국제 공동체 협회[Fellowship for Intentional Community]의 웹사이트 등에서 찾을 수 있는) 오픈 소스 데이터베이스는 전적으로 신뢰할만한 비교 데이터 자료는 아니나, 국제 생태마을의 지리적 위치가 사례 연구에 기초한 두 권의 책에서 유사하게 제시하는 다음과 같은 생태마을의 분포와 일치함을 보여준다. 즉 도시에 기반을 둔 공동체의 수가 명백히 적다.

농어촌: 17/24, 교외: 6/24, 도시: 1/24(Bang 2005)
농어촌: 10/14, 교외: 2/14, 도시: 2/14(Litfin 2014)

이 비율은 더 이른 시기에 미국의 (생태마을뿐 아니라) 계획 공동체를 다룬 조사 결과와 일치하는데, 여기서는 농어촌이 5/7, 유사 농어촌이 1/7, 도시가 1/7의 비율을 차지했다(Christian 2003). 이는 미국 역사에서 계획 공동체들이 농어촌에 설립되는 주기적인 현상을 반영하기도 한다. 이처럼 농어촌 지역을 선호하는 이유는 낮은 지가와 새 건물을 지을 수 있는 가능성과 같은 다양한 현실적 동기 때문일 수 있다. 문화적 관점에서 보면, 도시와 연관된 전통적 사회 체계에서 벗어나려는 욕망과 '자급자족하는' 농경 생활양식을 통한 윤리적 가치화가 작용한 것으로 볼 수 있으며, 이는 헨리 데이비드 소로(Henry David Thoreau)에서 헬렌과 스콧 니어링 부부(Helen and Scott Nearing)에 이르는 미국 사상가 및 실천가들과 1960년대와 1970년대에 나타난 '농촌 회귀' 운동을 계승한다.

도시 회귀?

우리가 '대붕괴'에서 살아남고자 한다면, 우리의 도시에서 도망칠 것이 아니라 그 안에서 일해야 한다. 도시는 우리 대부분이 이미 살고 있는 곳이며 이를 구축하기 위해 지구에 존재하는 제한된 물질 자원의 상당량을 이미 고갈시켰기 때문에, 우리는 어떻게든 도시와 함께 갈 수밖에 없다.[8] 국제연합이 상기시키듯, "고밀도로 도시에 정착한 인구에게 주택, 전기, 물, 위생, 대중교통을 제공하는 편이 분산된 농어촌 인구에게 동일한 수준의 서비스를 제공하는 것보다 일반적으로 저렴하며 환경적 피해도 적다"(United Nations 2014). 저렴한 비용으로 화석 연료를 이용할 수 있던 시대를 지난 현 시점에, 최근 수십 년간 일반적으로 기반시설에 대한 투자를 줄이고 자가용차를 지향하며 대중교통 연결망에서 적극적으로 '투자를 회수'해온 미국과 같은 국가들은 특히 난관에 봉착할 것이다(Kunstler 1994의 예를 참조). 그러나 이들이 기존의 도시라는 틀 안에서 해결을 위해 노력한다면 여전히 성공할 가능성이 가장 높을 수 있다.

최근 미국의 일부 계획 공동체들은 도시의 삶이 가져오는 문제점과 이점 모두를 포용하며 기존 도시 구조 안에 자리 잡기를 선택했다.

8
전세계 인구 중 약 54퍼센트, OECD 국가의 인구 중 80퍼센트 그리고 미국 인구의 82퍼센트가 도시에 살고 있다(United Nations [2015]. World Urbanization Prospects. http://data.worldbank.org/indicator/SP.URB.TOTL.IN.ZS).

이런 공동체들의 두 사례인 오하이오주 신시내티에 위치한 '엔라이트 리지 도시 생태마을(Enright Ridge Urban Ecovillage, ERUE)'과 캘리포니아주에 자리한 '로스앤젤레스 생태마을(Los Angeles Eco-Village, LAEV)'을 면밀히 살펴보면, 미국의 도시 근린 지구에서 환경 복원, 사람들의 행복, 사회적·경제적 포용과 같은 상호 교차하는 안건들을 추구하는 다양한 방법이 존재함을 알 수 있다. 이 연구는 일 년 동안 미국 전역의 다양한 도시계획 공동체를 탐구한 프로젝트에서 발췌했다.[9]

이 두 공동체들은 모두 1990년대에 시작되었으나 2000년 이후 공식화되었으며, 처음부터 투자 회수, 경제적 압박, 인구감소, 그리고 후자의 경우에는 만연한 사회적 불안으로 고전하는 지역에서 발생했다. 최근 몇 년 동안 '로스앤젤레스 생태마을'은 주변 지역에서 급격한 둥지 내몰림이 발생하는 맥락에서 비용 감당 능력과 경제적 포용력을 유지하고 사회적·환경적으로 진보적 입장을 지키는 데 집중했다. 반면 '엔라이트 리지 도시 생태마을'은 공화당이 집권하며 더 많은 경제적 도전에 직면한 미국에서 자산 가치를 안정화하고 대내(對內) 투자를 지지하는 노력을 지속하고 있다.

엔라이트 리지 도시 생태마을, 오하이오주

'도시 개선 생태마을'을 표방하는 '엔라이트 리지 도시 생태마을'은 신시내티 서쪽 '내부 고리(inner ring)' 근린 지구인 프라이스 힐 산마루를 따라 북서쪽으로 뻗은 3/4마일(약 1.2킬로미터) 길이의 엔라이트 애비뉴 옆과 그 주변에 자리한 단독주택 약 80채로 구성돼 있다.

'엔라이트 리지 도시 생태마을'은 이 지역에 사는 짐과 아이린 셴크 부부(Jim and Eileen Schenk)가 설립한 환경 교육 기관인 '이마고(Imago)'에 기원을 둔 신시내티의 비영리 기관들 중 하나다.[10] 사회복지사인 셴크 부부는 "교육 경험을 제공하고 논의와 공동체 건설을 위한 기회를 창출하며 자연 구역을 보호함으로써 지구와 더 깊게 조화를 이루고자" 1978년에 이마고를 설립했다(Imago 2017). 이마고의 다양한 활동은 (노후 건물이 있던 부지 일부를 재생한) 16에이커(약 6만 4,750제곱미터) 면적의 자연보호구역이자 교육 시설인 '지구 센터(Earth Center)'를 기반으로 펼쳐진다. 1990년대 후반, 셴크 부부는 프라이스 힐에 생태마을을 조성하고자 했으나 초기부터 난관에 부딪혔는데, 보조금을 받았음에도 대상 지역이 그들이 다루기에는 너무 컸기 때문이었다(Tyrell 2016). 2004년에 이마고는 규모를 줄여 거주자 열일곱 명과 함께 '지구 센터' 인근 지역에 일곱 가구로 구성된 생태마을을 성공적으로 설립했다. 이후 2009년, '엔라이트 리지 도시 생태마을'이 비영리 기관으로 공식 등록됐다(Fellowship for Intentional Community 2016).

'엔라이트 리지 도시 생태마을'은 "생각과 자원을 공유하고 지구를 존중하며 생태적 책임을 다하는 공동체를 추구한다." 공동체 내 36에이커(약 14만 5,687제곱미터) 부지는 이마고가 소유하고, 나머지 건물의 소유권은 개별 주택 소유자들이 지닌다. 이처럼 생태마을은 그 영역에 대해 포괄적 정의를 적용한다. 생태마을 관계자는 동네에 거주하는 약 90가구 중에서 (80여 채의 건물 대다수에는 1인 가구가 살고 있다) 40퍼센트가 매달 이마고 센터에서 열리는 음식 공유 행사에 '참여'하며, 30퍼센트가 '열린' 태도를 지니고 있고, 나머지 30퍼센트는 '무관심'하다고 추정한다. 생태마을은 미화 15달러라는 많지 않은 연회비를 청구하지만(Fellowship for Intentional

---

9
프로젝트를 위해 방문한 다른 공동체들에는 이타카 생태마을(뉴욕주), 디트로이트 쇼어웨이 생태마을(오하이오주 클리블랜드), 데이브레이크 공동 주거(오리건주 포틀랜드), 스완스 마켓 공동 주거 및 마리포사 그로브(캘리포니아주 오클랜드)가 있다.

10
이마고는 경제적 재생과 생물 다양성에 다각도로 초점을 맞추고 프라이스 힐 동네에서 활동하는 세 곳의 비영리 조직을 발전시켰다(Imago 2017).

로스앤젤레스 생태마을.

Community 2016), 공유 기반시설이 지닌 이점, 특히 건물 사이의 녹지 공간은 누구나 이용할 수 있다.

　동네에 있는 건물들에는 대부분 1인 가구인 소유자가 살고 있다. 또한 '엔라이트 리지 도시 생태마을'은 거주 가구들 사이의 소득 수준 차이를 고려해 임대 주택 십여 채를 보유한다. 1층에서 3층 규모의 주택 대다수는 19세기 후반에서 20세기 초에 지어졌다.

　모든 주택의 뒤뜰은 '엔라이트 리지 도시 생태마을'이 소유한 산림지대에 맞닿아 있고, 생태마을 공동체가 처음부터 구상한 일 중 하나인 등산로로 연결된다. 많은 경우 영속농업 원리(permaculture principles)에 따라 뜰을 만들었는데, 예컨대 빗물을 관리하는 생태수로를 포함하며 유기농 농작물을 기르고 그 일부를 닭과 염소를 키우는 데 이용한다. 또한 공동체는 엔라이트 애비뉴 서쪽을 따라 펼쳐진 대규모 초지인 성 조셉 묘지에 인접한 장점을 누린다. 더불어 엔라이트 애비뉴의 남쪽 끝에 자리한 두 곳의 공원과 자연보호구역은 또 다른 녹지 공간과 다양한 생물이 주는 즐거움을 제공한다.

　'엔라이트 리지 도시 생태마을'은 2008년에 닥친 '대침체(Great Recession)'로부터 회복하고자 분투해온 지역에서 건물 18채가 황폐화되거나 투기의 대상이 되는 것을 막아냈다. ('신시내티 선원[禪院, Zen Center]'이 임대한) 점포가 딸린 모퉁이 건물과 그 반대편의 아파트 다섯 채가 여기에 속한다. 또한 생태마을은 선원 건너편에 자리한 (마약 관련 우범 장소로 알려진) 문제적 술집이 있던 상업 건물 한 채를 취득해 이곳을 유기농 술집, 카페, 잡화점, 공연 공간을 포함한 '커먼 루츠(Common Roots)'로 재건했다. 나머지는 압류 중에 구입한 1인 가구용 주택들이다. 이처럼 '엔라이트 리지 도시 생태마을'이 건물들을 위기에서 구해내고 변형할 수 있었던 것은 신시내티에 기반을 둔 '에드 앤 조앤 휴버트 가족 재단(Ed and Joann Hubert Family Foundation)'에서 낮은 금리의 소규모 대출을 받을 수 있었기 때문이다. 대출금은 차례대로 주택을 구입해 재건하는 데 사용했고, 그 주택을 전매하는 즉시 상환했다(필자와 솅크 부부와의 서신 2017). 지역 도급업자를 고용해 각각의 주택을 (높은 단열 효과, 고효율 가전제품 및 조명 등의) 높은 환경 기준을 적용해 재건하고 이를 공동체가 명시한 의도에 따라 살고자 하는 구매자들에게 (몇몇 경우 임대하거나) 다시 팔았다.

　'엔라이트 리지 도시 생태마을' 구성원들은 퇴비화 및 재생 이용 체계를 운영하기 시작했는데, 이는 신시내티시가 도시 전체에 유사한 프로그램을 적용하도록 설득하는 데 도움이 된 것으로 보인다(Christian 2014). 2008년 이후 생태마을은 그 자체의 공동체 지원 농업(Community Supported Agriculture: CSA)을 갖추고, 지역 거주자들을 고용해 동네 개간지에서 농작물을 재배했다. 생태마을이 자리한 동네 안팎에 살고 있는 약 75명의 회원들은 각각 성장기가 시작될 때 (노동량에 따라 낮아질 수 있는) 적은 비용을 지불하고 5월과 11월 사이 매주 토요일마다 신선한 농작물 한 상자를 수확한다.

　'엔라이트 리지 도시 생태마을'은 선거로 선출된 네 명의 위원들이 운영하며, 위원회는 합의를 통해 결정을 내린다. 다양한 자원봉사 위원들이 지역에 대한 지원 및 소통 등을 책임지며, 매달 생태마을 투어를 수행하고 웹사이트를 관리하며 새로운 잠재적 거주자들에게 비어 있는 건물을 홍보한다.

　'엔라이트 리지 도시 생태마을'의 '계획' 거주자들이 반드시 그 주변 공동체 전체를 대표하는 게 아닐 수도 있다. 몇 해 전 생태마을이 수행한 조사 결과에 따르면, 거주자 193명 중 백인이 93퍼센트, 흑인이 8퍼센트를 차지하는데, 이는 생태마을을 포함한 프라이스 힐 동쪽 동네의 거주자 비율이 백인이 53퍼센트, 흑인이 39퍼센트라는 사실과 차이를 보인다(Schenk correspondence 2017; US Census 2010). 이 영역은 더 탐구해 볼 가치가 있는데, '엔라이트 리지 도시 생태마을' 거주자들의 (수입, 교육과 같은) 사회경제적 특징을 그들의 이웃과 비교할 수 있는지와 그렇다면 그 방법은 무엇인지, 그리고 이 점이 부동산을 안정화하고 새로운 지역 사업을 창출하는 데서 생태마을이 거둔 성공을 넘어 공동체의 성공을 평가하는 데 어떤 영향을 미치는지를 더 잘 이해할 수 있기 때문이다. 다음에서 살펴 볼 두 번째 사례는 더 분명하게 사회적·경제적 포용을 강조한다.

로스앤젤레스 생태마을, 캘리포니아주

'로스앤젤레스 생태마을'의 중심지는 한인 타운/ 윌셔 센터의 북쪽 끝과 이스트 할리우드 근린지구 사이에 자리한 두 구역이며, 로스앤젤레스 시내에서 서쪽으로 3마일(약 4.8킬로미터) 정도 떨어진 곳이다. '로스앤젤레스 생태마을'은 "생태적으로, 사회적으로, 경제적으로 건강한 동네를 만드는 과정을 제시"하는 목적을 표명하며, "이를 위한 전략은 동네의 삶의 질을 향상시키는 동시에 환경적 영향을 줄이는 것"이다(LAEV n.d.). '로스앤젤레스 생태마을'이 설립된 해는 1993년이다. 활동가 로이스 아킨(Lois Arkin)이 이끈 설립자들은 원래 로스앤젤레스 외곽에 11에이커(약 4만 4,515제곱미터) 면적의 '생태마을'을 건설하고자 했다(Litfin 2014: 30). 그러나 1992년 봄, 로스앤젤레스 폭동이 발생하며[11] 아킨의 집 근처 지역에서 많은 건물들이 파괴됐고, 이는 그들이 지역에서 일하는 게 더 중요하다고 생각을 바꾼 계기가 됐다. 아킨은 이 폭동에 응답해 자신과 동료 활동가들이 "만장일치로 새로운 구축 프로젝트를 시작하는 대신 이미 사람들이 살고 있는 곳에 (이 경우 그녀 자신의 동네 중심에) 협동 공동체의 씨앗을 뿌리기로 전폭적으로 결정했다"고 말한다(Christian 2014). 이후 사회 정의를 위한 헌신은 '로스앤젤레스 생태마을'의 핵심 동기로 작용해왔다(Litfin 2014: 30).

공동체를 이루는 40여 명의 (예컨대 '로스앤젤레스 생태마을'이 표명한 목표에 함께 하기 위해 이 지역으로 이사 온 사람들인) '계획' 거주자들은 세 채의 주요 거주 건물들에 살고 있다. 이 중 하나는 남부 캘리포니아에서 전형적으로 볼 수 있는 전전(戰前)에 지은 정원이 딸린 U자형 단층 아파트 단지며, 비슷한 시기에 건축된 더 작은 규모의 이층 아파트 단지가 바로 남쪽에 자리하고, 거리 건너편에는 네 가구용 건물이 있다.

가장 규모가 큰 아파트 단지의 로비와 안뜰은 모두 사회적이고 지속 가능한 활동을 장려하기 위해 개조됐다. 안락한 중고 소파로 가득 찬 로비에서는 비공식적으로 친목을 도모하며 정기적으로 워크숍, 강의, 영화 상영과 같은 교육 및 지원 활동 프로그램을 개최한다. 로비의 한 모퉁이는 거주자들이 사용할 수는 있지만 더 이상 필요 없는 가정용품에 새 생명을 부여하는 '주고받기' 구역으로 사용한다. 그 근처에 놓인 탁자 위에는 지역의 지속 가능성과 문화적 주제를 다룬 문헌들을 참고 및 유포용으로 전시한다. 일층에 있는 방 두 개는 공용으로 전환해 하나는 자전거를 세워두는 곳으로, 다른 하나는 거주자들이 직원으로 일하는 대용량 식료품(bulk food) 상점이자 '가게'로 이용한다. 이층의 아파트 한 채는 공용실로 만들어 공동체의 정기 운영 회의와 사회적 활동을 위해 사용한다.

가장 큰 건물의 안뜰에는 중수 재생 이용 설비를 갖춘 야외 부엌이 있으며, 가뭄에 잘 견디는 대부분 과실수인 나무들을 빽빽이 심어 놓았다. 아파트 일층 소유자들 중 일부는 안뜰 쪽으로 난 창을 문으로 확장해 안뜰을 앞마당처럼 이용할 수 있다. 인접한 개방 지역에는 퇴비 더미와 거주자의 아이들을 위한 목재 놀이 기구가 있다. 자가용차를 세웠던 차고들은 창고와 워크숍 공간으로 개조됐다.

---

[11] 경찰관들이 아프리카계 미국인 로드니 킹(Rodney King)을 집단 구타하는 영상이 공개된 후 무죄선고를 받자 대중 시위가 발생했고 약 일주일간 도시 전역에 걸쳐 폭력, 약탈, 방화로 발전됐다. 이 폭동은 다른 근본적인 요인들 중에서 오늘날 '로스앤젤레스 생태마을'이 자리한 지역에 거주하는 아프리카계 미국인들과 한국계 미국인 상인들 사이의 사회적·경제적 긴장감을 부각시켰다.

생태마을 사람들은 두 채의 주요 아파트 건물 동쪽으로 뻗은 길인 비미니 플레이스(Bimini Place)의 교통 혼잡을 완화하기 위해 로스앤젤레스 시와 협력해왔다. 예컨대 '로스앤젤레스 생태마을' 주 출입구 밖의 보도를 확장해 화단과 투과성 포장도로를 만들고 형형색색의 예술작품과 지정 횡단보도도 설치했다. 거리 건너편의 부지는 공유 정원으로 바꾸고, 생태마을 거주자들과 '로스앤젤레스 교육구(Los Angeles School District)'에 속한 근처 학교에서 견학을 목적으로 이용하도록 했다. 또한 이 공유 정원은 생태마을 바로 동쪽에 자리한 대규모의 자동차 공원과 생태마을 사이에서 완충지대로 기능한다.

'로스앤젤레스 생태마을' 안의 건물들은 상호 연계된 몇몇 비영리 기관들의 협력으로 취득되고 변경됐다. 아파트 건물 두 채는 이런 목적을 위해 고안된 '생태 회전 대출 기금(Ecological Revolving Loan Fund)'을 통해 1996년과 1999년에 구입했다. 여전히 '로스앤젤레스 생태마을'이 진행하는 다양한 프로젝트의 재원인 '생태 회전 대출 기금'은, '세계 생태마을 연결망(Global Ecovillage Network)'의 오랜 후원사이자 '로스앤젤레스 생태마을'의 목표에 부합한 가치관을 지닌 덴마크 가이아 신탁(Denmark's Gaia Trust)과 같은 소수의 대출기관과 더불어 생태마을 운영자들과 개인적으로 알고 있는 (구성원, 이웃, 친구, 가족 등의) 개인 대출자들이 제공한 소규모 무담보 투자로 구성된다.[12] '생태 회전 대출 기금'은 1980년 로이스 아킨이 설립한 비영리 기관인 '협동조합 자원 및 서비스 프로젝트(Cooperative Resources and Services Project: CRSP)'가 조성했다. 처음 건물을 구입하고 10년이 채 지나지 않아 아파트 임대료를 시장 가격의 절반 수준으로 유지하고도 '생태 회전 대출 기금' 대출금을 상환하고 전문 관리인을 고용하며 물리적으로 건물을 정비할 만큼 충분한 임대 수익을 올렸다(Christian 2014).

또 다른 비영리 면세 기관인 '베벌리버몬트 토지 신탁(Beverly-Vermont Land Trust)'은 "생태적으로, 사회적으로 지속 가능하고 도시 생활을 자연과 통합하는 저렴한 주택, 업무 및 여가 공간에 중점을 두고, 보행자 중심의 동네를 만들기 위한 기반으로 토지 관리를 수행하는 것"을 목표로 2006년에 설립됐다(Beverly-Vermont Land Trust n.d.). 2010년 '로스앤젤레스 생태마을' 구성원 몇몇은 '도시 흙/땅 어배너 지분 제한형 주택 협동조합(Urban Soil/Tierra Urbana Limited Equity Housing Co-op)'을 설립하고 2012년 아파트 건물 두 채를 구입했다. 동시에 건물 토지의 소유권은 '베벌리-버몬트 토지 신탁'으로 이전했는데, 전통적 부동산 시장에서 이 건물들을 제외시켜 그 가격을 영구적으로 감당할 만한 수준으로 지키기 위해서였다. 교차로 맞은 편에 위치한 네 가구용 건물은 2010년부터 '협동조합 자원 및 서비스 프로젝트'와 '베벌리버몬트 토지 신탁'이 공동으로 소유했다. 협동조합의 명시된 목적은 감당할 만한 가격, 다양성 그리고 "환경과 사회에 미치는 부정적 영향을 최소화하는 동시에 더 나은 생활양식"을 공공에 제시하는 것을 특히 강조한다(LAEV n.d.). 현재 주택 일부는 (지분을 보유한 '로스앤젤레스 생태마을' 구성원인) 협동조합원이 소유하며, '계획' 거주자들과 '로스앤젤레스 생태마을'이 설립되기 전부터 장기간 거주해온 세입자들이 협동조합에서 대출받은 잔액이 남아 있다.

'로스앤젤레스 생태마을'은 구성원 다섯 명당 자가용차 약 한 대를 보유하며 비교적 낮은 자동차 보유율을 유지한다. 이는 지역 평균 보유율의 30퍼센트에 해당하는 수치로, 로스앤젤레스가 교통난으로 악명 높다는 점을 고려하면 주목할 만한 현상이다. 생태마을은 북쪽으로 두 구역 거리에 버몬트/베벌리 지하철역이 있기 때문에 자전거 이용을 적극적으로 권장하며 차 없는 세입자에게는 임대료 할인 혜택을 준다. 생태마을의 한 구성원은 예약 없이도 다과와

---

[12] 말을 실천으로 옮기고자 필자 역시 2016년 이 기금에 소액을 투자했음을 밝히는 바다.

함께 자전거 관리와 보수에 필요한 자문과 도구를 제공하는 비영리 시설인 '자전거 부엌'을 빈 아파트 부엌에 만들었다. 이 활동은 마을 내에 위치한 자체 건물로 확장될 만큼 큰 성공을 거뒀고, 로스앤젤레스 곳곳에서 운영되는 유사한 워크숍들에 영감을 제공했다(Litfin 2014: 65).

'엔라이트 리지 도시 생태마을'과 마찬가지로 '로스앤젤레스 생태마을' 또한 가까운 거주자들 외에도 이익을 누릴 수 있는 여러 구상과 사업을 탄생시켰다. 생태마을의 비영리 기관들과 연계된 다양한 문화적·교육적 구상과 더불어, 협동조합의 유기농 제품과 지역 농민을 지원하며 노동 지분형(sweat equity) 회원 모형에 따라 운영하는 대용량 식료품 구입 체계 그리고 최저 생활 임금을 보장하고 지역 가족들에게도 열려 있는 적당한 비용의 어린이집을 갖춘 노동자 협동조합 등을 이런 예로 들 수 있다(LAEV n.d.). 최근 생태마을은 회전 대출 기금을 이용해 "영구적으로 적당한 가격을 유지할 수 있고, 생태적으로 민감하며, 공동 주거를 통해 문화를 바꾸는 복합 용도의" 개발지를 건설하고자 인근 상업 용지 0.25에이커(약 1,012제곱킬로미터)를 취득했다(CRSP 2016).

공동체의 물리적·제도적 기반 체계는 사회적·문화적 실천들과 조화를 이루며 서로 얽혀 있다. 공동체는 주간 회의에서 합의를 통해 대부분의 결정을 내리며, 이 과정은 '여러 상임 및 특별' 위원회와 '갈등 해결 팀'으로 보완된다. 구성원들은 매주 한 두 차례 음식을 나누고 함께 계절이나 생활 사건들을 기념하며 실무팀에 참여하기도 한다(LAEV n.d.).

'로스앤젤레스 생태마을' 관계자는 두 구역 내에 사는 500여 명 중 70명이 생태마을 활동에 적극적으로 참여한다고 추정한다. 이 동네는 약 열다섯 민족 집단으로 구성된 '가구 다양성'을 지니고 있으며, '극빈층에서 중산층까지 분포하나 저소득층'이 주를 이룬다(LAEV n.d.). 국제 계획 공동체 운동에 정통한 한 연구자는 '로스앤젤레스 생태마을'을 방문한 후 자신이 경험한 생태마을 중 이곳이 '가장 다민족이며 다문화적'이라고 말한다(Christian 2014).

'과정을 보여주는' 목표에 따라 '로스앤젤레스 생태마을' 및 연계된 비영리 기관들은 자신들의 활동에 관한 투명성, 지식 공유, 대외 지원을 강조한다. 거의 모든 운영 기록물을 온라인상에서 볼 수 있는데, 예컨대 신규 회원으로 가입하는 방법 등의 과정 정보가 명확히 제시돼 있다. 소셜 미디어를 적극적으로 활용하며, 매주 (이용자가 기부할 수 있는 것을 지불하는 방식으로) 대중 투어를 운영한다. 지난 몇 년간 미국을 비롯한 전 세계 대학교, 학교, 사립 및 국공립 기관이 이 투어에 참여했다.

'로스앤젤레스 생태마을'을 지켜본 한 연구자는, 생태마을이 '거대한 파급효과'를 일으킬 수 있었던 이유 중 하나는 그 계획 구성원 대다수를 '전업 환경 및 사회 정의 변호인'으로 고용했기 때문이라고 언급한다(Litfin 2014: 30). 이런 방식으로 공동체는 내부에 전문성을 갖춘 모형을 제공하는데, 이때 계획 거주자들의 다양한 직업은 그들의 전문성이 자전거 수리든 비영리 기관 운영이든 상관없이 이웃이자 공동체 구성원으로서 그들의 능력과 활동에 녹아든다.

신시내티와 로스앤젤레스에 자리한 이런 도시 생태마을은, 명백히 외부를 향한 의제를 추구하고 공동체 회원 자격과 혜택을 더 포괄적으로 정의하는 체계와 실천을 시행함으로써 계획적 지속 가능성의 유망한 모형을 보여준다. 이는 더 지리적으로 고립된 생태 중심 공동체와도, 도시 중심부에 자리할 수는 있으나 더 많은 이웃들이 관여하는 것을 기피하는 '친화적'이지만 내부에 초점을 맞춘 개발지와도 대조를 보인다.

두 공동체는 모두 설립 단계에서 카리스마 있는 지도력에 의존했으나 이후 제도 구축을 위해 투자해왔다(지금도 지도력은 건재한다).[13]

---

[13]
엔라이트의 짐 솅크와 로스앤젤레스 생태마을의 로이스 아킨은 여전히 각자의 공동체 운영과 소통에서 중심 역할을 수행하는 것으로 보인다.

공동체마다 목적은 다르나 상호 보완적 기능을 지닌 비영리 기관과 사회적 기업을 만들어내고자 조력했고, 이것들이 이루는 소규모 군집을 통해 제도를 구축할 수 있었다. 두 경우에서 이런 미시 제도들의 법률적 구조와 이해 당사자 구성은 상이하지만, 모두 그 거주자 공동체를 지역의 사회적 과정 및 경제 시장과 연결시키는 역할을 한다.

미래의 연구자가 이 두 가지 사례를 비롯해 다른 사례 연구를 살펴본다면, 그들은 공동체가 사회 통합, 개인당 탄소 발자국, 사회경제적 혼합 등에 미치는 영향에 관한 더 많은 양적 자료를 원할 수도 있다. 반면에 한 건축 비평가가 현 사회생태적 위기에 대해 언급했듯이, "우리에게 부족한 것은 사실이 아니라 인간 행동의 변화라는 훨씬 더 어려운 질문에 대한 답이다"(Farrelly 2017).

가능성들

'엔라이트 리지 도시 생태마을'과 '로스앤젤레스 생태마을' 그리고 그들의 동료들은 전후 미국의 개발 모형이 지닌 (자가용차에 의존한 건축 형태와 급격히 증가하는 소비주의에 기댄 경제 같은) 일반적 특징에 대한 실천적이고 살아진 응답을 제시한다. 동시대 미국 도시 안에 (그리고 그 너머에) 자리한 이런 생태마을들은 아래와 같은 가능성을 추구하기에 유리한 조건을 지닌 것으로 보인다.

— 생태마을의 혜택을 자연스럽게 따라오거나 구조화된 방식 모두를 통해 '계획' 구성원들을 넘어 다른 이들에게 제시하고 공유한다.
— 도시의 높은 인구 밀도 때문에 유지되는 (대중교통, 공동체 지원 농업 체계와 같은) 기반 시설 체계와 연계하고 이에 기여한다.
— 생태마을이 지닌 생태적·사회적 가치를 향상시키기 위해 표준 건물 유형을 재해석한다. 낡은 건물을 이용하는 것은 도시로 회귀하는 접근법과 마찬가지로 공간이 지닌 미적 측면이 아니라 실용적 차원에서 기인한다. 왜냐하면 오래된 건물들은 가장 양도하기 쉽고 많은 경우 가장 저렴한 작업 대상이기 때문이다. 이런 비용 절감 접근법을 통해 내재(內在) 에너지를 보존하고 감당할 만한 가격을 유지해 경제적 포용 가능성을 높일 수 있다.

마지막 관점에서 보면, 도시 생태마을은 대다수 개발에서 취하는 대규모의 '타불라 라사(tabula rasa)' 접근법과 상반되는데, 이런 방식은 건축 환경 전문가들이 (중국의 동탄, 아랍에미리트의 마스다르 같은) '생태 도시(eco-city)'라는 용어나 주로 신축 건물에 적용한 '패시브하우스(passivhaus)'와 같은 녹색 건물 표준과 더 연결 짓기 쉬울지도 모른다. 도시 개조 생태마을은 이런 더 잘 알려진 예들과 비교하면 건축적 화려함은 부족할지 모르나, 대규모의 도시 지형을 가로질러 미시 공동체 연결망을 구축하며 더 신속하고 적당한 비용으로 완성될 수 있는 잠재력을 지니고 있다. 서울에서 가능성을 확인했듯이 이 접근법은 분명히 오래된 동네와 소규모의 개발지를 개선하는 경우에 더 적합하다.

이런 공동체들은 뚜렷한 목적을 가지고 (무담보 회전 대출 기금, 공동체 토지 신탁 같은) 새로운 기관을 설립함으로써 저소득 거주자들이 고급주택화로 자리 옮김을 당하는 일과 금융 세계화의 동질화 및 양극화 효과에 맞서 싸우며 20세기 후반과 21세기 초반의 도시 재생이 지닌 일부 부정적 특징에 대응할 수 있다. 이런 기관과 수단을 통해 현재 서울이 직면한 주택 구입 능력과 거주 불안정성이라는 문제들을 다룰 수 있다.

농어촌과 도시는 당연히 상호 의존적이며 조건들도 겹치지만, 우리는 세계 생태마을 운동에서 나타난 변화를 통해 앞으로 이 운동에서 등장할 공동체들에게 긍정적 이점으로 작용할 증거를 본다. 지리적·운영적 고립, 즉 '자급자족'과 '농촌 회귀'라는 수사적 입장에서 사회적·공간적·경제적 주류 체계와 통합되고 물리적으로, 계획적으로 생산적인 근접성을 유지해 영향력을 미치는 경향으로 전환된 것이다. 농어촌과 도시를 경계로 선호하는 정당이 구분되는 많은 국가들의 맥락에서, 잠재적 영향력이라는 관점에서 보면 도시 안에 자리 잡은 공동체들은 진보적 지역 정치에 기여하고 그로부터 이익을 창출할 가능성이 더 높을 수도 있다(Rodden et al. 2016의 예를 참조).

글을 쓰고 있는 이 순간에도 분명한 것은, 많은 것들을 은폐하는 대중주의적 금권정치에서 살아남으려면 우리는 시급한 환경 및 사회 문제들에 대해 국가, 도시, 그리고 동네의 차원에서 진보적 응답을 발전시키고 실행해야 한다. 이런 공동체들은 주택 구입 능력을 방어하는 동시에 침체된 지역을 되살리며, 자신들의 사회적·생태적 가치를 향상시키고자 표준 건물 유형을 개선하고, 브라운필드 지역에 맞는 생계수단인 새로운 기업을 성장시키며 포스트 신자유주의 시대의 도시 개발을 위한 실천적 발상과 매력적인 모형을 제안한다.

지역에 자리 잡은 생태마을들의 상호 의존적 연결망이 '생활 방식'의 선택이 정치와 교차하는 우리 도시에 뿌리 내리면, 기술관료적 지속 가능성에 대한 매력적인 대안을 제공할 수 있고 나아가 정치학자 데이비드 W. 맥아이버(David W. McIvor)가 설명한 '심층 민주주의(deep democracy)'를 함양할 수 있는 잠재력을 제공할 수도 있다. 이런 공동체 개발 형식은 신화 속에서나 나오는 동질하고 정적인 위대한 과거로 돌아가려는 향수와도, 혹은 애쓰지 않아도 조화를 이루며 공존하는 다양한 집단들과 같은 순진무구한 기대와도 거리가 멀다. 대신 이런 심층 민주주의적 개발은 그곳이 로스앤젤레스든 서울이든 상관없이 "공통적인 것과 공통성을 향한 복잡한 지향성"을 수반하며, "공통적인 것은 선재하지도, 항상 주어지는 것도 아니며 마찰 없이 함께 하는 장소도 아니다. (…) 공통성은 집단적 행동을 통해 발견되거나 구축된다. 즉 공공적 삶을 위한 예비력이나 그것을 보장하는 배경으로 존재하지 않는다. 공통적인 것은 사람들이 공적으로 모일 수 있는 장소로 더 잘 이해할 수 있지만, 그들이 모임의 판 자체를 만들어내고 다시 만들고자 애쓰는 경우에만 그렇다"(McIvor and Hale 2016).

감사의 글
이 프로젝트를 위한 현장 답사는 순수예술 영역 고등 연구를 위한 그레이엄 재단(Graham Foundation)의 연구비 지원을 받았다. 사라 헤르더(Sarah Herda), 스테파니 휘틀록(Stephanie Whitlock), 프리츠 헤이그(Fritz Haeg), 미셸 프로부스트(Michelle Provoost), 카심 셰퍼드(Cassim Shepard), 리즈 오그부(Liz Ogbu), 그레이스 킴(Grace Kim), 마이클 폴린(Michael Pawlyn), 잭 스틸러(Jack Stiller), 제프리 S. 앤더슨(Jeffrey S. Anderson), 그린 킴(Green Kim), 마크 위(Mark Wee), 채윤 레이 정(Chai Yun Ray Chung), 이혜원(Hyewon Lee), 로이스 아킨(Lois Arkin), 라라 모리슨(Lara Morrison), 짐 셍크(Jim Schenk)를 비롯해 아낌없이 자신의 시간과 생각을 공유해준 다른 많은 생태마을 관계자와 선생님들께 감사를 전한다.

참고 문헌

Bang, Jan Martin (2005). *Ecovillages: A Practical Guide to Sustainable Communities*, Gabriola Island, BC: New Society.

Beverly-Vermont Land Trust. http://www.bvclt.org. Not dated.

Borgmann, Albert (2006). *Real American Ethics: Taking Responsibility for Our Country*, Chicago: The Uni-versity of Chicago Press.

Chivian, E., and A. Bernstein (eds.) (2008). *Sustaining Life: How Human Health Depends on Biodiversity*, Center for Health and the Global Environment. New York: Oxford University Press.

Christian, Diana Leafe (2003). *Creating a Life Together: Practical Tools to Grow Ecovillages and Intention-al Communities*, Gabriola Island, BC: New Society.

Christian, Diana Leafe. "Three 'Organized Urban Neighborhood'" (sic), http://gen.ecovillage.org/en/node/4925 (2014년 9월 16일 게재).

CRSP. "Opportunity to Be Part of Los Angeles History with Our New Acquisition," 이메일 (2016년 8월 15일).

Donnally, Trish (2014). "Growing Sociability: The Residents—and Their Connections—Are the Hottest New Features in Residential Communities," *Urban Land*, November/December 2014, pp. 56–61.

Farrelly, Elizabeth (2017). "Diller Scofidio and Renfro's Exit: decoding the data", http://architectureau.com/articles/exit/ (2017년 2월 15일 접속).

Fellowship for Intentional Community (2016). "Enright Ridge Urban Eco-village," http://www.ic.org/directory/enright-ridge-urban-eco-village/ (2016년 3월 1일 업데이트).

Gilding, Paul (2011). *The Great Disruption: How the Climate Crisis Will Transform the Global Economy*. London: Bloomsbury.

Ichioka, Sarah Mineko (2015). "The Seoul Experiment," *Seoul, an Urban Experiment: Starting the Seoul International Biennale of Architecture and Urbanism*, Soik Jung and Green Kim eds., Seoul: Seoul Metro-politan Government, pp. 31–9.

Imago. "History and Mission." http://www.imagoearth.org/home/about_imago/history_and_mission.html

Klein, Naomi (2014). *This Changes Everything: Capitalism vs. the Climate*. New York, NY: Simon & Schuster. And the accompanying online database: https://solutions.thischangeseverything.org/

Kunstler, James Howard (1994). *The Geography of Nowhere: The Rise and Decline of America's Man-made Landscape*. New York: Touchstone.

Litfin, Karen (2014). *Ecovillages: Lessons for Sustainable Community*. Cambridge, UK: Polity.

Los Angeles Eco-Village (n.d.). *LAEV website*. http://laecovillage.org/

Macy, Joanna and Chris Johnstone (2012). *Active Hope: How to Face the Mess We're in without Going Crazy*. Novato, CA: New World Library.

McCamant, Kathryn and Charles Durrett (1994; Second Edition with Ellen Herdsman). *Cohousing: A Contemporary Approach to Housing Ourselves*. Berkeley: Ten Speed Press.

McIvor, David W. and James Hale (2016). "Common Roots: Urban Agriculture's Potential for Cultivating Deep Democracy" in *Sowing Seeds in the City*, eds. Sally Brown, Kristen McIvor, Elizabeth Hodges Snyder. Berlin: Springer.

Meltzer, Graham Stuart (2005). *Sustainable Community: Learning from the Cohousing Model*. Victoria, B.C.: Trafford

Olkowski, Helga, William Olkowski, and Tom Javits (2008). *The Integral Urban House: Self-reliant Living in the City*. Gabriola Island, B.C.: New Catalyst.

Rodden, Jonathan (2016; with Nolan McCarty, Boris Shor, Chris Tausanovitch, and Chris Warshaw). "Geography and Polarization." Stanford Spatial Social Lab. Unpublished paper, current draft June 16, 2016.

Tyrell, Sarah (2016). "Enright Ridge Urban EcoVillage: An Urban Eden." Green Hawks Media. https://greenhawksmedia.net/2016/02/14/enright-ridge-urban-ecovillage-an-urban-eden/ 14 February 2016.

United Nations (2014). "World Urbanization Prospects 2014". http://www.un.org/en/development/desa/news/population/world-urbanization-prospects-2014.html

Walker, Liz (2005). *EcoVillage at Ithaca: Pioneering a Sustainable Culture*. Gabriola, BC: New Society.

Worden, Lee (2012). "Counterculture, Cyberculture, and the Third Culture: Reinventing Civilisation, Then and Now" in *West of Eden: Communes and Utopia in Northern California*. eds. Iain A. Boal, Janferie Stone, Michael Watts, and Calvin Winslow. Oakland, CA: PM.

다시 쓰기

분해의 나라: 전자제품, 유독성 그리고 영토
레터럴 오피스(로라 셰퍼드·메이슨 화이트)

"모든 역사는 구체 또는 영역을 확장하기 위한 투쟁의 역사다."
—페터 슬로터다이크(Peter Sloterdijk), 『지구(Globes)』

"디지털 혁명은 알고 보면 쓰레기로 가득 차 있다."
—제니퍼 가브리스(Jennifer Gabrys), 『디지털 쓰레기(Digital Rubbish)』

광산, 도시 그리고 쓰레기장

대체로 우리 영토는 생산과 소비 그리고 폐기 장소라는 세 가지 방식으로 이용된다. 당연히 우리는 소비 장소에 가장 익숙하며 거기서 살고 있다. 이곳은 우리가 살고 일하고 노는 사회적 삶의 장소다. 예컨대 도시는 탁월한 소비 장소다. 소비 장소와 반대로 관리 장소는 추출과 생산(소비 이전)뿐 아니라 이런 물질의 폐기(소비 이후)를 위한 곳이다. 생산 및 폐기 장소는 주변부나 소비 장소에서 보이지 않는 곳에 위치한 경우가 많다. 생산과 (더러운) 폐기로부터 (깨끗한) 소비를 분리하는 이런 독특한 토지 분할 이용법은 동시대 자본주의적 지형이 만들어낸 결과이며 소비 장소에 공공 영역 공간이라는 특권을 부여한다. 순환 주기는 제품을 만들기 위해 재료를 채취하는 일로 시작한다. 이후 유리한 장소에서 이 제품을 소비하고, 그 효력이 다하면 우리는 버릴 장소를 찾는다. 이 순환 주기가 [우리 영토에] 자리 잡을 때 세 종류의 일반 공간들이 나타나는데, 광산, 도시 그리고 쓰레기장이 그것들이다. 또한 이런 공간들은 페터 슬로터다이크의 '구학(球學, spherology)'에서 말하는 구체 또는 영역(sphere) 개념으로 볼 수도 있다.[1] 구체 또는 영역으로서 이 공간들은 각각의 장소 유형을 중심으로 공동체 형성을 촉진시킨다. 소비와 관련된 공동체들이 알려져 왔듯이 생산뿐 아니라 폐기와 관련된 공동체들도 존재한다. 이 중 폐기 장소에서 형성된 공동체들은 가장 덜 알려져 있으며 가장 최근에 부상했다.

20세기 후반의 지구화가 폐기물 흐름의 물류, 정치, 경제에 미친 영향은 막대하다. 토지 이용은 거주의 조직화와 관리 영토의 근접성에 영향을 준다. 소비(거주) 공간이 생산 및 폐기(관리) 공간과 맺는 관계는 영토화(territorialisation)

---

[1] 페터 슬로터다이크의 구학 삼부작은 『구체 I: 기포(Spheres I: Bubbles)』(1998), 『구체 II: 지구(Spheres II: Globes)』(1999) 그리고 『구체 III: 거품(Spheres III: Foam)』(2004)으로 구성된다. 삼부작의 전반적 의도는, 요약하자면 생명체의 공존을 위한 공간의 조정 양상을 밝히는 것이다.

양식이 주기적으로 나타나는 데 결정적 요인이었다. 지구화 이전, 거주 장소는 편의상 관리 장소 가까이에 두고자 했으나 그렇다고 지가 하락을 가져올 만큼 너무 가까운 곳에 자리 잡지는 않았다. [도시] 계획과 정책은 종종 이런 토지 이용 방식들 사이의 상대적 거리를 조정하며 공간적으로 구별된 공동체들을 만들어낸다. 마찬가지로 기반시설과 물류는 거주 장소와 관리 장소 사이의 간격을 더 벌어지게 만든다. 지구화와 그에 따른 연결망이 확산됨에 따라 거주 장소에 대한 생산 및 폐기 장소의 조직화와 근접성은 이제 지구 규모로 영향을 미치며, 지정학, 사회경제학 그리고 물류의 영향에서 벗어나기 어렵다. 전에는 단순히 보이지 않던 것들이 이제는 완전히 광범위하게 퍼져있다. 21세기 영토들 사이의 상호작용에서 발생한 규모 전환으로 생산 및 폐기 현장이 자리한 공간과 장소는 복합적인 지정학적·생명정치적 영향을 받아왔다. 추출할 수 있는 제조 원료라는 측면에서 국가와 지역의 빈부 격차는 문헌으로 충분히 입증된 반면, 폐기물 흐름의 중심인 국가와 지역에 대해서는 동일한 논의가 이뤄지지 못했다. 폐기물이 흘러가는 형세에 대해 거의 알려진 바가 없으며 관련 문헌도 적은 이유는, 부분적으로 폐기물 흐름이 추출 장소만큼 그 근원에 매이지 않기 때문이다. 그러나 특정 국가와 지역 들이 세계 폐기물 관리자로 부상해왔다. 폐기물의 흐름은 경제적으로 침체되고 예측할 수 없는 곳으로 향하는 경향이 있다. 광산, 도시, 쓰레기장이라는 장소 유형으로 돌아가면, 이중 가장 예측할 수 없고 은밀히 퍼져나간 장소는 쓰레기장(그리고 그것을 만든 순환 주기들)이다. 그리고 점점 이 폐기물 순환 주기는 국가와 도시에 유독한 식민주의적 폭력으로 작용하는 전자 폐기물 혹은 e폐기물로 넘쳐나고 있다.

폐기물 공유지

20세기에는 재생 이용(recycling)을 도입해 유기물, 종이, 플라스틱 같은 전 세계 폐기물을 처리하는 지속 가능하지 않은 관행들을 다루고자 시도해왔다. '태우거나 묻는' 접근법에 의지했던 여러 서구 국가들에서 1970년대와 1980년대에 재생 이용이 부상함에 따라 이를 위한 선별장, 재료 회수 시설, 퇴비화 등의 새로운 기반시설과 지형 그리고 건축물들이 양산됐다. 폐기물 흐름의 전환은 영토와 도시의 형식을 재설정했고, 폐기물의 가치에 대한 인식조차 바꿨다. 예컨대 미시간주는 상당한 양의 폐기물을 수입하는데, 2013년 보고서에 따르면 전체 고체 폐기물 중 약 17퍼센트가 캐나다에서, 6퍼센트가 근처 다른 국가들에서 유입된다.[2] 현재 폐기물 흐름에서 당면한 난제는 명백히 전자 폐기물에 대한 부담이다. e폐기물은 전기 계통을 포함한 폐품 더미다. 오늘날 컴퓨터, 휴대전화 같은 수많은 제품들이 전자제품을 포함하며, 토스터에서 식기세척기와 에어컨 공조기에 이르는 일반 가정용품에도 전자 기기가 들어간 경우가 증가하는 추세다. 이런 제품들은 다양한 희토류 금속, 납, 카드뮴, 인광체, 베릴륨, 브롬계 내연제로 구성되는데, 이중 대다수는 위험 물질로 여겨진다. 전 세계에서 매해 5,000만 톤에 가까운 e폐기물이 버려진다.[3] e폐기물이 전 세계적 흐름으로 진입하면서 주로 인건비가 저렴하고 규제가 없는 영토들을 찾고 있다. 이런 동시대적 난제에 사회는 어떻게 응답할 것인가?

예상과 반대로 지금까지 컴퓨터가 현 e폐기물에서 차지하는 비중은 미미하다. 제니퍼 가브리스가 지적하듯이, 마이크로칩이 일반 가정용품과 업무용품으로 확산되면서 "컴퓨팅의 범위는 우리 데스크톱 컴퓨터에 자리한 중간 용량

---

[2]
"Report of Solid Waste Landfilled in Michigan," October 1, 2012–September 30, 2013. Prepared by Michigan Department of Environmental Quality Office of Waste Management and Radiological Protection Solid Waste Section. February 13, 2014.

[3]
C.P. Baldé, F. Wang, R. Kuehr, J. Huisman (2015). "The Global E-Waste Monitor 2014: Quantities, flows and resources," United Nations University, Institute for the Advanced Study of Sustainability, Bonn, Germany.

기억 장치 너머로 확장됐다."[4] 이제 가장 흔한 제품들조차 칩, 마더보드, 전자 인터페이스를 포함한다. 국제연합대학의 2014년 연구에 따르면, 휴대전화, 개인용 컴퓨터, 프린터가 e폐기물에서 차지하는 비율은 7퍼센트 가량에 불과하다.[5] e폐기물의 대다수는 부엌, 세탁실, 욕실에서 쓰다 버린 기구들로, 종종 초소형 컴퓨터를 포함하며 인터넷에 연결된 지능형 제품들도 늘어나는 추세다. e폐기물이라는 전에 없던 도전을 한층 더 강화하는 것은 개인적 비축 현상인데, 즉 사람들이 언젠가는 필연적으로 e폐기물 흐름에 들어갈 기구들을 계속 보유한다는 것이다. 이 현상은 종종 e폐기물이라는 독특한 산물의 폐기 방법을 모르거나 사적인 데이터의 안전한 폐기를 염려하기 때문에 나타난다. 예컨대 가나 아크라 근교에 위치한 e폐기물 회수 구역인 아그보그보로시에서 모습을 드러낸 복구된 하드 드라이브에서는 개인 신용카드 정보와 사적인 계약서가 발견되기도 했다.

현대 e폐기물은 일반적으로 두 가지 지형으로 축적된다. 첫 번째 지형은 훼손되지 않아 복구하기에 적합한 재료가 모이는 '도시 광산'이고, 두 번째는 오염을 발생시키고 인간의 건강을 위협하는 독성 화학물질이 축적되는 아그보그보로시와 같은 '유독성 광산'이다. 두 지형은 모두 이런 재료들과 그 처리 과정을 가치 있다고 여기는 문화적 맥락 안에서 관리 장소(와 새로운 경제)를 만들어내는 재료 창고를 보여준다. 적절한 규제 정책이 거의 없으며 그런 정책을 감독할 기관은 더 부족한 이런 지형들은 의도치 않게 e폐기물 흐름의 공유지가 됐다. 서구 국가들이 e폐기물을 수집하고 처리하는 데 필요한 적절한 기반 체계를 충분히 갖추지 못한 반면, 여러 도시들의 중심부에는 고철 처리장이나 (온라인을 포함한) 거래 공간들이 존재하며 이를 통해 도시 광산에서 재료와 부품을 구하는 점증하는 해커 및 사용자 직접 제작(DIY) 문화를 지원한다. 이런 공간들은 e폐기물 상점들이 이루는 지형으로, 실리콘 밸리에서 일할 법한 노동자들을 포함한다. 다른 한편에서는 저임금 비정규 노동자들이 유독성 광산에 거주하며 대부분의 e폐기물을 제공하기 위해 분해하고 복구하는 과정에서 핵심적 역할을 담당한다. 개발도상국과 그 지역들은 재료가 생산 흐름으로 재진입하는 일을 책임지는 관리인을 맡아왔다. 그리고 많은 경우 서구가 생산한 e폐기물을 회수하고 복구하는 방법을 혁신한 공로를 인정받지 못했다.

지구, 영토, 제품

e폐기물의 순환 주기는 지구, 영토, 제품이라는 세 가지 운용 규모의 관점에서 관찰해볼 수 있다. 최대 규모는 e폐기물의 주요 소비자이자 유통인이며 관리인인 국가들이 이룬 지구 크기의 군도다. 두 번째는 e폐기물의 관리 및 처리 과정에서 초점이 된 국지적인 영토와 지역이다. 그리고 제품과 거기서 복구할 수 있는 재료가 가장 작은 규모를 이룬다. 각각의 규모는 사물성(objecthood)의 축적뿐 아니라 독특한 공유 영역의 형성을 보여준다. 사물성이라는 영역에는 사용하지 않는 노트북 컴퓨터 같은 개인용 전자제품도 있고, 모든 노트북 컴퓨터와 같이 유사한 부품들을 지닌 폐기된 유사한 사물들의 모음도 있으며, 상이한 재료를 조립해 만든 전자제품들의 모음이나 냉장고, 전자레인지, 휴대전화, 노트북 컴퓨터로 구성된 더 큰 집합도 존재한다. 이런 모음들 각각은 우리 소비 관행의 층위를 여실히 보여준다. 또한 우리는 이런 축적을 티모시 모튼(Timothy Morton)이 언급한 '초과물(hyperobject)'로 생각할 수 있다. 모튼은 '초과물'을 "단순히 상이한 사물들의 모음, 체계 혹은 집합"일 뿐 아니라 "그 자체로

---

[4]
Jennifer Gabrys (2011). *Digital Rubbish: A Natural History of Electronics*, Ann Arbor, MI: University of Michigan Press, p. 3.

[5]
C.P. Baldé, F. Wang, R. Kuehr, J. Huisman (2015). "The Global E-Waste Monitor 2014: Quantities, flows and resources," United Nations University, Institute for the Advanced Study of Sustainability, Bonn, Germany.

존재하는 사물"로 정의한다.[6] 모튼의 용어는 그가 '초과물'을 "관련된 존재들에 붙어 있다"는 의미로 점성을 지녔다고 파악하는 점에서 특히 적절하다.[7] 버려진 e폐기물은 그 복구 가능성을 다루는 장소와 사람들을 찾아 이동할 때 그것을 운반하는 것이 무엇이든 거기에 붙어 있다.

e폐기물이 지닌 점성을 극단적으로 드러낸 한 사례는 키안시(Khian Sea) 선박 사건이다. 키안시 호는 뉴저지 매립장에서 소각한 재를 더 이상 필라델피아 소각장에 버릴 수 없게 되자, 납, 수은, 비소, 다이옥신 같은 위험 물질 다량을 포함한 소각 폐기물 1만 4,000톤을 기꺼이 받아들일 장소를 찾고자 했다. 그 후 바하마, 도미니카 공화국, 온두라스, 파나마 등에 위치한 국제적 [폐기물 처리] 장소에서 시도했으나 성공하지 못했다. 심지어 폐기물을 필라델피아로 돌려보내려 했지만 폐기물이 지닌 독성 때문에 거부당했다. 마침내 1988년 1월, 키안시 호는 폐기물을 '표토 비료'라고 속여 4,000톤을 아이티에 버릴 수 있는 승인을 받아냈다. 이후 이 선박은 아프리카와 아시아와 같은 더 먼 곳에 남은 폐기물을 버리고자 시도했고, 은밀히 두 차례나 선박명을 변경한 후 1988년 11월 싱가포르 근처 공해상 어딘가에 불법적으로 폐기물 잔량을 버렸다.[8] 키안시 호가 폐기장을 찾기 위해 전 세계를 떠돈 이 사건은, 화학 폐기물 순환 주기가 지닌 정치와 점성을 드러낸다. 우리는 제품을 소비하는 동안에는 만족하지만, 제품이 쓰레기가 되는 순간 이는 우리가 다른 이에게 넘기기를 바라는 바람직하지 않은 것이 된다. 그리고 폐기물 생산자들이 자신들의 폐기물을 받아들일 만하다고 간주하는 이들을 대하는 인식은 식민주의적 경향을 드러낸다. 이 사건은 유해 폐기물의 국가 간 이동을 줄이고 '독성 물질 식민주의'로부터 저개발 국가들을 보호하는 중요한 국제 협약인 1992년 바젤 협약을 이끌어낸 촉매 중 하나로 여겨진다.[9]

반면, 서구에서 '메이커(maker)'와 '해커(hacker)' 문화의 확산은 현대 전자 기기의 복잡한 순환 주기와 e폐기물의 이용 가능성 증대에 대한 문화적 응답이었다. 주변에 늘어난 전자 기기와 그 부품을 이용해 기업으로부터 제조 과정을 되찾고자 하는 개인적 욕망을 지닌 사람들이 제작, 수리, 재생 이용에 다시 참여하고 있다. 노동과 창업가 정신에서 나타난 이런 전환은 창작 센터들에서 더 많은 메이커스페이스(maker-space)와 기술 지향적 사업을 선보이는 계기가 됐다. 이런 하위문화와 그 상향식 조직은 전과 다른 기술 참여를 추구한다. 그러나 동시에 제조사들은 제품의 시한부 주기와 계획된 진부화(planned obsolescence)를 통해 통제권을 유지하고자 하며, 때문에 소비자는 기계를 수리하거나 유지할 수 있는 자원을 거의 갖지 못하게 된다. 대부분의 경우 고장 나거나 업그레이드가 필요한 LCD 모니터 같은 기술 제품은 버리는 편이 수리해서 계속 사용하는 것보다 더 쉽고 저렴하다. 해커들이 보여준 사용자 직접 제작 미학과 결합된 독창성은 해커스페이스(hackerspace), 제작 실험실(fab labs)을 비롯한 다른 메이커스페이스를 위한 촉매로 작용해왔다. 기계를 수리하고 다시 쓰며 해킹하고 다시 만들려는 욕망이 커지면서 이에 응답한 혁신적 프로그램들이 등장하고 있는 반면에, 이런 새로운 우선순위에 응답해 나올 만한 지형과 건물 유형은 거의 고려되지 못했다. 조경가 앨런 버거(Alan Berger)는 저서 『잉여

6
Timothy Morton (2013). *Hyperobjects: Philosophy and Ecology after the End of the World*, Minneapolis: University of Minnesota Press, p. 2.

7
Ibid., p. 1.

8
Hope Reeves (2001). "The Way We Live Now: 2-18-01: Map; A Trail of Refuse," *The New York Times Maga-zine*, February 18, 2001, http://www.nytimes.com/2001/02/18/magazine/the-way-we-live-now-2-18-01-map-a-trail-of-refuse.html. (2017년 7월 2일 접속)

9
'독성 물질 식민주의'라는 용어는 1992년 그린피스의 짐 푸켓(Jim Puckett)이 처음 소개한 것으로 여겨지며, 서구에서 생산한 독성 산업 폐기물을 착취하는 방식으로 개발도상국 영토에 버리는 관행을 가리킨다.

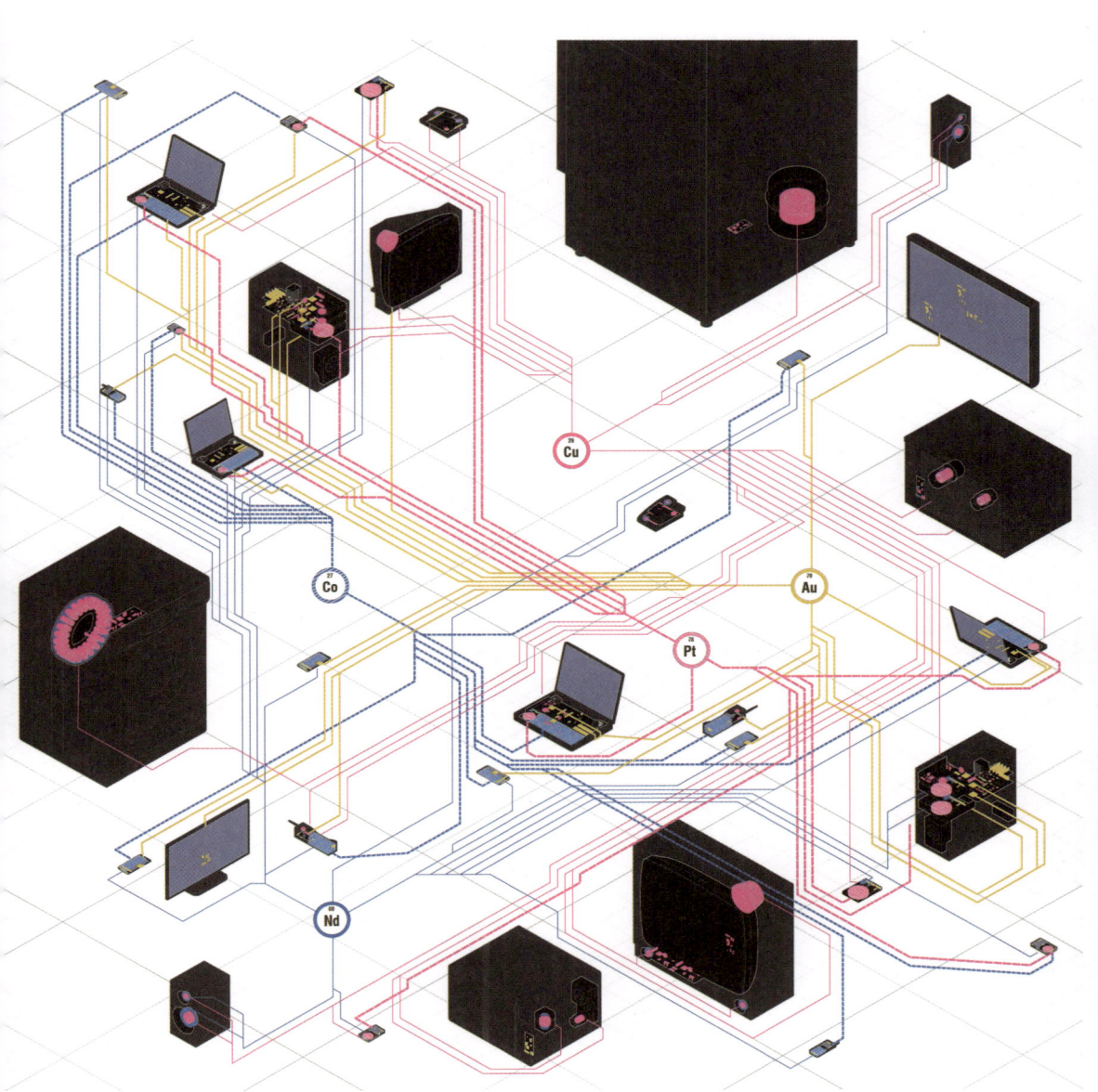

전기전자기기 폐기물의 바다.

독성 물질 식민주의.

경관(Drosscape)』(2007)에서 "도시화 지역에서 필연적으로 버려진 지형들"을 도시를 위해 재생할 수 있는 영토로 보았다.[10] 버거의 개념은 이 글에서도 적용할 만하다. 경제와 생산 관행이 전환됨에 따라 탈산업화 지형들은 매우 중요한 새로운 부지로 부상했다. 그러나 버거가 말한 '버려진 땅'은 충분히 활용되지 않은 공간, 즉 탈산업화나 스프롤 현상의 희생양으로 이해되는 경우가 많다. e폐기물의 맥락에서 지형은 있는 그대로 폐기물 관리의 지형 혹은 분해의 지형으로 이해해야 한다.[11] 핵심 질문은 어떻게 이런 지형들을 우리 도시와 포스트-도시의 이미지들로 통합할 수 있는지와 21세기에 어떤 유형의 새로운 건물과 지형이 부상할지를 묻는 것이다. 21세기에 도시의 탈산업화, 즉 조경가들 사이에서 새로운 지도력을 이끌어낸 도전에 응답하고자 한다면, 우리는 늘어난 폐기물을 관리하는 문제와 그것이 야기한 생태적이고 사회적인 결과에 대한 답을 찾아야 한다. 그리고 특히 e폐기물이라는 초과물의 폭증에 응답해야 한다. 그렇다면 이에 응답할 사람은 누구인가? 건축이 지닌 가능성은 지난 세기가 양산한 공장을 재개념화하는 것으로 볼 수 있다. e폐기물의 경우, 이런 건축은 분해의 공장을 제안할 수 있다. 과거에 만들기(제조)의 성전이 조립에 관한 것이었다면, 오늘날의 공장은 분해, 다시 쓰기 그리고 역 연금술(reverse alchemy)에 특권을 부여한다.

세 가지 기술적 공유 영역

공유 영역 I: 전기전자기기 폐기물(Waste Electrical and Electronic Equipment: WEEE)의 바다

전자 재료를 추출한 후 상품을 제조하고 궁극적으로 폐기하는 과정이 그리는 지형도는 파편화된 지구를 보여준다. e폐기물이 늘어나자 국가들이 이루는 군도가 전면에 드러난다. 추출, 제조, 소비, 폐기물 관리에서 두각을 나타내는 선두 주자들은, 지구화에 고착된 경제적·사회적 격차를 강화한다. 전자 기기 수명 주기의 각 단계에서 국가들은 주요 기여자로 부상한다. 바젤 협약이 통과되었음에도 e폐기물을 적절히 분해하고 폐기할 제대로 된 기반 체계를 보유한 국가가 드문 이유 중 하나는, 아직 재생 이용하는 비용이 추출 자원의 가치보다 높기 때문이다.

이는 전 세계적으로 전자제품 소비자인 부유한 국가에서 e폐기물 수용자인 가난한 국가로 계속 폐기물의 이동 및 교역이 발생하는 결과를 낳는다. 가난한 국가들은 경제 활동이 비공식적으로 발생할 여지가 많고 환경 관리에 대한 규제가 덜하며 인건비가 낮아 분해에 대한 투자 회수가 가능하기 때문이다.[12]

공유 영역 II: 독성 물질 식민주의

e폐기물과 관련된 전 지구적 군도에 속한 영토들은 e폐기물 관리의 중심지(node)들을 만들어내는데, 이런 곳들은 많은 경우 비공식적이고 규제를 받지 않기에 위험하고 유해한 환경을 양산한다. 분해의 주요 중심지들은 중국의 구이위, 가나 아크라 근처의 아그보그보로시, 파키스탄 카라치의 셰르샤에 자리하며, e폐기물을 가장 많이 수용하고 복구한다. 이런 비공식 중심지들에는 태우기, 녹이기, 부수기, 깨뜨리기 등의 행위를 위한 장소들이 존재한다. 재료를 분해하고 분리하는 데 필수적인 이 행위들을 통해 독성을 지닌 물, 토양, 공기가 이런 장소들 밖으로 퍼져나가는 화학적 생태계가 만들어진다. e폐기물 전문가들의

10
Alan Berger (2006). *Drosscape: Wasting Land in Urban America*, New York: Princeton Architectural Press, p. 12.
11
Pierre Belanger (2007). "Landscapes of Disassembly," *Topos*, 2007, pp. 83–91.

12
거의 모든 e폐기물을 재생 이용할 수 있음에도 국제연합에 따르면 2014년 전세계 산출된 e폐기물 중 정부기관과 인증된 회사에 의해 재생 이용된 비율은 16퍼센트에 불과하다. (C.P. Baldé, F. Wang, R. Kuehr, J. Huisman (2015). "The Global E-Waste Monitor 2014: Quantities, flows and resources," United Nations University, Institute for the Advanced Study of Sustainability, Bonn, Germany.)

노동력이 그 분해와 화학적 공정에서 중요한 역할을 한다.

      이런 위태로운 노동 인구뿐 아니라 그 지역 거주자들도 상당한 건강상의 위험에 노출돼 있으며, 때문에 식민주의의 현대적 형식이 유독성으로부터 나타난다. 이런 관리 장소들은 재료를 만들어내는 과정에서 독성 폐기물, 폐품 회수 혹은 매립지라는 세 가지 초기 결과들을 생산한다.

공유 영역 III: 제품에서 재료로

e폐기물이라는 산물은 우리의 동시대 사회문화와 일 문화에 완전히 얽혀있는 장비와 제품들이다. 이런 제품들은 자주 폐기와 업그레이드를 반복해야 하는 방식으로 변화하고 발전한다. 이 새로움에 대한 의존도를 높이는 요인에는 두 가지가 있다. 첫 번째는 계획된 진부화라는 문제고, 두 번째 요인은 수리가 어렵다는 것이다. 과거 제품들은 무어의 법칙(Moore's Law)에 따라 개발됐으나, 오히려 이용자는 제품을 물리적으로 수리하고 갱신해야 하기에 더 불편해진다. 그리고 이런 제조 주기는 오래된 제품을 수리하기보다 신제품을 다시 구입하는 게 더 저렴하도록 만들었다. 노트북 컴퓨터에서 휴대전화에 이르는 제품들이 물리적으로 통합된 부품들을 포함해 더 소형화되면서, 수리는 복잡해지고 부품을 교체하는 데 더 많은 비용이 든다. 그러나 유한한 원료의 귀중함과 가치를 고려하면, 복구는 반드시 필요할 뿐 아니라 충분히 가치 있는 일이다.

비공유 영역: 모음과 집합

바젤 협약은 연관된 모든 당사자 및 국가 들의 분명한 사전 동의 없이 독성 폐기물 운송을 금한다. 또한 이 협약을 통해 독성 폐기물 관리에 관해 정부와 지역을 교육하는 훈련과 기술 이전을 위한 지역센터 및 협력센터(Basel Convention Regional Centres, BCRCs)가 만들어졌다. 이 센터들은 폐기물의 보고·감독·관리에 대한 훈련과 교육을 제공하며 개발도상국과 시장경제 전환국이 협약을 이행할 수 있도록 지원한다. 그러나 e폐기물의 지형과 공간이 이루는 전 지구적 연결망에서 부족한 것은 경제 선진국(인 동시에 e폐기물의 최대 생산자)에 자리한 센터로, 이런 곳을 통해 e폐기물이 다른 국가들로 운송되기 전에 그 근원지에서 관리할 수 있어야 한다. 지난 40년 동안 환경 인식이 높아지면서 생태 관광에서 유기농 식품, 지역 음식 문화 홍보, 새로운 시공법 등에 이르는 전에 없던 다양한 유형의 프로그램과 경제 활동이 등장했다. 해커 문화와 사용자가 직접 만드는 문화가 성장하며 형성된 e폐기물 문제에 관한 지각과 생산 기술에 한층 더 참여하려는 욕망을 보면, 우리는 새로운 건물 유형과 우리의 전 지구적 e폐기물 경제에서 부상할 새로운 공유 형식을 기대할 수 있다.

      「분해의 나라」는 떠오르는 e폐기물 공유 영역을 염두에 둔 일련의 건물 및 지형 유형의 가능성을 살펴보며, 다시 쓰기, 수리, 교육, 오락에서 나타난 경향을 활용한다. [이 작업에서] 제안한 유형들은 도심 내부와 도시 근교의 경계 그리고 도시 배후지에 자리한다. 일곱 개의 유형들을 통해 우리가 e폐기물 흐름을 디자인한다면 발전될 수 있는 새로운 형식의 공유 영역과 프로그램을 연결하는 새로운 방식을 시험한다. 이런 e폐기물 공유 영역은 지구상에서 우리의 집단적 발자국을 더 명료하고 구체적으로 나타내려는 욕망으로 지탱되며, 여기서 새로운 행동이 촉발될 수 있다.

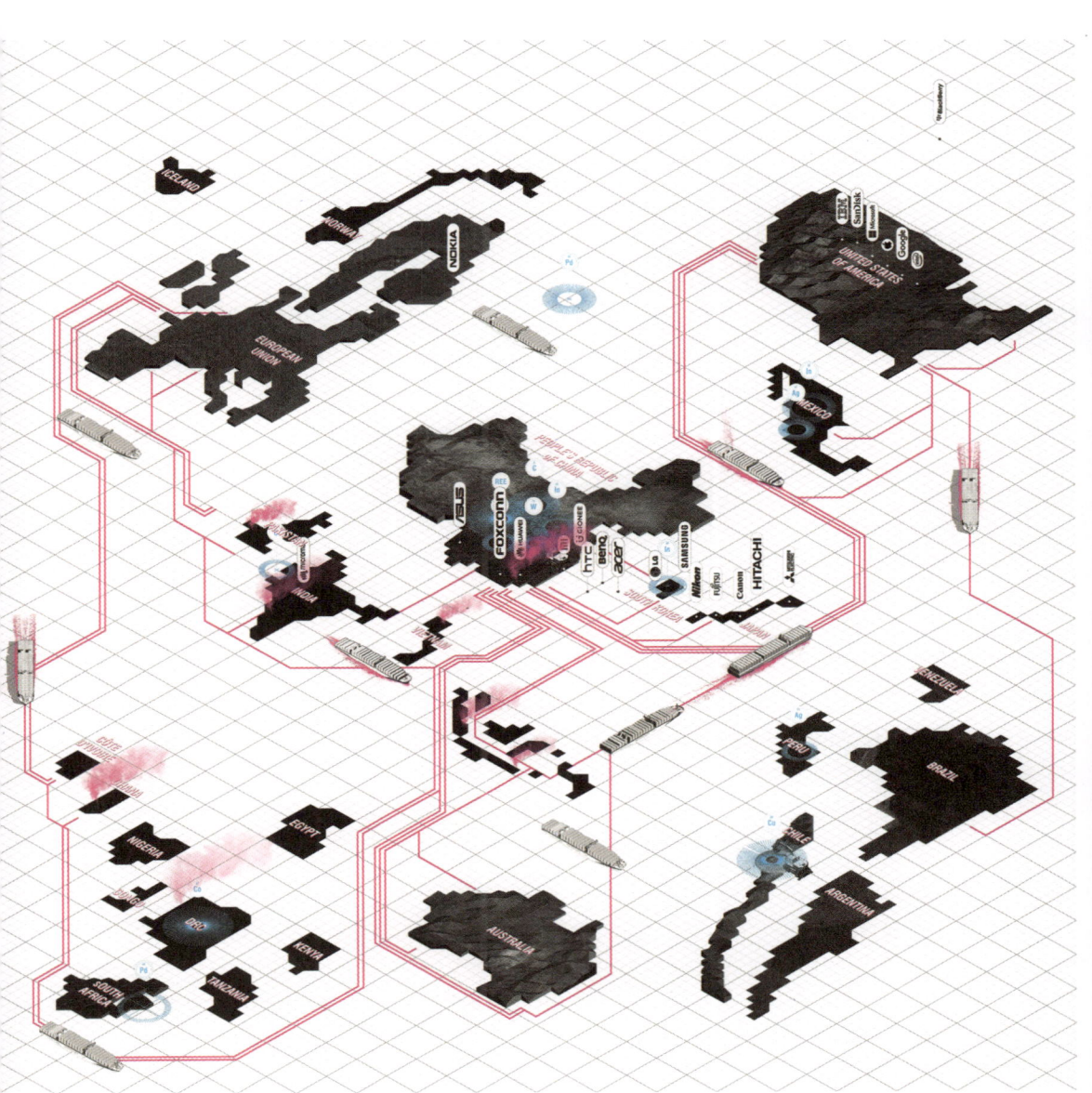

제품에서 재료로.

지은이, 엮은이, 옮긴이

알레한드로 자에라폴로(ALEJANDRO ZAERA-POLO)는 성공한 현대 건축가로서, 건축과 도시설계, 조경 건축을 능란하게 통합하고 건축 실무를 이론적 실천과 일관되게 결합하는 작업을 해왔다. 마드리드 건축학교를 우등(Honor) 졸업하고, 미국 하버드 대학교 디자인대학원의 건축 석사과정(MARCH II)에 진학해 우등(Distinction)으로 졸업했다. 1991년부터 1993년까지는 로테르담의 OMA에서 근무하고 1993년에 포린 오피스 아키텍츠(Foreign Office Architects)를, 2011년에는 AZPML을 설립했다. 2000부터 2005년까지 로테르담의 베를라헤 인스티튜트(Berlage Institute)에서 학장을 지내며 델프트 공과대학교의 베를라헤 석좌교수로 있었고, 2012년에서 2014년까지 프린스턴 대학교 건축학부의 학장을 지냈다. 노먼 포스터 석좌교수 초빙 프로그램의 첫 수여자로서 2010년과 2011년 사이에 예일대학교 건축학부에서 강의했으며, 컬럼비아 대학교 건축대학원(GSAPP)과 로스앤젤레스 캘리포니아 주립대학교 건축학부에서 객원비평가로 활동했다. 1993년부터 1999년까지는 런던 건축협회(AA) 건축학교의 학위과정을 총괄했고, 현재는 프린스턴 대학교 건축학부의 종신교수로 있다.

제프리 S. 앤더슨(JEFFREY S. ANDERSON)은 건축 디자이너 겸 연구자다. 알레한드로 자에라폴로, 딜러 스코피디오+렌프로, 히메네스 라이, 제프리 키프니스, 시저 펠리를 비롯한 유명 건축가와 이론가, 디자이너 들과 협업해왔으며, 그의 작업은 프린스턴 대학교(2016), 광주 아시아문화전당(2015), 베니스 건축 비엔날레(2014, 2012), 남캘리포니아 건축학교(SCI-Arc, 2014), 오하이오 주립대학교(2013)에서 전시됐다. 프린스턴 대학교에서 건축석사 II 학위를, 오하이오 주립대학교 놀튼 건축대학원에서 건축과학학사 학위를 받았으며, 최근에는 디자인 논문으로 프린스턴 대학교의 수잔 콜라릭 언더우드 상(2016)을 받았다.

리암 영(LIAM YOUNG)은 디자인과 허구와 미래 사이의 공간에서 작업하는 호주 태생 건축가이며, 환상적이고 사변적이며 상상적인 도시론의 가능성을 탐구하는 두뇌 집단 '오늘날의 미래 사유(Tomorrows Thoughts Today)'의 창립자다. 현재의 현실로부터 디자인의 허구를 구축하는 그는 유목민적 연구 스튜디오인 언노운 필즈 디비전(Unknown Fields Division)의 공동 운영자이기도 하다. 이 스튜디오는 새로운 동향을 기록하고 가능한 미래의 미약한 신호들을 발굴하기 위해 땅끝까지 야외 촬영 겸 탐험 여행을 떠난다.

토마스 사라세노(TOMÁS SARACENO)는 예술과 건축과 과학을 융합하는 조각 및 설치 작업으로 유명하다. 우리의 생활 환경과 그것의 개념 설계 및 사변적 미래에 관한 작업을 하는 그는 실험적이고 매력적이며 강력한 작업들을 통해 우리의 세계 인식을 재편할 대안적인 예술 상상계를 추구한다. 콜더상 수상자이며, 2009년 여름 미국 항공 우주국(NASA)의 국제 우주 연구 프로그램 입주 작가였다.

마이데르 야구노무니차(MAIDER LLAGUNO-MUNITXA)는 컬럼비아 대학교 건축대학원의 겸임 조교수이며, 2011년에 런던과 뉴욕에 거점을 둔 AZPML 건축사무소를 공동 설립했다. 2016년에 취리히 연방공과대학교에서 박사 학위 과정을 마친 그녀는 당시 박사학위 주제로서 건축의 상호작용, 도시 미세기후와 그 흐름 및 이동의 동역학에 관한 연구에 중점을 뒀다. 박사 과정을 시작하기 전 2006년에 산세바스티안 건축학교(ETSASS)/바르셀로나 건축학교(ETSAB)를 우등으로 졸업하고 2010년에 컬럼비아 대학교 건축대학원 디자인 전공 최우수자로 졸업했다. 현재는 프린스턴 대학교 토목환경공학부 소속 과학 연구자다.

비아이나 보고시안(BIAYNA BOGOSIAN)은 도시와 환경의 데이터 패턴 간 관계를 조명하는 지각적·인지적 쌍방향 소통 디자인을 연구하는 건축가 겸 쌍방향 미디어 디자이너다. 남캘리포니아 대학교 영화예술학부에서 미디어 아트 앤 프랙티스(Media Arts & Practice) 박사 과정을 밟고 있으며, 컬럼비아 대학교에서 고급건축연구 과학석사 학위를, 우드버리

대학교에서 건축학사 학위를 받았다.

MAP 오피스(MAP OFFICE)는 로랑 귀시에르(Laurent Gutierrez: 1966, 모로코 카사블랑카)와 발레리 포르트페(Valérie Portefaix: 1969, 프랑스 생테티엔)가 고안한 다학제적 플랫폼이다. 이 예술가 듀오는 1996년부터 홍콩에 거점을 두고 다양한 표현 수단으로 물리적·상상적 영역을 다루며 작업해왔다.

카를로 라티(CARLO RATTI)는 건축과 엔지니어링을 전공했고, 이탈리아에서 실무를 하는 동시에 매사추세츠 공과대학에서 강의를 하며 감응화 도시 연구소(MIT Senseable City Lab) 소장을 겸하고 있다. 토리노 공과대학교와 차리 국립토목학교를 졸업했으며, 추후 영국 케임브리지 대학교에서 철학석사와 철학박사 학위를 취득했다.

RAAD 스튜디오(RAAD STUDIO)는 수상 경력이 있는 맨해튼 기반의 디자인 사무소로서, 지금껏 100개가 넘는 프로젝트를 완공시켰다. 디자이너 제임스 램지(James Ramsey)가 2004년에 설립한 이 사무소의 특기는 디자인의 무한한 잠재력을 드러내면서도 기능에 관한 혁신적 사고를 일상 생활의 전통에 대한 깊은 존중과 결합하는 방식으로 물성과 형태와 규모를 탐구하는 것이다. 시공자들과의 긴밀하고 지속적인 협력을 통해 얻은 전문성으로 구축의 과정을 강조하는 오브제와 공간을 전문으로 한다.

니콜라스 히르슈 / 미헬 뮐러(NIKOLAUS HIRSCH / MICHEL MÜLLER)는 프랑크푸르트에 거점을 둔 건축 사무소다. 이들의 시설 모형 작업은 보켄하이머 디포(Bockenheimer Depot) 극장(윌리엄 포사이드와 협업)과 베를린의 우니테나치온스플라츠(Unitednationsplaza, 안톤 비도클과 협업), 델리의 사이버모할라 허브(Cybermohalla Hub)로, 또한 아트 바젤(2015)과 오르후스 미술관(2017)에 설치된 「우리는 같은 하늘 아래에서 꿈꾸고 있는가」와 같은 프로젝트로 실현됐다. 전시 디자인으로는 예술과 매체기술 센터(ZKM)에서 브루노 라투르와 페터 바이벨이 기획한 『사물의 공공화(Making Things Public)』(2005), 『인디안 하이웨이(Indian Highway)』(서펜타인 갤러리, 2008) 등이 있다. 『이-플럭스 건축(e-flux architecture)』의 창립자이자 편집자인 니콜라스 히르슈는 2010년부터 2013년까지 프랑크푸르트 슈테델슐레(미술학교)와 포르티쿠스(미술관)의 교장 겸 관장이었다. 미헬 뮐러는 독일 쾰른 과학대학교의 교수다.

스토스(STOSS)는 도시와 사회 공간을 만들고 개조하는 과정에서 조경이 생산적 역할을 한다고 믿는 최첨단 디자인 사무소다.

디르크 헤벨(DIRK E. HEBEL)은 싱가포르 미래도시연구소(FCL)의 조교수이며, 그 전에는 아디스 아바바에 있는 에티오피아 건축건설도시개발 연구소의 창립 과학이사였다. 2002년부터 2009년까지는 취리히 연방공과대학교 건축학부 교수로서 1학년 건축설계 프로그램 코디네이터를, 또한 마르크 안젤릴 박사(Dr. Marc Angélil)와 함께 도시설계 전공 고급연구 석사 프로그램 디렉터를 맡았다.

필리프 블록(PHILIPPE BLOCK)은 취리히 연방공과대학교 건축학부 기술연구소의 부교수로서, 톰 판 밀레 박사(Dr. Tom Van Mele)와 함께 블록 연구 그룹(Block Research Group)을 공동 지도한다. 스위스 국립연구역량센터(NCCR)의 디지털 제작 부문 디렉터이며, 오크샌도프 디종 앤 블록(Ochsendorf DeJong & Block)(ODB 엔지니어링)의 창립 파트너다.

데이비드 벤자민(DAVID BENJAMIN)은 더 리빙(The Living)의 창립 대표이자 컬럼비아 건축대학원(GSAPP)의 조교수이며, 뉴 뮤지엄의 뉴잉크(NEW INC)에 있는 컬럼비아 건축대학원 창업지원센터(GSAPP Incubator)의 디렉터다. 벤자민의 작업은 연구와 실천을 결합하며, 원형 제작을 통해 새로운 아이디어를 탐구한다. 생물학과 전산과 디자인의 교차점에 집중하면서, 건축에 살아 있는 유기체를 활용하기 위해 바이오프로세싱, 바이오센싱, 바이오매뉴팩처링이라는 세 가지 체계를 유기적으로 접목해왔다.

더 리빙(THE LIVING)은 뉴욕 건축연맹(Architectural League)의 이머징 보이스 상(Emerging Voices Award), 미국건축가협회 뉴욕지부의 뉴 프랙티스 상(New Practices Award), 뉴욕 현대미술관과 모마 PS1(MoMA PS1)의 젊은 건축가 프로그램 상, 그리고 홀심 지속가능성 상(Holcim Sustainability Award)을 비롯한 많은 디자인 상을 받았다. 최근 프로젝트로는 프린스턴 건축 연구소(차세대 설계·시공 기술 연구를 위한 신축 건물), 35번 부두 생태공원(이스트강에서 수질에 따라 색이 변하는 200피트 길이의 부잔교), 하이파이(Hy-Fi, 뉴욕 현대미술관과 모마 PS1을 위해 새로운 유형의 생물분해성 벽돌로 만든 지부 타워) 등이 있다.

마크 와시우타(MARK WASIUTA)는 컬럼비아 건축대학원의 겸임조교수이자 건축 비평/전시기획/개념실천 프로그램의 공동 디렉터다.

파진 파진(FARZIN FARZIN, 파진 롯피잼[FARZIN LOTFI-JAM])은 오브제와 대지와 시스템이 문화적 가치를 획득하는 수단을 탐구하고, 건축 형태에서 가치를 재현하는 법을 연구한다. 파진 파진은 2008년에 파진 롯피잼이 설립했는데, 롯피잼은 현재 컬럼비아 대학교의 건축 겸임교수이며 컬럼비아 대학교와 호주 로열 멜버른 공과대학교에서 석·박사 학위를 받았다. 슈투트가르트 슐로스 솔리튜드 아카데미의 2015-7 펠로우이자, 미시간 대학교의 2013-4 샌더스 펠로였다.

퓨처 시티즈 랩(FUTURE CITIES LAB)은 캘리포니아 샌프란시스코에서 세계적으로 활동하는 디자인 스튜디오이자 워크숍이요 도시설계 두뇌집단이다. 2005년 이후로 창립자 제이슨 켈리 존슨(Jason Kelly Johnson)과 나탈리 가테뇨(Nataly Gattegno)는 다양한 최첨단 프로젝트에서 협력해오면서, 공적 공간과 공연, 첨단 제작 기술, 로봇학, 반응형 건설 시스템을 탐구해왔다.

안드레스 하케(ANDRÉS JAQUE)는 오피스 포 폴리티컬 이노베이션(Office for Political Innovation)의 창립자이며, 컬럼비아 대학교 건축대학원(GSAPP)의 고급설계 교수이자 프린스턴 대학교 건축학부의 방문교수다. 1998년에 함부르크의 알프레드 톱퍼 재단에서 선정한 테세노프 학자이자 수많은 국제 대학교의 방문 교수였으며, 취리히 연방공과대학교와 매사추세츠 공과대학교, 밀라노 공과대학교, 파리 국제도시센터(Centre International pour la Ville de Paris), 브뤼셀 건축조경센터, 부에노스아이레스 중앙연구회(Sociedad Central), 베를라헤 인스티튜트(로테르담), 또는 콜롬비아 국립박물관(보고타)를 비롯한 세계 각지에서 널리 강의해왔다.

베아트리츠 콜로미나(BEATRIZ COLOMINA)는 국제적으로 저명한 건축 역사가이자 이론가로, 건축과 미디어의 문제에 관해 폭넓게 저술해왔다. 1988년부터 프린스턴 대학교 건축학부에서 가르쳐왔고, 현재는 같은 대학교의 미디어와 모더니티(Media and Modernity) 프로그램 창립 디렉터다. 이 프로그램은 20세기에 두각을 나타낸 문화 형식들의 학제간 연구를 진흥하며 문화와 기술의 상호작용을 탐구하는 대학원 프로그램이다.

다크 매터 랩스(DARK MATTER LABS)는 복잡계 과학을 도시·지역 재정비에 적용함으로써, 국경과 경계, 조직 따위를 넘나드는 파급 효과처럼 일반적으로 우리 시대의 위협으로 인식되는 것들을 21세기 사회가 맞닥뜨리는 부도덕한 도전을 해결할 자원으로 전환하고자 한다. 21세기를 위한 차세대 제도 기반의 씨앗을 심기 위해, 현장 과학 실험실에서 전형적으로 쓰는 실험 기법을 활용해 현실 세계의 연구와 원형 제작을 시도하고 있다.

인디 조하(INDY JOHAR)는 건축가이며 00(project00.CC)의 공동 창립자요, 셰필드 대학교의 영 파운데이션(Young Foundation) 수석 혁신 동인이자 방문교수다. 인디는 00의 대표로서 임팩트 허브(Impact Hub) 웨스트민스터부터 임팩트 허브 버밍엄, 허브런치패드 액셀러레이터(HubLaunchpad Accelerator)에 이르는 다양한 사회적 벤처기업을 공동 설립했을 뿐 아니라, 전 세계 다국적 대기업 및 기관과 협업하며 그들이 긍정적인 시스템 경제로 이행할 수 있게 지원하고 있다. 영국 왕립예술협회(RSA) 펠로우, 레스푸블리카(Respublica) 펠로우, 조셉 로운트리 재단(JRF) 빈곤퇴치 전략 프로그램 자문단 위원, 런던 시장 중소기업 실무단 위원이며, 최근에는 영국 왕립예술협회 포용적 성장 위원회의 위원도 겸하고 있다.

제시 레커발리에(JESSE LECAVALIER)는 수상 경력이 있는 디자이너이자 작가요 교육자로서, 현대 물류의 건축적·도시적 영향을 탐구하는 작업을 한다. 『물류의 규칙: 월마트와 조달의 건축(The Rule of Logistics: Walmart and the Architecture of Fulfillment)』(University of Minnesota Press)의 저자이며, 뉴저지 공과대학교 건축학부의 조교수로서 '특별 주제'와 '통합 스튜디오' 과정을 편성하고 있다.

필립 로드(PHILIPP RODE)는 런던 정치경제대학 도시연구소(LSE Cities)의 상임이사이자 같은 대학의 부교수 연구원으로 활동하고 있다. 같은 대학의 고위관리자 도시과학석사 프로그램 공동 디렉터인 그는 '도시 만들기: 도시 형태의 정치'에 관한 런던 정경대 사회학 과정을 공동 주관하고 있으며, 런던 정경대 사회학부에서 도시 협치와 통합된 정책 입안에 초점을 맞춰 박사학위를 받았다. 연구자이자 자문가요 조언가로서, 2003년부터 런던 정경대에서 도시 협치와 교통, 도시계획, 도시 설계로 구성된 학제간 프로젝트를 지도해오는 중이다.

라훌 메로트라(RAHUL MEHROTRA)는 건축가이자 도시 연구자요 교육자이며, 라훌 메로트라 아키텍츠(RMA)의 창립 대표로서 하버드 대학교 디자인 대학원의 도시계획·설계 학과장 겸 교수로서 도시 설계와 계획을 가르치고 있다. 아메다바드 건축학교에서 수학한 그는 하버드 디자인 대학원에서 우수한 성적으로 도시설계 석사 학위(1987)를 취득했다. 건축물의 설계보다는 뭄바이의 시민적·도시적 사안들에 적극 관여하며 역사적 보존과 환경적 현안을 위한 위원회에서 활동해왔다. 1994년부터 2004년까지 도시설계 연구소(Urban Design Research Institute)의 상임이사였고, 현재는 같은 연구소의 평의원이다. 2003년부터 2007년까지 미시건 대학교에서, 2007년부터 2010년까지 메사추세츠 공과대학교의 건축·도시계획 대학원에서 가르쳤다.

매터 디자인(MATTER DESIGN)은 2008년에 브랜든 클리퍼드(Brandon Clifford)와 웨스 맥기(Wes McGee)가 설립한 학제간 디자인 사무소다. 이들은 디자인과 제작의 호혜성을 지속적으로 탐문하는 실천에 초점을 두고 있으며, 효율적인 생산 수단과 방법을 결합한 디자인에 대한 공통된 관심은 전형적인 학문적 규모 개념을 깨뜨리는 광범위한 공동 실험 프로젝트로 이어져왔다.

마리아나 이바녜스(MARIANA IBANEZ)는 아르헨티나 건축가이며, 하버드 대학교에서 11년간 가르친 후 메사추세츠 공과대학교 건축·도시계획 대학원의 신임 종신교수가 됐다. 2017년에는 컬럼비아 대학교 건축대학원의 겸임 부교수이기도 하다.

사이먼 킴(SIMON KIM)은 미국건축가협회 소속 등록 건축사이며, 펜실베이니아 대학교 디자인학부의 부교수이자 몰입형 운동학 연구단(Immersive Kinematics Research Group)의 단장이다. 이바녜스 킴(Ibañez Kim)의 대표로서, 뉴미디어를 활용한 적극적이고 정서적인 행위를 건축과 도시계획에 통합하는 데 관심이 있다. 특히 우리의 주택과 도시를 위한 의미 있고 감각적인 기술로 건축과 디자인에 주체성을 불어넣으려 노력하고 있다.

후숨 & 린홀름 건축사무소(HUSUM & LINDHOLM ARCHITECTS)는 시네 린홀름과 마스울리크 후숨이 설립했다. 공유 문화의 이데올로기에서부터 개념을 발전시켜 오픈 소스 디자인 개념을 다루는 후숨과 린홀름은 모두가 부담 없이 접근하고 사용하며 이해할 수 있는 건축을 만들고 싶어한다.

시네 린홀름(SINE LINDHOLM)은 덴마크건축가협회 소속 건축가(Architect MAA)다. 2014년에 오르후스 건축학교에서 건축석사 학위를 받고, 건축뿐 아니라 심리학도 공부했는데, 이런 배경은 그의 프로젝트에서 두 분야를 건축에 대한 현상학적 접근과 통합하는 형태로 나타나고 있다. 2015년에 연구비를 지원받아 버뮤다의 건축과 독특한 빗물 수확 체계를 연구했으며, 2016년에 건축가 마스울리크 후숨과 함께 후숨 & 린홀름 건축사무소를 설립했다.

마스울리크 후숨(MADS-ULRIK HUSUM)은 덴마크건축가협회 소속 건축가(Architect MAA)다. 오르후스 건축학교에서 건축석사 학위를 받은 그는 이후 가구제작자로서 수련하며 디자인 시공에 관한 기술과 지식을 연마했다. 손수 만드는 기법으로 작업하는 그는 디자인 미학의 일부로서 통합되는 구조와 조립체를 탐구하고 개발하기를 좋아한다. 2016년에 건축가 시네 린홀름과 함께 후숨 & 린홀름 건축사무소를 설립했다.

커먼 어카운츠(COMMON ACCOUNTS)는 이고르 브라가도(Igor

Bragado)와 마일스 거틀러(Miles Gertler)는 2015년 프린스턴 대학교에서 커먼 어카운츠를 설립했다. 탁월한 데이터 요금제로 무장한 이 사무소는 위성과 서버, 섬유 케이블을 활용해 작업한다.

이지회(JIHOI LEE)는 한국 국립현대미술관의 건축 큐레이터다. 광주 국립아시아문화전당에서 열린 『새로운 유라시아 프로젝트(Imagining New Eurasia Project)』의 큐레이터였고, 2014년 베니스 비엔날레에서 황금사자상을 수상한 한국관 전시 『한반도 오감도』의 부큐레이터 겸 매니징 디렉터였으며, 서울 삼성미술관 플라토에서 열린 『매스스터디스 건축하기 전/후』의 부큐레이터였다. 컬럼비아 대학교 건축대학원을 졸업했다.

사라 미네코 이치오카(SARAH MINEKO ICHIOKA)는 숙련된 리더이자 영향력 있는 혁신가이며, 세계에서 가장 존경 받는 문화・정책・연구 기관 중 몇몇과 함께 세간의 이목을 끄는 관리와 전시 기획, 편집 작업을 하는 등 다양한 작업을 해왔다. 그녀의 작업을 통합하는 요인은 도시와 그 잠재력을 향한 열정이다. 2008년부터 2014년까지 영국 일류의 독립 건축・도시계획 센터인 건축재단(The Architecture Foundation)의 디렉터였다.

래터럴 오피스(LATERAL OFFICE)는 2003년에 메이슨 화이트(Mason White)와 롤라 셰퍼드(Lola Sheppard)가 설립했으며, 건축과 조경과 도시계획이 교차하는 작업을 하는 실험적 디자인 사무소다. 이 스튜디오는 "건축 환경에서 복잡하고 긴급한 문제들을 제기하고 그에 응답하는 연구 수단으로서 디자인"에 헌신하면서 "프로젝트의 더 폭넓은 (사회적・생태적・정치적) 맥락과 풍토에 관여"하는 실천 과정을 스스로 표방한다. 래터럴 오피스는 21세기의 요구에 직접 응답하는 건축에 헌신할 뿐 아니라, 오늘날 천연덕스럽게 도전하는 건축이 가능케 할 차후의 새로운 유형들에 집중하고 있다.

옮긴이 조순익(SOONIK CHO)은 연세대학교에서 건축을 전공하고 전문 번역가로 활동해왔다. 2012년 말부터 월간지 『건축문화』 번역을 해왔으며, 2017년 계간지 『건축평단』 편집 위원이다. 『건축가를 위한 가다머』(2015), 『현대 건축 분석』(2015), 『현대성의 위기와 건축의 파노라마』(2014), 『건축의 욕망』(2011), 『건축과 내러티브』(2010), 『디자인과 건축에서의 디지털 제조』・『건축에서의 생체, 구조적 유비』, 『건축에서의 편심구조』(2010), 『색, 영감을 얻다』(2016), 『런던 빌딩 컬러링북』(2016), 『컬러 인덱스』(2016), 『마크 저커버그』(2011), 『디자인의 역사』(2015, 공역), 『플레이스/서울』(2015, 공역)을 우리말로 옮겼다. 『파사드 서울』(2017), 『시카고, 부산에 오다』(부산국제건축문화제, 2015)를 영어로, 『스쿨 블루프린트』(2016, 공역)를 우리말과 영어로 옮겼다.

옮긴이 길예경(YEKYUNG KIL)은 온타리오 미술・디자인 대학에서 실험미술을 전공한 후 한컴퓨터연구소, 상산환경조형연구소, 가나미술문화연구소, 제4회 안양공공예술프로젝트에서 일했다. 월간 『디자인』 객원 기자, 『디자인네트』 객원 편집자, 저널 『볼』 편집 위원을 거쳐 현재 프리랜스 편집자로 일하고 있다. 『애드버스터: 상업주의에 갇힌 문화를 전복하라』(2004)와 『Ideas in Contemporary Korean Art: Critical Texts Selected by Curator-Critics, 1980–2010』(근간)의 공동 번역 및 편집에 참여했다.

옮긴이 정주영(JUYOUNG JUNG)은 서울대학교에서 미술 이론과 미술 경영을 공부했다. 일우재단 연구원, 제4회 안양공공예술프로젝트 공원 도서관 초청 집필가와 아키비스트, 국립아시아문화전당 정보원 보존관리팀장을 거쳐 현재 프리랜스 번역가로 일하고 있다. 제9회 SeMA 비엔날레 미디어시티서울의 출판물 프로젝트 『그런가요 1호: 삼인조 가이드』(2016)와 『서울대학교 미술관 소장품』(2017)의 공동 필자로 참여했고, 『변형적 아방가르드: 도시, 민주주의, 예술실천』(2017)을 공동 번역했다.

도판 출처 및 저작권

27: 작가 제공: Tanya Bonakdar Gallery (뉴욕); Andersen's Contemporary (코펜하겐); Pinksummer contemporary art (제노바); Esther Schipper (베를린). © Photography by Studio TomásSaraceno, 2016

28: 라디오아마추어(Radioamateur)의 Sven Steudte와 Thomas Krahn, 스튜디오 토마스 사라세노(Studio TomásSaraceno)의 Alexander Bouchner, Cara Cotner, Manie Du Plessis, Sasha Engelmann, Adrian Krell, Paulo Menezes, Daniel Schulz, IrinSiriwattanagul, Kotrynašlapšinskaitė, Sophie Rzepecky, Christophe Vaillant, Erik Vogler, Luca Girardini, Lisa Lurati, Eleonora Pedretti, Melina Wanie에게 특별한 감사를 전합니다. © Photography by Sven Steudte, 2017

29: 작가 제공: Tanya Bonakdar Gallery (뉴욕); Andersen's Contemporary (코펜하겐); Pinksummer contemporary art (제노바); Esther Schipper (베를린). © Photography by Studio TomásSaraceno, 2015

30: 퍼블릭 랩(Public Lab)의 Nick Shapiro, 라디오아마추어(Radioamateur) 커뮤니티의 Sven Steudte, Thomas Krahn, 스튜디오 토마스 사라세노(Studio TomásSaraceno)의 Daniel Schulz, Alexander Bouchner, Adrian Krell, Cara Cotner, IrinSiriwattanagul, Kotrynašlapšinskaitė, 그리고 Lars Behrendt, Daniel Dittmer, Ivanna Franke, Luca Girardini, Anna Holzapfel, Eleonora Pedretti, Nathaphon Phantounarakul, Adrian Porikys, Tomasz Stasiak, Rirkrit Tiravanija에게 특별한 감사를 전합니다. 작가 제공: Tanya Bonakdar Gallery (뉴욕); Andersen's Contemporary (코펜하겐); Pinksummer contemporary art (제노바); Esther Schipper (베를린). © Photography by Studio TomásSaraceno, 2016

31: 퍼블릭 랩(Public Lab)의 Nick Shapiro, 라디오아마추어(Radioamateur) 커뮤니티의 Sven Steudte, Thomas Krahn, 스튜디오 토마스 사라세노(Studio TomásSaraceno)의 Daniel Schulz, Alexander Bouchner, Adrian Krell, Cara Cotner, IrinSiriwattanagul, Kotrynašlapšinskaitė, 그리고 Lars Behrendt, Daniel Dittmer, Ivanna Franke, Luca Girardini, Anna Holzapfel, Eleonora Pedretti, Nathaphon Phantounarakul, Adrian Porikys, Tomasz Stasiak, Rirkrit Tiravanija에게 특별한 감사를 전합니다. 작가 제공: Tanya Bonakdar Gallery (뉴욕); Andersen's Contemporary (코펜하겐); Pinksummer contemporary art (제노바); Esther Schipper (베를린). © Photography by Studio TomásSaraceno, 2016

33: © Photography by Studio TomásSaraceno, 2016

34: 작가 제공: Pinksummer contemporary art (제노바); Tanya Bonakdar (뉴욕); Andersen's Contemporary (코펜하겐); Esther Schipper (베를린). © Photography by Tomás Saraceno, 2016

35: 참여자: Tomás Saraceno, Francesca von Habsburg, Markus Reymann, Juan Enriquez, Bill McKenna, Nicholas Shapiro. © Photography by Studio TomásSaraceno and TBA21, 2015

38: *The Economist*. 데이터 출처: Plume Labs. Url: https://www.economist.com/news/science-and-technology/21702743-air-quality-indices-make-pollution-seem-less-bad-it-breathtaking

39: (아래) GSAPP AC 2017

40: GSAPP AC 2017

63: © Rirkrit Tiravanija, Nikolaus Hirsch, Antto Melasniemi, Michel Müller

65: © Rirkrit Tiravanija, Nikolaus Hirsch, Michel Müller

67: Yeon-Hee Kim and John-Jin Baik (2005). "Spatial and Temporal Structure of the Urban Heat Island in Seoul." *Journal of Applied Meteorology* 44: 594에서 발췌.

68: © Eugène Hénard

69: © McHarg [와 그의 학생들]

70: © McHarg

76: (위) © Albert Vecerka

79: © Varignon

80: © Juney Lee

81: © Marc Duerr

82: © Carlina Teteris

125: (위) © Udomsook, iStockcom

125: (아래) © Teerasak Chinnasot, shutterstockcom

154: © Philipp Rode, 2016

157: © Philipp Rode, 2017

162-4: © Rajesh Vora

214: © Sarah Mineko Ichioka (CC BY-NC-SA)

217: © Sarah Mineko Ichioka (CC BY-NC-SA)

229-30, 233: © Lateral Office

2017 서울도시건축비엔날레: 공유도시

주최
서울특별시
서울디자인재단

총감독
배형민
알레한드로 자에라폴로

총괄
정소익

프로젝트 매니저
김나연
박혜성
신명철
금명주
이선아
김그린
유리진
이진아
김선재
오소백

공유도시: 확장된 도시
알레한드로 자에라폴로,
제프리 S. 앤더슨 엮음

초판 1쇄 발행
2017년 12월 15일

발행
서울도시건축비엔날레
워크룸 프레스

번역
조순익
길예경
정주영

그래픽 아이덴티티 및 재킷 디자인
슬기와 민

편집 및 본문 디자인
워크룸

© 서울도시건축비엔날레,
워크룸 프레스, 2017

이 책의 글과 이미지 저작권은 원저자에게 있으며, 한국어 판권은 서울도시건축비엔날레와 워크룸 프레스에 있습니다. 저작권법에 의해 보호를 받는 저작물이므로 무단 전재와 복제를 금합니다.

서울도시건축비엔날레
www.seoulbiennale.org

워크룸 프레스
출판 등록. 2007년 2월 9일
(제300-2007-31호)
03043 서울시 종로구
자하문로16길 4, 2층
전화. 02-6013-3246
팩스. 02-725-3248
이메일. workroom@wkrm.kr
www.workroompress.kr
www.workroom.kr

ISBN 978-89-94207-92-6 04600
978-89-94207-82-7 (세트)
값 20,000원